Jack-Michel Cornil · Philippe Testud

Maple V® Release 4
Introduction raisonnée à l'usage de l'étudiant, de l'ingénieur et du chercheur

T0225023

Springer
Berlin
Heidelberg
New York
Barcelone
Budapest
Hong Kong
Londres
Milan
Paris
Santa Clara
Singapour
Tokyo

Jack-Michel Cornil · Philippe Testud

Maple V® Release 4
Introduction raisonnée à l'usage de l'étudiant, de l'ingénieur et du chercheur

avec 105 figures

 Springer

Jack-Michel Cornil
Philippe Testud
Professeurs en classes préparatoires à Versailles
Lycée Privé Sainte Geneviève
2 rue de l'Ecole des Postes
F-78029 Versailles Cedex, France

Illustration de couverture réalisée à partir des figures des auteurs

Maple et Maple V sont des marques déposées de Waterloo Maple Inc.

Die Deutsche Bibliothek - CIP-Einheitsaufnahme

Cornil, Jack-Michel:
Maple V Release 4 : Introduction raisonnée à l'usage de l'étudiant, de
l'ingénieur et du chercheur / Jack M. Cornil ; Philippe Testud. -
Berlin ; Heidelberg ; New York ; Barcelona ; Budapest ; Hongkong ;
London ; Mailand ; Paris ; Santa Clara ; Singapur ; Tokio : Springer,
1997
ISBN 3-540-63186-0

Mathematics Subject Classification (1991): 00A35, 08-04, 65Y99, 68Q40, 68N15

ISBN 3-540-63186-0 Springer-Verlag Berlin Heidelberg New York

SPIN 11369592   42/3111 – 5 4 3 2 – Printed on acid-free paper

Avant-propos

MAPLE *release 4* est un langage de manipulation symbolique qui permet grâce à une large bibliothèque de fonctions très bien adaptées, de réaliser aussi bien des calculs numériques que des calculs formels. Jusqu'à une date récente de tels langages étaient réservés à des utilisateurs professionnels ayant accès à de gros systèmes mais l'amélioration rapide des performances des ordinateurs personnels (vitesse, taille mémoire) les rend maintenant accessibles au plus grand nombre dans de bonnes conditions de confort et d'efficacité. Les dernières versions de MAPLE font partie de cette nouvelle génération de logiciels et permettent à un public de plus en plus large de se familiariser avec la pratique du calcul formel.

Cet ouvrage ne se propose pas de décrire de façon exhaustive toutes les possibilités de MAPLE, il existe pour cela une aide en ligne ainsi que des ouvrages techniques en anglais. Toutefois ces manuels techniques fournissent une masse d'informations sous une forme qui n'est pas toujours d'un grand secours pour un débutant en calcul formel qui cherche à résoudre rapidement un problème exprimé dans son propre langage : mathématiques, physique, chimie, etc.

Ce livre est conçu pour qu'un scientifique, voulant utiliser MAPLE, puisse rapidement trouver l'information qui lui est nécessaire. L'ensemble est organisé en chapitres, dans une large mesure indépendants les uns des autres, chacun étant centré sur un thème bien précis (graphiques, équations différentielles, intégration, polynômes, algèbre linéaire, ...), permettant à chaque utilisateur de se concentrer sur les fonctions dont il a réellement besoin. Dans chacun des chapitres, les exemples présentés sont volontairement simples, afin de mieux mettre en évidence les syntaxes utilisées.

Les auteurs n'oublient pas de fournir de nombreux exemples d'utilisation incorrecte des fonctions étudiées afin d'entraîner le lecteur à décrypter et interpréter les messages d'erreurs qu'il pourra rencontrer lors de son utilisation ultérieure de MAPLE.

Guide d'utilisation de l'ouvrage :

- Le chapitre 1 est une "visite guidée" permettant au lecteur d'entrevoir différentes possibilités de MAPLE.

- Le chapitre 2 présente les fonctions de base de MAPLE, et la lecture des parties I à III de ce chapitre est fortement conseillée pour tirer pleinement profit de la suite de l'ouvrage. En particulier, le lecteur devra accorder une attention toute spéciale à la partie II consacrée aux règles d'évaluation qui jouent un rôle fondamental dans MAPLE.

- Les chapitres suivants sont dans une large mesure indépendants et peuvent être abordés directement en fonction des centres d'intérêt de l'utilisateur. Il est toutefois conseillé de respecter les quelques règles suivantes.

  * La lecture du chapitre 9 sur les équations différentielles sera plus fructueuse après étude du chapitre 5 sur le graphique 2D et éventuellement de la partie II du chapitre 7 consacrée aux dérivées.

  * Les chapitres 15 à 18, étudiant l'algèbre linéaire, forment un ensemble qui nécessite une étude approfondie de la partie IV du chapitre 15 dévolue aux problèmes d'évaluation en algèbre linéaire.

  * Le chapitre 13, consacré aux polynômes à coefficients non rationnels, exige une lecture approfondie du chapitre 12.

  * Le chapitre 22 étudie les fonctions **subs** et **map** qui permettent de travailler plus finement avec MAPLE, mais une étude fructueuse de ce chapitre nécessite une bonne connaissance du chapitre 21 qui décrit la structure des objets MAPLE.

  * Les chapitres 23 et 24 introduisent quelques notions de programmation : boucles, branchement, procédures. Ces outils, qui deviennent rapidement indispensables quand on veut utiliser MAPLE pour réaliser dans plusieurs cas de figure la même suite de calculs, sont présentés de façon élémentaire sur des exemples simples.

On ne pouvait pas dans un seul ouvrage introduire de façon complète toutes les fonctions de MAPLE. Si les fonctions de base sont décrites de façon détaillée avec une syntaxe précise, les autres, sont présentées à l'aide d'exemples suffisamment explicites, accompagnés de commentaires permettant d'en comprendre l'utilisation. L'index, très détaillé, permettra à l'utilisateur de les retrouver rapidement.

Ce livre s'adresse en priorité aux étudiants, aux enseignants, aux ingénieurs et aux chercheurs qui envisagent de maîtriser rapidement un logiciel de calcul formel qui s'avère de plus en plus indispensable à leur activité, mais aussi à toute personne voulant résoudre un problème ou tester une conjecture dont les calculs lui paraissent a priori dissuasifs.

Toutefois l'utilisateur doit garder à l'esprit que MAPLE est un produit en perpétuelle évolution présentant encore quelques imperfections. Il doit donc porter un regard critique sur les résultats retournés et ne pas hésiter à essayer de les contrôler par différentes méthodes.

Nous tenons à exprimer ici nos remerciements à nos collègues qui ont bien voulu relire notre travail Michel Colin, Vincent Ravoson et François Moulin, avec une mention spéciale pour ce dernier qui fut notre "Texpert".

Table des matières

6. Equations et inéquations 99

16. Calcul vectoriel et matriciel   275

17. Systèmes d'équations linéaires   291

25. Les fonctions mathématiques   **433**

Chapitre 1

Ce que MAPLE
peut faire pour vous

Dans ce chapitre nous avons réuni quelques exemples typiques d'utilisation de MAPLE. A l'exception de quelques petits commentaires, aucune explication n'est fournie sur les fonctions utilisées mais le lecteur pourra, grâce à la table des matières ou à l'index analytique, se reporter au chapitre correspondant où figure une étude plus précise de chacune de ces fonctions.

I. Arithmétique

Ex. 1

```
> 25!;        MAPLE sait calculer sur des entiers de taille arbitraire
                    15511210043330985984000000
> u:=2^(2^7)+1;           Calcul de F7: le 7ème nombre de Fermat
        u := 340282366920938463463374607431768211457
> isprime(u);                        pour tester si F7 est premier
                              false
> ifactor(1234567890987654321);
                              Décomposition en facteurs premiers
           (3)² (7) (19) (928163) (1111211111)
```

II. Calculs numériques

Ex. 2

```
> evalf(Pi,25);  valeur approchée de π avec 25 chiffres significatifs
                    3.141592653589793238462643
```

Ex. 3

```
> A:=sqrt(5)+sqrt(22+2*sqrt(5));
  B:=sqrt(11+2*sqrt(29))+sqrt(16-2*sqrt(29)
    +2*sqrt(55-10*sqrt(29)));
```

$$A := \sqrt{5} + \sqrt{22 + 2\sqrt{5}}$$

$$B := \sqrt{11 + 2\sqrt{29}} + \sqrt{16 - 2\sqrt{29} + 2\sqrt{55 - 10\sqrt{29}}}$$

```
> Digits:=25:  evalf(A); evalf(B);
```
Evaluation de A et B avec 25 chiffres significatifs

$$7.381175940895657970987267$$

$$7.381175940895657970987266$$

```
> Digits:=10:  evalf(ln(-2));
```
Evaluation numérique d'un complexe

$$.6931471806 + 3.141592654I$$

III. Polynômes et fractions rationnelles

Développement et simplification de polynômes

Ex. 4

```
> expand((x^2+x+1)^5);
```
Pour développer l'expression

$$1 + 30\,x^7 + 45\,x^6 + 51\,x^5 + 15\,x^8 + 30\,x^3$$
$$+5\,x + x^{10} + 5\,x^9 + 45\,x^4 + 15x^2$$

```
> sort(");
```
Pour ordonner l'expression précédente

$$x^{10} + 5\,x^9 + 15\,x^8 + 30\,x^7 + 45\,x^6 + 51\,x^5 + 45\,x^4$$
$$+30\,x^3 + 15\,x^2 + 5\,x + 1$$

Factorisation de polynômes

Ex. 5

```
> P:=x^8+x^4+1;
```

$$P := x^8 + x^4 + 1$$

```
> factor(P);
```
factorisation sur le corps des rationnels

$$(x^2 - x + 1)(x^2 + x + 1)(x^4 - x^2 + 1)$$

```
> factor(P,sqrt(3));
```
factorisation sur le sous-corps engendré par $\sqrt{3}$

$$\sqrt{3}(x^2 - x + 1)(x^2 + x + 1)(x^2 - \sqrt{3}x + 1)(x^2 + \sqrt{3}x + 1)$$

Décomposition de fractions rationnelles en éléments simples

Ex. 6

```
> p:=1/((x+1)^7-x^7-1);
```
$$p := \frac{1}{(x+1)^7 - x^7 - 1}$$

```
> convert(p,parfrac,x);
```
$$\frac{1}{7}\frac{1}{x} - \frac{1}{7}\frac{1}{x+1} - \frac{1}{7}\frac{1}{x^2+x+1} - \frac{1}{7}\frac{1}{(x^2+x+1)^2}$$

IV. Trigonométrie

```
> p:=cos(5*x);
```
Expression de lignes trigonométriques de n x
$$p := \cos(5x)$$

```
> expand(p);
```
$$16\cos(x)^5 - 20\cos(x)^3 + 5\cos(x)$$

```
> p:=sin(x)^5;
```
Linéarisation des expressions trigonométriques
$$p := \sin(x)^5$$

Ex. 7

```
> combine(p,trig);
```
$$\frac{1}{16}\sin(5x) - \frac{5}{16}\sin(3x) + \frac{5}{8}\sin(x)$$

```
> expand(tan(5*x));
```
Expression de tan nu
en fonction de tan u
$$\frac{5\tan(x) - 10\tan(x)^3 + \tan(x)^5}{1 - 10\tan(x)^2 + 5\tan(x)^4}$$

```
> S:=Sum(cos((2*k+1)*x),k=0..n+1):  S=value(S);
```
Réduction de certaines sommes trigonométriques
$$\sum_{k=0}^{k=n+1} \cos((2k+1)x) = \frac{\sin(x(n+2))\cos(x(n+2))}{\sin(x)}$$

V. Dérivation

Calcul de dérivées d'expressions d'une seule variable

Ex. 8

```
> p:=arctan(x);
```
$$p := \arctan(x)$$

```
> diff(p,x$5);
```
pour calculer une dérivée cinquième

$$384\,\frac{x^4}{(1+x^2)^5} - 288\,\frac{x^2}{(1+x^2)^4} + 24\,\frac{1}{(1+x^2)^3}$$

```
> normal(");
```
$$24\,\frac{5x^4 - 10x^2 + 1}{(1+x^2)^5}$$

Calcul de dérivées partielles

Ex. 9

```
> p:=ln(x^2+y^2);
```
$$p := \ln(x^2 + y^2)$$

```
> diff(p,x,x,x,y,y);
```
pour calculer $\frac{\partial^5 p}{\partial x^3 \partial y^2}$

$$-288\frac{x\,y^2}{(x^2+y^2)^4} + 48\frac{x}{(x^2+y^2)^3} + 768\frac{x^3\,y^2}{(x^2+y^2)^5} - 96\frac{x^3}{(x^2+y^2)^4}$$

```
> simplify(");
```
pour simplifier le résultat précédent

$$-48\,\frac{x\,(-10\,x^2\,y^2 + 5\,y^4 + x^4)}{(x^2+y^2)^5}$$

VI. Développements limités

Calcul de développements limités

Ex.10

```
> p:=arctanh(sin(x))-sin(arctanh(x));
```
$$p := \operatorname{arctanh}(\sin(x)) - \sin(\operatorname{arctanh}(x))$$

```
> series(p,x,8);
```
$$\frac{1}{90}x^7 + O(x^8)$$

Calcul faisant intervenir des développements généralisés

Ex.11

```
> p:=1/(sin(x)^2)-1/(sinh(x)^2);
```

$$p := \frac{1}{\sin(x)^2} - \frac{1}{\sinh(x)^2}$$

```
> series(p,x,9);
```

$$\frac{2}{3} + \frac{4}{189}x^4 + O(x^5)$$

Calcul de développements asymptotiques

Ex.12

```
> p:=x^2*ln((x+1)/x);
```

$$p := x^2 \ln\left(\frac{x+1}{x}\right)$$

```
> series(p,x=infinity,5);
```

$$x - \frac{1}{2} + \frac{1}{3}\frac{1}{x} - \frac{1}{4}\frac{1}{x^2} + O\left(\frac{1}{x^3}\right)$$

VII. Equations et systèmes différentiels

Ex.13

```
> Eq:=4*x*diff(y(x),x,x)+2*diff(y(x),x)+y;
```

$$Eq := 4x\left(\frac{\partial^2}{\partial x^2}y(x)\right) + 2\left(\frac{\partial}{\partial x}y(x)\right) + y$$

```
> dsolve(Eq,y(x));
```

$$y(x) = \_C1\,\sin(\sqrt{x}) + \_C2\,\cos(\sqrt{x})$$

```
> Eq:=5*diff(y(x),x)-y(x)*sin(x)+y(x)^4*sin(2*x);
```

Equation de Bernoulli

$$Eq := 5\left(\frac{\partial}{\partial x}y(x)\right) - y(x)\sin(x) + y(x)^4\sin(2x)$$

```
> dsolve(Eq,y(x));
```

$$\frac{1}{y(x)^3} = 2\,\cos(x) + \frac{10}{3} + e^{\frac{3}{5}\cos(x)}\,\_C1$$

```
> S:={diff(x(t),t)=x(t)+2*y(t)-z(t),
      diff(y(t),t)=2*x(t)+4*y(t)-2*z(t),
      diff(z(t),t)=-x(t)-2*y(t)+z(t),
      x(0)=1,y(0)=1,z(0)=1};
```

$$S := \quad \left\{ \frac{\partial}{\partial t}x(t) = x(t) + 2\,y(t) - z(t) \, , \right.$$

$$\frac{\partial}{\partial t}\,y(t) = 2\,x(t) + 4\,y(t) - 2\,z(t),$$

Ex.14
$$\frac{\partial}{\partial t}\,z(t) = -x(t) - 2y(t) + z(t),$$

$$\left. x(0) = 1, \, y(0) = 1, \, z(0) = 1 \right\}$$

```
> dsolve(S,{x(t),y(t),z(t)});
```

$$S := \quad \left\{ x(t) = \frac{2}{3} + \frac{1}{3}\,e^{6\,t}, \right.$$

$$y(t) = \frac{1}{3} + \frac{2}{3}\,e^{6\,t},$$

$$\left. z(t) = -\frac{1}{3}\,e^{6\,t} + \frac{4}{3} \right\}$$

VIII. Intégration

Calcul de primitives et d'intégrales définies

```
> p:=(1-cos(x/3))/sin(x/2);
```

$$p := \frac{1 - \cos\left(\frac{1}{3}x\right)}{\sin\left(\frac{1}{2}x\right)}$$

```
> int(p,x);                                    Calcul de primitive
```

$$-3\ln\left(3\tan\left(\frac{1}{12}x\right)^2 - 1\right) + 3\ln\left(3\tan\left(\frac{1}{12}x\right)^2 - 3\right)$$

Ex.15

```
> p:=1/(sqrt(1-x*x)+sqrt(1+x*x));
```

$$p := \frac{1}{\sqrt{1 - x^2} + \sqrt{1 + x^2}}$$

```
> int(p,x=-1..1);                              Calcul d'une intégrale
```

$$-\sqrt{2} - \ln(\sqrt{2} - 1) + \frac{1}{2}\,\pi$$

Calcul d'intégrales généralisées

Ex.16
```
> p:=(arctan(2*t)-arctan(t))/t;
```
$$p := \frac{\arctan(2t) - \arctan(t)}{t}$$
```
> Intg:=Int(p,t=0..infinity):
  Intg=value(Intg);
```
$$\int_0^\infty \frac{\arctan(2t) - \arctan(t)}{t}\, dt = \frac{1}{2}\ln(2)\,\pi$$

Calcul d'intégrales dépendant d'un paramètre

Ex.17
```
> p:=exp(-t)*cos(x*t)*(t^(-1/2));
```
$$p := \frac{e^{(-t)}\cos(xt)}{\sqrt{t}}$$
```
> int(p,t=0..infinity);
```
$$\frac{(1+x^2)^{1/4}\cos\left(\frac{1}{2}\arctan(x)\right)\sqrt{\pi}}{\sqrt{1+x^2}\cos\left(\frac{1}{2}\arctan(x)\right)^2 + \sqrt{1+x^2}\sin\left(\frac{1}{2}\arctan(x)\right)^2}$$
```
> simplify(");
```
$$\frac{\cos\left(\frac{1}{2}\arctan(x)\right)\sqrt{\pi}}{(1+x^2)^{1/4}}$$

IX. Tracé de courbes

Représentation d'une ou plusieurs fonctions

Ex.18
```
> plot([sin(t),cos(t)],t=-Pi..Pi);
```
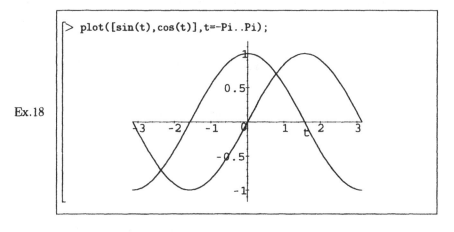

Tracé de courbes définies paramétriquement

Ex.19

```
> plot([sin(t),cos(t)^2/(2+cos(t)),t=0..2*Pi]);
```

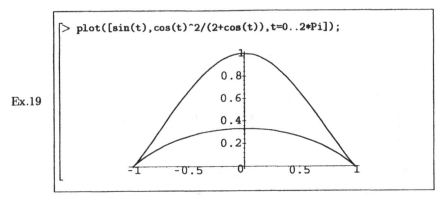

Tracé de courbes en coordonnées polaires

Ex.20

```
> plot([1+tan(t/2),t,t=0..2*Pi],view=[-7..7,-0.5..2.5],
    coords=polar,scaling=constrained);
```

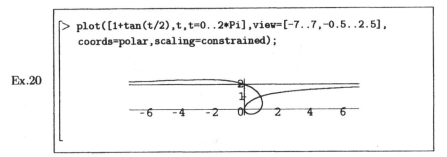

Tracé de familles de courbes

Ex.21

```
> restart;
  f:=lambda->[lambda*cos(t)-1/cos(t),t,t=0..2*Pi];
```

$$f := \lambda \rightarrow \left[\lambda \cos(t) - \frac{1}{\cos(t)}, t, t = 0..2\pi\right]$$

```
> plot({f(1),f(2),f(1/2)},coords=polar,
    view=[-2..2,-2..2],scaling=constrained);
```

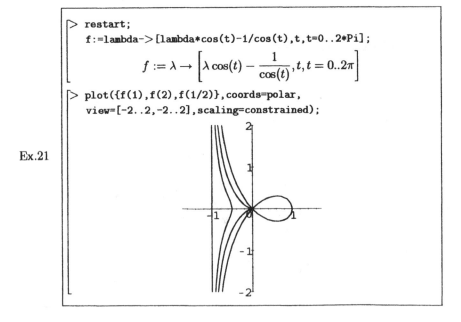

X. Tracé de surfaces

Tracé d'une surface d'équation $z = f(x, y)$

Ex.22

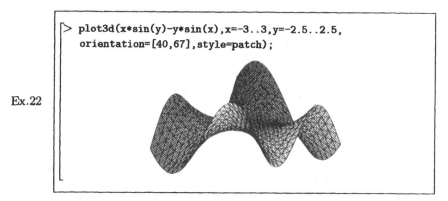

```
> plot3d(x*sin(y)-y*sin(x),x=-3..3,y=-2.5..2.5,
    orientation=[40,67],style=patch);
```

Tracé d'une nappe paramétrée

Ex.23

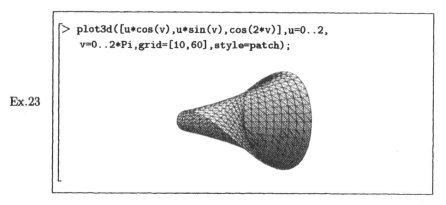

```
> plot3d([u*cos(v),u*sin(v),cos(2*v)],u=0..2,
    v=0..2*Pi,grid=[10,60],style=patch);
```

Tracé d'une nappe paramétrée en cylindriques

Ex.24

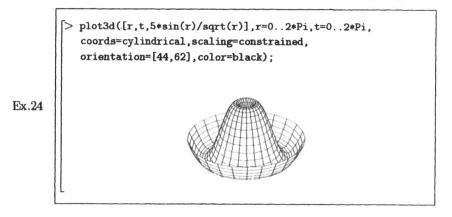

```
> plot3d([r,t,5*sin(r)/sqrt(r)],r=0..2*Pi,t=0..2*Pi,
    coords=cylindrical,scaling=constrained,
    orientation=[44,62],color=black);
```

XI. Algèbre linéaire

Calcul de déterminants

Ex.25

```
> with(linalg):              Il faut charger la bibliothèque linalg
  Warning, new definition for norm
  Warning, new definition for trace

> M:=matrix(4,4,
  [1,a,a^2,a^4,1,b,b^2,b^4,1,c,c^2,c^4,1,d,d^2,d^4]);
```

$$M := \begin{bmatrix} 1 & a & a^2 & a^4 \\ 1 & b & b^2 & b^4 \\ 1 & c & c^2 & c^4 \\ 1 & d & d^2 & d^4 \end{bmatrix}$$

```
> factor(det(M));              Pour obtenir le déterminant
                                   sous forme factorisée
```

$$(-a+b)(-a+c)(c-b)(d-a)(d-b)(d-c)(d+b+a+c)$$

Calcul de valeurs propres

Ex.26

```
> M:=matrix(4,4,(i,j)->if i=j then a+b else a fi);
```

$$M := \begin{bmatrix} a+b & a & a & a \\ a & a+b & a & a \\ a & a & a+b & a \\ a & a & a & a+b \end{bmatrix}$$

```
> det(M);
```

$$4b^3 a + b^4$$

```
> eigenvals(M);              Pour obtenir les valeurs propres
```

$$b,\ b,\ b,\ b+4a$$

```
> eigenvects(M);              Pour obtenir les vecteurs propres
```

$$[b, 3, \{[-1,0,1,0], [-1,0,0,1], [-1,1,0,0]\}],$$
$$[4a+b, 1, \{[1,1,1,1]\}]$$

Chapitre 2

Introduction

Au démarrage d'une session, MAPLE affiche un *prompt* (en général le symbole >). L'utilisateur peut alors lui demander d'exécuter "quelque chose". Pour cela il doit entrer au clavier une assertion MAPLE c'est-à-dire une expression mathématique, une affectation voire d'autres commandes.

I. Premiers pas

I.1. Entrée d'une expression

Pour obtenir l'affichage à l'écran de l'évaluation que MAPLE donne d'une expression il suffit d'entrer cette expression au clavier en la faisant suivre d'un *point-virgule*, puis d'appuyer sur la touche < *ENTREE* >.

Ex. 1

```
> 1+1;                          ne pas oublier de taper <ENTREE>

                    2
> 2^10;

                    1024
> 1+2*3+4;

                    11
```

Quand l'utilisateur entre une expression syntaxiquement incorrecte, MAPLE retourne le message *syntax error,...* indiquant le plus souvent le premier caractère inattendu (*unexpected*) qu'il rencontre.

Ex. 2

```
> 1+2*+4;                       si on oublie par exemple de saisir le 3
  Syntax error, '+' unexpected
```

Dans l'exemple précédent, où l'on a oublié de saisir le 3, le curseur est alors positionné entre le * et le + : il suffit d'insérer le 3 puis de frapper la touche *<ENTREE>*. Il est inutile de positionner le curseur en bout de ligne avant de taper sur *<ENTREE>*.

Attention ! Ne pas oublier le point-virgule terminant la ligne. Cette ponctuation est un séparateur qui indique à MAPLE la fin de l'expression en cours et lui permet donc d'en réaliser l'évaluation. En cas d'oubli du *point-virgule*, MAPLE retourne un message d'avertissement

Ex. 3
```
> 1+2*3+4                               si on oublie le point-virgule
>
Warning, incomplete statement or missing semicolon
```

On peut alors taper ce *point-virgule* sur la ligne où se trouve le curseur mais il est plus propre de revenir mettre ce *point-virgule* à la fin de la ligne concernée.

Comme on le voit dans les cadres ci-dessus, il est possible de mélanger dans une même ligne des zones de commandes (contenant des expressions MAPLE), et des zones de texte (contenant des commentaires).

Lorsque le curseur se trouve

- dans une zone de commandes, le bouton $\boxed{\Sigma}$ est enfoncé et la barre de contexte correspondant aux commandes (cf. ch. 26) est affichée.
- dans une zone de texte, le bouton $\boxed{T}$ est enfoncé et la barre de contexte correspondante est affichée (cf. ch. 26).

Par défaut, quand on commence une nouvelle ligne, l'invite (*prompt* en anglais) qui commence une ligne forme à lui seul une zone de texte et le curseur se trouve dans la zone suivante qui est une zone de commandes : tout ce que l'on tape alors est considéré comme faisant partie d'expressions (exécutables) MAPLE. Pour basculer en mode texte, il suffit de cliquer sur l'icône $\boxed{T}$: ce que l'on tape alors est considéré comme texte ou commentaires (non exécutable) ; pour revenir en mode commandes, il suffit de cliquer sur $\boxed{\Sigma}$.

Attention ! La frappe de la touche *<ENTREE>* provoque l'exécution de la ligne courante lorsque le curseur se trouve dans une zone de commandes. Mais si le curseur se trouve dans une zone de texte, elle introduit un saut de ligne dans la région courante.

Dans tout ce livre

- `Les expressions exécutables MAPLE sont dans cette police.`
- **Les commentaires sont écrits avec cette police.**
- *Les messages d'erreur sont écrits avec cette police.*

I.2. Opérateurs, fonctions et constantes

Opérateurs élémentaires : Outre les opérateurs usuels $+$, $-$, $*$, $/$, MAPLE reconnaît les opérateurs arithmétiques suivants

Opérateur	Notation	Exemple
Factorielle	!	7!
Puissance	** ou ^	2.5^3
Quotient de division entière	iquo(.,.)	iquo(17,3)
Reste de division entière	irem(.,.)	irem(17,3)

Fonctions élémentaires : MAPLE connaît également les fonctions élémentaires classiques dont les valeurs en x sont données par

exp(x), log(x) ou ln(x), log10(x), log[b](x)

round(x), trunc(x), frac(x), sqrt(x), abs(x)

sin(x), cos(x), tan(x), cot(x)

sinh(x), cosh(x), tanh(x), cotanh(x)

arcsin(x), arccos(x), arctan(x), arccotan(x)

arcsinh(x), arccosh(x), arctanh(x), arccotanh(x)

Constantes : MAPLE connaît aussi les constantes suivantes

Identificateur	Description
Pi	3.14159...
I	racine de -1
infinity	$+\infty$
gamma	la constante d'Euler

Attention ! Dans les noms des constantes, comme dans tous les identificateurs qu'il utilise, MAPLE distingue les majuscules des minuscules.

I.3. Premiers calculs

MAPLE ne donne pas automatiquement une évaluation décimale de quantités telles que 10/3 ou $\sqrt{2}$. Pour obtenir une telle évaluation décimale, il faut utiliser la fonction **evalf** (évaluer en flottant, c'est à dire en virgule flottante).

Ex. 4
```
> 10/3;
                        10/3
> evalf(10/3);
                    3.3333333333
```

Le nombre de chiffres significatifs retournés par **evalf** est déterminé par la variable interne **Digits** qui par défaut vaut 10. Toutefois l'affectation **Digits:=n** permet de réaliser toutes les évaluations décimales ultérieures avec n chiffres significatifs.

Ex. 5
```
> Digits:=20;              Attention à la majuscule !
                    Digits := 20
> evalf(10/3);
                3.3333333333333333333
> 3+sqrt(2);
                      3 + √2
> evalf(");
                4.4142135623730950488
```

Pour avoir une valeur approchée de la dernière quantité calculée, on a utilisé ci-dessus **evalf** avec **"** (dito) qui représente la dernière expression évaluée par MAPLE.

Attention ! La quantité **"** représente la dernière valeur calculée dans le temps et non pas celle qui se trouve à la ligne située au dessus sur la feuille de calcul, ce qui peut être tout à fait différent quand l'utilisateur s'est déplacé dans la feuille.

Pour réaliser l'évaluation décimale d'une seule valeur **x** avec **n** chiffres significatifs, on peut aussi utiliser la fonction **evalf** avec **n** comme second argument.

Ex. 6
```
> ln(2); evalf(",17);
                        ln(2)
                .69314718055994531
```

L'utilisation de la fonction **evalf** s'avère aussi indispensable pour obtenir des valeurs approchées des constantes symboliques vues page 13.

Ex. 7

```
> Digits:=15;
```
$$Digits := 15$$
```
> evalf(Pi);
```
$$3.14159265358979$$
```
> evalf(Pi,50);
```
$$3.1415926535897932384626433832795028841971693993751$$

La précision avec laquelle MAPLE peut connaître ces constantes paraît illimitée. Le résultat d'une évaluation dépend seulement de la valeur de **Digits**. Pour π , par exemple, la première évaluation de **evalf(Pi)** charge en mémoire la procédure **evalf/constant/Pi** contenant une valeur avec 50 chiffres significatifs. Si la valeur de **Digits** est supérieure à 50 et inférieure à 10000, MAPLE a accès à une valeur **_bigPi** possédant 10000 décimales. Enfin, pour une évaluation avec plus de 10000 décimales il utilise une série hypergéométrique convergeant très rapidement.

Attention ! Comme MAPLE différencie les majuscules des minuscules, il distingue **Pi** de **pi**. Si **Pi** représente le nombre bien connu, **pi** représente lui la lettre grecque, tout comme **alpha** ou **beta**, ce qui explique qu'on n'obtient pas l'évaluation attendue si on tape **sin(pi/2)**.

Ex. 8

```
> sin(Pi/2);
```
$$1$$
```
> sin(pi/2);
```
$$\sin\left(\frac{1}{2}\pi\right)$$
```
> sin(Pi/8);
```
valeur stockée dans une table (cf. p. 444)
$$\frac{1}{2}\sqrt{2-\sqrt{2}}$$
```
> sin(alpha/2);
```
$$\sin\left(\frac{1}{2}\alpha\right)$$

II. Affectation et évaluation

II.1. Identificateurs

MAPLE, comme beaucoup de langages, permet de travailler sur

- des valeurs numériques réelles, complexes ...
- des fonctions, des procédures ...
- des ensembles, des listes ou des tableaux ...

De tels objets sont, comme par exemple en PASCAL, manipulés par l'intermédiaire de variables repérées par des noms ou identificateurs. Mais MAPLE, à la différence de PASCAL, permet aussi de calculer formellement avec des expressions contenant des variables libres c'est à dire des variables auxquelles on n'a affecté aucune valeur particulière.

Pour MAPLE un identificateur doit commencer par une lettre suivie éventuellement de lettres, de chiffres ou de symboles _ . Il ne doit pas comporter plus de 499 caractères !

**ATTENTION, dans les identificateurs,
MAPLE distingue les majuscules des minuscules !**

Il est tout à fait possible de commencer un identificateur par le symbole souligné _ , mais il faut savoir que MAPLE doit parfois introduire de lui même des variables (constantes d'intégration par exemple) et que, dans ce cas, les identificateurs qu'il utilise commencent toujours par le souligné. Pour éviter tout conflit avec de telles variables, il est donc déconseillé à l'utilisateur de commencer un identificateur par un souligné.

II.2. Affectation

L'affectation permet de faire pointer un identificateur sur une valeur. Etant donné `Ident` un nom de variable et `Expr` une expression, lorsque MAPLE rencontre l'instruction `Ident:= Expr`, il en évalue le membre de droite `Expr` et attribue la valeur trouvée à l'identificateur `Ident` puis, si l'instruction se termine par un *point-virgule*, il fournit sur l'écran un écho de cette affectation. Et on peut ensuite utiliser cette variable dans toute expression valide.

Ex. 9

```
> x1:=3-2;
```
$$x1 := 1$$
```
> x1; 2*x1;          on peut mettre plusieurs instructions sur une ligne
```
$$1$$
$$2$$

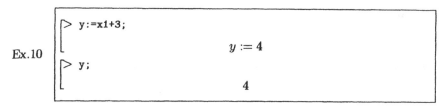

Ex.10

```
> y:=x1+3;
                                    y := 4
> y;
                                      4
```

Certains identificateurs, comme par exemple les noms de constantes symboliques et les noms de fonctions, jouent pour MAPLE un rôle particulier. Ils sont alors protégés et une affectation à de tels identificateurs provoque l'apparition d'un message d'erreur.

Ex.11

```
> Pi:=3.14;
  Error, attempting to assign to 'Pi' which is protected
> D:=1;                      D représente l'opérateur de dérivation
  Error, attempting to assign to 'D' which is protected
> I:=1..2;                                    I représente √−1
  Error, Illegal use of an object as a name
```

II.3. Variables libres et évaluation

Si après un **restart**, qui permet de réinitialiser le contexte, on affecte à P la quantité x^2+x+1

Ex.12

```
> restart; P:=x^2+x+1;
                         P := x^2 + x + 1
```

on voit que MAPLE attribue à P une expression de x alors qu'un langage de programmation comme PASCAL ou C aurait évalué x^2+x+1 en utilisant la valeur, "aléatoire", se trouvant dans la variable x.

Si on affecte alors à x la valeur 1, puis la valeur 2 et que l'on demande ensuite une évaluation de P, on obtient la valeur numérique correspondante de l'expression P.

Ex.13

```
> x:=1; P;
                                   x := 1
                                     3
> x:=2; P;
                                   x := 2
                                     7
```

Si on réalise alors l'affectation

Ex.14
```
> Q:=x^3+1;
```
$$Q := 9$$

On voit, sur l'écho retourné, que MAPLE affecte à Q la valeur de $x^3 + 1$ pour $x = 2$. Dans ce cas ce n'est donc pas une expression en x, mais une valeur numérique qui est affectée à Q ; on peut d'ailleurs le vérifier

Ex.15
```
> x:=1;
```
$$x := 1$$
```
> Q;
```
$$9$$

Pour pouvoir retrouver l'expression de P en fonction de x et construire de nouvelles expressions en x, on peut transformer à nouveau x en variable libre en lui affectant son nom : on met ce dernier entre apostrophes, pour préciser à MAPLE qu'il ne s'agit pas d'une nouvelle affectation numérique.

Ex.16
```
> x:='x';                              Pour libérer la variable x
```
$$x := x$$
```
> P;
```
$$x^2 + x + 1$$
```
> Q;
```
$$9$$

A ce niveau P est à nouveau évalué comme une expression en x, redevenu variable libre, et Q reste désespérément égal à 9, car c'est la valeur qui lui a été affectée plus haut.

Maintenant que x est libre on peut affecter à Q une expression polynomiale en x

Ex.17
```
> Q:=x^3+1;
```
$$Q := x^3 + 1$$

Pour MAPLE une variable libre (non affectée) est une variable à laquelle est affecté son nom, c'est donc une variable qui pointe sur elle même.

II.4. Règle d'évaluation complète

Ce que l'on a observé sur les exemples de la partie précédente se généralise à l'évaluation la plupart des expressions que l'on utilise dans une première approche de MAPLE. On peut le vérifier sur l'exemple suivant.

Ex.18

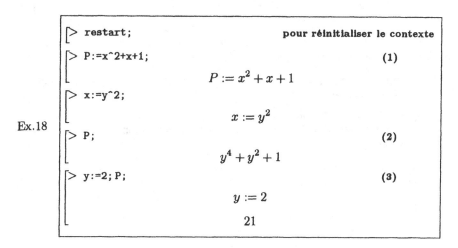

```
> restart;                          pour réinitialiser le contexte

> P:=x^2+x+1;                                      (1)
```
$$P := x^2 + x + 1$$
```
> x:=y^2;
```
$$x := y^2$$
```
> P;                                               (2)
```
$$y^4 + y^2 + 1$$
```
> y:=2; P;                                         (3)
```
$$y := 2$$
$$21$$

Dans l'exemple précédent on commence (1) par définir P comme une expression en x. Quand ensuite on affecte à x la valeur y^2, l'évaluation (2) de P en donne automatiquement une expression en y. Lorsque l'on on affecte à y la valeur 2, l'évaluation (3) de P en fournit la valeur numérique 21 obtenue en remplaçant dans P, d'abord x par y^2, puis y par 2.

Dans chacun des trois cas, P pointe toujours sur l'expression x^2+x+1.

- Dans le second cas x pointe sur y^2 et l'évaluation que MAPLE retourne de P est la valeur de x^2+x+1 pour x=y^2.

- Dans le troisième cas y pointe sur 1 et l'évaluation que MAPLE retourne de P est la valeur pour y=1 de la valeur pour x=y^2 de x^2+x+1. On pourrait continuer ce petit jeu à l'infini.

Pour être plus concis, on peut dire que MAPLE réalise une évaluation complète et récursive de chaque expression jusqu'à épuisement des possibilités d'évaluation.

Si on affecte alors la valeur 3 à x, on casse la relation existant entre x et y, et l'évaluation de P retourne le résultat obtenu en remplaçant seulement x par 3 dans x^2+x+1 qui est l'expression de P.

Ex.19

```
> x:=3; P;
```
$$x := 3$$
$$13$$

Si maintenant on libère la variable **x** par l'affectation **x:='x'**, l'évaluation de **P** retourne l'expression initiale en **x**.

Ex.20

> x:='x' : P;   **x:='x' est suivi de : pour éviter un écho inutile**

$$x^2 + x + 1$$

La règle d'évaluation complète impose de prendre garde aux références circulaires. Par exemple dans le cas particulier d'une affectation telle que **t:=t+1**

- si **t** pointe sur une valeur a différente de **t**, le résultat de cette instruction est de faire pointer **t** sur $a + 1$,

- si **t** pointe sur lui-même, c'est à dire si **t** est une variable libre, une telle instruction mène à une boucle infinie et à un débordement de pile lors d'une évaluation de **t**.

Ex.21

> t:=1; t:=t+1; t;

$$t := 1$$

$$t := 2$$

$$2$$

> t:='t'; t:=t+1;   **MAPLE se contente d'abord**
                           d'un avertissement : warning

$$t := t$$

Warning, recursive définition of name

$$t := t + 1$$

> t;   **mais si on demande une évaluation de t,**

Error, too many levels of recursion   **on sature la pile**

II.5. Utilisation des apostrophes : évaluation partielle

On a vu précédemment que lorsque **x** contient une valeur numérique donnée, l'affectation **Q:=x^3+1** ne permet pas de définir **Q** comme une expression en **x**. Pour définir **Q** comme une expression de **x**,

- on a vu dans II.3 une méthode qui consiste à "libérer" la variable **x**,

- une seconde méthode consiste à utiliser les apostrophes.

Ex.22

> x:=1; Q:='x^3+1';

$$x := 1$$

$$Q := x^3 + 1$$

Dans l'exemple précédente, les apostrophes empêchent l'évaluation totale du membre de droite de la dernière affectation, ce qui permet d'affecter à Q une expression de la variable x.

En fait, lorsque l'évaluateur de MAPLE rencontre des apostrophes, son rôle consiste seulement à les supprimer sans poursuivre plus loin l'évaluation.

On peut vérifier que, si on donne maintenant une valeur numérique à x, l'évaluation de Q retourne bien la valeur correspondante de x^3+1.

Ex.23
```
> x:=2: Q;            x:=2 est suivi de : pour éviter un écho inutile
                 9
> x:=3: Q;
                 28
```

Bien que x pointe maintenant sur une valeur numérique, il est quand même possible de visualiser à l'écran l'expression de x sur laquelle pointe Q en utilisant eval(Q,1) qui limite l'évaluation "au premier niveau".

Ex.24
```
> eval(Q,1);
                 x^3 + 1
```

Plus généralement, si n est un entier et Expr une expression, eval(Expr,n) retourne l'évaluation de Expr au niveau n, comme on peut le vérifier avec les lignes suivantes.

Ex.25
```
> restart;                    pour réinitialiser le contexte
                              et donc libérer toutes les variables
> P:=x^2+x+1;
                 P := x^2 + x + 1
> x:=y^2;
                 x := y^2
> y:=1;
                 y := 1
> eval(P,1);                  Evaluation au niveau 1
                 x^2 + x + 1
> eval(P,2);                  Evaluation au niveau 2
                 y^4 + y^2 + 1
> eval(P,3);                  Evaluation au niveau 3
                 3
```

II.6. Evaluation des arguments d'une fonction

Lors de l'appel d'une fonction, MAPLE commence, la plupart du temps, par en évaluer tous les arguments. L'exemple suivant va nous montrer une conséquence non souhaitée de ce phénomène.

Ex.26

```
> restart; i:=2;          simulation d'un variable non libre
                                                    5
  sum(i^2,i=1..5);                  Pour calculer ∑ i²
                                                   i=1
                         i := 2

  Error, (in sum) summation variable previously assigned,
  second argument evaluates to, 2 = 1 .. 5
```

Contrairement à l'usage mathématique, le i figurant dans sum(i^2,i=1..5) n'est pas, pour MAPLE, une variable muette : MAPLE évalue les arguments de la fonction sum et trouve sum(4,2=1..5) ce qui explique le message d'erreur.

Pour résoudre le problème précédent on peut libérer i avant l'appel de sum,

Ex.27

```
> i;
                         2
> i:='i'; sum(i^2,i=1..5);
                       i := 'i'
                         55
```

mais on peut aussi utiliser les guillemets pour éviter l'évaluation des arguments de la fonction.

Ex.28

```
> i:=2; sum('i^2','i'=1..5);
                       i := 2
                         55
```

Quelques fonctions n'évaluent pas leurs arguments ou les évaluent partiellement. C'est par exemple le cas de la fonction seq.

Ex.29

```
> restart;              même avec i non libre, la fonction seq
  i:=2; seq(i^2,i=1..5);  permet de former la séquence 1,4,9,16,25
                       i := 2

                  1, 4, 9, 16, 25
```

III. Opérations fondamentales

MAPLE est conçu pour garder aux expressions une forme semblable à celle initialement rencontrée. Il n'exécute de son propre chef qu'un strict minimum de transformations :

- mise sous forme irréductible des nombres rationnels
- réduction des sommes, produits, puissances de nombres rationnels
- distribution du produit d'un numérique sur une somme de termes
- positionnement en tête de la constante d'un produit de facteurs
- regroupement de termes syntaxiquement identiques dans une somme ou dans un produit
- simplification des facteurs syntaxiquement identiques dans un quotient
- simplification de valeurs numériques remarquables comme $\sin(\pi/3)$
- récriture d'expressions équivalentes à des expressions déjà existant
- simplification d'expressions telles que $\sin(\arcsin(x))$, $(\sqrt{x})^2$, ...

Mais cela s'arrête là !

- Il ne prend pas l'initiative de développer ou de factoriser un polynôme.
- Il simplifie $\dfrac{(x-y)(x^2+xy+y^2)}{(x-y)}$, mais pas $\dfrac{x^3-y^3}{x-y}$.
- Il ne simplifie pas une expression telle que $\sin^2(x) + \cos^2(x)$.

Ex.30

```
> restart; ((x-y)*(x^2+x*y+y^2))/(x-y);
                    x^2 + xy + y^2

> (x^3-y^3)/(x-y);
                     x^3 - y^3
                     ---------
                      x - y

> sin(x)^2+cos(x)^2;
                  sin(x)^2 + cos(x)^2
```

MAPLE ne se permet donc que le minimum de transformations et c'est à l'utilisateur qu'il appartient de demander les simplifications permettant de conduire les calculs vers le but qu'il désire atteindre. Il dispose pour cela de fonctions de simplification et de transformation comme **expand**, **factor**, **normal**, **simplify**, **convert**, **combine**,....

III.1. La fonction expand

La fonction **expand** a pour objet

- de développer les "expressions polynomiales",
- d'exprimer les lignes trigonométriques de $n\,x$ en fonction de celles de x,
- de transformer $\exp(x+y)$ en $\exp(x)\,\exp(y)$ ainsi que $\ln(x\,y)$ en $\ln(x)+ln(y)$.

Ex.31

```
> restart; expand((x+1)*(x+2)^2);
```
$$x^3 + 5\,x^2 + 8\,x + 4$$

```
> expand((cos(x)+sin(x))^2);              Expression "polynomiale"
```
$$\cos(x)^2 + 2\,\sin(x)\cos(x) + \sin(x)^2$$

```
> expand(ln(x/y^2));
```
$$\ln(x) - 2\ln(y)$$

```
> expand(cos(3*x));
```
$$4\cos(x)^3 - 3\cos(x)$$

```
> expand(tan(3*x));
```
$$\frac{3\,\tan(x) - \tan(x)^3}{1 - 3\,\tan(x)^2}$$

Dans le cas d'une fraction rationnelle, **expand** ne développe que le numérateur.

Ex.32

```
> expand((x+1)/((x+3)*(x+2)^2));
```
$$\frac{x}{(x+3)(x+2)^2} + \frac{1}{(x+3)(x+2)^2}$$

Si **S_Expr** est une sous-expression de **Expr** (cf. p. 339), alors l'évaluation de **expand(Expr,S_Expr)** développe en laissant groupée l'expression **S_Expr**.

Ex.33

```
> expand((a*(x+1)+y)^2,(x+1));
```
$$a^2\,(x+1)^2 + 2\,(a\,x+1)\,y + y^2$$

III.2. La fonction factor

La fonction `factor` permet de factoriser une "expression polynomiale" d'une ou plusieurs "variables" ou un quotient de telles expressions.

Ex.34

```
> factor(x^8-1);
```
$$(x-1)(x+1)(1+x^2)(1+x^4)$$

```
> factor((x^2-y^2));
```
$$(x-y)(x+y)$$

```
> factor(sin(x)^3-cos(x)^3);
```
Expression "polynomiale"
$$\big(\sin(x)-\cos(x)\big)\big(\sin(x)^2+\sin(x)\cos(x)+\cos(x)^2\big)$$

Plus précisément, `factor` factorise un polynôme ou une fraction rationnelle sur le sous-corps du corps des complexes engendré par ses coefficients :

Ex.35

```
> f:=(x*x-2);g:=sqrt(2)*f;
```
$$f := x^2 - 2$$
$$g := \sqrt{2}\,(x^2 - 2)$$

```
> factor(f),factor(g);
```
$$x^2 - 2 \quad , \quad \sqrt{2}\left(x - \sqrt{2}\right)\left(x + \sqrt{2}\right)$$

```
> factor((x^2-2*y^2)/(x-sqrt(2)*y));
```
$$x + \sqrt{2}y$$

Dans certains cas, on est surpris de voir que MAPLE ne réagit pas devant des factorisations qui paraissent immédiates, comme par exemple pour le polynôme du second degré $x^2 - x\,(e^t + e^{-t}) + 1$ admettant e^t et e^{-t} comme racines évidentes.

Ex.36

```
> f:=x^2-x*(exp(t)+exp(-t))+1;
```
$$f := x^2 - x\left(e^t + e^{(-t)}\right) + 1$$

```
> factor(f);
```
$$x^2 - x\,e^t + x\,e^{(-t)} + 1$$

En revanche, si on applique **expand** avant **factor**, on obtient

Ex.37

```
> g:=expand(f);
```
$$g := x^2 - x\,e^t - \frac{x}{e^t} + 1$$

```
> factor(g);
```
$$\frac{\left(x\,e^t - 1\right)\left(x - e^t\right)}{e^t}$$

Lors de cette dernière démarche, MAPLE voit en g l'expression rationnelle $x^2 - x\,u - \dfrac{x}{u} + 1$ avec $u = e^t$. Il factorise $x^2 - x\,u - \dfrac{x}{u} + 1$ en $\dfrac{(x - u)\,(u\,x - 1)}{u}$ puis remplace u par e^t pour fournir le résultat attendu.

Si la factorisation de f paraît évidente à un cerveau humain c'est qu'implicitement il transforme e^{-t} en $1/e^t$, ce qui lui permet alors de factoriser. En revanche il faut explicitement demander cette transformation à MAPLE ; c'est ce que nous avons fait avec la fonction **expand**.

Dans le calcul de l'exemple 17, MAPLE n'a pas pu conclure, car il a vu f comme l'expression polynomiale $x^2 - x\,(u + v) + 1$ avec $u = e^t$ et $v = e^{-t}$. Etant donné que le polynôme $x^2 - x\,(u+v)+1$ n'a pas de factorisation sur le corps des nombres rationnels, MAPLE n'a donc pas pu effectuer la factorisation attendue. Le lecteur pourra d'ailleurs s'en convaincre en remplaçant le 1 final par **exp(t)*exp(-t)**.

De même que dans l'exemple précédent, la factorisation de l'expression
$$\sin(x)^2 - 2\sin(2x) + 4\cos(x)^2$$
exige une transformation par **expand**.

Ex.38

```
> f:=sin(x)^2-2*sin(2*x)+4*cos(x)^2;
```
$$f := \sin(x)^2 - 2\sin(2x) + 4\cos(x)^2$$

```
> factor(f);                                              ne donne rien
```
$$\sin(x)^2 - 2\sin(2x) + 4\cos(x)^2$$

```
> f:=expand(f);
```
$$f := \sin(x)^2 - 4\sin(x)\cos(x) + 4\cos(x)^2$$

```
> factor(f);
```
$$\bigl(\sin(x) - 2\cos(x)\bigr)^2$$

III.3. La fonction normal

La fonction **normal** réduit et simplifie les "expressions rationnelles" telles que

$$\frac{x^3 - y^3}{x - y} \quad \text{ou} \quad \frac{\sin(x)^3 - \sin(y)^3}{\sin(x) - \sin(y)}.$$

Elle divise par le "PGCD" mais ne factorise pas.

Ex.39

```
> Fr:=(x^4-y^4)/(x^2-y^2);
```

$$Fr := \frac{x^4 - y^4}{x^2 - y^2}$$

```
> normal(Fr);
```

$$x^2 + y^2$$

```
> Fr:=(sin(x)^3-cos(x)^3)/(sin(x)^2-cos(x)^2);
```

$$\frac{\sin(x)^3 - \cos(x)^3}{\sin(x)^2 - \cos(x)^2}$$

```
> normal(Fr);
```

$$\frac{\sin(x)^2 + \sin(x)\cos(x) + \cos(x)^2}{\sin(x) + \cos(x)}$$

A la différence de **factor**, la fonction **normal** ne peut simplifier que si les "coefficients" du numérateur et du dénominateur sont rationnels. L'exemple suivant permet de le vérifier.

Ex.40

```
> f:=(x*x-2)/(x-sqrt(2));
```

$$f := \frac{x^2 - 2}{x - \sqrt{2}}$$

```
> normal(f);
```

$$\frac{x^2 - 2}{x - \sqrt{2}}$$

```
> factor(f);
```

$$x + \sqrt{2}$$

III.4. La fonction convert en trigonométrie

La fonction convert est une fonction d'une grande richesse d'options dont certaines, résumées dans le tableau suivant, permettent de transformer les expressions trigonométriques.

Option	Transformation effectuée
exp	exprime toutes les lignes trigonométriques hyperboliques et circulaires à l'aide d'exponentielles réelles ou complexes.
ln	exprime les fonctions réciproques des fonctions trigonométriques à l'aide des logarithmes.
expln	combinaison des deux précédentes.
expsincos	exprime les lignes hyperboliques à l'aide d'exponentielles réelles et les lignes circulaires à l'aide des fonctions sinus et cosinus.
sincos	exprime tan et tanh en n'utilisant que sin, cos, sinh, cos et cosh.
tan	exprime les lignes trigonométriques circulaires en fonction de la tangente de l'arc moitié.
trig	transforme les exponentielles en sin, cos, sh, cos et ch à l'aide des formules d'Euler.

Exemples d'utilisation de convert

Ex.41

```
> restart;
> p:=tan(x)+exp(y)+exp(I*z)+sinh(t)+sin(u);
```
$$p := \tan(x) + e^y + e^{Iz} + \sinh(t) + \sin(u)$$
```
> convert(p,trig);
```
$$\tan(x) + \cosh(y) + \sinh(y) + \cos(z) + I\sin(z) + \sinh(t) + \sin(u)$$
```
> convert(p,sincos);
```
$$\frac{\sin(x)}{\cos(x)} + e^y + e^{(Iz)} + \sinh(t) + \sin(u)$$
```
> convert(p,expsincos);
```
$$\frac{\sin(x)}{\cos(x)} + e^y + e^{(Iz)} + \frac{1}{2}e^t - \frac{1}{2}\frac{1}{e^t} + \sin(f)$$

III.5. Première approche de la fonction simplify

La fonction `simplify` est une commande de simplification à usage multiple qui fait beaucoup mais qui ne sait pas tout faire, en particulier dès qu'il y a des radicaux. La commande `simplify` commence toujours par appeler `normal`.

Utilisation sous la forme simplify(..., symbolic)

Les principales transformations réalisées par `simplify(...,symbolic)` sont résumées dans la colonne de droite du tableau ci-dessous. Ces transformations sont purement formelles et, en ce qui concerne les lignes `power`, `radical` et `sqrt`, ne sont pas forcément valides pour toutes valeurs complexes des variables.

Option	Transformation effectuée
power	$$\left(a^b\right)^c \quad \rightarrow \quad a^{\,b\,c}$$ $$\exp\left(5\ln\left(x\right)+1\right) \quad \rightarrow \quad x^5 \exp\left(1\right)$$ $$\ln\left(x\,y\right) \quad \rightarrow \quad \ln\left(x\right)+\ln\left(y\right)$$
radical	$$8^{1/3} \quad \rightarrow \quad 2$$ $$(x^3+3x^2+3x+1)^{1/3} \quad \rightarrow \quad (x+1)$$
sqrt	$$4^{1/2} \quad \rightarrow \quad 2$$ $$\sqrt{x^2+2x+1} \quad \rightarrow \quad (x+1)$$
trig	$$1+\tan(x)^2 \quad \rightarrow \quad \frac{1}{\cos(x)^2}$$ $$\sin(x)^2 \quad \rightarrow \quad 1-\cos(x)^2$$ $$\cos(2x)+\sin(x)^2 \quad \rightarrow \quad \cos(x)^2$$ travail analogue pour les lignes hyperboliques

Par défaut, `simplify(...,symbolic)` réalise toutes ces transformations.

- Si on veut que `simplify(...,symbolic)` ne réalise que certaines des transformations de ce tableau, on peut utiliser en paramètre optionnel un ou plusieurs des mots figurant dans la colonne de gauche du tableau. On n'aura alors que les simplifications des lignes correspondantes.

- Pour utiliser plusieurs options de simplification, il faut les séparer par des virgules, mais le mot `symbolic` doit toujours figurer en dernier.

Exemple d'utilisation de `simplify(..., symbolic)` sans option.

Ex.42

```
> f:=(x^a)^b+(u^2+2*u+1)^(1/2)+8^(1/3);
```
$$f := (x^a)^b + \sqrt{u^2 + 2\,u + 1} + 8^{1/3}$$

```
> g:=simplify(f,symbolic);
```
$$g := x^{(a\,b)} + u + 3$$

On peut vérifier que les expressions de **f** et de **g** de l'exemple précédent ne sont pas égales pour toute valeur de la variable.

Ex.43

```
> u:=-3: 'f'=f;
```
$$f = (x^a)^b + \sqrt{4} + 8^{1/3}$$

```
> 'g'=g;
```
$$g = x^{(a\,b)}$$

Remarque : Dans l'exemple précédent, l'utilisation des guillemets évite l'évaluation des membres de gauche des égalités et permet une meilleure documentation de l'écriture des résultats.

Exemples d'utilisation de `simplify(...,symbolic)` avec options

Ex.44

```
> u:='u': simplify(f,sqrt,power, symbolic);
```
$$x^{(a\,b)} + u + 1 + 8^{1/3}$$

```
> simplify(f,radical,symbolic);
```
$$(x^a)^b + u + 3$$

La fonction simplify sans l'option symbolic

Lors des utilisations précédentes de `simplify`, le mot **symbolic** peut être considéré comme une option au même titre que **power** ou **sqrt**.

Utilisée sans cette option **symbolic**, la fonction `simplify` ne réalise, parmi les transformations du tableau de la page précédente, que celles qui sont valides pour toutes valeurs complexes des variables. Cela mérite une explication plus approfondie qui ne peut tenir en quelques mots et qui nécessite une définition plus précise des fonctions puissance, exponentielle, logarithme, etc ; ce sera l'objet de la partie V.

Exemples d'utilisation de `simplify` sans option `symbolic`.

Ex.45

```
> (1+1/2*cos(2*x))^2+sin(x)^2;
```
$$\left(1 + \frac{1}{2}\cos(2x)\right)^2 + \sin(x)^2$$

```
> simplify(");
```
$$\cos(x)^4 + \frac{5}{4}$$

```
> simplify((x^6)^(1/3)+sqrt(4));
```
$$\left(x^6\right)^{1/3} + 2$$

Dans le dernier exemple, $\left(x^6\right)^{1/3}$ n'est pas transformé en x^2 car ces quantités ne sont pas égales pour toutes les valeurs complexes de x.

Utilisation de règles particulières de simplification

Les règles utilisées par la fonction `simplify` pour transformer les expressions peuvent dans certains cas s'avérer inadaptées. Dans le cas d'expressions trigonométriques par exemple, la fonction `simplify` transforme, comme il est indiqué dans le tableau de la page 29, en remplaçant systématiquement $\sin(x)^2$ par $1 - \cos(x)^2$.

Ex.46

```
> u:=sin(x)^2-sin(x)^2*cos(x)^2;
```
$$\sin(x)^2 - \cos(x)^2 \sin(x)^2$$

```
> simplify(u);
```
$$\cos(x)^4 - 2\cos(x)^2 + 1$$

Pour obtenir $\sin(x)^4$ qui paraît plus simple que l'expression retournée dans l'exemple précédent, il est possible d'utiliser `simplify` en imposant d'autres règles de simplifications que celles définies dans le noyau de MAPLE.

Pour transformer $\sin(x)^2 - \cos(x)^2 \sin(x)^2$ en $\sin(x)^4$, il faut imposer comme règle de simplification la relation `cos(x)^2=1-sin(x)^2` que l'on écrit entre crochets comme second argument de `simplify`.

Ex.47

```
> simplify(u,[cos(x)^2=1-sin(x)^2]);
```
$$\sin(x)^4$$

On peut imposer à la fonction **simplify** plusieurs relations de simplification, il suffit de les séparer par des virgules. Une belle application d'une telle utilisation de **simplify** avec plusieurs relations de simplification permet d'exprimer des expressions symétriques à l'aide des fonctions symétriques élémentaires.

Ex.48

```
> f:=sum(a^i*b^(4-i),i=0..4);
```
$$f := b^4 + a\,b^3 + a^2\,b^2 + a^3\,b + a^4$$
```
> simplify(f,[a+b=s,a*b=p]);
```
$$s^4 - 3\,p\,s^2 + p^2$$

Bien que chaque relation de simplification soit écrite comme une équation, l'ordre dans lequel on écrit ses membres n'est pas anodin : il faut mettre à droite les quantités que l'on veut voir figurer dans le résultat. On pourra comparer l'exemple précédent avec la formulation suivante :

Ex.49

```
> simplify(f,[s=a+b,p=a*b]);
```
$$b^4 + a\,b^3 + a^2\,b^2 + a^3\,b + a^4$$

Pour finir il faut signaler que les relations de simplification doivent être des expressions polynomiales (éventuellement au sens large comme le montre l'exemple de **cos(x)^2=1-sin(x)^2**), donc sans dénominateur. Dans l'exemple suivant, l'utilisation de **simplify** avec la relation **a/b=t** mène à un message d'erreur.

Ex.50

```
> restart; f:=(a^3+3*a*b^2)/(3*a^2*b+b^3);
```
$$f := \frac{a^3 + 3\,a\,b^2}{3\,a^2\,b + b^3}$$
```
> simplify(f,[a/b=t]);
```
Error, (in simplify/siderels) side relations must be polynomials in (name or function) variables

Toutefois on peut obtenir la simplification recherchée en évaluant la quantité **simplify(simplify(f,[a=b*t]))** ou plus simplement en posant **a:=b*t**.

Ex.51

```
> a:=b*t: simplify(f);
```
$$\frac{t\,(t^2 + 3)}{3\,t^2 + 1}$$

III.6. Simplification de radicaux : radnormal et rationalize

Il est déconseillé d'utiliser `simplify` avec des expressions contenant des radicaux car il lui arrive assez souvent de ne pas savoir les transformer. Il vaut mieux utiliser `radnormal` ou `rationalize`.

La fonction radnormal

La fonction `radnormal` permet de simplifier les radicaux imbriqués. Cette fonction ne fait pas partie de la bibliothèque standard et doit donc être chargée avant sa première utilisation à l'aide de `readlib(radnormal)`.

Ex.52

```
> x:=(1+sqrt(2))^3;
```
$$x := \left(1 + \sqrt{2}\right)^3$$

```
> y:=expand(x)^(1/3);
```
$$y := \left(5\sqrt{2} + 7\right)^{1/3}$$

```
> simplify(y);
```
$$\left(5\sqrt{2} + 7\right)^{1/3}$$

```
> readlib(radnormal): radnormal(y);
```
$$1 + \sqrt{2}$$

La fonction rationalize

Si `radnormal` gère très bien les radicaux imbriqués, il est préférable d'utiliser `rationalize` pour rendre rationnel le dénominateur d'un quotient. Cette fonction ne fait pas partie de la bibliothèque standard et doit donc être chargée avant sa première utilisation à l'aide de `readlib(rationalize)`.

Ex.53

```
> readlib(rationalize):
  u:=2^(3/4); x:=(1+u)/(1-u);
```
$$u := 2^{3/4}$$
$$x := \frac{1 + 2^{3/4}}{1 - 2^{3/4}}$$

```
> rationalize(x);
```
$$-\frac{1}{7}\left(1 + 2^{3/4}\right)\left(1 + 2^{3/4} + 2\sqrt{2} + 4\,2^{1/4}\right)$$

III.7. Les fonctions collect et sort

La fonction collect

`collect` permet de regrouper les termes de même puissance d'une "expression polynomiale". Si `var` est une variable libre ou une quantité de type `function`, c'est-à-dire une expression non évaluée de la forme `f(x)`, et si `Expr` est une expression polynomiale en `var`, l'évaluation de `collect(Expr,var)` retourne l'expression obtenue à partir de `Expr` en regroupant les termes de même puissance en `var`.

Exemples d'utilisation de `collect` avec des polynômes à une indéterminée

Ex.54

```
> restart;                    Pour réinitialiser le contexte
  f:=(x-a)*(x-b)*(x-c);
```
$$f := (x-a)(x-b)(x-c)$$
```
> f:=expand(f);
```
$$f := x^3 - x^2 c - x^2 b + x b c - a x^2 + a x c + a b x - a b c$$
```
> collect(f,x);
```
$$f := x^3 + (-a-b-c) x^2 + (a c + a b + b c)\, x - a b c$$

Exemples d'utilisation de collect avec une quantité de type `function`.

Ex.55

```
> Expr:=expand(sin(3*x)+cos(3*x));
```
$$Expr := 4\sin(x)\cos(x)^2 - \sin(x) + 4\cos(x)^3 - 3\cos(x)$$
```
> collect(Expr,sin(x));            sin(x) est de type function
```
$$\left(4\cos(x)^2 - 1\right)\sin(x) + 4\cos(x)^3 - 3\cos(x)$$

Si on utilise `collect` avec comme troisième argument une fonction telle que `factor`, `normal` ou `simplify`, alors après regroupement, cette dernière fonction est appliquée à chacun des coefficients.

Appliqué à l'expression de l'exemple précédent, `collect(Expr,sin(x),factor)` permet d'obtenir un regroupement où les coefficients sont sous forme factorisée.

Ex.56

```
> collect(Expr,sin(x),factor);
```
$$(2\cos(x) - 1)(2\cos(x) + 1)\sin(x) + \cos(x)\left(4\cos(x)^2 - 3\right)$$

Remarque : La fonction `collect` fait un appel préalable à `expand`, on peut donc appeler directement cette fonction `collect` sur un polynôme qui n'est pas sous forme développée.

Ex.57

```
> f:=(x-a)*(x-b)*(x-c);
```
$$f := (x - a)(x - b)(x - c)$$

```
> collect(f,x);
```
$$f := x^3 + (-a - b - c) x^2 + (a c + a b + b c) x - a b c$$

Si `Expr` est une expression polynomiale en plusieurs "indéterminées", et si `var_1`, `var_2`, ...`var_p` sont des indéterminées ou des quantités de type `function`, alors l'évaluation de `collect(Expr,[var_1,var_2,...var_p])` retourne l'expression obtenue en regroupant dans `Expr` les termes de même puissance de `var_1`, les termes de chacun des coefficients étant eux-mêmes regroupés selon les puissance de `var_2` et ainsi de suite récursivement jusqu'à `var_p`.

Ex.58

```
> f:=expand((x-a)*(x-b)*(x-c));
```
$$f := x^3 - x^2 c - x^2 b + x b c - a x^2 + a x c + a b x - a b c$$

```
> collect(f,[a,b]);
```
$$((x - c) b - x^2 + x c) a + (-x^2 + x c) b + x^3 - x^2 c$$

```
> collect(f,[b,a]);
```
$$((x - c)a - x^2 + x c) b + (-x^2 + x c) a + x^3 - x^2 c$$

Si on ajoute `distributed` en troisième paramètre, on obtient un regroupement des termes de même degré par rapport aux "indéterminées" de la liste.

Ex.59

```
> collect(f,[a,b],distributed);
```
$$x^3 - x^2 c + (x - c) a b + (-x^2 + x c) a + (-x^2 + x c) b$$

La fonction sort

La fonction `sort` permet d'ordonner une expression polynomiale. Si `var` est une indéterminée ou une quantité de type `function` et si `Expr` est une expression polynomiale développée en `var`, éventuellement obtenue à l'aide de `expand`, alors l'évaluation de `sort(Expr,var)` retourne l'expression obtenue en ordonnant `Expr` selon les puissances décroissantes de `var`.

Ex.60

```
> expand((x^2+x+1)^5);
```
$$1 + 15\,x^2 + 45\,x^4 + 30\,x^3 + 45\,x^6 + 51\,x^5$$
$$+15\,x^8 + 5\,x + 30\,x^7 + x^{10} + 5\,x^9$$

```
> sort(");
```
$$x^{10} + 5\,x^9 + 15\,x^8 + 30\,x^7 + 45\,x^6 + 51\,x^5$$
$$+45\,x^4 + 30\,x^3 + 15\,x^2 + 5\,x + 1$$

```
> u:=expand((x^2+sin(y)+z)^3);
```
$$u := x^6 + 3\sin(y)\,x^4 + 3\,x^4\,z + 3\sin(y)^2\,x^2 + 6\sin(y)\,x^2\,z$$
$$+3\,x^2\,z^2 + \sin(y)^3 + 3\sin(y)^2\,z + 3\sin(y)\,z^2 + z^3$$

```
> sort(u,sin(y));
```
$$\sin(y)^3 + 3\,x^2\sin(y)^2 + 3\,z\sin(y)^2 + 6\,z\,x^2\sin(y)$$
$$+3\,x^4\sin(y) + 3\,z^2\sin(y) + 3\,x^2\,x^2 + 3\,z\,x^4 + x^6 + z^3$$

Pour ordonner suivant les puissances de plusieurs variables on donne ces variables sous forme d'ensemble (entre accolades) ou de liste (entre crochets). L'expression est ordonnée, suivant les puissances décroissantes, en fonction du degré total par rapport à l'ensemble de ces variables. Lorsque les variables sont données sous forme de liste, chaque paquet de termes de même degré total est lui même ordonné récursivement par rapport à cette liste.

Ex.61

```
> sort(u,[x,z]);
```
$$x^6 + 3\,z\,x^4 + 3\sin(y)\,x^4 + 3\,x^2\,z^2 + 6\sin(y)\,x^2\,z + z^3$$
$$+3\sin(y)^2\,x^2 + 3\sin(y)\,z^2 + 3\sin(y)^2\,z + \sin(y)^3$$

```
> sort(u,[z,x]);
```
$$x^6 + 3\,z\,x^4 + 3\,x^2\,z^2 + 3\sin(y)\,x^4 + z^3 + 6\sin(y)\,x^2\,z$$
$$+3\sin(y)\,z^2 + 3\sin(y)^2\,x^2 + 3\sin(y)^2\,z + \sin(y)^3$$

Attention ! La fonction sort est "destructrice" : le tri est fait sur le contenu de la variable envoyée à sort (qui est donc modifié) car MAPLE ne garde qu'une copie de chaque expression qu'il utilise dans une session.

Ex.62

```
> u;
```
$$x^6 + 3\,z\,x^4 + 3\,x^2z^2 + 3\sin(y)\,x^4 + z^3 + 6\sin(y)\,x^2\,z$$
$$+3\sin(y)\,z^2 + 3\sin(y)^2\,x^2 + 3\sin(y)^2\,z + \sin(y)^3$$

IV. Première approche des fonctions

IV.1. Fonctions d'une variable

MAPLE permet à l'utilisateur de créer ses propres fonctions en utilisant une syntaxe voisine de celle utilisée couramment en mathématiques.

Dans l'exemple suivant, on affecte à l'identificateur `Ma_Fonct` une fonction décrite à l'aide de l'opérateur `->` (opérateur *arrow*). On peut alors utiliser `Ma_Fonct` comme n'importe lequel des noms de fonctions inclus dans MAPLE.

Ex.63

```
> Ma_Fonct:=x->x^2+x+1;
```
$$Ma\_Fonc := x \to x^2 + x + 1$$
```
> Ma_Fonct(2);
```
$$7$$
```
> Ma_Fonct(sqrt(2));
```
$$3 + \sqrt{2}$$
```
> Ma_Fonct(t);
```
$$t^2 + t + 1$$

L'écriture d'une fonction peut utiliser un test `if` (cf. ch. 23). L'écho que donne MAPLE d'une telle fonction ne correspond plus à l'écriture mathématique et sera expliqué au chapitre 24 mais la fonction ainsi construite s'utilise de façon analogue.

Comme la fonction `x->x^(1/3)` retourne une valeur non réelle lorsque son argument est négatif (cf. p. 43), on peut par exemple construire une fonction retournant la racine cubique réelle de tout nombre réel même négatif.

Ex.64

```
> Rac_Cub:=x->if x>0 then x^(1/3) else-(-x)^(1/3) fi;
    Rac_ Cub := proc(x)
        options operator,arrow;
            if 0 < x then x^(1/3) else -(-x)^(1/3) fi
        end
> Rac_Cub(-2);
```
$$-2^{1/3}$$
```
> evalc((-2)^(1/3));        pour voir les parties réelle et imaginaire
```
$$\frac{1}{2} \, 2^{1/3} + \frac{1}{2} \, I \, 2^{1/3} \, \sqrt{3}$$

IV.2. Fonctions de plusieurs variables

On peut de façon analogue définir des applications de plusieurs variables. Il ne faut toutefois pas oublier de mettre entre parenthèses la famille d'identificateurs figurant à gauche de l'opérateur ->.

Ex.65

```
> f_1:=(x,y)->(x^3-y^3)/(x-y);
```
$$f\_1 := (x,y) \rightarrow \frac{x^3 - y^3}{x - y}$$
```
> f_1(1,a);
```
$$\frac{1 - a^3}{1 - a}$$

Comme pour les fonctions d'une variable, on peut aussi dans une fonction de plusieurs variables utiliser un test. MAPLE retourne alors un écho sous forme de procédure mais la fonction s'utilise de la même façon. Telle qu'elle est écrite, la fonction précédente n'est pas définie si $x = y$, on peut à titre d'exemple en donner une définition plus complète.

Ex.66

```
> f_1(a,a);
Error, (in f_1) division by zero
```

```
> f_2:=(x,y)->if x<>y then (x^3-y^3)/(x-y) else 3*x^2 fi;
    f_2 := proc(x,y) options operator,arrow;
        if x<> y then (x^3-y^3)/(x-y) else 3*x^2 fi end
```

```
> f_2(1,a);
```
$$\frac{1 - a^3}{1 - a}$$
```
> f_2(a,a);
```
$$3\,a^2$$

Attention ! L'oubli des parenthèses autour de la liste des variables ne donne aucun message d'erreur mais produit un résultat n'ayant rien à voir avec ce que l'on attend.

Ex.67

```
> f:=x,y->(x^3-y^3)/(x-y); f(1,a);
```
$$f := x,y \rightarrow \frac{x^3 - y^3}{x - y}$$
$$x(1,a)\,,\ \frac{x^3 - 1}{x - 1}$$

IV.3. Ne pas confondre fonctions et expressions

Comme en mathématiques, il faut bien distinguer une fonction d'une expression. Dans l'exemple suivant, f est une fonction alors que P est une expression.

Ex.68

```
> f:=x->x^2+x+1;
```
$$f := x \to x^2 + x + 1$$

```
> x:='x':P:=x^2+x+1;
```
$$P := x^2 + x + 1$$

Une première différence entre fonction et expression réside dans la nature de la variable utilisée lors de leur définition : pour définir une fonction il n'est pas nécessaire que le variable soit libre, en revanche la définition d'une expression exige une variable libre ou l'utilisation d'apostrophes.

Ex.69

```
> x:=1;
```
$$x := 1$$

```
> f:=x->x^2+x+1;
```
$$f := x \to x^2 + x + 1$$

```
> P:=x^2+x+1;
```
$$P := 3$$

```
> P:='x^2+x+1';
```
$$P := x^2 + x + 1$$

Si f est une fonction, pour obtenir sa valeur lorsque son argument est égal à **a**, il suffit de demander l'évaluation de f(a).

Ex.70

```
> f(2);
```
$$7$$

Si P est une expression dépendant d'une variable libre x, pour obtenir sa valeur pour x=a, on peut

- soit affecter **a** à x, puis demander l'évaluation de P ; prendre garde qu'alors x n'est plus une variable libre.
- soit utiliser subs(x=a,P) qui retourne le résultat obtenu en substituant **a** à x dans l'expression de P ; dans ce cas x reste une variable libre.

> ```
> x:='x': P:=x^2+x+1:
> ```
> ```
> P;                          l'évaluation de P retourne une expression
> ```
> $$x^2 + x + 1$$
> ```
> x:=1:  P;                   l'évaluation de P retourne un nombre
> ```
> $$3$$

Ex.71

> ```
> x:='x': subs(x=2,P);
> ```
> $$7$$
> ```
> P;                          x est libre et donc l'évaluation de P
>                                 retourne une expression de x
> ```
> $$x^2 + x + 1$$

Attention ! Pour utiliser avec profit la fonction subs il faut que x soit une variable libre. Si, par exemple x contient la valeur 5, comme MAPLE évalue complètement tous les arguments de la fonction subs, l'expression subs(x=2,P) est transformée en subs(5=2,P) ce qui n'a pas l'effet recherché.

IV.4. Passerelles entre expressions et fonctions

Si P est une expression de la variable libre x, l'évaluation de unapply(P,x) retourne la fonction qui à x associe P.

> ```
> restart:                        restart permet de
>                             réinitialiser les variables
> ```

Ex.72

> ```
> Q:=a*x*x+1;
> ```
> $$Q := a\,x^2 + 1$$
> ```
> g:=unapply(Q,x);
> ```
> $$g := x \to a\,x^2 + 1$$

De même si P est une expression des variables libres x et y, l'évaluation de unapply(P,x,y) retourne la fonction qui à (x,y) associe P.

> ```
> R:=x^2+x*y+y^2;
> ```
> $$R := x^2 + xy + y^2$$

Ex.73

> ```
> h:=unapply(R,x,y);
> ```
> $$h := (x,y) \to x^2 + xy + y^2$$

Inversement, si f est une fonction d'une variable et si g est une fonction de deux variables alors f(x) et g(x,y) sont des expressions avec lesquelles on pourra calculer comme avec n'importe quelle expression entrée au clavier ou résultant d'un calcul.

V. Simplification des fonctions puissances

Cette partie, un peu plus théorique que les précédentes, est consacrée à une définition précise des fonctions exponentielles et logarithmes et de l'opérateur d'exponentiation $(x, y) \mapsto x\,\hat{}\,y = x^y$ ainsi qu'à l'étude du comportement de simplify sur des expressions utilisant ce type de fonctions. Elle peut être sautée lors d'une première lecture mais permettra à l'utilisateur de trouver les précisions nécessaires lorsque le besoin s'en fera sentir.

V.1. Définition des fonctions exp, ln et puissance

Dans cette partie nous supposons connues les fonctions d'une variable réelle t

$$\left\{ \begin{array}{ccc} \mathbb{R} & \to & \mathbb{R} \\ t & \mapsto & e^t \end{array} \right. \quad \left\{ \begin{array}{ccc} \mathbb{R}^*_+ & \to & \mathbb{R} \\ t & \mapsto & \ln t \end{array} \right. \quad \left\{ \begin{array}{ccc} \mathbb{R} & \to & \mathbb{C} \\ t & \mapsto & \exp(I\,t) = \cos t + I \sin t \end{array} \right.$$

Définition des fonctions exponentielle et logarithme

Pour tout complexe z on pose:

$$\exp(z) = e^{\mathrm{Re}(z)} e^{i\,\mathrm{Im}(z)} = e^{\mathrm{Re}(z)} \left(\cos(\mathrm{Im}\,(z)) + i\,\sin(\mathrm{Im}\,(z)) \right)$$

et, de même, pour tout $z \neq 0$, on pose

$$\ln(z) = \ln\left(|z|\right) + i\,\mathrm{argument}(z)$$

où $\mathrm{argument}(z)$ désigne l'unique réel t de $]-\pi, \pi]$ tel que $z = |z|\,e^{i\,t}$.

D'après sa définition, la fonction exp est périodique de période $2\,i\,\pi$. Elle n'est donc pas injective comme c'est le cas quand on se limite au domaine réel, et la résolution pour $z \neq 0$ de l'équation $z = \exp(u)$ donne

$$u = \ln\left(|z|\right) + i\left(\mathrm{argument}(z) + 2k\pi\right) \quad \text{avec } k \in \mathbb{Z}$$

ce qui est encore égal à

$$u = \ln(z) + 2\,I\,k\,\pi \quad \text{avec } k \in \mathbb{Z}.$$

Ex.74

```
> exp(I*Pi/2);
                              I
> evalc(exp(2+I*t));
                evalc pour obtenir parties réelle et imaginaire
                    e² cos(t) + I e² sin(t)
> evalc(ln(-2));
                        ln(2) + I π
```

Avec ces définitions des fonctions exp et ln, on a pour tous complexes z, z_1, z_2 :

$$\exp(\ln(z)) = z$$

$$\ln(\exp(z)) = z \Leftrightarrow \text{Im}(z) \in \,]-\pi, \pi]$$

$$\exp(z_1 + z_2) = \exp(z_1)\,\exp(z_2)$$

$$\ln(z_1\,z_2) = \ln(z_1) + \ln(z_2) \Leftrightarrow \text{argument}(z_1) + \text{argument}(z_2) \in \,]-\pi, \pi]$$

$$\forall n \in \mathbb{Z} \quad \exp(n\,z) = \exp(z)^n$$

$$\forall n \in \mathbb{Z} \quad \ln(z^n) = n\,\ln(z) \Leftrightarrow n\,\text{argument}(z) \in \,]-\pi, \pi\,]$$

La fonction puissance

Si la définition de l'opérateur d'exponentiation $(x, y) \longmapsto x^y$ et son utilisation sont bien connues lorsque y est un entier positif ou négatif, il n'en est pas de même pour lorsque y prend des valeurs fractionnaires, réelles ou même complexes. Or MAPLE permet d'écrire une expression telle que x^y dans laquelle x et y sont des variables auxquelles on pourra attribuer n'importe quelle valeur complexe.

Pour définir x^y, MAPLE se place dans le domaine complexe et pose

$$x^y = \exp(y\,\ln(x)) = \exp\left[y\left(\ln|x| + i\,\text{argument}(x)\right)\right] \qquad (*)$$

Lorsque y est un entier, $(*)$ est une autre écriture de la formule d'élévation à une puissance entière d'un complexe écrit sous forme trigonométrique, car

$$x^y = \exp\left[y\left(\ln|x| + i\,\text{argument}(x)\,\right)\right] = |x|^y\,\exp(i\,y\,\text{argument}(x)).$$

Lorsque x est réel positif et y réel quelconque, l'argument de x est nul et $(*)$ s'écrit

$$x^y = \exp\left[y \,.\, \ln|x|\,\right] = e^{y\,\ln x}.$$

La relation $(*)$ est donc une généralisation des définitions plus classiques de x^y.

Avec cette définition de la puissance, on a pour tous complexes z, z_1, z_2, a, b

$$z^a\,z^b = z^{a+b}$$

$$(z^b)^a = z^{a\,b} \Leftrightarrow a\,b\,\ln(z)) = a\,\ln(e^{b\,\ln(z)}) \quad [2\,i\,\pi]$$

$$z_1^a\,z_2^a = (z_1\,z_2)^a \Leftrightarrow a\,\ln(z_1\,z_2) = a\,\ln(z_1) + a\,\ln(z_2) \quad [2\,i\,\pi]$$

En particulier, les égalités de droite des deux équivalences sont vraies lorsque a est entier, ce qui redonne des résultats bien connus.

Racine carrée, racine cubique et fonction surd

Si on utilise la formule (∗) de la page 42 avec $y = 1/2$ et z quelconque, on trouve :

$$z^{1/2} = \exp\left[\frac{1}{2} \cdot (\ln|z| + i\,\text{argument}(z))\right] = \sqrt{|z|}\exp\left(\frac{1}{2}i\,\text{argument}(z)\right)$$

On peut alors vérifier que $z^{1/2}$ est une racine carrée de z, c'est à dire un nombre dont le carré est égal à z. C'est en fait la racine de z dont l'argument appartient à l'intervalle $]-\pi/2, \pi/2]$.

Avec une telle définition de $\sqrt{z} = z^{1/2} = \text{sqrt(z)}$, on peut vérifier que

$$\left(z^{1/2}\right)^2 = z$$
$$\left(z^2\right)^{1/2} = z \Leftrightarrow \text{argument}(z) \in \left]-\frac{\pi}{2}, \frac{\pi}{2}\right]$$

En particulier $\sqrt{-1} = \text{sqrt(-1)} = \exp\left(i\frac{\pi}{2}\right) = \text{I}$, ce qui correspond bien à la définition de I pour MAPLE.

Comme on a de façon évidente $-1 = \sqrt{-1}\sqrt{-1} \neq \sqrt{1} = 1$, on voit que la relation

$$\sqrt{u}\sqrt{v} = \sqrt{uv}$$

n'est pas vraie avec des complexes u et v quelconques.

Si on utilise la formule (∗) de la page 42 avec $x = -1$ et $y = 1/3$, on a

$$(-1)\char`\^(1/3) = \exp\left(\frac{1}{3}(\ln(1) + i\pi)\right) = \exp\left(i\frac{\pi}{3}\right) = \frac{1}{2} + i\frac{\sqrt{3}}{2}$$

alors que si on se limite au domaine réel, on a l'habitude de considérer que la racine cubique de -1 est égale à -1.

Comme l'opérateur ⌃ retourne une valeur non réelle d'une racine cubique de nombre négatif, MAPLE a introduit la fonction **surd** qui en fournit un résultat réel.

- Si x contient un réel et n un entier impair alors **surd(x,n)** retourne la racine n^{eme} réelle de x.
- Plus généralement, si x contient un complexe et n un entier, **surd(x,n)** retourne la racine n^{eme} de x dont l'argument est le plus proche de celui de x.

Ex.75
```
> surd(-1,3);
                        -1
> evalc(surd(-1,8));
            -1/2 sqrt(2 + sqrt(2)) + 1/2 I sqrt(2 - sqrt(2))
```
$$-\frac{1}{2}\sqrt{2 + \sqrt{2}} + \frac{1}{2}I\sqrt{2 - \sqrt{2}}$$

V.2. La fonction simplify

Maintenant que nous avons précisé la définition des fonctions exponentielle, logarithme et puissance nous pouvons revenir sur le comportement de la fonction simplify. Comme les transformations correspondant aux trois premières lignes power, radical et sqrt du tableau donné page 29 ne sont pas valables pour toute valeur complexe des arguments y figurant, la fonction simplify n'exécute ces transformations que dans deux cas :

- lorsque simplify est utilisé avec l'option symbolic, cf. p. 29
- lorsqu'elles sont valides pour toutes les valeurs du domaine où l'on travaille, cf. assume p. 46

Etude d'un exemple : simplify((a^b)^c)

Avec l'option symbolic, la fonction simplify retourne a^{bc}, alors que sans l'option simplify elle laisse la quantité inchangée puisque comme, on peut le vérifier, les deux quantités ne sont pas égales pour toute valeur des variables a, b et c.

Ex.76

```
> restart; u:=(a^b)^c:           le symbole : évite l'écho

> u1:=simplify(u,symbolic);
```
$$u1 := a^{(bc)}$$
```
> u2:=simplify(u);
```
$$u2 := \left(a^b\right)^c$$
```
> a:=-1: b:=3: c:=1/3: u1; evalc(u2);
```
$$-1$$
$$\frac{1}{2} + \frac{1}{2}I\sqrt{3}$$

Lorsque b et c sont entiers la transformation est réalisée même sans l'option symbolic puisque, dans ce cas, elle est valable pour toutes valeurs de a. En revanche lorsque b est fractionnaire, elle n'est réalisée que lorsque c est entier, seul cas où l'on est sûr de l'égalité des deux quantités.

Ex.77

```
> a:='a': b:=3: c:=4: simplify(u), u1;
```
$$a^{12} , a^{12}$$
```
> b:=5/2: c:=2: simplify(u), u1;
```
$$a^5 , a^5$$
```
> a:=-1: b:=5/2: c:=2: simplify(u), u1;
```
$$1 , -1$$

Utilisation de la fonction assume

Quand on sait que certaines variables sont dans des domaines particuliers, il est possible de le préciser à MAPLE à l'aide de la fonction **assume**. Ainsi,

- **assume(a,real)** permet d'indiquer que a est réel.
- **assume(b>0)** permet d'indiquer que b est réel positif.

La fonction **assume** permet de poser de nombreuses autres hypothèses et on peut en avoir une liste plus détaillée en tapant **?assume**.

Si, à l'aide de **assume**, on précise à MAPLE que a est positif et que b et c sont réels, la fonction **simplify** peut à nouveau transformer $(a^b)^c$ en a^{bc} puisque, sous ces hypothèses, les deux quantités sont égales.

Ex.78
```
> a:='a':b:='b':c:='c':                il faut libérer les variables
                                        avant d'utiliser assume

> assume(b,real);assume(c,real);assume(a>0);

> u1:=simplify(u);                      u contient (a^b)^c
```
$$u1 := a \sim^{(b\sim\, c\sim)}$$

Remarque : Par défaut une variable, soumise à une hypothèse à l'aide de **assume**, est ensuite affichée à l'écran suivie du symbole $\sim$ pour indiquer à l'utilisateur qu'il y a une condition sur cette variable. En utilisant le choix **Assumed Variables** du menu **Options**, il est possible de remplacer ce symbole $\sim$ par la phrase *with assumptions on a*, voire de supprimer toute annotation.

On peut retrouver les hypothèses émises sur une variable à l'aide de la fonction **about**.

Ex.79
```
> about(a);
```
Originally a, renamed a~:
is assumed to be: RealRange(Open(0),infinity)

Attention ! Si a est une variable soumise à une contrainte à l'aide de **assume** il est impossible de réaliser une affectation du genre a$\sim$:=b. Si cette variable a intervient dans une expression Expr et que l'on veut calculer la valeur de Expr pour a=b, il faut absolument utiliser subs(a=b,Expr).

Si, dans l'exemple précédent, on veut la valeur de u1 pour **a=1**, il faut utiliser la fonction **subs** et non pas une simple affectation qui n'a alors aucun effet.

Ex.80
```
> subs(a=1,u1);
```
$$1$$

Non seulement l'affectation **a:=1** n'a aucun effet, mais elle bloque toute utilisation ultérieure de **subs** :

Ex.81
```
> a:=1; u1;
```
$$a := 1$$
$$a \sim^{(b \sim c \sim)}$$
```
> a:='a'; subs(a=1,u1);
```
$$a \sim^{(b \sim c \sim)}$$

Utilisation de l'option assume dans simplify

Il est possible d'émettre une hypothèse sur toutes les variables intervenant dans une expression à laquelle on applique **simplify** en ajoutant, lors de l'appel de **simplify**, un argument du type **assume=<prop>**. Par exemple **assume=positive** indique que toutes les variables intervenant dans l'expression ne peuvent prendre que des valeurs réelles positives.

Ex.82
```
> a:='a': b:='b': c:='c':
```
Ces affectations suppriment les hypothèses.
```
> simplify(u);
```
On donc n'a plus de transformation.
$$(a^b)^c$$
```
> simplify(u,assume=positive);
```
Avec assume=positive, on obtient à nouveau les transformations.
$$a^{(b\,c)}$$

Remarque : L'hypothèse émise lors d'un tel appel à **simplify** est utilisée seulement lors de la phase de simplification et n'a aucune incidence sur les variables intervenant dans cette simplification : elles n'apparaîtront donc pas ensuite suivies du symbole ∼. On peut le vérifier sur les variables de l'exemple précédent à l'aide de la fonction **about**.

Ex.83
```
> about(a);
```
a:
nothing known about this object

La fonction sqrt et la fonction csgn

Avec la définition de $z^{1/2} = \mathtt{sqrt(z)} = \exp(\ln(z)/2)$, on peut vérifier que

- $\left(z^{1/2}\right)^2$ est toujours égal à z.
- $\left(z^2\right)^{1/2}$ n'est égal à z que si l'argument de z appartient à $]-\pi/2, \pi/2]$.

La simplification $\left(z^{1/2}\right)^2 \to z$ est réalisée automatiquement par MAPLE.

En revanche la quantité $\left(z^2\right)^{1/2}$ n'est pas simplifiée automatiquement et $\mathtt{simplify((z\text{\textasciicircum}2)\text{\textasciicircum}(1/2))}$ retourne $csgn(z)\,z$ où la fonction **csgn** est définie par

$$\mathbf{csgn(z)} = \begin{cases} 1 & \text{si } Re(z) > 0 \text{ ou } (Re(z) = 0 \text{ et } Im(z) > 0) \\ -1 & \text{si } Re(z) < 0 \text{ ou } (Re(z) = 0 \text{ et } Im(z) < 0) \\ 0 & \text{si } z = 0 \end{cases}$$

Ex.84

```
> restart; u:=x^2+2*x+1; v:=u^(1/2);
```
$$u := x^2 + 2\,x + 1$$
$$v := \sqrt{x^2 + 2\,x + 1}$$
```
> simplify(v);
```
$$csgn(x+1)\,(x+1)$$
```
> simplify(v, symbolic);
```
$$x + 1$$

V.3. La fonction combine

Les principales transformations réalisées par **combine** sont résumées dans la colonne de droite du tableau ci-dessous

Option	Transformation exécutée
trig	linéarisation des expressions trigonométriques (circulaires ou hyperboliques)
exp	$e^x * e^y \to e^{x+y} \quad (e^x)^a \to e^{x*a}$ $e^{x+n*\ln(y)} \to e^x * y^n$
ln	$\ln(x) + \ln(y) \to \ln(x*y)$ $a*\ln(x) \to \ln(x^a)$
power	$z^x * z^y \to z^{x+y} \quad (z^x)^a \to z^{x*a}$ $\sqrt{-a} \to i\sqrt{a}$

En ce qui concerne les lignes `exp`, `ln` et `power`, la fonction `combine`, comme la fonction `simplify`, n'exécute que les transformations valides pour toutes valeurs complexes des variables.

Si on veut que `combine` ne réalise que certaines des transformations du tableau précédent, on peut utiliser en second paramètre un ensemble d'options figurant dans la colonne de gauche du tableau : l'ensemble de ces options doit être délimité par des accolades que l'on peut omettre lorsque l'on utilise une seule option. Sans option, `combine` réalise toutes les transformations du tableau.

Ex.85

$$
\begin{aligned}
&\texttt{> combine(sin(a)*cos(b));} \\
&\qquad \tfrac{1}{2}\sin(a+b) - \tfrac{1}{2}\sin(-a+b) \\
&\texttt{> combine(x\^{}a*x\^{}b+exp(x)*exp(y),exp);} \\
&\qquad x^a\, x^b + e^{(x+y)} \\
&\texttt{> combine(x\^{}a*x\^{}b+exp(x)*exp(y)+sin(x)\^{}4,power);} \\
&\qquad x^{(a+b)} + e^{(x+y)} + \sin(x)^4 \\
&\texttt{> combine(x\^{}a*x\^{}b+exp(x)\^{}5+sin(x)\^{}4,\{trig,exp\});} \\
&\qquad x^a\, x^b + e^{(5\,x)} + \tfrac{3}{8} + \tfrac{1}{8}\cos(4x) - \tfrac{1}{2}\cos(2x)
\end{aligned}
$$

Utilisée avec `symbolic` comme troisième argument, la fonction `combine` réalise toutes les transformations du tableau précédent, même celles qui ne sont pas valables pour certaines valeurs complexes des variables. Si on désire pas utiliser d'option de transformation, il faut alors mettre un ensemble vide `{ }` en second argument.

Ex.86

$$
\begin{aligned}
&\texttt{> combine(ln(x)+ln(y)+sin(x)\^{}4);} \\
&\qquad \ln(x) + \ln(y) + \frac{3}{8} + \frac{1}{8}\cos(4x) - \frac{1}{2}\cos(2x) \\
&\texttt{> combine(ln(x)+ln(y)+sin(x)\^{}4,ln);} \\
&\qquad \ln(x) + \ln(y) + \sin(x)^4 \\
&\texttt{> combine(ln(x)+ln(y)+sin(x)\^{}4,ln,symbolic);} \\
&\qquad \ln(x\,y) + \sin(x)^4 \\
&\texttt{> combine(ln(x)+ln(y)+sin(x)\^{}4,symbolic);} \\
&\quad \textit{Error, (in combine) unable to combine with respect to, symbolic} \\
&\texttt{> combine(ln(x)+ln(y)+sin(x)\^{}4,\{ \},symbolic);} \\
&\qquad \ln(x\,y) + \tfrac{3}{8} + \tfrac{1}{8}\cos(4x) - \tfrac{1}{2}\cos(2x)
\end{aligned}
$$

Chapitre 3

Arithmétique

I. Divisibilité

I.1. Quotient et reste

Ce sont les fonctions `iquo` (integer quotient) et `irem` (integer remainder) qui permettent de calculer respectivement le quotient et le reste de la division entière. Si **a** et **b** sont deux entiers

- `iquo(a,b)` renvoie le quotient de la division entière de **a** par **b**,
- `irem(a,b)` renvoie le reste de la division entière de **a** par **b**.

Ex. 1

```
> restart; iquo(24,7);        restart pour réinitialiser le contexte
                          3
> irem(12,7);
                          5
```

On peut utiliser en option dans la fonction `iquo` (resp. `irem`) un troisième paramètre qui au retour contient le reste (resp. le quotient) de la division.

Ex. 2

```
> iquo(24,9,r);r;
                          2
                          6
```

Toutefois, si on utilise la syntaxe précédente avec deux autres entiers, MAPLE retourne un message d'erreur peu compréhensible pour un utilisateur débutant

Ex. 3

```
> iquo(12,7,r);
  Error, wrong number (or type) of parameters in function iquo;
```

En effet lorsque MAPLE rencontre `iquo(12,7,r)`, il commence par en évaluer
tous les arguments, ce qui donne `iquo(12,7,6)`. Comme la fonction `iquo` est
programmée pour ne pas accepter de troisième argument numérique, on peut
mieux comprendre le contenu du message d'erreur.

Il y a deux façons pour utiliser cette fonction `iquo` avec un troisième argument r

- soit on libère r avant d'appeler `iquo`, en utilisant l'affectation `r:='r'`
- soit on met l'identificateur r entre apostrophes.

Ex. 4

```
> r:='r': iquo(24,9,r) : r ;
                                    6
> iquo(12,7,'r') : r ;
                                    5
```

La présence d'apostrophes autour de r empêche MAPLE de réaliser une évaluation
complète de cet argument et en limite l'évaluation au premier niveau : ainsi c'est
le nom r qui est transmis à la procédure et non la valeur sur laquelle pointe r.
L'utilisation systématique d'apostrophes peut sembler être ici une bonne méthode,
mais l'utilisateur doit prendre garde qu'il peut alors modifier sans s'en apercevoir
des liens existant entre les variables.

I.2. P.g.c.d. et algorithme d'Euclide

Les fonctions igcd et ilcm

Les fonctions `igcd` (integer greatest common divisor) et `ilcm` (integer least common multiple) permettent respectivement de calculer le pgcd et le ppcm .

Etant donnés k entiers a1, a2,..., ak

- `igcd(a1,a2,...,ak)` retourne le pgcd des entiers a1, a2,...,ak
- `ilcm(a1,a2,...,ak)` retourne le ppcm des entiers a1, a2,...,ak

Ex. 5

```
> igcd(12,16);
                                    4
> ilcm(12,16);
                                   48
> ilcm(12,16,15);
                                  240
```

Algorithme d'Euclide étendu : la fonction igcdex

Etant donné a,b deux entiers et u,v deux variables libres, igcdex(a,b,u,v)
retourne le pgcd de a et b, et attribue aux variables u et v des valeurs u0 et v0
telles que : u0 a+v0 b=pgcd(a,b).

Ex. 6
```
> u:='u': v:='v' : d:=igcdex(12,7,u,v);
                          d := 1
> u ; v;
                              3
                             -5
> 12*u+7*v-d;                              Pour vérifier
                              0
```

Attention ! Lors de l'appel de la fonction igcdex, les identificateurs u et v doivent
représenter des variables non affectées ou doivent se trouver entre apostrophes sinon
MAPLE génère un message d'erreur (cf. p. 50).

Ex. 7
```
> d:=igcdex(27,12,u,v);
Error, (in igcdex) Illegal use of a formal parameter
```

Encore une fois, on vient d'observer une conséquence de la façon dont MAPLE
évalue un appel de fonction en commençant par en évaluer tous les arguments.

Dans l'exemple précédent, u et v sont d'abord remplacés respectivement par 3
et -5 ce qui conduit MAPLE à évaluer igcdex(12,7,3,-5) et mène au message
d'erreur *Error, (in igcdex) Illegal use of a formal parameter*, car c'est une valeur
numérique et ce n'est pas un nom de variable qui est transmis comme troisième
argument à la fonction igcdex.

Comme on l'a vu page 50, on peut dans un tel cas soit libérer les variables soit
utiliser des apostrophes

Ex. 8
```
> u:='u' : v:='v' : igcdex(27,12,u,v) : u, v;
                          1, -2
> igcdex(27,12,'u','v'):u,v;
                          1, -2
```

I.3. Décomposition en facteurs premiers

Etant donné un entier naturel n,

- `nextprime(n)` retourne le plus petit nombre premier strictement supérieur à n
- `prevprime(n)` retourne le plus grand nombre premier strictement inférieur à n.
- `ithprime(n)` retourne le n^{ième} nombre premier.
- `isprime(n)` retourne **true** (vrai) si n est premier et **false** (faux) sinon.
- `ifactor(n)` retourne la décomposition de n en facteurs premiers.

Ex. 9

```
> isprime(561);
                              false
> ithprime(17);
                               59
> prevprime(1001), nextprime(1001);
                            997, 1009
> ifactor(561); ifactor(2727);
                           (3)(11)(17)
                            (3)^3(101)
```

Remarque : La fonction `isprime` est un test probabiliste de primarité retournant un booléen

- Si elle retourne **false** le nombre est assurément composé
- Si elle retourne **true** il y a de fortes chances que le nombre soit premier.

I.4. Congruences

Par défaut l'opérateur mod permet de calculer des résidus positifs. Etant donné trois entiers naturels a,b,n tels que n et b soient premiers entre eux,

- `a mod n` retourne l'unique entier de $[0,n[$ congru à a modulo n.
- `(1/b) mod n` retourne l'unique entier c de $[0,n[$ tel que $b\,c \equiv 1\ [n]$
- `(a/b) mod n` retourne l'unique entier d de $[0,n[$ tel que $b\,d \equiv a\ [n]$

Ex.10

```
> 14 mod 4, 1/2 mod 17;
                             2, 9
```

Ex.11

> 1/2 mod 14 ;   **2 et 14 ne sont pas premiers entre eux**
> *Error, the modular inverse does not exist*
> 4/3 mod 14;

$$6$$

Après avoir exécuté `mod`:= mods , l'opérateur mod permet de calculer des résidus symétriques. Si a, b et n sont des entiers naturels tels que n et b sont premiers entre eux et si J représente l'intervalle -trunc((n-1)/2)..trunc(n/2), c'est-à-dire l'ensemble des entiers compris entre -(n-1)/2 et n/2,

- a mod n   retourne l'unique entier de J congru à a modulo n
- (1/b) mod n   retourne l'unique entier c de J tel que b c ≡ 1 [n]
- (a/b) mod n   retourne l'unique entier d de J tel que b d ≡ a [n]

Attention ! Dans l'affectation `mod`:=mods, il ne faut pas oublier de mettre mod entre apostrophes inversées (ALTGR-7 sur un clavier standard des P.C.) pour que MAPLE puisse réaliser une affectation et non pas une évaluation de l'opérateur mod.

Ex.12

> `mod`:=mods;

$$mod := mods$$

> 1/2 mod 17;

$$-8$$

Pour revenir à la première définition de mod, qui retourne le résidu positif, il suffit de taper `mod`:=modp.

Pour calculer les résidus de grandes puissances modulo un entier donné, il est préférable d'utiliser l'opérateur &^ qui n'évalue pas ses arguments et qui force MAPLE à calculer intelligemment la puissance à l'aide de congruences plutôt que de commencer par le calcul de la puissance dans l'ensemble des entiers. On pourra avec intérêt comparer les temps de calcul des deux formulations suivantes :

Ex.13

> `mod`:=modp: 7&^12345 mod 17;

$$10$$

> 7^12345 mod 17;

$$10$$

II. Equations diophantiennes

II.1. Théorème chinois

La fonction `chrem` (chinese remainder) permet de résoudre un système de congruences multiples. Etant donné k entiers `r1`, `r2`, ... `rk` ainsi que k entiers `n1`, `n2`, ... `nk` deux à deux premiers entre eux, `chrem([r1,r2,...,rk],[n1,n2,...nk])` retourne un nombre entier `x` vérifiant

$$\forall i \in [1, k],\ x \equiv \mathtt{r\,i} \mod \mathtt{n\,i}.$$

Lorsque la variable d'environnement `mod` contient `modp`, la fonction `chrem` retourne le résidu positif modulo `n1 n2...nk`. Lorsque `mod` contient `mods`, elle retourne le résidu symétrique (cf. p. 53).

Ex.14

```
> chrem([9,6,4],[3,5,7]);
                              81
> 'mod':=mods : chrem([9,6,4],[3,5,7]);
                             -24
```

Lorsque les `ni` ne sont pas premiers entre eux, MAPLE retourne l'un des messages :

Ex.15

```
> chrem([9,6,4],[3,5,15]);
  Error, (in chrem) division by zero
 chrem([9,6,4],[5,15,3]);
  Error, (in chrem) the modular inverse does not exist
```

II.2. Résolution d'équations modulo n

C'est la fonction `msolve` qui permet de résoudre des équations modulo n. L'appel de cette fonction nécessite deux arguments : le premier est l'équation (ou le système d'équations) à résoudre et le second est le module définissant la congruence.

Exemple de résolutions d'équations

Ex.16

```
> restart; Sol:=msolve(x^4=1,33);
```
$$Sol := \{x = 23\}, \{x = 10\}, \{x = 32\}, \{x = 1\}$$

Lorsque l'équation n'a aucune solution, `msolve` ne renvoie rien

Ex.17
```
> Sol:=msolve(x^2=-1,33);
```
$$Sol :=$$

Lorsque l'équation est vérifiée pour toute valeur de x, `msolve` retourne $\{x = x\}$.

Ex.18
```
> msolve(x^561=x,561);
```
$$\{x = x\}$$

Lorsqu'on utilise `msolve` pour résoudre un système d'équations il faut mettre les équations entre accolades.

Ex.19
```
> msolve({2*x+3*y=3,4*x+y=5},13);
```
$$\{y = 8, x = 9\}$$

II.3. Equations classiques

Pour résoudre une équation en nombre entiers, il faut utiliser `isolve` que l'on appelle avec comme seul argument l'équation à résoudre. La fonction `isolve` permet surtout de résoudre les équations classiques de degré deux comme l'équation de *Pell-Fermat* ou l'équation de *Pythagore*.

Ex.20
```
> isolve(x*x-y*y=9);
```
$$\{x = 5, y = -4\}, \{x = -5, y = -4\}, \{y = 0, x = 3\},$$
$$\{y = 0, x = -3\}, \{x = -5, y = 4\}, \{x = 5, y = 4\}$$

Ex.21
```
> isolve(x^2-11*y^2=1);
```
$$\left\{x = -\frac{1}{2}\%2 - \frac{1}{2}\%1, y = \frac{1}{22}\sqrt{11}\,(\%2 - \%1)\right\},$$
$$\left\{x = -\frac{1}{2}\%2 - \frac{1}{2}\%1, y = -\frac{1}{22}\sqrt{11}\,(\%2 - \%1)\right\},$$
$$\left\{x = \frac{1}{2}\%2 + \frac{1}{2}\%1, y = -\frac{1}{22}\sqrt{11}\,(\%2 - \%1)\right\}$$
$$\%1 \quad : \ = \left(10 - 3\sqrt{11}\right)^{-N1}$$
$$\%2 \quad : \ = \left(10 + 3\sqrt{11}\right)^{-N1}$$

Dans l'exemple précédent, MAPLE utilise un paramètre _N1 : le nom de cette variable commence par _ (caractère de soulignement) comme pour toutes les variables que MAPLE introduit de son propre chef.

De plus MAPLE utilise des *labels* notées %1 et %2 par lesquels il remplace les quantités $\left(10 - 3\sqrt{11}\right)^{-N\,1}$ et $\left(10 + 3\sqrt{11}\right)^{-N\,1}$ intervenant très souvent dans l'expression du résultat, ce qui donne une écriture plus compacte.

L'utilisateur ne peut introduire de telles étiquettes mais il peut les utiliser une fois que MAPLE les a introduites. Dans l'exemple précédent, pour calculer la valeur de $\left(10 - 3\sqrt{11}\right)^{-N\,1} + \left(10 + 3\sqrt{11}\right)^{-N\,1}$ lorsque _N1 = 10, il suffit d'écrire

Ex.22
```
> expand(subs(_N1=10,%1+%2));
                        9986232009998
```

On peut empêcher MAPLE d'utiliser des *labels* en exécutant l'instruction interface(labelling=false). A titre d'exemple, le lecteur peut essayer

Ex.23
```
> restart; interface(labelling=false);
    isolve(x^2-11*y^2=1);
```

Chapitre 4

Nombres réels
Nombres complexes

I. Les nombres réels

I.1. Ecriture à l'écran des nombres réels

Le type integer

Une valeur entière est automatiquement mise sous forme d'un seul entier qui s'affiche toujours à l'écran en base 10, une telle écriture pouvant éventuellement utiliser plusieurs lignes d'écran. Une valeur entière possède le type **integer**.

Ex. 1
```
> a:=2^10+1;
```
$$a := 1025$$
```
> whattype(a);
```
whattype retourne le type d'une expression
$$integer$$

Le type fraction

Une valeur fractionnaire non entière est automatiquement mise sous forme d'un quotient de deux entiers premiers entre eux, avec un dénominateur strictement positif et c'est ainsi qu'elle est écrite à l'écran ; elle est de type **fraction**.

Ex. 2
```
> a:=15*(-5^(-2))+3;
```
$$a := \frac{12}{5}$$
```
> whattype(a);
```
$$fraction$$

Le type float

Une valeur s'exprimant à partir de rationnels, utilisant les quatre opérations et au moins une fois le point décimal est automatiquement simplifiée et stockée sous forme d'un entier, la mantisse, et d'une puissance de 10, l'exposant. Un tel élément est de type **float**.

L'écriture à l'écran d'une telle valeur utilise la plupart du temps une forme décimale classique comme 123456.789 ou une écriture scientifique comme .602 10^{24}. L'utilisateur peut entrer un décimal sous l'une de ces deux formes en prenant garde de ne pas oublier le symbole * entre la mantisse et la puissance de 10.

Ex. 3

```
> 123456.789 , 1234567.89 , 123.456789*10^(-15);
```
$$123456.789, \ .123456789 \ 10^7, \ .123456789 \ 10^{-12}$$

```
> a:=10.; whattype(a);
```
avec point décimal,
a est de type float

$$a := 10.$$
$$float$$

```
> b:=10; whattype(b);
```
sans point décimal,
b est de type integer

$$b := 10$$
$$integer$$

Si a et b sont deux entiers **Float** (a,b) désigne le nombre décimal $a \times 10^b$. MAPLE utilise aussi cette fonction à la place de la notation décimale pour écrire le nombre $a \times 10^b$ lorsque ce dernier est trop grand ou trop petit en valeur absolue.

Ex. 4

```
> Float(6023,20);
```
$$.6023 \ 10^{24}$$

```
> 10000.^10000;
```
$$Float(1000000000, 39991)$$

Les autres réels

Les réels de type **integer** ou **fraction** sont pour MAPLE réunis dans le type **rational**. De même, les réels de type **rational** ou **float** sont réunis dans le type **numeric**. Ces deux types ne sont pas des types de base retournés par **whattype** mais ils peuvent être testés à l'aide de la fonction **type**.

Des nombres comme `ln(2)`, `sin(1)`, `Pi+1`, `sqrt(2)` sont écrits à l'écran en utilisant leur expression littérale classique ; ils ne sont pas de type `numeric`. MAPLE regroupe dans le type `realcons` toutes les valeurs numériques réelles, y compris celles qui ne sont pas de type `numeric`. Ce type `realcons` (cf. ch 21) n'est pas un type de base retourné par `whattype` mais il peut être testé à l'aide `type`.

I.2. Valeur décimale approchée des réels

La fonction evalf

En général, MAPLE ne fait aucune évaluation décimale des réels. C'est la fonction `evalf` qui permet d'obtenir une valeur décimale approchée des nombres réels.

- Si a contient une valeur numérique réelle, `evalf(a)` retourne une valeur approchée de **a** en écriture décimale comportant un nombre de chiffres significatifs égal au contenu de la variable globale `Digits` .

- Si n contient une valeur entière `evalf(a,n)` retourne une valeur approchée de **a** avec n chiffres significatifs. Dans chacun des cas l'expression retournée est du type `float`.

Ex. 5

```
> a:=22/7; b:=Pi; c:=sqrt(2);
```
$$a := \frac{22}{7} \quad b := \pi \quad c := \sqrt{2}$$
```
> evalf(a);                          par défaut Digits vaut 10
```
$$3.142857143$$
```
> Digits:=18:  evalf(b);             ou directement evalf(b,18)
```
$$3.14159265358979324$$
```
> evalf(c) , evalf(c,3);
```
$$1.41421356237309505 \ , \ 1.41$$

L'écriture retournée par `evalf` peut être sous forme décimale élémentaire comme ci-dessus, ou elle peut utiliser la notation scientifique (avec une mantisse comprise entre 0.1 et 1), ou la fonction `Float`.

Ex. 6

```
> restart; evalf(Pi*(6400)^2); evalf(1/");
```
$$.1286796351 \ 10^9$$
$$.7771237455 \ 10^{-8}$$
```
> evalf(2.^(2^(20)));
```
$$Float(6741140125, 315643)$$

Cas des expressions contenant un élément de type float

Toute expression mathématique obtenue à l'aide des opérateurs +, -, *, ^, /
et à partir de termes de type `numeric` dont l'un au moins est du type `float`, est
automatiquement évaluée sous forme décimale.

Ex. 7
```
> a:=1+2/3; b:=1.0+2/3;
```
$$a := \frac{5}{3}$$
$$b := 1.666666667$$

De même, toute fonction du noyau de MAPLE – à l'exception des fonctions à
valeurs entières – appelée avec un argument de type `float` retourne un résultat
automatiquement évalué sous forme décimale.

Ex. 8
```
> a:=sin(1);
```
$$a := \sin(1)$$
```
> b:=sin(1.0);
```
$$b := .8414709848$$

Valeur approchée d'une liste ou d'un ensemble de réels

`evalf` peut être utilisée directement sur une liste (resp. un ensemble) de réels :
elle renvoie alors la liste (resp. l'ensemble) des valeurs approchées de ces réels.

Ex. 9
```
> s:=2*Pi, sqrt(2)+1, gamma;        construction d'une séquence
```
$$s := 2\pi, \ \sqrt{2}+1, \ \gamma$$
```
> Ens:={s};                         On construit un ensemble avec { }
                                     l'ordre des éléments d'un
                                     ensemble peut varier d'une session à l'autre.
```
$$Ens := \left\{\gamma, 2\pi, \sqrt{2}+1\right\}$$
```
> Lst=[s];                          On construit une liste avec [ ]
                                     ses éléments apparaissent
                                     toujours dans le même ordre.
```
$$Lst := \left[2\pi, \sqrt{2}+1, \gamma\right]$$
```
> Digits:=4: evalf(Ens); evalf(Lst);
```
$$\{6.284, 2.414, .5772\}$$
$$[6.284\ ,\ 2.414\ ,\ .5772]$$

Fonction evalhf

Si **a** contient une valeur numérique réelle, **evalhf(a)** (*hardware floating point*) retourne, indépendamment de la valeur de la variable **Digits**, une valeur décimale approchée utilisant environ 15 chiffres significatifs (cela dépend de l'architecture de la machine utilisée). Comme la fonction **evalhf** utilise la structure hardware de la machine, son temps d'exécution est beaucoup plus rapide que celui de la fonction **evalf**.

Ex.10

```
> Digits:=3; evalf(Pi); evalhf(Pi);
```
$$Digits := 3$$
$$3.14$$
$$3.141592653589793$$

Développement d'un réel en fraction continue

C'est la fonction **convert** avec l'option **confrac** qui renvoie le développement d'un réel en fraction continue.

Si **a** est une expression du type **numeric**, l'évaluation de **convert(a,confrac)** retourne la liste des premiers termes du développement de **a** en fraction continue. Le nombre de termes calculés dépend du contenu de la variable **Digits**. Souvent le dernier terme est faux.

On peut utiliser en option un troisième argument qui doit être une variable libre ou que l'on met entre apostrophes. Au retour, cette variable contient la liste des quotients successifs correspondant à la liste retournée par **convert**.

Ex.11

```
> Digits:=4; a:=sqrt(2);
convert(evalf(a),confrac,'t');
```
$$Digits := 4$$
$$a := \sqrt{2}$$
$$[1, 2, 2, 2, 2, 5]$$

```
> t;
```
$$\left[1, \frac{3}{2}, \frac{7}{5}, \frac{17}{12}, \frac{41}{29}, \frac{222}{157} \right]$$

```
> evalf(t);
```
La fonction evalf peut s'utiliser avec une liste
$$1, 1.500, 1.400, 1.417, 1.414, 1.414$$

II. Les nombres complexes

II.1. Les différents types de complexes

Une valeur numérique complexe, obtenue à partir des réels de type `numeric`, du nombre `I = sqrt(-1)` et utilisant les opérations `+`, `-`, `*`, `^`, `/`, est automatiquement évaluée sous forme a+I b, où a et b sont des réels de type `numeric`.

Ex.12

```
> restart; (1+2*I)^3;
```
$$-11 - 2\,I$$
```
> (1/2+I/3)^3;
```
$$-\frac{1}{24} + \frac{23}{108}\,I$$
```
> (0.5+I/3)^3;
```
$$-0.4166666663 + .2129629629\,I$$

Une valeur numérique complexe utilisant un réel de type `realcons` sans être de type `numeric` n'est pas automatiquement mise sous forme a+I b.

Ex.13

```
> (1+sqrt(2)*I)^3;
```
$$\left(1 + \sqrt{2}\,I\right)^3$$

MAPLE ne dispose pas d'un type de base particulier pour stocker toutes les valeurs complexes. Toutefois la fonction `type` permet de connaître la nature des coefficients a et b d'un complexe écrit sous la forme a+Ib.(cf. p. 348)

Ex.14

```
> z:=(1+I*sqrt(2))^3: z1:=expand(z);
```
$$z1 := -5 + I\,\sqrt{2}$$
```
> whattype(z), whattype(z1);
```
$$\wedge\,,\,+$$
```
> type(z,complex(realcons)),
    type(z1,complex(realcons));
```
$$false\,,\,true$$

Comme on le voit ci-dessus, une valeur numérique complexe z est de type complex(realcons) si z est écrit sous la forme a+I b, a et b étant des réels de type realcons. Ce type n'est pas retourné par whattype mais il peut être testé par type.

II.2. Forme algébrique des nombres complexes

La fonction evalc

C'est la fonction `evalc` qui permet de mettre un complexe sous forme algébrique. Si `z` contient une valeur numérique complexe `evalc(z)` retourne l'écriture du complexe `z` sous la forme `a+Ib`, `a` et `b` étant réels.

Ex.15

```
> u:=(sqrt(2)+I)*(1+I); evalc(u);
```

$$u := (1 + I)(\sqrt{2} + I)$$

$$\sqrt{2} - 1 + I(1 + \sqrt{2})$$

```
> v:=(sqrt(2)+I)/(1+sqrt(2)*I); evalc(v);
```

$$v := \frac{\sqrt{2} + I}{1 + I\sqrt{2}}$$

$$\frac{2}{3}\sqrt{2} - \frac{1}{3}I$$

Remarque : Toute valeur numérique de type `complex(numeric)` est automatiquement écrite sous forme algébrique, sans utilisation de la fonction `evalc`

Ex.16

```
> z:=(1+I)/(1-2*I);
```

$$z := -\frac{1}{5} + \frac{3}{5}I$$

Comme `evalf`, la fonction `evalc` peut aussi être utilisée directement sur une liste ou un ensemble de valeurs numériques complexes.

Ex.17

```
> s:=(sqrt(2)+I)/(sqrt(2)-I),(1+sqrt(2)*I)*(1-I);
```
                                            construction d'une séquence

$$s := \frac{\sqrt{2} + I}{\sqrt{2} - I}, \ (1 - I)(1 + I\sqrt{2})$$

```
> evalc({s});
```
                          Utilisation de evalc avec un ensemble

$$\left\{ 1 + \sqrt{2} + I(\sqrt{2} - 1), \frac{1}{3} + \frac{2}{3}I\sqrt{2} \right\}$$

```
> evalc([s]);
```
                          Utilisation de evalc avec une liste

$$\left[\frac{1}{3} + \frac{2}{3}I\sqrt{2}, 1 + \sqrt{2} + I(\sqrt{2} - 1) \right]$$

Les fonctions Re et Im

Si z contient une valeur numérique complexe alors `Re(z)` et `Im(z)` retournent respectivement la partie réelle et la partie imaginaire du complexe z.

Ex.18

```
> z:=(1+I)*(1+I*sqrt(2));
```
$$z := (1 + I)\left(1 + I\sqrt{2}\right)$$
```
> a:=Re(z);
```
$$a := 1 - \sqrt{2}$$
```
> b:=Im(z);
```
$$b := 1 + \sqrt{2}$$

Quelquefois `Re(z)` ou `Im(z)` retourne une forme non évaluée en utilisant l'écriture $R(z)$ ou $I(z)$. Dans un tel cas on peut forcer l'évaluation du résultat à l'aide de la fonction `evalc`.

Ex.19

```
> z:=(1+I)/(1-sqrt(2)*I);
```
$$z := \frac{1 + I}{1 - I\sqrt{2}}$$
```
> a:=Re(z); b:=Im(z);
```
$$a \quad : \quad = R\left(\frac{1 + I}{1 - I\sqrt{2}}\right)$$
$$b \quad : \quad = I\left(\frac{1 + I}{1 - I\sqrt{2}}\right)$$
```
> evalc(a), evalc(b);
```
$$\frac{1}{3} - \frac{1}{3}\sqrt{2} \, , \, \frac{1}{3} + \frac{1}{3}\sqrt{2}$$

Conjugué d'un complexe

Si z contient une valeur complexe, `conjugate(z)` retourne le conjugué de z.

Ex.20

```
> z1:=1+2*I; z2:=(1+I)/(1-sqrt(2)*I);
```
$$z1 := 1 + 2I$$
$$z2 := \frac{1 + I}{1 - I\sqrt{2}}$$
```
> conjugate(z1), conjugate(z2);
```
$$1 - 2I \, , \, \frac{1 - I}{1 + I\sqrt{2}}$$

II.3. Forme trigonométrique des nombres complexes

La fonction abs

Si **z** contient une valeur complexe, **abs(z)** retourne le module du complexe **z**.

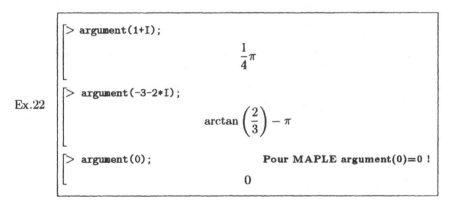

Ex.21

```
> z:=2+3*I; abs(z);
```

$$z := 2 + 3I$$

$$\sqrt{13}$$

La fonction argument

Si **z** contient une valeur numérique complexe non nulle, **argument(z)** retourne l'unique réel t appartenant à $]-\pi, \pi]$ tel que

$$z = |z| \ e^{I \ t}.$$

Appelée avec le complexe 0, la fonction **argument** retourne la valeur 0.

Ex.22

```
> argument(1+I);
```

$$\frac{1}{4}\pi$$

```
> argument(-3-2*I);
```

$$\arctan\left(\frac{2}{3}\right) - \pi$$

```
> argument(0);                      Pour MAPLE argument(0)=0 !
```

$$0$$

II.4. Calcul sur les expressions à coefficients complexes

La fonction **evalc** permet de mettre sous forme algébrique une expression complexe quelconque. Si **z** est une expression complexe, **evalc(z)** retourne en général une expression de la forme **a+I*b** où **a** et **b** sont des expressions à coefficients réels des variables libres intervenant dans **z**.

En fait pour effectuer son calcul, la fonction **evalc** suppose que toutes les variables libres intervenant dans **z** ne peuvent prendre que des valeurs réelles.

Ex.23

```
> restart; z:=(a+I)^3;
```
$$z := (a + I)^3$$
```
> evalc(z);
```
$$a^3 - 3a + I(3a^2 - 1)$$
```
> z:=(a+I)^2;
```
$$z := (a + I)^2$$
```
> evalc(z);
```
avec un seul terme en I,
les autres termes ne sont pas regroupés
$$a^2 + 2Ia - 1$$

Si f est une fonction du noyau de MAPLE, **evalc** sait aussi décomposer les expressions du type **f(x+I y)**.

Ex.24

```
> z:=sin(x+I*y): evalc(z);
```
$$\sin(x)\cosh(y) + I\cos(x)\sinh(y)$$

Utilisées avec une expression complexe contenant des variables libres, les fonctions **Re** et **Im** sont quasi inopérantes. Si on veut calculer la partie réelle ou la partie imaginaire d'une expression z contenant des variables non affectées, il faut en plus utiliser **evalc** (qui suppose que toutes les variables sont à valeurs réelles).

Ex.25

```
> z:=sin(x+I*y);
```
$$\sin(x + Iy)$$
```
> Re(z);
```
$$R(\sin(x + Iy))$$
```
> evalc(Re(z)); evalc(Im(z));
```
$$\sin(x)\cosh(y)$$
$$\cos(x)\sinh(y)$$

De même, pour obtenir le conjugué (resp. le module) d'une expression complexe z contenant des variables libres, il faut utiliser **evalc** en plus de la fonction conjugate (resp. **abs**).

Ex.26

```
> z:=sin(x+I*y):  evalc(conjugate(z));
```
$$\sin(x)\cosh(y) - I\cos(x)\sinh(y)$$

```
> z:=a+I;
```
$$z := a + I$$

```
> abs(z);
```
**abs, utilisée seule,
retourne une forme non évaluée**
$$|a + I|$$

```
> evalc(abs(z));
```
**avec evalc la variable a
est supposée réelle**
$$\sqrt{a^2 + 1}$$

II.5. Valeur décimale approchée des complexes

Comme pour les réels, la fonction **evalf** permet d'obtenir la valeur décimale approchée d'une valeur numérique complexe. Si **z** contient une valeur numérique complexe, **evalf(z)** retourne le complexe **a+I b**, les nombres **a** et **b** étant les valeurs décimales approchées respectivement de la partie réelle et de la partie imaginaire de **z**.

Ex.27

```
> evalf(1+sqrt(2)*I+ln(2));
```
$$1.693147181 + 1.414213562\,I$$

Chapitre 5

Graphiques en 2D

I. Courbes d'équation $y=f(x)$

Dans cette partie nous allons nous intéresser aux courbes d'équation $y = f(x)$ et expliquer comment on peut tracer ces courbes avec MAPLE. Une telle courbe peut être définie soit par une expression soit par une fonction.

I.1. Représentation graphique d'une expression

Etant donnée une expression p dépendant d'une seule variable libre x, ainsi que deux valeurs numériques a et b vérifiant a<b , l'évaluation de `plot(p,x=a..b)` dessine la représentation graphique de p pour x allant de a à b.

Ex. 1

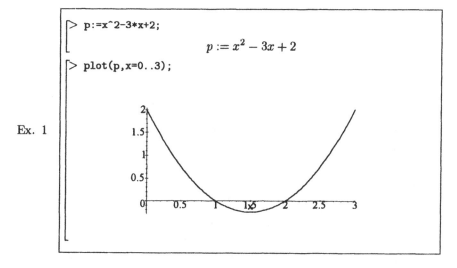

Par défaut le dessin est inclus dans la feuille de calcul et il est possible de le redimensionner avec la souris. Toutefois si le choix **Plot Display\Window** du menu **Options** a été coché avant l'exécution de `plot`, le dessin est réalisé seul dans une autre fenêtre graphique, ce qui donne alors la possibilité de l'imprimer sans le reste des calculs.

Comme on le voit sur l'exemple précédent, `plot` ajuste automatiquement l'échelle des ordonnées pour que le graphique utilise toute la fenêtre. Cela ne donne pas forcément une représentation intéressante de la courbe. C'est pourquoi il est possible de préciser l'intervalle de variation des images comme troisième argument.

Si **p** est une expression dépendant d'une seule variable libre **x**, et **a**, **b**, **c**, **d** des valeurs vérifiant a<b et c<d , l'évaluation de `plot(p,x=a..b,y=c..d)` ou de `plot(p,x=a..b,c..d)` dessine dans une fenêtre la représentation graphique de p pour x allant de a à b en limitant les valeurs de y à l'intervalle $[c, d]$.

A la place de **y** on peut utiliser n'importe quel autre nom, ce dernier ne servant qu'à libeller l'axe vertical.

Exemple avec un troisième paramètre de la forme `c..d`

Ex. 2

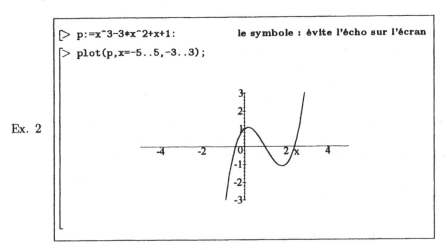

Exemple avec un troisième paramètre de la forme `y=c..d`

Ex. 3

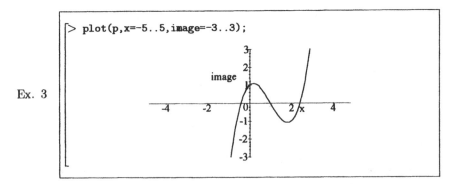

Attention ! Lors de l'évaluation de `plot(p,x=a..b)`, MAPLE commence par évaluer les deux arguments de la fonction `plot`, ce qui provoque une erreur si x n'est pas une variable libre. Dans l'exemple suivant, MAPLE voit `plot(2,1=0..5)`, ce qui explique le message d'erreur obtenu.

Ex. 4
```
> x:=1: plot(x+1,x=0..5);
  Error, (in plot) invalid arguments
```

Attention !

- Si on oublie l'identificateur **x** figurant dans le second argument, MAPLE retourne un message indiquant que le graphe est vide, sans préciser pourquoi.
- Il en est de même si p dépend d'une variable libre autre que celle figurant dans le second argument de `plot`.

Ex. 5
```
> x:='x': plot(p,0..5);           ne retourne aucun graphe
  Plotting error, empty plot
> y:='y': q:=x+y:                 exemple d'une expression dépendant
  plot(q,x=0..5);                 d'une autre variable libre que x
  Plotting error, empty plot
```

Attention ! Si a est supérieur à b MAPLE ne donne aucun message d'erreur mais il retourne un graphe vide.

Ex. 6
```
> x:='x':  plot(p,x=5..0);
                       retourne un graphe vide sans message d'erreur
```

I.2. Représentation graphique d'une fonction

Etant données deux valeurs numériques **a** et **b** vérifiant a<b et **f** une fonction d'une seule variable, pour représenter graphiquement la courbe $y = f(x)$ pour x variant de **a** à **b**, on peut utiliser soit `plot(f(x),x=a..b)` soit `plot(f,a..b)`.

- La première syntaxe `plot(f(x),x=a..b)` correspond à celle étudiée dans la partie I.1. car `f(x)` est une expression en **x**.
- Dans la seconde syntaxe `plot(f,a..b)`, il faut prendre garde de **ne pas mettre d'identificateur de variable pour l'abscisse**.

Dans les syntaxes précédentes, l'identificateur **f** peut désigner soit une fonction interne à MAPLE soit une fonction ou une procédure définie par l'utilisateur.

Que l'on utilise la première ou la seconde syntaxe, il est toujours possible de calibrer l'axe vertical, et de lui donner éventuellement un nom, en donnant un troisième paramètre du type y=c..d ou c..d.

Pour dessiner, par exemple, la représentation graphique de la fonction $x \to \frac{5\,\sin(x)}{x}$ prolongée par continuité en 0, on peut écrire

Ex. 7

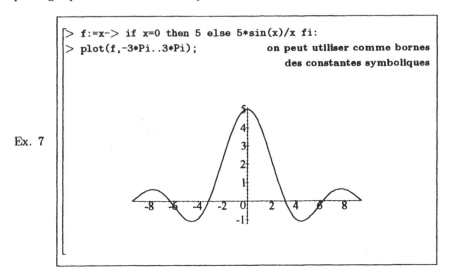

```
> f:=x-> if x=0 then 5 else 5*sin(x)/x fi:
> plot(f,-3*Pi..3*Pi);              on peut utiliser comme bornes
                                    des constantes symboliques
```

Pour une fonction non bornée sur l'intervalle d'étude, il faut limiter les ordonnées avec un troisième argument de la forme c..d ou y=c..d sinon le graphe est illisible.

Ex. 8

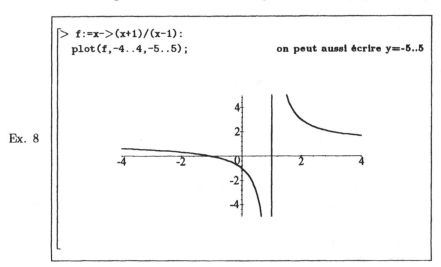

```
> f:=x->(x+1)/(x-1):
  plot(f,-4..4,-5..5);              on peut aussi écrire y=-5..5
```

Il paraît étonnant d'obtenir l'asymptote verticale d'équation $x = 1$ alors que l'on a juste demandé le tracé de la courbe. En fait, lors de la construction de la courbe MAPLE trace le segment qui joint le dernier point d'abscisse inférieure à 1 au premier point d'abscisse supérieure à 1. Les abscisses de ces points sont proches de 1, ils sont donc en dehors des limites de l'écran de part et d'autre de Ox. Comme leurs ordonnées sont de signes opposés et très grandes, ce segment est vertical et fait figure d'asymptote (pour supprimer l'asymptote cf. p. 80).

I.3. Tracé simultané de plusieurs courbes

Etant donné **a** et **b** deux réels vérifiant **a<b**,

- si **p1, p2,..., pk** sont **k** expressions dépendant de la seule variable libre **x**, l'évaluation de `plot([p1,p2,...,pk],x=a..b)` permet d'obtenir sur un même dessin les représentations graphiques de **p1, p2,..., pk** pour x allant de a à b.

- si **f1, f2, ..., fk** sont **k** fonctions ou procédures d'une seule variable, l'évaluation de `plot([f1,f2,...,fk],a..b)` permet d'obtenir sur un même graphique les représentations graphiques de **f1, f2,..., fk** .

Pour chacune de ces syntaxes, il est possible de calibrer l'axe vertical en utilisant un troisième argument de la forme **y=c..d** ou **c..d** .

A l'écran, MAPLE trace automatiquement les différentes courbes avec des couleurs différentes.

Ex. 9

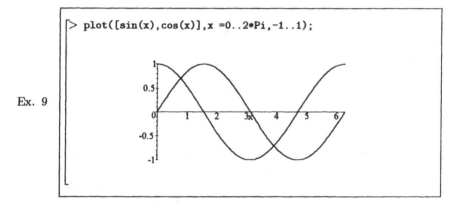

```
[> plot([sin(x),cos(x)],x =0..2*Pi,-1..1);
```

Pour obtenir les mêmes courbes, on peut aussi écrire

Ex.10

```
[> plot([sin,cos],0..2*Pi,-1..1);
```

Attention ! Il faut être cohérent : la variable **x** doit figurer dans les deux arguments de `plot` quand les courbes sont définies par des expressions, elle ne doit figurer dans aucun d'eux quand les courbes sont définies par des fonctions.

I.4. Tracé d'une famille de courbes

Il arrive souvent que l'on désire dessiner pour $x \in [a, b]$, une famille de courbes dépendant d'un paramètre réel t.

Pour ce faire, on peut

- soit utiliser une application **f** qui, à la variable **t**, associe une expression **f(t)** dépendant de **x** et de **t**.

- soit utiliser une expression **p** dépendant de **t** et de **x**.

Première méthode

Si on veut par exemple étudier la famille de courbes définies par $y = t\,e^x + x^2$, on peut écrire

Ex.11
```
> f:=t->t*exp(x)+x^2;
```
$$f := t \to t\,e^x + x^2$$

Avec une telle formulation $f(1)$ est une expression dépendant de la seule variable x et on peut obtenir un échantillon de la famille de courbes en tapant

Ex.12
```
> plot([f(-1),f(1),f(2)],x=-3..3,y=-5..5);
```
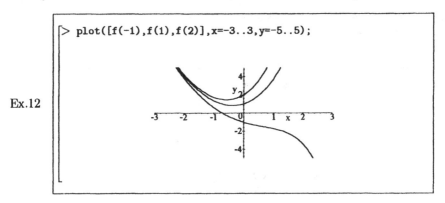

Pour obtenir un ensemble de courbes de la famille avec des valeurs régulière-ment espacées du paramètre **t**, on peut utiliser la fonction **seq** . Cette fonction **seq** est étudiée p. 350 mais il suffit pour l'instant de savoir que l'évaluation de **seq(f(t),t=-1..3)** retourne la séquence **f(-1),f(0),f(1),f(2),f(3)**.

Ex.13
```
> seq(f(t),t=-1..3);
```
$$-e^x + x^2,\ x^2,\ e^x + x^2,\ 2e^x + x^2,\ 3e^x + x^2$$
```
> Lst:=["];            " représente la dernière quantité calculée
```
$$Lst := [-e^x + x^2,\ e^x + x^2,\ 2e^x + x^2,\ 3e^x + x^2,\ x^2]$$
```
> plot(Lst,x=-3..3,y=-5..5);
```
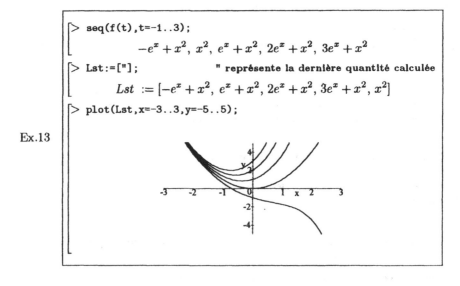

Remarque : Dans l'exemple précédent on aurait pu aussi taper directement plot([seq(f(t),t=-1..3)], x=-3..3,y=-5..5),ce qui évite d'utiliser la variable intermédiaire Lst.

Même si les valeurs du paramètre ne sont pas régulièrement espacées, on peut aussi utiliser fonction seq car si L est une liste de valeurs [t1,t2,...,tr], l'évaluation de seq(f(t),t=L) retourne la séquence p(t1),p(t2),...,p(tr). Avec cette syntaxe, l'exemple 12 peut s'écrire

Ex.14
```
[> plot([seq(f(t),t=[-1,1,2])],x=-3..3,y=-5..5);
```

Seconde méthode

Si on dispose d'une expression p dépendant de t et de x, ce qui est le cas le plus fréquent dans le cours d'une feuille de calcul, on peut utiliser

- plot([seq(p,t=t0..t1)],x=a..b) lorsque les valeurs du paramètre sont régulièrement espacées de 1 en 1.
- t:=k*h: plot([seq(p,k=k0..k1)],x=a..b) lorsque les valeurs du paramètre sont régulièrement espacées de h en h.
- plot([seq(p,t=L)],x=a..b) où L est la liste des valeurs du paramètre.

Avec cette syntaxe, l'exemple 12 peut s'écrire

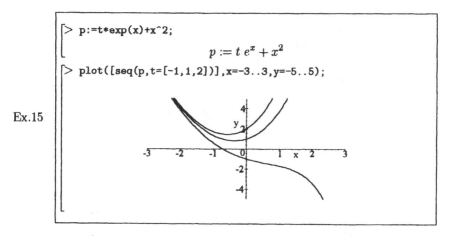

Ex.15

```
[> p:=t*exp(x)+x^2;
```
$$p := t\,e^x + x^2$$
```
[> plot([seq(p,t=[-1,1,2])],x=-3..3,y=-5..5);
```

II. L'Environnement de plot

Par défaut un dessin est inclus dans la feuille de calcul, toutefois si le choix **Plot Display\Window** du menu **Options** a été coché avant l'exécution de plot, le dessin est réalisé seul dans une fenêtre externe. Divers choix, accessibles par menus et dont les principaux sont décrits ci-dessous, permettent de modifier l'aspect de ce dessin ; ils sont directement accessibles lorsque le dessin est réalisé dans une fenêtre externe en revanche, si le graphique est inclus dans le feuille de calcul, il est nécessaire de cliquer sur le dessin pour pouvoir y accéder.

II.1. Le menu de plot sous Windows

En mode graphique, on dispose en haut d'une barre de menus, d'une barre d'outils ainsi que d'une barre de contexte et en bas d'une barre d'état.

La barre de menu

En mode graphique, les choix les plus utiles de la barre de menus sont

File   pour imprimer le dessin présent dans une fenêtre graphique externe (**Print**), paramétrer l'imprimante (**Printer set-up**) et fermer la fenêtre graphique (**Close***)*.

Edit   pour recopier le dessin de la fenêtre graphique dans le presse-papiers et le transférer vers toute application compatible Windows.

View   pour valider ou supprimer l'affichage des barres d'outils *(***Tool bar***)*, d'état *(***Status line***)* ou de contexte *(***Context bar***)*.

Style   pour choisir entre deux styles de tracé : le tracé par points *(***Points***)* et le tracé continu interpolant entre deux points consécutifs *(***Line***)*.

                pour choisir *(***Symbol***)* le symbole utilisé lorsque la courbe est tracée par points, ce peut être: **Cross, Diamond, Point, Circle**...

                pour choisir *(***Line Style***)* le style de trait utilisé pour représenter les courbes, ce peut être: continu (**Solid**), tirets (**Dash**), points (**Point**).

                pour choisir l'épaisseur du trait utilisé, ce peut être : fin (**Thin**), moyen *(***Medium***)*, épais *(***Thick***)*, épaisseur courante (**Default**).

Axes   pour choisir la position des axes.

                Boxed les axes forment alors un rectangle entourant le graphe.

                Framed les deux axes sont dessinés en bordure de graphe.

                Normalles deux axes passent par l'origine du plan lorsque cette dernière figure sur le dessin. Lorsque l'origine de l'un des axes ne se trouve pas dans la portion de plan représentée, l'autre axe est décalé en bordure de graphe.

                Noneaucun axe n'est tracé.

Projection pour choisir entre un repère orthonormé *(***Constrained***)* ou non *(***Un-constrained***)*.

La barre d'outils et la barre de contexte

Les icônes de la barre d'outils et de la barre de contexte permettent, en cliquant dessus avec le bouton gauche de la souris, d'activer directement certaines options du menu précédent. Chaque icône est suffisamment suggestive et un message résumant son utilisation s'affiche dans la barre d'état quand on appuie sur le bouton gauche de la souris lorsque le curseur se trouve sur cette icône. Pour visualiser le message sans activer l'option correspondante, relâcher le bouton lorsque le curseur est en dehors de l'icône.

- Les deux icônes de droite permettent d'obtenir directement le style de trait utilisé **Line** ou **Point**.
- Un groupe de quatre icônes permet d'obtenir directement les différents styles d'axes : **Boxed**, **Framed**, **Normal** et **None**.
- A droite l'icône $\boxed{1:1}$ permet de choisir entre le mode **Constrained** et le mode **Unconstrained**.

II.2. Les options de plot

Lors de l'appel de **plot** il est possible d'ajouter certaines options qui permettent de préciser un style de représentation ou d'affiner le tracé. On peut mettre plusieurs options en les séparant simplement par des virgules.

**Ces options doivent être mises
après les deux ou trois arguments déjà rencontrés**
(fonction(s) ou expression(s) , intervalle en x, intervalle en y).

Options de présentation correspondant à certains choix du menu

Parmi les options de **plot** on en retrouve qui permettent d'obtenir directement certains des choix du menu précédent. Ce sont :

style	s'utilise sous la forme **style=POINT** ou **style=LINE** selon le style de tracé désiré.
linestyle	s'utilise sous la forme **linestyle=n**. Selon les valeurs de n, les tracés se font sous forme de trait continu (n=1), de tirets (n=2), de points (n=3), de tirets-points (n=4) ...
thickness	s'utilise sous la forme **thickness=n** où n vaut 1, 2 ou 3 selon l'épaisseur de trait désiré.
axes	écrire **axes=BOXED**, **axes=FRAME**, **axes=NORMAL** ou **axes=NONE** en fonction de la nature des axes désirés.
scaling	**scaling=CONSTRAINED** ou **scaling=UNCONSTRAINED** permet de choisir entre une représentation en axes orthonormés et une représentation utilisant au mieux toute la fenêtre.

Options de présentation ne correspondant à aucun choix du menu

Il y d'autres options qu'on ne peut pas obtenir à l'aide du menu :

xtickmarks l'option xtickmarks=n, où n est un entier, permet de faire afficher environ n valeurs sur l'axe Ox.

ytickmarks de même ytickmarks=n, où n est un entier, permet de faire afficher environ n valeurs sur l'axe Oy.

title title=ʻTitre du grapheʻ permet de faire afficher un titre en haut de la fenêtre. Pour délimiter le titre il faut utiliser des apostrophes inversées. (Touche ALTGR-7 sur un clavier standard de P.C).

color color=c, où c est un nom de couleur (cf. l'aide en ligne en tapant ? color), permet d'avoir le tracé dans une couleur de son choix. Par exemple color=black permet, lors d'un tracé multiple, d'obtenir toutes les courbes en noir, ce qui évite d'en perdre lors d'une impression sur une imprimante noir et blanc.

Exemple d'utilisation d'une seule option

Ex.16
```
[> plot(sin(x),x=-5..5,-3..3,scaling=constrained);
```

Pour utiliser plusieurs options, il suffit de les séparer par des virgules

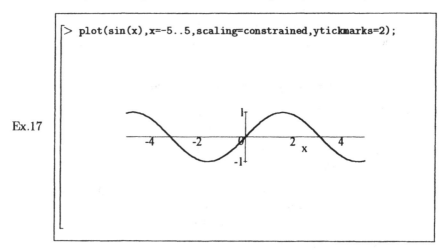

Ex.17

Attention ! Quand on utilise une option, il faut la mettre après les trois premiers paramètres que sont expression(s) ou fonction(s) et les intervalles en x et en y, sinon MAPLE retourne un message d'erreur peu explicite

Ex.18
```
[> plot(sin(x) ,x = -5..5 ,scaling=constrained,-3..3);
  Error, (in plot) invalid arguments
```

Lors d'un tracé simultané de plusieurs courbes, il est possible de choisir un style pour chacune d'elles en utilisant des listes pour les options `style`, `linestyle`, `thickness`, `color`. Par exemple, pour obtenir sur un même dessin la représentation de la fonction sin en trait continu noir et celle de cos en tirets rouges, on écrit

Ex.19

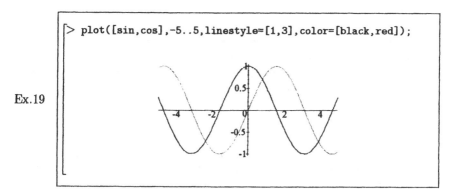

Remarque : On peut insérer le contenu d'une variable dans l'option `title` en utilisant le *point* qui est l'opérateur de concaténation de MAPLE. Si ce contenu n'est pas un entier il faut au préalable le stocker dans une variable à l'aide de `convert(...,string)`.

Ex.20

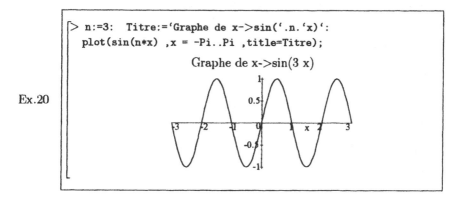

Options permettant une amélioration de la qualité des tracés

Si on trouve que le tracé d'une courbe n'est pas suffisamment précis, il y a deux options qui permettent d'augmenter le nombre de points calculés et d'affiner le dessin. Ce sont `numpoints` et `resolution`.

`numpoints` (par défaut `numpoints=49`) définit le nombre minimal de points que MAPLE calcule pour tracer la courbe. Mais MAPLE utilise une technique à nombre variable de points qui calcule plus de points dans certains intervalles quand il se rend compte que la fonction varie beaucoup. Le nombre de points ainsi ajoutés est limité par la valeur de l'option `resolution` qui correspond à la résolution horizontale de l'affichage graphique utilisé (par défaut `resolution=200`).

Lorsque la fonction ne présente qu'une ou deux singularités, il est préférable d'utiliser une grande valeur de `resolution` plutôt qu'une valeur importante de `numpoints`, ce qui évite de calculer trop de points là où la fonction se comporte de façon honnête et fréquentable.

Ex.21

```
> plot(x*sin(1/x),x=0..0.5,-0.5..0.5,resolution=2000);
            cette résolution peut paraître illusoire pour l'écran
            mais elle donne une bonne courbe sur imprimante
```

Attention ! Ces dernières options exigent du temps et de la mémoire, il faudra donc les utiliser avec modération en fonction des possibilités du système et du temps dont on dispose pour tracer la courbe.

l'option discont

Si on demande à `plot` de tracer la représentation graphique d'une expression présentant une discontinuité, le dessin retourné peut contenir un segment vertical qui n'a pas à y figurer.

Ex.22

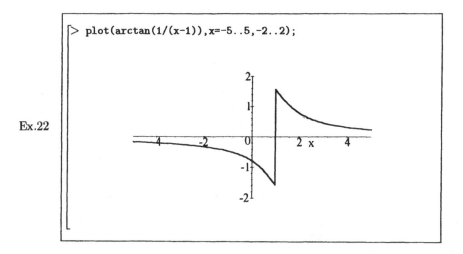

```
> plot(arctan(1/(x-1)),x=-5..5,-2..2);
```

L'option `discont=true` impose à `plot` de tester les discontinuités de l'expression à représenter. La courbe n'est ensuite dessinée que dans les intervalles où l'expression donnée est continue, ce qui évite les segments verticaux tels que celui que l'on rencontre sur le dessin précédent.

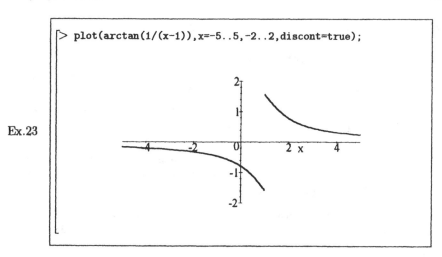

```
[> plot(arctan(1/(x-1)),x=-5..5,-2..2,discont=true);
```

Ex.23

Cette option **discont** aurait pu aussi être utilisée p. 72, pour supprimer l'asymptote lors du tracé du graphe de $(x+1)/(x-1)$ à condition d'utiliser **plot** avec une expression.

Ex.24

```
[> plot((x+1)/(x-1),x=-5..5,-5..5,discont=true);
```

Attention ! L'option discont ne peut s'utiliser que pour la représentation graphique d'une expression et non pour celle d'une fonction.

Durée de vie des options

Les options précisées lors de l'appel de la fonction **plot** ne sont actives que pour cet appel. Lorsqu'un utilisateur veut travailler durant toute une session avec des options données sans les retaper à chaque appel de **plot**, il peut utiliser la fonction **setoptions** de la bibliothèque **plots**.

On peut utiliser cette fonction avec un ou plusieurs arguments que l'on sépare par des virgules. Une option ainsi choisie avec **setoptions** pourra toujours être localement modifiée lors d'un appel ultérieur de la fonction **plot**.

Par exemple, pour exécuter tous les tracés en repère orthonormé sans dessiner d'axes, on peut écrire :

Ex.25

```
[> with(plots,setoptions):     pour charger la fonction setoptions
   setoptions(scaling=constrained,axes=none);
```

III. Courbes paramétrées en cartésiennes

III.1. Tracé d'une courbe paramétrée

Etant données u0 et u1 deux valeurs numériques vérifiant u0<u1,

- Si p et q sont deux expressions de la seule variable libre u alors l'évaluation de plot([p,q,u=u0..u1]) trace la courbe de représentation paramétrique $x = p$, $y = q$ pour u variant de u0 à u1.
- Si f et g sont deux fonctions d'une variable alors plot([f,g,u0..u1]) ou plot([f(u),g(u),u=u0..u1]) trace la courbe de représentation paramétrique $x = f(u)$, $y = g(u)$ pour u variant de u0 à u1.

Attention ! Il faut être cohérent, le paramètre u doit figurer dans les trois éléments de la liste (quand les deux premiers paramètres sont des expressions) ou ne doit figurer nulle part (quand les deux premiers paramètres sont des fonctions).

Pour un tel tracé, MAPLE ajuste automatiquement l'échelle de façon optimale, mais on peut toujours préciser des intervalles de variation de x et de y lui imposant de limiter le dessin obtenu.

- plot([p,q,u=u0..u1],x=a..b) limite le tracé de la courbe aux points dont l'abscisse est comprise entre a et b, et utilise x pour libeller l'axe horizontal.
- plot([p,q,u=u0..u1],x=a..b,y=c..d) limite le tracé à la fenêtre $[a, b] \times [c, d]$ et utilise x et y pour libeller les axes.
- plot([p,q,u=u0..u1],a..b,c..d) limite le tracé à la fenêtre $[a, b] \times [c, d]$ sans libeller les axes.
  il en est de même de plot([p,q,u=u0..u1],view=[a..b,c..d]).

Une telle définition de fenêtre, qui est indispensable lorsque la courbe présente des branches infinies (sinon le graphe obtenu est illisible), peut aussi permettre de faire un zoom sur une partie bien précise de la courbe.

Exemple avec des coordonnées sous forme d'expressions

Ex.26

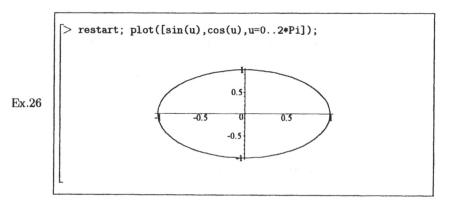

```
> restart; plot([sin(u),cos(u),u=0..2*Pi]);
```

Le même exemple peut se traiter avec des fonctions grâce à la syntaxe

Ex.27
```
[> plot([sin,cos,0..2*Pi]);
```

Les options vues précédemment p. 77 peuvent aussi être utilisées pour le tracé des courbes paramétrées. En particulier ici, pour obtenir vraiment un cercle, il est indispensable d'ajouter **scaling=constrained**.

Ex.28
```
[> plot([sin,cos,0..2*Pi ],scaling=constrained);
```

Exemple de courbe possédant des branches infinies rendant obligatoire le calibrage

Ex.29

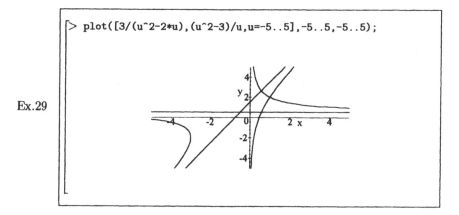

```
[> plot([3/(u^2-2*u),(u^2-3)/u,u=-5..5],-5..5,-5..5);
```

III.2. Tracé simultané de plusieurs courbes paramétrées

Soient **a1**, **b1**, **a2** et **b2** des réels vérifiant **a1<b1** et **a2<b2** ainsi que **p1**, **p2**, **q1** et **q2** des expressions dépendant de u, l'évaluation de

```
plot([ [p1,q1,u=a1..b1], [p2,q2,u=a2..b2] ])
```

permet d'obtenir sur un même dessin la courbe paramétrée x=p1, y=q1 pour u variant de **a1** à **b1** et la courbe paramétrée x=p2, y=q2 pour u variant de **a2** à **b2**.

- Il est possible de calibrer l'axe horizontal et de le libeller en écrivant
  ```
  plot([ [p1,q1,u=a1..b1], [p2,q2,u=a2..b2] ],x=a..b).
  ```
- Il est aussi possible de calibrer les deux axes et de les libeller en écrivant
  ```
  plot([ [p1,q1,u=a1..b1], [p2,q2,u=a2..b2] ],x=a..b,y=c..d).
  ```
- Il est aussi possible de calibrer les deux axes sans les libeller en écrivant
  ```
  plot([ [p1,q1,u=a1..b1], [p2,q2,u=a2..b2] ],a..b,c..d)
  ```
  ou ```plot([[p1,q1,u=a1..b1], [p2,q2,u=a2..b2]],view=[a..b,c..d]).```

La syntaxe décrite ci-dessus se généralise sans problème à plus de deux courbes.

A l'écran, MAPLE trace automatiquement les diverses courbes avec des couleurs différentes. Pour les avoir toutes en noir, pour une sortie imprimante, utiliser l'option `color=black`, mais il est aussi possible de définir des styles de tracé propres à chaque courbe en utilisant des listes d'options.

Ex.30

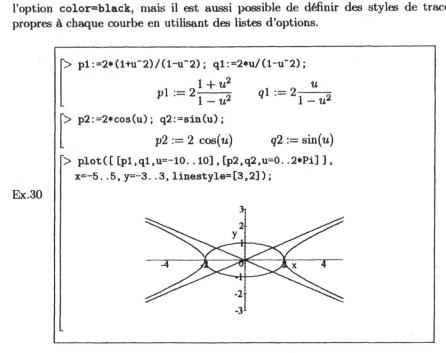

III.3. Tracé d'une famille de courbes paramétrées

Pour tracer la famille de courbes Γ_t paramétrées par $x = f_t(u)$, $y = g_t(u)$ pour u variant de $u_0(t)$ à $u_1(t)$, on peut utiliser

- soit une application G qui à t associe la liste `[p(t),q(t),u=a(t)..b(t)]` où p(t), q(t), a(t) et b(t) sont respectivement les expressions de $f_t(u)$, $g_t(u)$, de $u_0(t)$ et de $u_1(t)$.
- soit une liste de la forme `[p,q,u=a..b]` où p, q, a et b sont respectivement les expressions de $f_t(u)$, $g_t(u)$, de $u_0(t)$ et de $u_1(t)$.

Première méthode

Par exemple pour tracer une famille d'hypocycloïdes on peut définir

Ex.31

```
> G:=t->[cos(u/t)+cos(u)/t,sin(u/t)-sin(u)/t,u=0..2*Pi*t];
```
$$G := t \to \left[\cos\left(\frac{u}{t}\right) + \frac{\cos(u)}{t}, \sin\left(\frac{u}{t}\right) - \frac{\sin(u)}{t}, u = 0..2\pi t \right]$$

Pour obtenir alors les courbes correspondant aux valeurs 3, 4, 5 et 6 du paramètre t, il suffit d'écrire

Ex.32

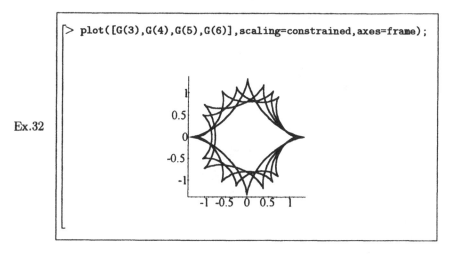

```
> plot([G(3),G(4),G(5),G(6)],scaling=constrained,axes=frame);
```

Pour obtenir un échantillon plus important avec des valeurs de t régulièrement espacées, on peut utiliser la fonction **seq**.

Ex.33

```
> Lst_G:=[seq(G(2*t),t=1..5)]:      le symbole : supprime l'écho,
                                     qui n'a pas grand intérêt
  plot( Lst_G,scaling=constrained,axes=frame);
```

Même si les valeurs de t ne sont pas régulièrement espacées, on peut aussi utiliser la fonction **seq** avec une syntaxe différente.

Ex.34

```
> Lst_t:=[2,3,5,10,20]:
  Lst_G:=[seq(G(t),t=Lst_t)]:
```

Seconde méthode

Quand la famillle de courbes nous est donnée par des expressions p, q, a et b qui sont respectivement les expressions de $f_t(u)$, $g_t(u)$, de $u_0(t)$ et de $u_1(t)$, on peut utiliser

- plot([seq([p,q,u=a..b],t=t0..t1)]) lorsque les valeurs du paramètre sont régulièrement espacées de 1 en 1.
- t:=k*h: plot([seq([p,q,u=a..b],k=k0..k1)]) lorsque les valeurs du paramètre sont régulièrement espacées de h en h.
- plot([seq([p,q,u=a..b],t=L)]) où L est la liste des valeurs du paramètre.

Exemple de tracé d'une famille de courbes cycloïdales

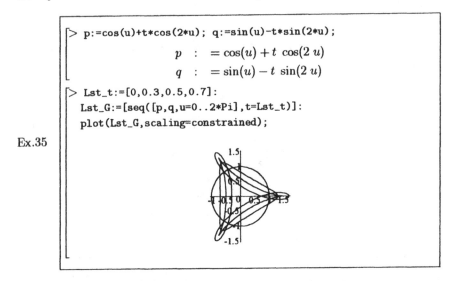

Ex.35

IV. Courbes en polaires

IV.1. Tracé d'une courbe en polaires

Etant donnés u0 et u1 deux réels vérifiant u0<u1,

- si p est une expression de la seule variable libre u, alors l'évaluation de
  plot(p,u=u0..u1,coords=polar) trace la courbe d'équation polaire $r = p$.
- si p et q sont deux expressions de la seule variable libre u, alors l'évaluation de plot([p,q,u=u0..u1],coords=polar) trace la courbe représentée
  paramétriquement en coordonnées polaires par $r = p$ et $\theta = q$ pour u variant
  de u0 à u1.

Exemple d'une courbe d'équation polaire $r = f(\theta)$

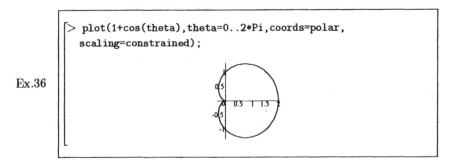

Ex.36

Exemple de courbe où r et θ sont définis en fonction de u

Ex.37

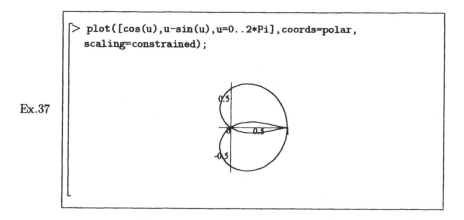

```
> plot([cos(u),u-sin(u),u=0..2*Pi],coords=polar,
    scaling=constrained);
```

Attention ! L'option `coords=polar` n'impose pas à MAPLE d'utiliser un repère orthonormé, ce qui explique la présence de `scaling=constrained` dans les exemples précédents.

Comme pour les tracés des courbes paramétrées, MAPLE ajuste automatiquement. l'échelle mais l'utilisation en deuxième paramètre de `view=[a..b,c..d]` permet de limiter le tracé à la fenêtre $[a, b] \times [c, d]$. Un tel calibrage est indispensable lorsque la courbe présente des branches infinies sinon le dessin obtenu est illisible.

Ex.38

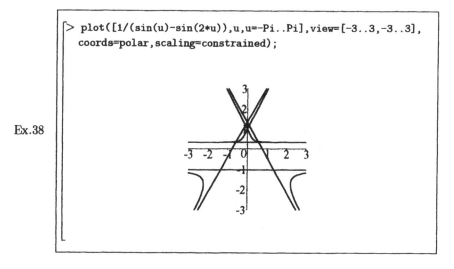

```
> plot([1/(sin(u)-sin(2*u)),u,u=-Pi..Pi],view=[-3..3,-3..3],
    coords=polar,scaling=constrained);
```

Les asymptotes obtenues en prime sur le dessin ci-dessus sont une nouvelle illustration du phénomène signalé p. 80 et ne font pas partie de la courbe. Pour une courbe paramétrée, elles ne peuvent pas être supprimées avec l'option `discont=true`.

IV.2. Tracé d'une famille de courbes en coordonnées polaires

Soient **a1, b1, a2, b2** quatre réels vérifiant **a1<b1** et **a2<b2** ainsi que p1, p2, q1, q2 quatre expressions de u.

- plot([[p1,q1,u=a1..b1], [p2,q2,u=a2..b2]],coords=polar)   permet d'obtenir sur un même dessin les courbes définies en polaires par $r = p1$, $\theta = q1$ pour $u \in [a1, b1]$ et par $r = p2$, $\theta = q2$ pour $u \in [a2, b2]$.

- Il est possible de calibrer les deux axes en écrivant plot([[p1,q1,u=a1..b1], [p2,q2,u=a2..b2]], view=[a..b,c..d], coords=polar).

Exemple de tracé d'une famille de limaçons de Pascal

Ex.39

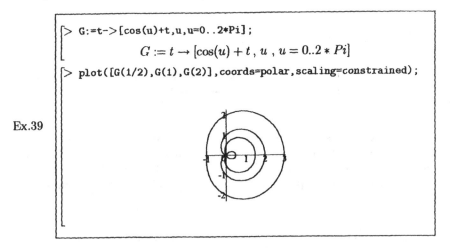

On peut aussi écrire

Ex.40

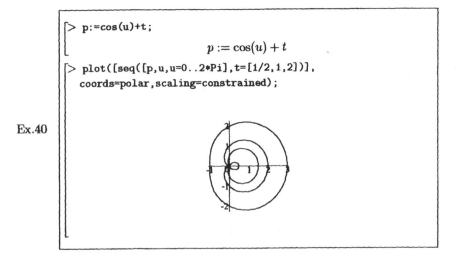

V. Courbes définies implicitement

La fonction implicitplot, permettant de tracer des courbes données de façon implicite, ne faisant pas partie de la bibliothèque standard, il faut la charger à l'aide de

Ex.41

```
[> with (plots,implicitplot):
```

V.1. Tracé d'une courbe définie implicitement

Etant donnés a, b, c, d quatre réels tels que a<b et c<d ainsi que p une expression des deux variables libres x et y, l'évaluation de impliciplot(p,x=a..b,y=c..d) trace la courbe d'équation p=0 pour$(x,y) \in [a,b] \times [c,d]$. Il est possible de remplacer l'expression p par l'équation p=0 et plus généralement par l'équation p=q.

Ex.42

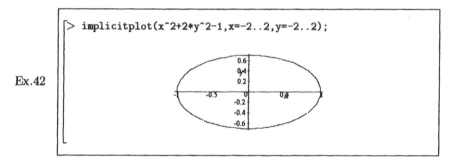

```
[> implicitplot(x^2+2*y^2-1,x=-2..2,y=-2..2);
```

L'équation implicite de la courbe à tracer peut aussi être donnée par une fonction. Etant donnés a, b, c, d quatre réels tels que a<b et c<d ainsi que f une fonction de deux variables, l'évaluation de impliciplot(f,a..b,c..d) trace la courbe d'équation $f(x,y) = 0$ pour $(x,y) \in [a,b] \times [c,d]$. L'exemple précédent aurait pu s'écrire

Ex.43

```
[> f:=(x,y)->x^2+2*y^2-1;
            f := (x,y) → x^2 + 2y^2 − 1
[> implicitplot (f,-2..2,-2..2);
```

Attention ! Comme dans les parties précédentes, ne pas mélanger les syntaxes. Dans l'exemple précédent, implicitplot(f, x=-2..2, y=-2..2) ne donne aucun message d'erreur mais retourne un graphe vide.

Les plages, x=a..b et y=c..d, fournies à la fonction implicitplot sont surtout utilisées pour la détermination des points de la courbe. MAPLE commence par déterminer tous les points de la courbe se trouvant dans le rectangle $[a,b] \times [c,d]$, puis il adapte l'échelle pour que le tracé obtenu se fasse "pleine page". Pour l'ellipse précédente, par exemple, il a limité la fenêtre à $[-1, +1] \times \left[-\frac{\sqrt{2}}{2}, \frac{\sqrt{2}}{2}\right]$.

V.2. Tracé d'une famille de courbes implicites

Etant donnés a, b, c, d quatre réels vérifiant a<b, c<d ainsi que p1, p2,..., pk des expressions des variables libres x et y, l'évaluation de

        implicitplot({p1,p2,...,pk}, x=a..b, y=c..d)

permet d'obtenir simultanément les courbes d'équation p1=0, p2=0,..., pk=0 pour $(x, y) \in [a, b] \times [c, d]$.

Attention ! Pour tracer une famille de courbes il faut appliquer la fonction implicitplot à un ensemble et non à une liste d'expressions : c'est un vestige de la syntaxe utilisée par la fonction plot jusqu'à la *release 3* incluse.

Ex.44

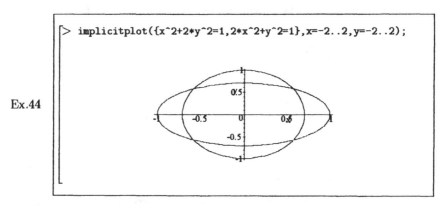

Exemple de tracé d'une famille de courbes définies implicitement

Ex.45

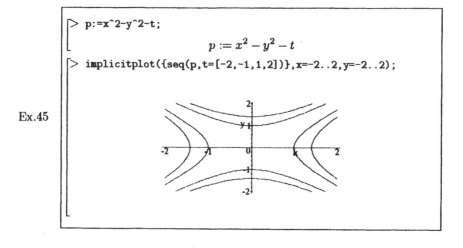

V.3. Précision du tracé des courbes implicites

Comme le prouve l'exemple suivant, l'utilisation sans option de la fonction implicitplot ne fournit pas dans tous les cas une représentation aussi précise que celles de la section précédente.

Ex.46

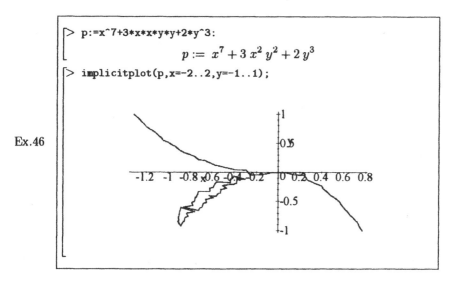

```
> p:=x^7+3*x*x*y*y+2*y^3:
```
$$p := x^7 + 3\,x^2\,y^2 + 2\,y^3$$
```
> implicitplot(p,x=-2..2,y=-1..1);
```

Il est possible de préciser le tracé en zoomant sur une partie de la courbe et en utilisant l'option **grid** qui affine la grille d'analyse des changements de signe de la fonction. L'option **grid=[m,n]** (par défaut **m=n=25**) définit une grille possédant m points en horizontal et n points en vertical.

Ex.47

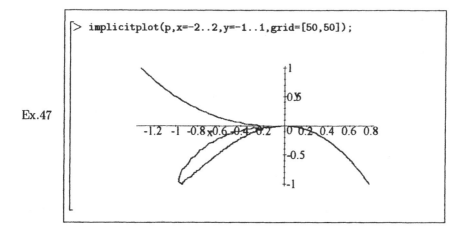

```
> implicitplot(p,x=-2..2,y=-1..1,grid=[50,50]);
```

Attention ! Des valeurs importantes de m ou de n provoquent un ralentissement significatif et aboutissent très souvent à un débordement mémoire. Il est donc préférable, quand on le peut, d'utiliser une représentation paramétrique de la courbe.

VI. Tracés polygonaux

Pour dessiner une ligne polygonale, on appelle la fonction `plot` avec comme premier argument une liste (entre crochets) de points : chaque point étant lui même représenté comme une liste de deux coordonnées.

Etant donnés les points $M_1(x1,y1)$, $M_2(x2,y2)$,..., $M_k(xk,yk)$, l'évaluation de `plot([[x1,y1],[x2,y2],...,[xk,yk]])` trace la ligne polygonale joignant ces points.

Ex.48

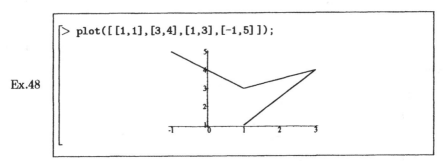

Pour tracer un pentagone régulier inscrit dans un cercle de rayon 1 on peut écrire

Ex.49

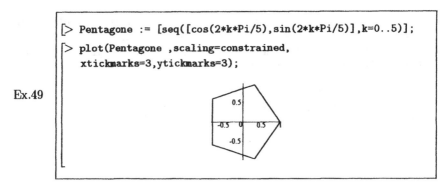

VII. Mélange de dessins

Il peut arriver que l'on désire dessiner simultanément dans une même fenêtre des graphes d'origines différentes : courbe paramétrée, courbe donnée par une équation implicite, etc....

L'utilisation de la seule fonction `plot` ne permet pas de traiter ce genre de problème. On doit stocker les graphiques dans des variables et les afficher ensuite à l'aide de la fonction `display` de la bibliothèque `plots`.

VII.1. Comment fonctionne plot

Ce que retourne la fonction `plot`, ainsi que toutes les fonctions de la bibliothèque `plots`, est un objet MAPLE comme un autre, même s'il est un peu plus complexe que les objets rencontrés jusqu'alors. Un tel objet est de type `PLOT`.

Quand MAPLE évalue une expression de la forme `plot(....)` il commence par calculer la liste des points lui permettant de réaliser le tracé puis

- si l'expression `plot(....)` figure seule MAPLE trace le dessin correspondant dans une fenêtre graphique.
- si l'expression `plot(....)` est affectée à une variable, MAPLE réalise cette affectation sans tracer de dessin. Si la ligne correspondante est terminée par un point-virgule, on voit d'ailleurs sur l'écran l'écho de cette affectation.

Comme on peut le voir sur l'exemple suivant, un objet de type `PLOT` contient la liste des points à tracer ainsi que des directives permettant de personnaliser le dessin.

Ex.50

```
> Gr:=plot(sin(x),x=0..2*Pi,scaling=constrained);
```
$$Gr \; : \; = PLOT(CURVES([[0,0,],[12522,12489],$$
$$.../...$$
$$.../..$$
$$.../...$$
$$[6.28318,.820411010^{-9}]],COLOR(RGB,1.0,0,0),$$
$$SCALING(CONSTRAINED),AXESLABELS(x,),$$
$$VIEW(0.6.28318,DEFAULT))$$

Pour obtenir à l'écran le dessin stocké dans la variable `Gr` on peut soit demander une évaluation de `Gr` soit taper `print(Gr)`. En revanche `lprint(Gr)` permet de faire afficher le contenu de la variable `Gr` sans tracer le dessin.

VII.2. La fonction display

Si `Gr_1`, `Gr_2`,..., `Gr_k` contiennent des objets de type `PLOT`, l'évaluation de `display([Gr_1,Gr_2,...,Gr_k])` effectue simultanément les dessins correspondants. Lors de l'appel à `display` il est possible d'utiliser certaines options de la fonction `plot`.

Pour tracer simultanément un pentagone et le cercle circonscrit on peut écrire

```
[> with(plots):
[> Pentagone := [seq([cos(2*k*Pi/5),sin(2*k*Pi/5)],k=0..5)]:
   Gr_1:=plot([1,u,u=0..2*Pi ],coords=polar):
   Gr_2:=plot(Pentagone):
   display([Gr_1,Gr_2],scaling=constrained);
```

Ex.51

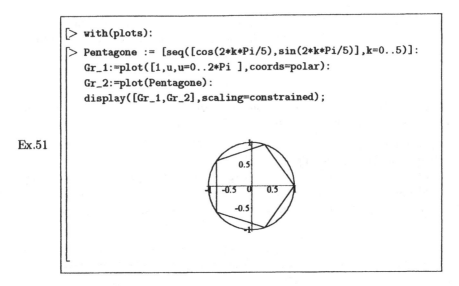

On peut aussi profiter de cette fonction **display** pour documenter un dessin à l'aide de quelques informations transformées en objets graphiques grâce à la fonction **textplot** qui fait aussi partie de la bibliothèque **plots** :

```
[> Txt_1:=textplot([0,-1.2,'Cercle circonscrit
   au pentagone']):
   display([Gr_1,Gr_2,Txt_1],scaling=constrained);
```

Ex.52

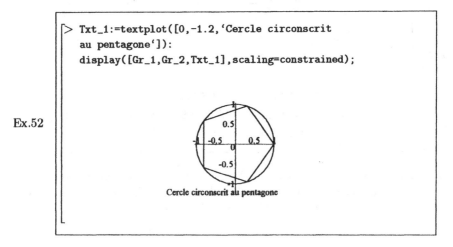

VIII. Animation

Il est possible de représenter dynamiquement une famille de courbes en utilisant la fonction **animate** ou la fonction **display** avec l'option **insequence=true**.

Fonction animate

La fonction **animate** ne fait pas partie de la bibliothèque standard et doit être chargée à l'aide de

Ex.53
```
> with(plots):
```

Pour visualiser l'évolution de la famille de courbes d'équation $y = t\,e^x + x^2$ lorsque t décrit l'intervalle $[-1, 2]$, on peut écrire

Ex.54

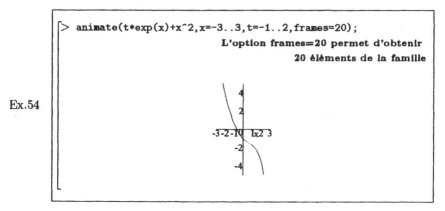

```
> animate(t*exp(x)+x^2,x=-3..3,t=-1..2,frames=20);
```
                    L'option frames=20 permet d'obtenir
                    20 éléments de la famille

MAPLE dessine alors la première courbe de la famille. En cliquant sur ce dessin, ou par défaut si le choix **Plot Display/Window** du menu **Options** est coché, on a une barre de contexte spécifique dont les icônes permettent d'obtenir le déroulement de l'animation.

Dans l'exemple précédent, les 8 premières courbes sont

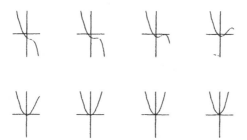

Pour visualiser la famille de limaçons de Pascal, on peut utiliser **animate** avec une courbe paramétrée et l'option **coords=polar**.

Ex.55
```
> animate([cos(u+t),u,u=0..2*Pi],t=0..2,
    coords=polar,frames=30);
```

Fonction display

On ne peut pas utiliser **animate** quand on veut réaliser une animation avec des valeurs non régulièrement réparties du paramètre. Dans ce cas il faut utiliser **display** avec l'option **insequence=true** après avoir construit la liste des dessins à afficher.

Pour visualiser l'évolution de la famille de courbes d'équation $y = t\,e^x + x^2$ lorsque t ne prend que les valeurs -1, -0.5, -0.2, -0.1, 0 et 1, on peut écrire

Ex.56
```
[> Lst_Val:=[-1,-0.5,-0.2,-0.1,0,1]:
[  Lst_Gr:=[seq(plot(t*exp(x)+x^2,x=-3..3),t=Lst_Val)]:
[> plots[display](Lst_Gr,insequence=true);
```

Remarque : L'utilisation de **display** avec **insequence=true** est indispensable pour faire de l'animation avec des courbes définies implicitement.

Animation avec fond fixe

Pour réaliser une animation avec fond fixe, on peut appliquer la fonction **display** à une liste dont l'un des éléments est un graphe et dont l'autre est obtenu par la fonction **animate**.

Par exemple, pour représenter dynamiquement un satellite et son orbite, on peut écrire

Ex.57
```
[> a:=5:  b:=2:  r:=0.2:
[  Orbite:=plot([a*cos(t),b*sin(t),t=0..2*Pi]):
[> Planete:=animate([a*cos(t)+r*cos(u),b*sin(t)+r*sin(u),
[  u=0..2*Pi], t=0..2*Pi,frames=50):
[> display([Orbite,Planete],scaling=constrained);
```

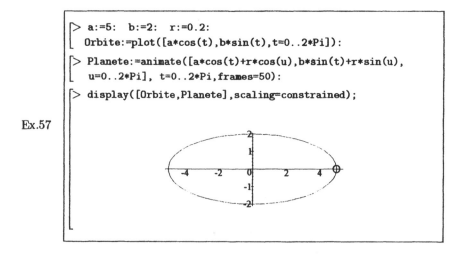

IX. Utilisation d'échelles logarithmiques

Pour représenter des fonctions en utilisant des échelles logarithmiques ou semi-logarithmiques, il faut utiliser les fonctions `loglogplot` ou `logplot` de la bibliothèque `plots`.

- `logplot(p,x=a..b)` permet d'obtenir une représentation graphique des variations de `p` en fonction de `ln(x)`.

- `loglogplot(f,x=a..b)` permet d'obtenir une représentation graphique des variations de `ln(f)` en fonction de `ln(x)`.

En électricité, par exemple, on utilise fréquemment des fonctions de transfert caractérisant la réponse d'un circuit à une entrée donnée. Une telle fonction a une expression du type: $H = 1/(1-x^2+I*a*x)$ où a est une constante dépendant du circuit et il est d'usage de tracer $\ln(|H|)$ en fonction de $\ln(x)$, ce qui peut se réaliser de la façon suivante pour la valeur a=1/2 :

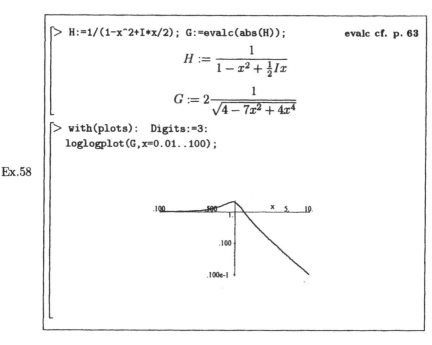

Ex.58

```
> H:=1/(1-x^2+I*x/2); G:=evalc(abs(H));          evalc cf. p. 63
```

$$H := \frac{1}{1 - x^2 + \frac{1}{2}Ix}$$

$$G := 2\frac{1}{\sqrt{4 - 7x^2 + 4x^4}}$$

```
> with(plots):  Digits:=3:
    loglogplot(G,x=0.01..100);
```

Chapitre 6

Equations et inéquations

I. Résolution formelle : solve

I.1. Equations polynomiales à une variable

La fonction **solve** permet de déterminer toutes les solutions d'une équation polynomiale à une inconnue. Si p est une expression polynomiale de la variable libre x, l'évaluation de **solve(p,x)** retourne toutes les solutions en x de l'équation p=0. Si p ne contient pas d'autre variable que x on peut simplement écrire **solve(p)**.

Dès que p contient un élément de type **float**, toutes le valeurs numériques intervenant dans l'expression des racines sont calculées en flottants et exprimées avec n chiffres où n est égal au contenu de la variable système **Digits**.

Polynômes de degré inférieur ou égal à 3

Dans le cas d'un polynôme p de degré au plus 3, **solve(p,x)** retourne la famille des racines sous forme d'une séquence (cf. p. 349). L'opérateur d'indiçage [ ] (cf. p. 353) permet d'accéder à chacune des racines figurant dans cette séquence.

Ex. 1
```
> Sol:=solve(x^3-3*x^2*sqrt(2)+4*sqrt(2)-4);
```
$$Sol := 1 + \sqrt{2} + \sqrt{3} \ , \ 1 + \sqrt{2} - \sqrt{3} \ , \ -2 + \sqrt{2}$$
```
> Sol[1];
```
$$1 + \sqrt{2} + \sqrt{3}$$
```
> evalf({Sol},4);          on peut appliquer evalf à un ensemble
```
$$\{4.146 \ , \ .682 \ , \ -.586\}$$
```
> Digits:=4: p:=x^3-3*x^2*sqrt(2)+4*sqrt(2)-4.0:
  solve(p);          Le point décimal provoque un calcul en flottants
```
$$.6821 \ , \ 4.146 \ , \ -.5858$$

Dans certains cas la fonction `solve` retourne un résultat utilisant des étiquettes (*label*) qui sont des abréviations de sous-expressions qui reviennent souvent. De telles étiquettes sont formées par le symbole % suivi d'un entier positif. L'utilisateur ne peut pas de son propre chef introduire d'étiquettes mais il peut les utiliser une fois que MAPLE les a introduites (cf. p. 56).

Ex. 2

```
> solve(x^3+5*x^2+6*x-2);
```

$$\frac{1}{3}\%2 + \frac{7}{3}\%1 - \frac{5}{3}, -\frac{1}{6}\%2 - \frac{7}{6}\%1 - \frac{5}{3} + \frac{1}{2}I\sqrt{3}\left(\frac{1}{3}\%2 - \frac{7}{3}\%1\right),$$

$$-\frac{1}{6}\%2 - \frac{7}{6}\%1 - \frac{5}{3} - \frac{1}{2}I\sqrt{3}\left(\frac{1}{3}\%2 - \frac{7}{3}\%1\right)$$

$$\%1 := \frac{1}{\left(37+3\sqrt{114}\right)^{1/3}} \quad \%2 := \left(37+3\sqrt{114}\right)^{1/3}$$

```
> u:=%2;
```

$$u := \left(37 + 3\sqrt{114}\right)^{1/3}$$

Attention ! Lorsque l'équation contient plusieurs variables libres, il est impératif d'indiquer comme second argument de solve la variable par rapport à laquelle on veut résoudre sinon la réponse retournée n'a rien à voir avec la réponse espérée.

Ex. 3

```
> Sol:= solve(1/3*x^2+3*x+a+1);
```

$$Sol := x = x, a = -\frac{1}{3}x^2 - 3x - 1$$

```
> Sol:= solve(1/3*x^2+3*x+a+1,x);
```

$$Sol := -\frac{9}{2} + \frac{1}{2}\sqrt{69 - 12a}, -\frac{9}{2} - \frac{1}{2}\sqrt{69 - 12a}$$

Remarque : Quand l'expression p ne contient pas d'autre variable que x, il est possible d'utiliser la forme abrégée `solve(p)`, mais il est préférable d'utiliser la forme complète `solve(p,x)` qui permet entre autres de détecter une anomalie lorsque x n'est pas une variable libre, ce que met en évidence l'exemple suivant.

Ex. 4

```
> x:=1;
```

$$x := 1$$

```
> s1:=solve(x^2+x+1,x);
```

Error, (in solve) a constant is invalid as a variable, 1

```
> s2:=solve(x^2+x+1);
```
                                        aucun message d'erreur dans ce cas,
                                        en fait solve résout l'équation 3=0 !

$$s2 :=$$

Remarque : Si **p** est une expression polynomiale en x et dépendant d'autres paramètres tous les éléments de type **float** sont convertis en fraction décimale lors de l'évaluation de **solve(p,x)**.

Ex. 5

```
> restart; solve(33/100*x^2+3*x+a+1,x);
```
$$-\frac{50}{11}+\frac{10}{33}\sqrt{192-33\,a}\,,\ -\frac{50}{11}-\frac{10}{33}\sqrt{192-33\,a}$$
```
> solve(0.33*x^2+3*x+a+1,x);
```
$$-\frac{50}{11}+\frac{10}{33}\sqrt{192-33\,a}\,,\ -\frac{50}{11}-\frac{10}{33}\sqrt{192-33\,a}$$

Autre exemple de résolution d'une équation du second degré avec diverses simplifications des résultats retournés

Ex. 6

```
> s:=solve(x^2-2*x*sin(a)+1,x);
```
$$s := \sin(a)+\sqrt{\sin(a)^2-1},\sin(a)-\sqrt{\sin(a)^2-1}$$
```
> s1:=simplify({s},symbolic);
```
$$s1 := \{\sin(a)+I\cos(a),\sin(a)-I\cos(a)\}$$
```
> normal(convert(s1,exp));
```
$$\left\{-I\,e^{(I\,a)}\,,\ \frac{I}{e^{(I\,a)}}\right\}$$

Dans l'exemple précédent, l'utilisation de l'option **symbolic** est tout à fait correcte et conforme à l'usage puisque la fonction **simplify** est appliquée à l'ensemble des expressions obtenues qui contient de façon symétrique les valeurs $+i\sqrt{\cos(a)^2}$ et $-i\sqrt{\cos(a)^2}$.

Remarque : L'utilisation de l'opérateur **{ }** permet de transformer le résultat de **solve**, qui est une séquence, en un ensemble. Cette transformation est indispensable sinon la fonction **simplify** voit arriver comme expression à simplifier **sin(a)+I*cos(a)** suivie des options **sin(a)-I*cos(a)** et **symbolic**, ce qu'elle ne peut traiter.

Ex. 7

```
> simplify(s,symbolic);
Error, (in simplify) invalid simplification command
```

Polynômes de degré supérieur ou égal à 5

Il est en général impossible d'exprimer à l'aide de radicaux les racines d'un polynôme de degré supérieur ou égal à 5. Toutefois lorsque cela est possible MAPLE, comme pour les polynômes de degré inférieur à 3, retourne la séquence des racines écrites à l'aide de radicaux.

Ex. 8

```
> solve(x^8+x^4+1);
```

$$\frac{1}{2} - \frac{1}{2}I\sqrt{3}, \ \frac{1}{2} + \frac{1}{2}I\sqrt{3}, \ -\frac{1}{2} + \frac{1}{2}I\sqrt{3},$$

$$-\frac{1}{2} - \frac{1}{2}I\sqrt{3}, \ \frac{1}{2}\sqrt{2 - 2I\sqrt{3}}, \ -\frac{1}{2}\sqrt{2 - 2I\sqrt{3}},$$

$$\frac{1}{2}\sqrt{2 + 2I\sqrt{3}}, \ -\frac{1}{2}\sqrt{2 + 2I\sqrt{3}}$$

Dans d'autres cas particuliers la fonction **solve** peut retourner une réponse utilisant des fonctions trigonométriques.

Ex. 9

```
> solve(x^7=1);
```
on peut écrire l'équation
sous la forme p=q

$$1, \ \cos\left(\frac{2}{7}\pi\right) + I \ \sin\left(\frac{2}{7}\pi\right), \ -\cos\left(\frac{3}{7}\pi\right) + I \ \sin\left(\frac{3}{7}\pi\right),$$

$$-\cos\left(\frac{1}{7}\pi\right) + I \ \sin\left(\frac{1}{7}\pi\right), \ -\cos\left(\frac{1}{7}\pi\right) - I \ \sin\left(\frac{1}{7}\pi\right),$$

$$-\cos\left(\frac{3}{7}\pi\right) - I \ \sin\left(\frac{3}{7}\pi\right), \ \cos\left(\frac{2}{7}\pi\right) - I \ \sin\left(\frac{2}{7}\pi\right)$$

Si la fonction **solve** ne peut utiliser ni radicaux ni expressions trigonométriques, elle retourne un résultat sous forme implicite qui utilise la fonction RootOf : si p est un polynôme de la variable x, l'expression RootOf(p,x) représente la racine générique du polynôme p. Il est possible d'utiliser la fonction RootOf avec un polynôme p quelconque, mais MAPLE n'introduit que des RootOf de polynômes irréductibles.

Ex.10

```
> solve(x^7-2*x+1);
```
$$1, RootOf(\_Z^6 + \_Z^5 + \_Z^4 + \_Z^3 + \_Z^2 + \_Z - 1)$$

```
> solve(x^8-x^6+2*x^4+1);
```
$$RootOf(\_Z^4 + \_Z^3 + 1),$$
$$RootOf(\_Z^4 - \_Z^3 + 1)$$

```
> solve(x^5+3*x-1);
```
$$RootOf(\_Z^5 + 3\_Z - 1)$$

Remarque : L'utilisation de la fonction `RootOf`, surtout dans le dernier exemple, paraît être un subterfuge indigne, mais on verra au chapitre 13 qu'elle est fondamentale pour calculer dans les extensions algébriques de ℚ.

Polynômes de degré 4

Bien que pour les polynômes de degré 4 il soit toujours possible d'exprimer les racines à l'aide de radicaux, cette expression est en général tellement compliquée qu'elle en devient inutilisable. C'est pourquoi MAPLE, par défaut, n'exprime pas en général les solutions d'une équation du quatrième degré à l'aide de radicaux ; comme dans le cas des polynômes de degré supérieur il utilise `RootOf`.

Pour le polynôme suivant, par défaut MAPLE utilise la fonction `RootOf` , mais il est possible de le forcer à utiliser des radicaux en modifiant le contenu de la variable système `_EnvExplicit` (**false** par défaut).

Ex.11
```
> solve(x^4+x^3+1,x);
```
$$RootOf(\_Z^4 + \_Z^3 + 1)$$
```
> _EnvExplicit:=true: solve(x^4+x^3+1,x);
```
Résultat non écrit pour ne pas gaspiller une page

Dans certains cas particuliers, comme dans le cas des polynômes bicarrés, MAPLE retourne une expression utilisant des radicaux quelque soit la valeur de la variable `_EnvExplicit`.

Ex.12
```
> restart;                          pour redonner à _EnvExplicit
                                        sa valeur par défaut
> Sol:=solve(x^4+x^2+1);
```
$$Sol := \frac{1}{2} + \frac{1}{2}I\sqrt{3}, \ \frac{1}{2} - \frac{1}{2}I\sqrt{3}, \ -\frac{1}{2} + \frac{1}{2}I\sqrt{3}, \ -\frac{1}{2} - \frac{1}{2}I\sqrt{3}$$

I.2. Autres équations à une variable

La fonction `solve` retourne aussi un résultat lorsqu'on l'applique à une expression non polynomiale. Toutefois il s'agit alors d'un résultat purement formel utilisant les inverses de fonctions classiques.

Ex.13
```
> solve(2*sin(3*x)+1,x);
```
$$-\frac{\pi}{18}$$
En fait MAPLE retourne -1/3 arcsin(1/2)

Pour obtenir toutes les solutions de l'équation précédente on peut forcer à **true** la valeur de la variable globale **_EnvAllSolutions**.

Ex.14

```
> _EnvAllSolutions:=true;
                _EnvAllSolutions := true;
> solve(2*sin(3*x)+1,x);
                -1/18 π + 4/9 π _B1 ~ +2/3 π _Z1 ~
```

Comme on le voit dans l'exemple précédent, MAPLE introduit alors des variables dont le nom commence par le caractère _

- les variables commençant par _Z sont à valeurs entières.
- les variables commençant par _B sont à valeurs dans $\{0, 1\}$.

Les résultats retournés par **solve** peuvent utiliser des fonctions moins classiques comme la fonction de Lambert qui est l'inverse de $x \mapsto x \exp(x)$.

Ex.15

```
> restart; solve(ln(x)=x/4);
```
$$-4\, LambertW\left(-\frac{1}{4}\right), -4\, LambertW\left(-1, -\frac{1}{4}\right)$$

Lorsque la fonction **solve** ne peut déterminer explicitement le résultat,

- elle peut en retourner une expression implicite utilisant la fonction **RootOf**. Lorsque l'équation dépend d'un paramètre, cette réponse pourra par exemple être utilisée avec la fonction **series** pour obtenir un développement limité de la racine.
- elle peut aussi retouner une séquence vide, ce qui ne signifie pas que l'équation est impossible. Dans un tel cas, la variable système **_SolutionsMayBeLost** est alors positionnée à **true**.

Ex.16

```
> p:=tan(x)+x+a:  s:=solve(p,x);
                s := RootOf(tan(_Z) + _Z + a)
> series(s,a);                          series pour obtenir un
                                développement limité de la racine
```
$$-\frac{1}{2}a + \frac{1}{48}a^3 - \frac{1}{1920}a^5 + O\left(a^6\right)$$
```
> s:=solve(cos(x)-x^2+1);
                s :=
> _SolutionsMayBeLost;
                true
```

En fait il est naïf de vouloir utiliser `solve` pour tenter de résoudre une équation non algébrique quelconque. Dans la plupart des problèmes pratiques, il est plus utile d'avoir une approximation des racines que leur expression exacte, ce qui est alors du ressort de la fonction `fsolve`.

I.3. Systèmes d'équations

La fonction `solve` permet aussi de résoudre formellement des systèmes d'équations algébriques. Il faut alors lui donner comme premier argument l'ensemble (donc entre accolades) des équations à résoudre et comme second argument l'ensemble (donc entre accolades) des variables par rapport auxquelles on veut résoudre le système.

Le résultat retourné par la fonction `solve` est alors un ensemble ou une séquence d'ensembles, chacun d'eux étant constitué d'équations définissant un paramétrage d'une famille de solutions.

Ex.17
```
> restart; Sol:=solve({x+y=3,x*y=2},{y,x});
```
$$Sol := \{\, x = 1\,, y = 2 \,\}\,, \{\, x = 2\,, y = 1 \,\}$$

Etant donné la forme des résultats retournés par `solve`, l'utilisation de la fonction `subs` (cf. p. 373) s'impose pour récupérer certaines des valeurs des solutions.

Ex.18
```
> Sol[1];
```
L'opérateur d'indiçage [ ]
permet d'extraire un élément de Sol

$$\{\, x = 1\,, y = 2 \,\}$$

```
> subs(Sol[1],x);
```
retourne la valeur de x,
en laissant x libre

$$1$$

```
> subs(Sol[2],[x,y]);
```
retourne la liste formée
des valeurs de x et y

$$[\,2\,,1\,]$$

Dans le cas d'un système admettant une infinité de solutions, MAPLE retourne une représentation paramétrique d'un ensemble de solutions qu'il exprime en fonction de certaines inconnues.

Ex.19
```
> Eq:={x+2*y+3*z=0,2*x+3*y+4*z=1,3*x+4*y+5*z=2};
```
$$Eq := \{x + 2\,y + 3\,z = 0,\, 2\,x + 3\,y + 4\,z = 1,\, 3\,x + 4\,y + 5\,z = 2\}$$
```
> solve(Eq,{x,y,z});
```
$$\{y = -2\,z - 1,\quad x = z + 2,\quad z = z\}$$

Dans le cas d'un système impossible, MAPLE ne renvoie rien et ne dit rien. En fait il renvoie la valeur **NULL** mais, sans affectation, cela ne donne lieu à aucun écho à l'écran.

Ex.20

```
[> Eq:={x+2*y+3*z=0,2*x+3*y+4*z=1,3*x+4*y+5*z=0};
```
$$Eq := \{x + 2y + 3z = 0,\ 2x + 3y + 4z = 1,\ 3x + 4y + 5z = 0\}$$
```
[> s:=solve(Eq,{x,y,z});
```
$$s :=$$

La fonction **solve** se montre efficace sur les systèmes symétriques pour lesquels elle retourne en général l'ensemble des solutions.

Ex.21

```
[> S:={x+y+z=6,x^2+y^2+z^2=14,x*y*z=6};
```
$$S := \{ xyz = 6,\ x^2 + y^2 + z^2 = 14,\ x + y + z = 6 \}$$
```
[> solve(S,{x,y,z});
```
$$\{x = 3, y = 1, z = 2\}, \{y = 1, z = 3, x = 2\},$$
$$\{z = 1, x = 3, y = 2\}, \{z = 3, y = 2, x = 1\},$$
$$\{y = 3, z = 1, x = 2\}, \{y = 3, z = 2, x = 1\}$$

solve peut aussi résoudre des systèmes linéaires dépendant de paramètres.

Ex.22

```
[> eqn:={cos(a)*x+sin(a)*y=u,sin(a)*x-cos(a)*y=v};
```
$$eqn := \{cos(a)\ x + sin(a)\ y = u,\ sin(a)\ x - cos(a)\ y = v\}$$
```
[> Sol:=solve(eqn,{x,y});
```
$$Sol := \{x = \cos(a)\,u + \sin(a)\,v,\ y = -\cos(a)\,v + \sin(a)\,u\}$$

Attention ! Il faut toutefois prendre garde au fait que la fonction solve réalise une résolution formelle. Dans l'exemple suivant

- le déterminant du système $a^2 - 1$ est une expression non nulle donc le système possède une solution et une seule
- il est possible de simplifier par $a - 1$ et de laisser sans discussion $a + 1$ au dénominateur car aucune de ces expressions n'est formellement nulle.

En revanche, un utilisateur considérant a comme un paramètre réel ou complexe, se doit de traiter à part les cas particuliers qui sont ici a=1 et a=-1.

Ex.23

```
> Eq:={a*x+y=1,x+a*y=1};
```
$$Eq := \{\, a\,x + y = 1\,,\ x + a\,y = 1 \,\}$$
```
> solve(Eq,{x,y});
```
$$\left\{\, y = \frac{1}{a+1}\,,\quad x = \frac{1}{a+1}\,\right\}$$
```
> solve(subs(a=1,Eq),{x,y});
```
$$\{\, x = -y + 1\,,\ y = y \,\}$$
```
> Sol:=solve(subs(a=-1,Eq),{x,y});
```
$$Sol :=$$
**le système est impossible, solve retourne
une séquence vide n'ayant aucun écho**

I.4. Inéquations

La fonction **solve** permet aussi de résoudre certaines inéquations simples à une variable. La réponse est le plus souvent exprimée à l'aide de la fonction **RealRange**, et pourra donc être directement utilisée dans un appel à **assume**..

Ex.24

```
> solve(x^2-1<=0, x);
```
$$RealRange(-1, 1)$$
```
> assume(x,");about(x);
```
Originally x, renamed x~: is assumed to be: RealRange(-1,1)

Ex.25

```
> S:=solve(x^3-3*x^2+x+2>0);
```
$$S \ :\ = RealRange\left(Open\left(\frac{1}{2} - \frac{1}{2}\sqrt{5}\right), Open\left(\frac{1}{2} + \frac{1}{2}\sqrt{5}\right)\right),$$
$$RealRange\left(Open(2), \infty\right)$$
```
> assume(x,S[1]);about(x);
```
Originally x, renamed x~: is assumed to be: RealRange(Open(1/2-1/2*5^(1/2)),Open(1/2+1/2*5^(1/2)))

Pour les systèmes d'inéquations, la fonction **solve** ne présente guère d'intérêt, en revanche les systèmes d'inéquations à deux variables peuvent être résolus graphiquement à l'aide de la fonction **inequal** de la bibliothèque **plots**.

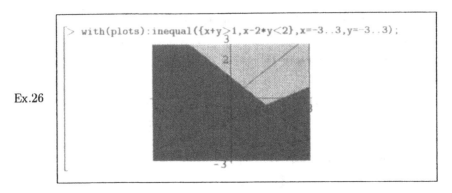

Ex.26

II. Résolution approchée d'équations : fsolve

C'est la fonction `fsolve` qui permet de résoudre numériquement les équations
ainsi que les systèmes d'équations comportant autant d'inconnues que d'équations.
Toutefois il faut noter que `fsolve` retourne au plus une racine réelle de l'équation
ou du système d'équations sauf pour les polynômes où `fsolve` renvoie en général
toutes les racines réelles.

II.1. Equations algébriques à une variable

Si p est une expression polynomiale en x dont tous les coefficients sont réels (de
type `realcons` cf. p. 59), l'évaluation de `fsolve(p,x)` ou de `fsolve(p)` retourne
en général une séquence contenant toutes les racines réelles de p.

Ex.27

```
> restart; p:=x^4-3*x^2+x+1;        restart, pour réinitialiser Digits
```
$$p := x^4 - 3x^2 + x + 1$$
```
> fsolve(p);
```
$$-1.801937736 \;,\; -.4450418679 \;,\; 1. \;,\; 1.246979604$$

On peut, en option de `fsolve`, préciser un intervalle de résolution. Si a et b
sont deux réels, l'évaluation de `fsolve(p,x,x=a..b)` ou de `fsolve(p,x=a..b)`
retourne la séquence des racines de p contenues dans l'intervalle $[a, b]$.

Ex.28

```
> fsolve(p,x=-1..0);
```
$$-.4450418679$$

Pour obtenir toutes les racines, même les racines non réelles d'un polynôme p, il
faut utiliser l'option `complex` et demander l'évaluation de `fsolve(p,x,complex)`

```
[> p:=x^4-3*x^2+x+sqrt(2);
```
$$p := x^4 - 3x^2 + x + \sqrt{2}$$

```
[> Digits:=4;fsolve(p);
```
$$Digits := 4$$
$$-1.764 \, , \; -.5632$$

```
[> fsolve(p,x,complex);                    Ici le x est obligatoire
```
$$-1.764 \, , \; -.5632 \, , \; 1.164 - .2627 \, I \, , \; 1.164 + .2627 \, I$$

Ex.29

Quand on ne veut qu'un nombre déterminé de racines on peut utiliser l'option `maxsols`. L'évaluation de `fsolve(p,x,maxsols=n )` retourne au plus n solutions réelles de l'équation p=0. On peut combiner cette option avec l'option `complex` : pour obtenir au plus n solutions complexes de l'équation p=0, on écrit alors `fsolve(p,x,complex,maxsols=n)`.

```
[> restart; p:=x^4-3*x^2+x+1;
```
$$p := x^4 - 3x^2 + x + 1$$

```
[> fsolve(p,x,maxsols=3);
```
$$-1.801937736 \, , \; -.4450418679 \, , \; 1.$$

Ex.30

II.2. Autres équations à une variable

Si p est une expression non polynomiale dépendant de la variable libre x et d'aucune autre variable libre `fsolve(p,x)` ou `fsolve(p)` retourne au plus une racine de p=0.

```
[> p:= x^3-x+2-exp(x): fsolve(p);
```
$$1.806570269$$

Ex.31

Dans l'exemple précédent on n'a obtenu qu'une solution alors qu'une étude graphique montre qu'il en existe manifestement d'autres.

Ex.32

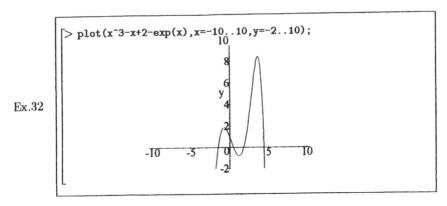

Comme pour les équations algébriques on peut en option préciser un intervalle de résolution. Si a et b sont deux réels, `fsolve(p,x,x=a..b)` ou `fsolve(p,x=a..b)` retourne au plus une racine de p contenue dans l'intervalle $[a, b]$. Pour obtenir la solution négative de l'exemple précédent, on peut écrire

Ex.33

```
> fsolve(p,x=-2..0);
```
$$-1.481974815$$

Quand la fonction `fsolve` ne trouve pas de solution à une équation non polynomiale, elle retourne une forme non évaluée et non une séquence vide comme c'est le cas avec une équation algébrique.

Ex.34

```
> p:=(x^2+1)*exp(x);
```
$$(x^2 + 1)\exp(x)$$
```
> fsolve(p,x);
```
$$fsolve\left((x^2 + 1)\exp(x),\ x\right)$$

II.3. Systèmes d'équations

La fonction `fsolve` permet aussi de résoudre numériquement les systèmes d'équations. Il faut alors lui donner comme premier argument l'ensemble (donc entre accolades) des équations à résoudre et comme second argument l'ensemble (donc entre accolades) des variables par rapport auxquelles on veut résoudre le système. La fonction `fsolve` fournit en retour un ensemble d'équations définissant l'une des solutions du système donné.

Attention ! Il doit impérativement y avoir autant d'équations que d'inconnues.

Ex.35
```
[> fsolve({y^2-x,y-x^2+4*x-2},{x,y});
                    { x = 4. ,  y = 2. }
```

Une étude graphique que l'on peut réaliser à l'aide de la fonction **plot** montre qu'il existe d'autres solutions :

Ex.36
```
[> plot({sqrt(x),-sqrt(x),x^2-4*x+2},x=-1..5,y=-2.5..2.5);
```

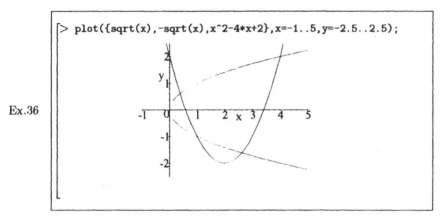

Comme pour les équations on peut, en troisième paramètre de **fsolve**, préciser un domaine de résolution de la forme

- {x=a..b}   pour résoudre dans la bande $a \leq x \leq b$
- {y=c..d}   pour résoudre dans la bande $c \leq y \leq d$
- {x=a..b,y=c..d} pour résoudre dans le rectangle $a \leq x \leq b, c \leq y \leq d$

Pour déterminer la solution du système précédent dont l'ordonnée est comprise entre 0 et 1, on peut écrire

Ex.37
```
[> fsolve({y^2-x, y-x^2+4*x-2},{x,y},{y=0..1});
              { x = .3819660113 , y = .6180339888 }
```

Un nouvel essai pour déterminer la solution dont l'ordonnée est strictement inférieure à -1 se solde par un échec. Mais cela ne prouve rien comme on peut le vérifier avec la recherche suivante où l'on précise à la fois un encadrement de **x** et un encadrement de **y**.

Ex.38
```
[> fsolve({y^2-x,y-x^2+4*x-2},{x,y},{y=-2..-1.4});
[> fsolve({y^2-x,y-x^2+4*x-2},{x,y},{y=-2..-1.4,x=2..3});
             { x = 2.618033989 , y = -1.6180339989 }
```

Pour terminer signalons quelques erreurs typiques rencontrées lors de l'utilisation de la fonction **fsolve**.

Si on n'a pas autant d'équations que d'inconnues :

Ex.39

```
>restart;fsolve({a*x+1=0,a*y+1=0},{x,y,a});
Error, (in fsolve/gensys)case not implemented, # of equations <> # of
variables
```

Si on n'utilise pas toutes les inconnues de l'équation :

Ex.40

```
> fsolve({a*x+1=0,a*y+1=0},{x,y});
Error, (in fsolve) should use exactly all the indeterminates
```

III. Résolution des récurrences : rsolve

La fonction **rsolve** permet d'étudier certaines suites définies par des relations de récurrence : récurrences linéaires, récurrences homographiques et quelques autres cas particuliers.

III.1. Récurrences linéaires

Etant donné u et n deux variables libres ainsi que quatre expressions a, b, $u0$ et $u1$ ne dépendant pas de n,

- **rsolve(u(n)-a*u(n-1)-b*u(n-2),u)** retourne, en fonction de $u(0)$, $u(1)$ et de n, l'expression du terme d'indice n de la suite dé finie par la relation de récurrence $u_n - a\,u_{n-1} - b\,u_{n-2} = 0$.

- **rsolve({u(n)-a*u(n-1)-b*u(n-2),u(0)=u0,u(1)=u1},u)** retourne, en fonction de $u0, u1$ et de n, l'expression du terme d'indice n de la suite définie par la relation de récurrence $u_n - a\,u_{n-1} - b\,u_{n-2} = 0$ et les conditions initiales $u_0 = u0$ et $u_1 = u1$.

La fonction **rsolve** permet aussi de résoudre des récurrences linéaires d'un ordre p quelconque. La syntaxe est analogue à celle utilisée ci dessus à l'ordre 2.

Pour une relation d'ordre p, les conditions "initiales" peuvent être données à l'aide de p termes quelconques à condition qu'ils soient consécutifs ; on peut abréger ces conditions comme suit :

- Si c est indépendant de n, la condition initiale u(a..b)=c est équivalente à u(a)=c, u(a+1)=c,...u(b)=c.

- Si `f(m)` est une expression de `m`, indépendante de `n`, la condition initiale `u(m=a..b)=f(m)` est équivalente à `u(a)=f(a),...,u(b)=f(b)`.

Ex.41

```
> rsolve(u(n)=-3*u(n-1)-2*u(n-2),u);
```
$$(2u(0) + u(1))(-1)^n + (-u(0) - u(1))(-2)^n$$
```
> rsolve({u(n)=6*u(n-1)-11*u(n-2)+6*u(n-3),u(m=0..2)=m},u);
```
$$-\frac{3}{2} - \frac{1}{2} 3^n + 2 \, 2^n$$

Dans les syntaxes précédentes, on peut remplacer le `u` figurant en second argument de `rsolve` par `u(k)`. La fonction `rsolve` retourne alors l'expression du terme d'indice `k`.

Exemple de calcul et de simplification d'un terme d'une suite de Fibonacci.

Ex.42

```
> u_n:=rsolve({u(n)=u(n-1)+u(n-2),u(0..1)=1},u);
```
$$u_{-n} := \frac{2}{5} \frac{\sqrt{5} \left(2\frac{1}{-1+\sqrt{5}}\right)^n}{-1+\sqrt{5}} + \frac{2}{5} \frac{\sqrt{5} \left(-2\frac{1}{1+\sqrt{5}}\right)^n}{1+\sqrt{5}}$$
```
> x:=subs(n=10,u_n);              pour obtenir l'expression de u(10)
```
$$x := \frac{2048}{5} \frac{\sqrt{5}}{(-1+\sqrt{5})^{11}} + \frac{2048}{5} \frac{\sqrt{5}}{(1+\sqrt{5})^{11}}$$
```
> rationalize(x);                 cf. p. 33
```
$$89$$

La fonction `rsolve` peut s'utiliser avec l'option `'genfunc'` (x) : elle retourne alors la fonction génératrice de la suite, c'est à dire une fonction dont les coefficients du développement en série en 0 sont les valeurs des termes de la suite.

Ex.43

```
> x:='x':
  rsolve({F(n)=F(n-1)+F(n-2),F(1..2)=1},F,'genfunc'(x));
```
$$-\frac{x}{-1+x+x^2}$$
```
> series(",x);
```
$$x + x^2 + 2 \, x^3 + 3 \, x^4 + 5 \, x^5 + O(x^6)$$

La fonction `rsolve` permet de traiter un ensemble de suites définies par des relations de récurrence couplées. La syntaxe se déduit aisément de l'exemple suivant

Ex.44

```
> rsolve({u(n)=3*u(n-1)+2*v(n-1),v(n)=u(n-1)+2*v(n-1)},{u,v});
```
$$\{u(n) = \tfrac{2}{3}\, 4^n\, u(0) + \tfrac{2}{3}\, 4^n\, v(0) + \tfrac{1}{3}\, u(0) - \tfrac{2}{3}\, v(0)$$
$$v(n) = \tfrac{1}{3}\, 4^n\, u(0) + \tfrac{1}{3}\, 4^n\, v(0) - \tfrac{1}{3}\, u(0) + \tfrac{2}{3}\, v(0)\}$$

La fonction **rsolve** ne se limite pas à des relations de récurrence linéaire ; elle sait aussi traiter les relations de récurrence affines comme le montre l'exemple suivant :

Ex.45

```
> rsolve({f(n)=-3*f(n-1)-2*f(n-2)+n,f(1..2)=1},f);
```
$$-\frac{7}{4}\,(-1)^n + \frac{5}{9}\,(-2)^n + \frac{1}{6}\,n + \frac{7}{36}$$

III.2. Récurrences homographiques

La fonction **rsolve** permet aussi de résoudre les récurrences homographiques à condition de les écrire sans dénominateur.

Etant donné u et n deux variables libres, r un entier et a, b, c, d, e cinq expressions ne dépendant pas de n,

- **rsolve(u(n+1)*(c*u(n)+d)=a*u(n)+b, u)** retourne, en fonction de $u(0)$ et de n, l'expression du terme général u_n de la suite définie par $u_{n+1} = \dfrac{a\,u_n + b}{c\,u_n + d}$.

- **rsolve({u(n+1)*(c*u(n)+d)=a*u(n)+b,u(r)=e},u)** retourne, en fonction de n, l'expression du terme général u_n de la suite définie par $u_{n+1} = \dfrac{a\,u_n + b}{c\,u_n + d}$ et la condition initiale $u_r = e$.

Ex.46

```
> restart; u_n:=rsolve(u(n)*(5*u(n-1)+4)=1,u);
```
$$u\_n := -\frac{5\,(-1)^n\, u(0) - (-1)^n + 5^n\, u(0) + 5^n}{5\,(-1)^n\, u(0) - (-1)^n - 5\cdot 5^n\, u(0) - 5\cdot 5^n}$$

Comme à l'accoutumée MAPLE retourne une expression formelle qui ne tient pas compte des cas particuliers : l'expression de **u_n** ci-dessus n'est pas définie pour une valeur de $u(0)$ que l'on peut déterminer avec la fonction **solve**. La fonction **seq** permet ensuite d'obtenir les premières valeurs interdites de $u(0)$.

Ex.47

```
> solve(denom(u_n),u(0));
```

$$-\frac{-(-1)^n - 5\,5^n}{5\,(-1)^n - 5\,5^n}$$

```
> seq(",n=1..5);
```
                                    pour voir les 5 premières valeurs

$$-\frac{4}{5}, \quad -\frac{21}{20}, \quad -\frac{104}{520}, \quad -\frac{521}{520}, \quad \frac{2604}{2605}$$

III.3. Autres relations de récurrence

La fonction `rsolve` sait aussi résoudre quelques autres relations de récurrence, comme par exemple :

Ex.48

```
>restart;rsolve({y(n)=n*y(n-1),y(0)=1},y);
```

$$\Gamma(n+1)$$

ou encore des relations intervenant dans des calculs de complexité d'algorithmes

Ex.49

```
> rsolve(f(n)=3*f(n/2)+5*n,f(n));
```

$$f(1)\,n^{\left(\frac{\ln(3)}{\ln(2)}\right)} + n^{\left(\frac{\ln(3)}{\ln(2)}\right)}\left(-15\left(\frac{2}{3}\right)^{\left(\frac{\ln(n)}{\ln(2)}+1\right)} + 10\right)$$

Chapitre 7

Limites et dérivées

I. Limites

I.1. Limite d'expressions

C'est la fonction `limit` qui permet de calculer des limites d'expressions d'une variable réelle. Si **p** est une expression dépendant de la variable libre **x**,

- `limit(p,x=a)`   retourne la limite de **p** lorsque **x** tend vers **a**
- `limit(p,x=a,right)`   retourne la limite de **p** lorsque **x** tend vers a^+
- `limit(p,x=a,left)`   retourne la limite de **p** lorsque **x** tend vers a^-
- `limit(p,x=infinity)`   retourne la limite de **p** lorsque **x** tend vers $+\infty$
- `limit(p,x=-infinity)`   retourne la limite de **p** lorsque **x** tend vers $-\infty$
- `limit(p,x=infinity,real)` retourne la limite de **p** lorsque |x| tend vers $+\infty$

Exemples de limites en **a**

Ex. 1
```
> p:=(x^2-1)*ln((1+x)/(1-x));
```
$$p := \left(x^2 - 1\right) \ln\left(\frac{1+x}{1-x}\right)$$
```
> limit(p,x=1);
```
$$0$$
```
> limit(p/x,x=0);
```
$$-2$$
```
> limit(ln(tan(x))/(tan(x)-1),x=Pi/4);
```
$$1$$

Exemples de limites latérales en a

Ex. 2
```
[> limit(exp(1/x),x=0,right);
                              ∞
[> limit(exp(1/x),x=0,left);
                              0
```

Exemples de limites en l'infini

Ex. 3
```
[> limit(exp(x)/x,x=infinity);
    limit(exp(x)/x,x=-infinity);
                              ∞
                              0
[> p:=(x^2+1)/(x^2-1);
```
$$p := \frac{x^2+1}{x^2-1}$$
```
[> limit(p,x=infinity,real);
                              1
```

Attention ! Lors de l'évaluation de `limit(p,x=a)`, MAPLE commence par évaluer les deux arguments p et x=a, et, si la variable x n'est pas libre, il retourne un message d'erreur peu facile à interpréter.

Ex. 4
```
[> x:=y+1:  limit(p,x=1);
  Error, (in limit) invalid arguments
```

Lorsque MAPLE se rend compte que la limite n'existe pas, `limit` retourne `undefined`.

Ex. 5
```
[> x:='x': limit(exp(1/x),x=0);
                          undefined
```

Dans certains cas `limit` retourne un intervalle. Cela signifie qu'au voisinage du point où l'on cherche à calculer la limite, l'expression prend toutes ses valeurs dans cet intervalle, mais cela ne veut pas dire que toute valeur de cet intervalle soit atteinte.

```
[> limit(sin(1/x),x=0);
```
$$-1..1$$
```
[> limit(sin(x)+cos(x),x=infinity);
```
$$|\sin x + \cos x| \leq \sqrt{2}$$
$$-2..2$$

Ex. 6

Quand MAPLE ne réussit pas à déterminer de limite il retourne une forme non évaluée ; sous Windows elle est juste un peu mieux écrite.

Ex. 7

```
[> limit(abs(sin(x)),x=infinity);
```
$$\lim_{x \to \infty} |\sin(x)|$$

I.2. Limite d'expressions dépendant de paramètres

Il est possible de calculer des limites d'expressions dépendant de paramètres, c'est à dire de variables libres autres que celle pour laquelle on cherche la limite.

Ex. 8

```
[> p:=(1+t/n)^n;
```
$$p := \left(1 + \frac{t}{n}\right)^n$$
```
[> limit(p,n=infinity);
```
$$e^t$$

Toutefois il s'agit alors d'un calcul formel : MAPLE ne s'occupe pas des cas particuliers et il est de la responsabilité de l'utilisateur de les traiter à part :

Ex. 9

```
[> a:='a': p:=(x*ln(x)^2-a*ln(a)^2)/((x-a)*(x-1));
```
$$p := \frac{x \ln(x)^2 - a \ln(a)^2}{(x-a)(x-1)}$$
```
[> limit(p, x=a);
```
$$\frac{2 \ln(a) + \ln(a)^2}{a - 1}$$
```
[> limit(subs(a=1,p),x=1);
```
Pour calculer
la limite pour a=1
$$1$$

Dans l'exemple suivant, MAPLE retourne une forme non évaluée, car la limite est égale à 0, 1 ou $+\infty$ selon que le paramètre t est strictement négatif, nul ou strictement positif.

Ex.10

```
> Lim:=limit(exp(t*x),x=+infinity);
```
$$Lim := \lim_{x \to \infty} e^{(t\,x)}$$

Il est alors possible d'étudier la limite pour certaines valeurs particulières du paramètre t en utilisant la fonction subs.

Ex.11

```
> subs(t=1,Lim);
```
$$\lim_{x \to \infty} e^x$$

```
> eval(subs(t=1,Lim));
```
eval est indispensable car subs
ne provoque aucune évaluation

$$\infty$$

```
> eval(subs(t=-1,Lim));
```
$$0$$

On peut aussi à l'aide de la fonction **assume** (cf. p. 45) émettre des hypothèses sur le paramètre t, ce qui permet à MAPLE de conclure et de déterminer la limite. Pour étudier les cas t>0 et t<0, il suffit d'écrire

Ex.12

```
> assume(t>0);
```
assume ne provoque aucun écho

```
> Lim;
```
$$\infty$$

```
> assume(t<0);
```
Une nouvelle utilisation de assume
annule toute hypothèse précédente sur t

```
> Lim;
```
$$0$$

Dans l'exemple suivant MAPLE retourne sans hésiter ∞ comme limite car abs(t-1) est formellement non nul et positif

Ex.13

```
> restart; limit(exp(abs(t-1)*x),x=infinity);
```
$$\infty$$

En revanche, comme à partir de la release 3 la fonction `limit` ne suppose plus que les paramètres sont réels, il est normal qu'elle soit incapable de conclure dans l'exemple suivant où l'expression t^2 n' a aucune raison d'être positive.

Ex.14
```
> limit(exp(t^2*x),x=infinity);
```
$$\lim_{x \to \infty} e^{(t^2 x)}$$

Pour indiquer à MAPLE que le paramètre `t` reste dans le domaine réel, on peut à nouveau utiliser **assume**

Ex.15
```
> assume(t,real); limit(exp(t^2*x),x=infinity);
```
$$\infty$$

I.3. Limite de fonctions

Pour calculer la limite d'une fonction `f` en un point, il faut étudier la limite de l'expression `f(x)` qui lui est associée :

Ex.16
```
> f:=x->((ln(x+1)/ln(x))^x-1)*ln(x);
```
$$f := x \to \left(\left(\frac{\ln(x+1)}{\ln(x)} \right)^x - 1 \right) \ln(x)$$
```
> limit(f(x),x=infinity);
```
$$1$$

Contrairement à ce qui ce passe avec la fonction `plot` (cf. p. 71), on ne peut pas utiliser `limit` avec une fonction en omettant la variable dans le second argument

Ex.17
```
> limit(f,0);
```
Error, (in limit) invalid arguments

La fonction `limit` permet aussi de calculer des limites d'expressions de plusieurs variables. Si `p` est une expression dépendant des variables libres `x` et `y`, l'évaluation de `limit(p,{x=a,y=b})` retourne la limite de `p` lorsque le point `(x,y)` tend vers `(a,b)`.

Ex.18
```
> limit((x*x-y*y)/(x-y),{x=0,y=0});
```
$$0$$

Comme on le voit sur l'exemple suivant, il arrive souvent à la fonction `limit` de retourner une forme non évaluée.

Ex.19

```
> limit(x*y/sqrt(x^2+y^2),{x=0,y=0});
```
$$limit\left(\frac{xy}{\sqrt{x^2+y^2}}, \{x=0, y=0\}\right)$$

II. Dérivées

II.1. Dérivées des expressions d'une seule variable

C'est la fonction `diff` qui permet de dériver des expressions.

Dérivée première d'une expression

Si p est une expression dépendant de la variable libre x, l'évaluation de `diff(p,x)` retourne l'expression dérivée de p par rapport à x.

Ex.20

```
> p:=(x^2+1)*arctan(x);
```
$$p := (x^2+1)\arctan x$$
```
> diff(p,x);
```
$$2x\arctan x + 1$$

Attention ! Lors de l'évaluation de `diff(p,x)`, MAPLE commence par évaluer les deux arguments p et x, et, si la variable x n'est pas libre, MAPLE retourne un message d'erreur difficile à interpréter.

Ex.21

```
> x:=y+1: diff(arctan(x),x);
```
Error, wrong number (or type) of parameters in function diff

Si l'expression à dériver comporte des termes de type **function** (cf. p. 341) de la forme f(x) où f est libre, la fonction `diff` utilise les formules classiques de dérivation et donne sa réponse à l'aide d'expressions du style $\frac{\partial f}{\partial x}$.

Ex.22

```
> restart; diff(arctan(f(x)),x);
```
$$\frac{\frac{\partial}{\partial x}f(x)}{1+f(x)^2}$$

Dérivée d'ordre supérieur d'une expression

Etant donné un entier naturel n et une expression p dépendant de la variable libre x, `diff(p,x,...,x)` ou `diff(p,x$n)` renvoie la dérivée n^{eme} de p par rapport à la variable x.

Ex.23

```
> diff(arctan(x),x,x,x);
```
$$-8\frac{x^2}{\left(1+x^2\right)^3} - 2\frac{1}{\left(1+x^2\right)^2}$$
```
> diff(arctan(x),x$4);
```
$$-48\frac{x^3}{\left(1+x^2\right)^4} + 24\frac{x}{\left(1+x^2\right)^3}$$
```
> normal(");
```
pour réduire l'expression
$$-24\frac{x(x^2-1)}{\left(1+x^2\right)^4}$$

Lorsque n ne pointe pas vers une valeur **numeric**, l'utilisation de `diff(p,x$n)` retourne alors une forme non évaluée.

Ex.24

```
> n:='n':  diff(arctan(x),x$n);
```
$$diff(arctan(x),\,x\,\$\,n)$$

II.2. Dérivées partielles d'expressions de plusieurs variables

Etant donné **expr** une expression et x1,x2,...xn des variables libres distinctes ou non, l'évaluation de `diff(p,x1,x2,...,xn)` retourne $\dfrac{\partial^n p}{\partial x_1 \partial x_2 \ldots \partial x_n}$.

Ex.25

```
> p := ln(sqrt(x^2+y^2)):
> r:=diff(p,x,x); s:=diff(p,x,y); t:=diff(p,y,y);
```
$$r := -2\frac{x^2}{\left(x^2+y^2\right)^2} + \frac{1}{x^2+y^2}$$
$$s := -2\frac{xy}{\left(x^2+y^2\right)^2}$$
$$t := -2\frac{y^2}{\left(x^2+y^2\right)^2} + \frac{1}{x^2+y^2}$$

Ex.26
```
> normal(s*s-r*t);
```
$$\frac{1}{\left(x^2 + y^2\right)^2}$$

II.3. Dérivées des fonctions d'une variable

Dérivée première d'une fonction

Alors que **diff** permet de dériver une expression et renvoie une expression, la fonction **D** permet de dériver une fonction, que ce soit une fonction MAPLE ou une fonction définie par l'utilisateur, et retourne une fonction.

Attention ! Bien utiliser un D majuscule.
Si **f** est une fonction d'une seule variable, **D(f)** retourne la fonction dérivée de **f**.

Ex.27
```
> f:=x->arctan(x)/(1+x^2); f_1:=D(f);
```
$$f := x \rightarrow \frac{\arctan(x)}{1 + x^2}$$

$$f\_1 := x \rightarrow \frac{1}{\left(1 + x^2\right)^2} - 2\frac{\arctan(x)\,x}{\left(1 + x^2\right)^2}$$

Si on veut réduire la fonction **f_1** de l'exemple précédent il faut passer par l'expression **f_1(x)**, car **normal** ne peut s'appliquer qu'à une expression. Pour récupérer si nécessaire la fonction dérivée, il faut ensuite utiliser **unapply** (cf. p. 40).

Ex.28
```
> normal(f_1);
```
$$f\_1$$
```
> normal(f_1(x));
```
$$\frac{1 - 2\arctan(x)\,x}{\left(1 + x^2\right)^2}$$
```
> f_1:=unapply(",x);                    transforme l'expression en fonction
```
$$f\_1 := x \rightarrow \frac{1 - 2\arctan(x)\,x}{\left(1 + x^2\right)^2}$$

Si on essaie de dériver avec **diff** une expression par rapport à une variable dont elle ne dépend pas, MAPLE retourne évidemment 0 : c'est en particulier le cas si on essaie de dériver une variable libre par rapport à une autre variable. En revanche *D* peut s'appliquer à une variable libre : il retourne alors une forme partiellement évaluée.

```
[> restart; diff(f,x); D(f);
```
$$0$$
$$D(f)$$
```
[> D(g@f);
```
Calcul de la dérivée d'une composée
de fonctions d'une variable

$$D(g)@f \; D(f)$$

Ex.29 (label for the above box)

Dérivée d'ordre supérieur d'une fonction

Etant donné un entier n et f une fonction d'une variable, (D@@n)(f) retourne la fonction dérivée n-ème de f (sur un clavier standart de P.C. le symbole @ s'obtient par la combinaison ALTGR-0).

Attention ! Les parenthèses entourant D@@n sont obligatoires pour permettre à MAPLE de bien interpréter la formule, car @@ est l'opérateur d'exponentiation de fonction et D@@n représente la puissance n-ème de D.

```
[> f:=x->(1+x^2)^(-1):
[> f_3:=(D@@3)(f);
```
$$f\_3 := x \rightarrow -48\frac{x^3}{\left(1+x^2\right)^4} + 24\frac{x}{\left(1+x^2\right)^3}$$

Ex.30 (label for the above box)

II.4. Dérivées partielles des fonctions de plusieurs variables

Si f est une fonction de p variables et si i1,i2,...,ir est une famille de r valeurs de l'intervalle $[1,p]$, alors l'évaluation de D[i1,i2...,ir](f) retourne la fonction $(x_1,x_2,\ldots,x_p) \rightarrow \dfrac{\partial^n f}{\partial x_{i1}\partial x_{i2}\ldots\partial x_{ir}}(x_1,x_2,\ldots,x_p)$. Comme dans le cas des dérivées partielles d'expressions, MAPLE n'hésite pas à permuter les dérivations par rapport aux différentes variables.

Exemple de calcul et de simplification d'une fonction dérivée partielle d'ordre 2

```
[> f:=(x,y)->arctan(y/x);
```
$$f := (x,y) \rightarrow \arctan\left(\frac{y}{x}\right)$$
```
[> f_1:=D[2](f);
```
dérivée par rapport à la seconde variable

$$f\_1 := (x,y) \rightarrow \frac{1}{x\left(1+\dfrac{y^2}{x^2}\right)}$$

Ex.31 (label for the above box)

> normal("(x,y));   Il faut une expression pour appliquer normal

$$\frac{x}{x^2 + y^2}$$

> f_1:=unapply(",x,y);   unapply pour récupérer la fonction

$$f\_1 := (x,y) \rightarrow \frac{x}{x^2 + y^2}$$

Ex.32

Exemple de calcul et de simplification d'une dérivée partielle croisée :

> f_2:=D[1,2](f);   calcul de $\frac{\partial^2 f}{\partial x \partial y}$

$$f\_2 := (x,y) \rightarrow -\frac{1}{x^2\left(1 + \dfrac{y^2}{x^2}\right)} + 2\frac{y^2}{x^4\left(1 + \dfrac{y^2}{x^2}\right)^2}$$

> normal("(x,y));   simplification de $\frac{\partial^2 f}{\partial x \partial y}(x,y)$

$$-\frac{x^2 - y^2}{(x^2 + y^2)^2}$$

Ex.33

> f_3:=unapply(normal(D[1,1,2](f)(x,y)),x,y);

                        calcul et simplification de $\frac{\partial^3 f}{\partial x^2 \partial y}$

$$f\_3 := (x,y) \rightarrow 2\frac{x\left(x^2 - 3y^2\right)}{(x^2 + y^2)^3}$$

Utilisée pour dériver par rapport à x et y une expression de type function (cf. p. 341) telle que f(x), f(x,y) ou plus généralement f(u,v) dans laquelle f est une variable libre et u, v des expressions dépendant de x et y, la fonction diff retourne une forme utilisant les dérivées partielles de f. Quand elle réalise un tel calcul la fonction diff suppose que la fonction f est "honnête et fréquentable", c'est à dire que l'on peut permuter les dérivations partielles par rapport à toutes les variables intervenant dans le calcul.

> restart; diff(f(x,y),x,y,x);

$$\frac{\partial^3}{\partial x^2 \partial y} f(x,y)$$

Ex.34

> diff(f(x^2+y^2),x,y);

$$4 D^{(2)}(f)(x^2 + y^2)\, y\, x$$

Chapitre 8

Développements limités

I. La fonction series

I.1. Obtention de développements limités

C'est la fonction **series** qui permet de calculer des développements limités d'expressions dépendant d'une variable libre.

Développement limité en a

Si **p** est une expression dépendant de la variable libre **x**, si **a** est une expression indépendante de **x** et si **n** est un entier non nul, l'évaluation de **series(p,x=a,n)** retourne un développement limité de **p** au voisinage de **a** dont l'ordre dépend de **n**. L'évaluation de **series(p,x=a)** est équivalente à celle de **series(p,x=a,n)** où **n** est égal au contenu de la variable globale **Order** qui par défaut vaut 6.

Dans la réponse retournée, le terme complémentaire est donné sous la forme $O((x-a)^m)$ où O représente la notation de Landau, ce qui correspond à un développement limité à l'ordre $m-1$.

Tous les calculs de développements limités intermédiaires étant faits à un ordre au plus égal à **n-1**, dans les bons cas on a **n=m**.

Ex. 1
```
> series(1/(1+x),x=1,4);
```
$$\frac{1}{2} - \frac{1}{4}(x-1) + \frac{1}{8}(x-1)^2 - \frac{1}{16}(x-1)^3 + O((x-1)^4)$$

Toutefois il arrive que sans peine supplémentaire on ait **m>n**.

Ex. 2
```
> series(1/(1-x^4),x,5);
```
$$1 + x^4 + O(x^8)$$

Si une puissance de (x-a) est en facteur dans un dénominateur, on peut avoir la relation m<n.

Ex. 3

```
> series((sin(x)-x)/x^3,x=0,7);            Ici on a m=n-3
```
$$-\frac{1}{6} + \frac{1}{120}x^2 + O(x^4)$$

On peut toutefois être surpris de la séquence de calculs suivante.

Ex. 4

```
> restart; series((log(1+x)-x+x^2/2)/x^2,x=0,5);      ici,m=n-2
```
$$\frac{1}{3}x - \frac{1}{4}x^2 + O\left(x^3\right)$$
```
> series((log(1+x)-x+x^2/2)/x^2,x=0,10);
```
$$\frac{1}{3}x - \frac{1}{4}x^2 + \frac{1}{5}x^3 - \frac{1}{6}x^4 + \frac{1}{7}x^5 - \frac{1}{8}x^6 + \frac{1}{9}x^7 + O\left(x^8\right)$$
```
> series((log(1+x)-x+x^2/2)/x^2,x=0,5);        mais ici, m=n
```
$$\frac{1}{3}x - \frac{1}{4}x^2 + \frac{1}{5}x^3 - \frac{1}{6}x^4 + O\left(x^5\right)$$

C'est que la fonction **series** conserve les développements qu'elle calcule dans une table de **remember** (cf. p. 444). Dans l'exemple précédent, lors de sa troisième utilisation, la fonction **series** a trouvé dans cette table un résultat lui permettant, sans faire le moindre calcul, de retourner un développement limité pour lequel m=n.

Pour obtenir un développement en 0 on peut remplacer x=0 par x, mais en a il est impossible de remplacer x=a par x-a.

Ex. 5

```
> series(sin(x),x,8);            par défaut on peut omettre =0
```
$$x - \frac{1}{6}x^3 + \frac{1}{120}x^5 - \frac{1}{5040}x^7 + O\left(x^8\right)$$

Si on veut obtenir le développement limité d'une fonction **f**, il faut appliquer **series** à l'expression **f(x)**. Dans le cas où **f** est une variable libre, l'évaluation de **series(f(x),x=a,n)** retourne formellement la formule de Taylor à l'ordre n-1.

Ex. 6

```
> f:='f':  series(f(x),x,4);
```
$$f(0) + D(f)(0)x + \frac{1}{2}\left(D^{(2)}\right)(f)(0)x^2 + \frac{1}{6}\left(D^{(3)}\right)(f)(0)x^3 + O\left(x^4\right)$$

Développement limité en l'infini

La fonction **series** permet aussi de calculer des développements limités en l'infini. Il suffit, dans les syntaxes précédentes, de remplacer **x=a** par **x=infinity** pour un développement en $+\infty$ et par **x=-infinity** pour un développement en $-\infty$.

Ex. 7

```
> series(1/(1+x),x=infinity);
```
$$\frac{1}{x} - \frac{1}{x^2} + \frac{1}{x^3} - \frac{1}{x^4} + \frac{1}{x^5} + O\left(\frac{1}{x^6}\right)$$

I.2. Développements généralisés

La fonction **series** permet de calculer non seulement des développements limités mais aussi des développements généralisés qui peuvent être des développements de Laurent (puissances entières positives et négatives), ou des développements de Puiseux (exposants fractionnaires).

Ex. 8

```
> series(cot(x),x,6);                    Développement de Laurent
```
$$x^{-1} - \frac{1}{3}x - \frac{1}{45}x^3 - \frac{2}{945}x^5 + O\left(x^6\right)$$

```
> series(sqrt(x*(1+x)),x,4);             Développement de Puiseux
```
$$\sqrt{x} + \frac{1}{2}x^{3/2} - \frac{1}{8}x^{5/2} + \frac{1}{16}x^{7/2} - \frac{5}{128}x^{9/2} + O\left(x^{11/2}\right)$$

L'évaluation de **series(p,x=a,n)** peut dans certains cas retourner un développement dont les coefficients contiennent des expressions de la variable x qui ne peuvent être développées au voisinage du point a.

Ex. 9

```
> p:=sin(x)/(1+x);
```
$$\frac{\sin(x)}{1+x}$$

```
> series(p,x=infinity,6);
```
$$\frac{\sin(x)}{x} - \frac{\sin(x)}{x^2} + \frac{\sin(x)}{x^3} - \frac{\sin(x)}{x^4} + \frac{\sin(x)}{x^5} + O\left(\frac{1}{x^6}\right)$$

Lorsque MAPLE laisse des expressions de x comme coefficients d'un développement généralisé en x, ces coefficients doivent vérifier au voisinage de a une relation du type $k_1 |x - a|^r < |coeff[i]| < k_2 |x - a|^r$ où **coeff[i]** désigne le coefficient de x^i et k_1, k_2 et r des constantes positives.

Autre exemple de développement dont les coefficients sont des expressions de x:

Ex.10

```
> p:=x^x;
```
$$p := x^x$$
```
> series(p,x,4);
```
$$1 + \ln(x)\, x + \frac{1}{2}\ln(x)^2\, x^2 + \frac{1}{6}\ln(x)^3\, x^3 + O\left(x^4\right)$$

La fonction series permet d'obtenir des développements plus généraux comme la formule de Stirling , qui est calculée à l'aide de la fonction Gamma.

Ex.11

```
> series(n!,n=infinity,3);
```
$$\frac{\dfrac{\sqrt{2\pi}}{\sqrt{\dfrac{1}{n}}} + \dfrac{\sqrt{2\pi}}{12}\sqrt{\dfrac{1}{n}} + \dfrac{\sqrt{2\pi}}{288}\left(\dfrac{1}{n}\right)^{3/2} + O\left(\left(\dfrac{1}{n}\right)^{5/2}\right)}{\left(\dfrac{1}{n}\right)^{n} e^n}$$

I.3. Partie régulière d'un développement

Comme la partie régulière d'un développement limité d'une fonction est une bonne approximation de cette fonction, on a parfois besoin d'en calculer certaines valeurs voire d'en donner une représentation graphique. Pour réaliser de telles opérations il faut alors extraire la partie régulière du développement retourné par la fonction **series**, c'est à dire supprimer le terme en O .

Si u contient un développement limité, l'évaluation de **convert(u,polynom)** retourne la partie polynomiale de u.

Ex.12

```
> p:=sin(x): u:=series(p,x,6);
```
$$u := x - \frac{1}{6}x^3 + \frac{1}{120}x^5 + O\left(x^6\right)$$
```
> subs(x=2,u);                              Substitution Impossible
```
Error, invalid substitution in series

```
> u1:=convert(u,polynom);
```
$$u1 := x - \frac{1}{6}x^3 + \frac{1}{120}x^5$$

Pour apprécier la qualité de l'approximation de la fonction sin par le polynôme u1, on peut alors représenter les deux courbes sur un même graphique.

Ex.13

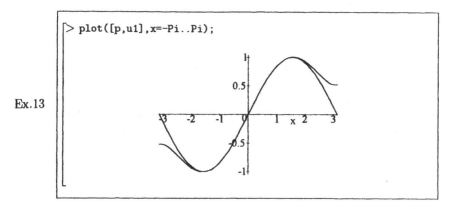

```
> plot([p,u1],x=-Pi..Pi);
```

Dans le cas où u contient un développement de Laurent ou de Puiseux, on peut toujours utiliser `convert(u,polynom)` bien que le résultat retourné ne soit pas un polynôme.

I.4. Obtention d'un équivalent

C'est aussi la fonction `series` qui permet d'obtenir un équivalent.

Si p est une expression dépendant de la variable libre x, alors l'évaluation de `series(leadterm(p),x=a)` ou de `series(leadterm(p),x=a,n)` fournit en général un équivalent de p au voisinage de a, c'est à dire seulement le premier terme du développement de p au voisinage de a.

Pour être sûr d'obtenir la réponse attendue il est préférable d'utiliser une valeur importante de n ou de la variable `Order` : on ne risque pas de gâcher inutilement du temps de calcul puisque seul le premier terme est calculé. En revanche si n est insuffisant MAPLE retourne un message d'erreur.

Ex.14

```
> f:=x->tan(sin(x))-sin(tan(x));
```
$$f := x \to \tan(\sin(x)) - \sin(\tan(x))$$

```
> series(leadterm(f(x)),x,5);
```
Error, (in series/leadterm) unable to compute leading term

```
> series(leadterm(f(x)),x,20);
```
$$\frac{1}{30}x^7$$

I.5. Les limites de la fonction series

Il faut remarquer que **series** ne sait calculer un développement limité en a que si la fonction est développable en série (dans un sens assez général) au voisinage de **a**.

La fonction $x \to \exp(-1/x^2)$, par exemple, est indéfiniment dérivable pour $x \neq 0$ et toutes ses dérivées tendent vers 0 quand x tend vers 0, ce que l'on peut vérifier avec MAPLE dans quelques cas particuliers. Cette fonction est donc indéfiniment dérivable en 0 et toutes ses dérivées y sont nulles. D'après la formule de Taylor elle y admet un développement limité nul à tout ordre, ce que MAPLE ne peut trouver

Ex.15

```
> p:=exp(-1/x^2);
```
$$p := e^{\left(-\frac{1}{x^2}\right)}$$
```
> n:=4:  limit(diff(p,x$n),x=0);
```
essayer aussi
d'autres valeurs de n

$$0$$
```
> series(p,x=0);
  Error, (in series/exp) unable to compute series
```

Lorsque le développement existe à droite et à gauche d'un point a mais qu'il n'a pas la même expression analytique, la fonction **series** soit ne retourne rien, soit retourne un développement qui n'est valable qu'à droite.

Ex.16

```
> restart; p:=x^2/(1+abs(x));
```
$$p := \frac{x^2}{1 + |x|}$$
```
> series(p,x);
  Error, (in series/abs) no series at 0
```

Ex.17

```
> p:=arccos(sin(x)/x): u:=series(p,x);
```
$$u := \frac{1}{3}\sqrt{3}\,x - \frac{1}{270}\sqrt{3}\,x^3 + O\left(x^4\right)$$
```
> limit((p-u)/x^3,x=0,right);
```
C'est le développement à droite,

$$0$$
```
> limit((p-u)/x^3,x=0,left);
```
mais pas à gauche

$$-\infty$$

II. Opérations sur les développements limités

Bien que MAPLE calcule automatiquement les développements limités de la plupart des expressions, on peut avoir besoin de réaliser quelques opérations sur les développements limités.

II.1. Sommes, quotients, produits de développements limités

Pour exprimer produits, quotients, puissances de développements limités, on peut utiliser les opérateurs `*`, `/` ou `^` mais comme les "véritables" développements limités ont dans MAPLE un type bien particulier, le type `series` (cf. p 364), les fonctions `expand` ou `simplify` n'ont pas l'effet attendu : il faut à chaque fois utiliser la fonction `series`.

Ex.18

```
> restart; u:=series(sinh(x),x); v:=series(cos(x),x);
```
$$u := x + \frac{x^3}{6} + \frac{1}{120}x^5 + O\left(x^6\right)$$
$$v := 1 - \frac{1}{2}x^2 + \frac{1}{24}x^4 + O\left(x^6\right)$$
```
> expand(u*v);
```
$$\left(x + \frac{x^3}{6} + \frac{1}{120}x^5 + O\left(x^6\right)\right)\left(1 - \frac{1}{2}x^2 + \frac{1}{24}x^4 + O\left(x^6\right)\right)$$
```
> series(u*v,x);
```
$$x - \frac{1}{3}x^3 - \frac{1}{30}x^5 + O\left(x^6\right)$$
```
> series(u/v,x);
```
$$x + \frac{2}{3}x^3 + \frac{3}{10}x^5 + O(x^6)$$

Toutefois, comme on peut le vérifier sur l'exemple suivant, MAPLE ne se laisse pas abuser par certaines demandes fantaisistes : avec les développements précédents, il ne faut pas essayer de vouloir déterminer un développement à l'ordre 11 du produit `sinh(x)*cos(x)` !

Ex.19

```
> series(u*v,x,12);
```
$$x - \frac{1}{3}x^3 - \frac{1}{30}x^5 + O\left(x^6\right)$$

II.2. Composés et inverses de développements limités

Composés de développements limités

Les composés de développements limités s'obtiennent directement aussi avec la fonction **series**.

Ex.20

```
> restart; u:=series(sin(x),x,5);
```
$$u := x - \frac{x^3}{6} + O\left(x^5\right)$$

```
> v:=series(tan(u),x,5);
```
$$v := x + \frac{x^3}{6} + O\left(x^5\right)$$

Développement limité d'une "fonction" réciproque

Si f est une fonction bijective, admettant en a un développement limité dont le coefficient de $(x - a)$ est non nul, alors f^{-1} possède un développement limité au même ordre au voisinage de $b = f(a)$. Si u contient **series(f(x),x=a,n)** où n est un entier inférieur ou égal à **Order**, et si y est une variable libre, **solve(u=y,x)** retourne le développement limité de f^{-1} en $b = f(a)$ à l'ordre n-1.

Retrouvons ainsi, de façon peu économique, le développement de **arctan**

Ex.21

```
> u:=series(tan(x),x); solve(u=y,x);            D.L. en 0
```
$$u := x + \frac{1}{3}x^3 + \frac{2}{15}x^5 + O\left(x^6\right)$$

$$y - \frac{1}{3}y^3 + \frac{1}{5}y^5 + O\left(y^6\right)$$

```
> solve(series(tan(x),x=Pi/4,3)=y,x);          D.L. en 1
```
$$\frac{1}{4}\pi + \frac{1}{2}(y - 1) - \frac{1}{4}(y - 1)^2 + O\left((y - 1)^3\right)$$

Remarque : Dans le cas où n est strictement supérieur à **Order**, l'ordre du développement retourné par **solve** est **Order-1** qui vaut donc 5 par défaut. Pour obtenir un développement limité à un ordre supérieur, il faut donc modifier le contenu de **Order**.

Ex.22

```
> Order:=8; solve(series(tan(x),x)=y,x);
```
$$y - \frac{1}{3}y^3 + \frac{1}{5}y^5 - \frac{1}{7}y^7 + O\left(y^8\right)$$

Lorsque le coefficient de $(x - a)$ dans le développement limité en a de f est nul, solve (u=y,x) retourne la séquence contenant les développements de Puiseux des diverses branches de la "fonction réciproque" de f.

Ex.23

```
> u:=series(cos(x),x,6);
```

$$u := 1 - \frac{1}{2}x^2 + \frac{1}{24}x^4 + O\left(x^6\right)$$

```
> solve(u=y,x);
```

$$I\sqrt{2}\sqrt{y-1} - \frac{1}{12}I\sqrt{2}\left(y-1\right)^{3/2} + O\left(\left(y-1\right)^{5/2}\right),$$

$$-I\sqrt{2}\sqrt{y-1} + \frac{1}{12}I\sqrt{2}\left(y-1\right)^{3/2} + O\left(\left(y-1\right)^{5/2}\right)$$

On peut remarquer que, dans le calcul précédent, MAPLE introduit le nombre complexe I, car il utilise l'accroissement (y-1) plutôt que (1-y). Pour obtenir, dans l'exemple précédent, l'expression des développements à coefficients réels correspondant à y<1, on peut remplacer y par 1-h lors de l'appel de la fonction solve. MAPLE effectue alors un développement selon les puissances de h c'est à dire de 1-y.

Ex.24

```
> solve(u=1-h,x);
```

$$\sqrt{2}\sqrt{h} + \frac{1}{12}\sqrt{2}\,h^{3/2} + O\left(h^{5/2}\right),$$

$$-\sqrt{2}\sqrt{h} - \frac{1}{12}\sqrt{2}\,h^{3/2} + O\left(h^{5/2}\right)$$

```
> subs(h=1-y,["]);
```
                                   **[] indispensable pour que subs
                                    ne voit que deux arguments**

$$[\sqrt{2}\sqrt{1-y} + \frac{1}{12}\sqrt{2}\left(1-y\right)^{3/2} + O((1-y)^{5/2}),$$

$$-\sqrt{2}\sqrt{1-y} - \frac{1}{12}\sqrt{2}\left(1-y\right)^{3/2} + O((1-y)^{5/2})]$$

II.3. Intégration d'un développement limité

C'est la fonction int qui permet d'intégrer des développements limités, des développements asymptotiques ou des développements de Puiseux. Si u contient le développement limité à l'ordre n en a de f, alors int(u,x) retourne le développement à l'ordre n+1 en a de la primitive de f qui s'annule en a.

Ex.25
> u:=series(1/(x^2+x+1),x=1,3);
$$\frac{1}{3} - \frac{1}{3}(x-1) + \frac{2}{9}(x-1)^2 + O\left((x-1)^3\right)$$
> int(u,x);
$$\frac{1}{3}(x-1) - \frac{1}{6}(x-1)^2 + \frac{2}{27}(x-1)^3 + O\left((x-1)^4\right)$$

Exemple d'intégration d'un développement de Laurent, où MAPLE intègre formellement le développement limité sans introduire de constante d'intégration

Ex.26
> u:=series(cos(x)/x,x,4);
$$u := x^{-1} - \frac{1}{2}x + O\left(x^3\right)$$
> int(u,x);
$$\ln(x) - \frac{1}{4}x^2 + O\left(x^4\right)$$

III. Développement d'une fonction implicite

Cette partie est consacrée à l'étude des développements limités de "fonctions implicites". En fait, pour MAPLE, il s'agit le plus souvent d'expressions définies à l'aide de RootOf.

Evaluation de RootOf(p,y,b)

Si b contient une valeur numérique réelle ou complexe, et p une expression de la variable libre y, alors RootOf(p,y,b) représente la racine de l'équation p=0 qui est "la plus proche" de b. La réponse retournée par MAPLE utilise la fonction RootOf sauf si p est un polynôme du premier degré en y.

Ex.27
> restart; P:=x^3-3*x+1: s:=RootOf(P,x,2);
$$s := RootOf(\_Z^3 - 3\_Z + 1, 2)$$

Pour obtenir une évaluation numérique d'une telle quantité il suffit d'utiliser la fonction **evalf**.

Ex.28
> evalf(s);
$$1.532088886$$

Développement limité d'une fonction implicite

L'utilisation conjointe de **series** et de **RootOf** permet de calculer des développements limités de fonctions implicites.

Etant donné b une valeur numérique réelle ou complexe, a une valeur numérique qui n'est pas de type **float**, et p=f(x,y) une expression des variables libres x et y ne contenant pas d'élément de type **float**, alors **series(RootOf(p,y,b),x=a)** retourne un développement limité de l'expression g(x) définie implicitement par f(x,g(x))=0 et g(a) "voisin de b". Il s'agit d'un développement en (x-a) dont les coefficients sont exprimés à l'aide de quantités qui sont formellement égales à **RootOf(subs(x=a,p),y,b)**.

L'utilisation de **series(RootOf(p,y,b),x=a)** permet donc d'étudier localement une branche de courbe définie par une équation de la forme f(x,y)=0. Nous allons expliquer la méthode sur un exemple.

Considérons l'expression p=f(x,y)=x^3+y^3-3*x*y-2 et représentons la courbe associée ainsi que la droite d'équation x=1 à l'aide de plots[implicitplot] : cette syntaxe permet d'utiliser la fonction implicitplot de la bibliothèque plots sans la charger définitivement en mémoire.

Ex.29

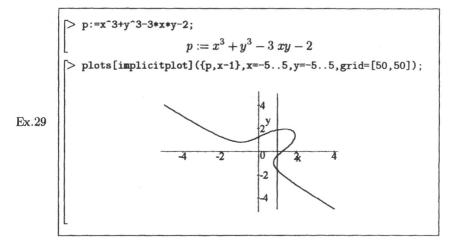

```
> p:=x^3+y^3-3*x*y-2;
```
$$p := x^3 + y^3 - 3\,xy - 2$$
```
> plots[implicitplot]({p,x-1},x=-5..5,y=-5..5,grid=[50,50]);
```

On voit sur le dessin obtenu que cette courbe détermine, au voisinage de $x = 1$, trois fonctions implicites de x correspondant aux trois racines de l'équation $f(1,y) = 0$. Ces trois racines peuvent être calculées avec la fonction **fsolve**.

Ex.30

```
> Digits:=4: fsolve(subs(x=1,p));
```
$$-1.532,\ -0.3473,\ 1.879$$

En désignant par s1, s2 et s3 les développements limités à l'ordre 2 des fonctions implicites correspondantes, on a donc

Ex.31

```
> Order:=3:  s1:=series(RootOf(p,y,-1.5),x=1);
```

$$s1 \; : \; = \%1 + \left(-\%1^2 + \%1 + 2\right)(x - 1)$$
$$+ \left(-\%1 + \%1^2 - 2\right)(x - 1)^2 + O(x - 1)^3$$
$$\%1 \; : \; = RootOf\left(-1 + \_Z^3 - 3\_Z, -1.5\right)$$

L'écriture du résultat précédent peut être rendue plus lisible par l'utilisation de alias(b1=RootOf(-1+_Z^3-3*_Z,-1.5)), ou encore de alias(b1=%1), qui impose à MAPLE d'écrire ses résultats en fonction de b1.

Ex.32

```
> alias(b1=%1);                    en réponse MAPLE fournit
                                   la liste des alias existant
```
$$I, b1$$
```
> s1;
```
$$b1 + \left(-b1^2 + b1 + 2\right)(x - 1)$$
$$+ \left(-b1 + b1^2 - 2\right)(x - 1)^2 + O\left((x - 1)^3\right)$$

On peut faire de même pour les deux autres branches en commençant par définir les alias b2 et b3 à l'aide de RootOf(subs(x=a,p),y,b)

Ex.33

```
> alias(b2=RootOf(subs(x=1,p),y,-0.3));
```
$$I, b1, b2$$
```
> s2:=series(RootOf(p,y,-0.3),x=1);
```
$$s2 \; : \; = b2 + \left(-b2^2 + b2 + 2\right)(x - 1)$$
$$+ \left(-b2 + b2^2 - 2\right)(x - 1)^2 + O\left((x - 1)^3\right)$$
```
> alias(b3=RootOf(subs(x=1,p),y,1.8)):
> s3:=series(RootOf(p,y,1.8),x=1);
```
$$s3 \; : \; = b3 + \left(-b3^2 + b3 + 2\right)(x - 1)$$
$$+ \left(-b3 + b3^2 - 2\right)(x - 1)^2 + O\left((x - 1)^3\right)$$

En fait ces développements limités sont purement formels et leurs coefficients ne dépendent de b que par l'intermédiaire de $RootOf(\_Z^3 - 3\_Z - 1, b)$. Pour voir les différences entre ces trois expressions et tirer profit de ce que l'on vient de faire il faut demander l'évaluation numérique des coefficients de ces développements limités, en utilisant la fonction evalf.

Ex.34

```
> evalf(s1); evalf(s2); evalf(s3);
```
$$-1.532 - 1.879(x - 1.) + 1.879(x - 1.)^2 + O((x - 1.)^3)$$
$$-.3473 + 1.532(x - 1.) - 1.532(x - 1.)^2 + O((x - 1.)^3)$$
$$1.879 + .348(x - 1.) - .348(x - 1.)^2 + O((x - 1.)^3)$$

Si **a** est une valeur numérique de type **float**, ou si **p=f(x,y)** est une expression contenant un élément de type **float**, l'utilisation de **evalf** est inutile car l'évaluation de **series(RootOf(p,y,b),x=a)** retourne directement un développement limité dont les coefficients sont de type **float**.

Ex.35

```
> evalf(series(RootOf(p,y,-1.5),x=1.1));
```
$$-1.705 - 1.612(x - 1.100) + .9520(x - 1.100)^2 + O((x - 1.100)^3)$$

Chapitre 9

Equations différentielles

C'est la fonction **dsolve** de MAPLE qui permet de résoudre les équations différentielles ou les systèmes d'équations différentielles avec ou sans conditions initiales (ou conditions aux limites). Elle permet d'obtenir soit une solution exacte, soit un développement limité d'une solution, soit une procédure permettant de calculer des valeurs numériques approchées d'une solution.

La fonction **DEplot** de la bibliothèque **plots** permet, sans résoudre explicitement une équation différentielle ou un système d'équations différentielles, d'en représenter graphiquement une famille de courbes intégrales correspondant à diverses conditions initiales données.

I. Méthodes exactes de résolution

La fonction **dsolve** nécessite au moins deux arguments :

- le premier est un ensemble contenant les équations et, s'il y a lieu, les conditions initiales.
- le second est un ensemble contenant les noms des fonctions inconnues. (sous la forme y(x) pour une fonction y dont x est la variable).

Ces ensembles sont donc délimités par des accolades mais, comme souvent avec MAPLE, si l'un de ces ensembles se réduit à un élément, il n'est pas nécessaire de mettre d'accolade.

I.1. Equations différentielles d'ordre 1

Dans une équation différentielle d'ordre 1, la fonction inconnue doit s'écrire y(x), sa dérivée peut s'écrire diff(y(x),x) ou D(y)(x), mais **si on utilise une condition initiale portant sur la dérivée, elle doit impérativement être écrite avec l'opérateur** D.

Lorsque l'on veut résoudre une équation différentielle sans condition initiale, il n'est pas nécessaire de mettre des accolades autour de l'équation. Il n'est pas non plus indispensable de mettre des accolades autour du nom de la fonction inconnue.

Equations d'ordre 1 sans condition initiale

Pour résoudre une équation différentielle, il est préférable de commencer par la stocker dans une variable pour la vérifier sur l'écho qu'en donne MAPLE.

Ex. 1
```
> Eq_1:=2*diff(y(x),x)+y(x)=cos(x);
```
$$Eq\_1 := 2 \left(\frac{\partial}{\partial x} y(x) \right) + y(x) = \cos(x)$$

Quand on a plusieurs équations différentielles à traiter dans une même session, on peut gagner du temps en utilisant des variables annexes comme y0 et y1 dans lesquelles on place au début de la session les quantités y(x) et diff(y(x),x).

Ex. 2
```
> y0:=y(x); y1:=diff(y0,x);
```
$$y0 := y(x)$$
$$y1 := \frac{\partial}{\partial x} y(x)$$

On peut alors écrire beaucoup plus facilement chaque équation différentielle

Ex. 3
```
> Eq_1:=2*y1+y0=cos(x);
```
$$Eq\_1 := 2 \left(\frac{\partial}{\partial x} y(x) \right) + y(x) = \cos(x)$$
```
> dsolve(Eq_1,y(x));
```
$$y(x) = \frac{1}{5} \cos(x) + \frac{2}{5} \sin(x) + \_C1 \, e^{\left(-\frac{1}{2} x \right)}$$

La résolution d'une telle équation différentielle nécessite une constante d'intégration pour laquelle MAPLE utilise un identificateur commençant par un souligné : il est donc préférable qu'aucun des identificateurs introduits par l'utilisateur ne commence par le caractère souligné.

Attention ! Bien mettre y(x) pour préciser la "fonction" recherchée et non pas y, ce qui conduirait au message d'erreur suivant :

Ex. 4
```
> dsolve(Eq_1,y);
```
Error, (in dsolve) dsolve/inputck1 expects its 2nd argument, vars,
to be of type {list, set, function}, but received y

Il faut remarquer que, dans l'exemple précédent, dsolve a retourné non pas l'expression d'une solution de l'équation différentielle mais seulement l'équation d'une courbe intégrale sous forme $y(x) = < expr\_de\_x >$. Au retour de `dsolve`, l'expression de la solution cherchée ne se trouve pas dans `y(x)`, toutefois il est possible d'obtenir cette expression en utilisant la fonction `subs`.

Ex. 5

```
> Sol := dsolve(Eq_1, y0):
> Expr:=subs(Sol,y(x));
```
$$Expr := \frac{1}{5}\cos(x) + \frac{2}{5}\sin(x) + \_C1\,e^{\left(-\frac{1}{2}x\right)}$$

Dans certains cas, la fonction `dsolve` retourne une équation implicite des courbes intégrales. Toutefois, utilisée avec l'option `explicit`, la fonction `dsolve` retourne, si c'est possible, une équation explicite des courbes intégrales, voire une séquence de telles équations.

Ex. 6

```
> Eq_2:=y(x)*diff(y(x),x)+x-1;
```
$$Eq\_2 := y(x)\left(\frac{\partial}{\partial x}y(x)\right) + x - 1$$
```
> dsolve(Eq_2,y(x));
```
$$\frac{1}{2}y(x)^2 + \frac{1}{2}x^2 - x = \_C1$$
```
> dsolve(Eq_2,y(x),explicit);
```
$$y(x) = \sqrt{-x^2 + 2x + 2\_C1}, \; y(x) = -\sqrt{-x^2 + 2x + 2\_C1}$$

La fonction `dsolve` peut aussi retourner une séquence vide (qui n'a aucun écho). Cela ne signifie pas que l'équation n'a pas de solution mais seulement que la fonction `dsolve` est incapable de trouver une telle solution.

Ex. 7

```
> Eq_3:=2*y(x)^2*diff(y(x),x)-y(x)+x;
```
$$Eq\_3 := 2y(x)^2\left(\frac{\partial}{\partial x}y(x)\right) - y(x) + x$$
```
> s:=dsolve(Eq_3,y(x));
```
$$s :=$$

Equations d'ordre 1 avec condition initiale

Pour traiter un problème différentiel avec condition initiale il faut appeler `dsolve` avec comme premier argument l'ensemble formé de l'équation et de la condition initiale. Cette condition initiale est une équation supplémentaire que doit vérifier la fonction cherchée et donc **cette condition s'écrit avec = et non pas :=** .

Ex. 8

```
[> Sol:=dsolve({Eq_1,y(0)=0},y(x));
```
                                    avec la valeur précédente de Eq_1

$$Sol := y(x) = \frac{1}{5}\,\cos(x) + \frac{2}{5}\,\sin(x) - \frac{1}{5}\,e^{-\frac{1}{2}x}$$

L'utilisation d'une affectation pour la condition initiale conduirait à

Ex. 9

```
[> dsolve({Eq_1,y(0):=0},y(x));
```
Syntax error, ':=' unexpected

I.2. Equations différentielles d'ordre supérieur

Equations d'ordre 2

La fonction `dsolve` permet aussi de résoudre les équations différentielles d'ordre 2. Dans une telle équation, la dérivée seconde de `y(x)` s'écrit `diff(y(x),x,x)` ou `(D@@2)(y)(x)`, mais **les conditions initiales portant sur les dérivées doivent s'écrire** à l'aide de l'opérateur D.

Pour simplifier la saisie des équations différentielles, on peut encore utiliser les variables auxiliaires y0, y1 et y2 comme dans l'exemple suivant.

Ex.10

```
[> y0:=y(x); y1:=diff(y0,x); y2:=diff(y1,x);
```

$$y0 := y(x) \qquad y1 := \frac{\partial}{\partial x}\,y(x) \qquad y2 := \frac{\partial^2}{\partial x^2}\,y(x)$$

Si on veut alors résoudre le cas général de l'équation classique $y'' + a\,y = 0$ avec les conditions initiales $y(0) = 1$ et $y'(0) = 1$, on peut écrire

Ex.11

```
[> dsolve({y2+a*y0=0,y(0)=1,D(y)(0)=1},y0);   la condition initiale
```
                                          doit s'écrire avec D

$$y(x) = \frac{1}{2}\frac{\left(1 + \sqrt{-a}\right)e^{(\sqrt{-a}\,x)}}{\sqrt{-a}} + \frac{1}{2}\frac{\left(\sqrt{-a} - 1\right)e^{(-\sqrt{-a}\,x)}}{\sqrt{-a}}$$

Dans le cas général, la formule obtenue n'est guère engageante mais, si a est égal à b^2, on obtient un résultat plus conforme à notre attente

Ex.12

```
[> a:=b*b:  dsolve({y2+a*y0=0,y(0)=1,D(y)(0)=1},y0);
```

$$y(x) = \frac{\sin(bx)}{b} + \cos(bx)$$

De même, si a est égal à $-b^2$, on obtient

Ex.13

```
> a:=-b*b:   dsolve({y2+a*y0=0,y(0)=1,D(y)(0)=1},y0);
```
$$y(x) = \frac{1}{2}\frac{(b+1)\,e^{(bx)}}{b} + \frac{1}{2}\frac{(b-1)\,e^{(-bx)}}{b}$$
```
> simplify(convert(", trig));
```
$$y(x) = \frac{b\,\cosh(bx) + \sinh(bx)}{b}$$

Une autre façon de rendre plus lisible le résultat de l'équation précédente est de préciser le domaine où se trouve le paramètre a. On peut pour cela utiliser la fonction **assume** qui permet d'indiquer à MAPLE que certaines variables vérifient des "conditions" données : les plus simples de ces conditions étant qu'un nombre est entier, qu'il est réel, qu'il est positif, qu'il est négatif, ...

Par exemple, pour dire que a est supposé strictement positif, on peut écrire

Ex.14
```
> a:='a':   assume(a>0);
```

Et MAPLE tient compte du fait que a est positif pour exprimer la solution retournée par **dsolve** en fonction de lignes trigonométriques de $\sqrt{a}$.

Ex.15
```
> Sol:=dsolve({y2+a*y0=0,y(0)=1,D(y)(0)=1},y0);
```
$$Sol := y(x) = \cos\left(\sqrt{a\sim}\,x\right) + \frac{\sin\left(\sqrt{a\sim}\,x\right)}{\sqrt{a\sim}}$$

Il faut toutefois se rappeler que, pour MAPLE, $a\sim$ est une variable différente de a et on doit en tenir compte pour des calculs ultérieurs. Si on veut par exemple, dans la suite, attribuer une valeur numérique à a et en déduire la nouvelle expression de la solution, il faut utiliser **subs** et non pas une affectation ordinaire.

Ainsi, pour remplacer a par 1 dans la solution obtenue, on doit taper

Ex.16
```
> Sol1 := subs(a=1,Sol);
```
$$Sol1 := y(x) = \cos(x) + \sin(x)$$

Si, au lieu d'utiliser **subs**, on essaie de faire une affectation, on obtient

Ex.17
```
> a:=1;
```
$$a := 1$$
```
> Sol;
```
$$y(x) = \cos\left(\sqrt{a\sim}\,x\right) + \frac{\sin\left(\sqrt{a\sim}\,x\right)}{\sqrt{a\sim}}$$

ce qui ne correspond pas au résultat souhaité. Toutefois il est alors trop tard pour utiliser subs, car subs(a=1,Sol) est alors évalué à subs(1=1,Sol).

Equation d'ordre supérieur à 2

MAPLE permet aussi de résoudre des équations différentielles d'ordre supérieur, comme par exemple l'équation suivante écrite, pour changer, avec l'opérateur D.

Ex.18

```
> Eq:=(D@@3)(y)(x)-y(x);
```
$$Eq := D^{(3)}(y)(x) - y(x)$$

```
> dsolve(Eq,y(x));
```
$$y(x) = \_C1\, e^x + \_C2\, e^{\left(-\frac{1}{2}x\right)} \sin\left(\frac{\sqrt{3}}{2}x\right) + \_C3 e^{\left(-\frac{1}{2}x\right)} \cos\left(\frac{\sqrt{3}}{2}x\right)$$

Pour une telle équation différentielle, **les conditions initiales concernant les dérivées doivent obligatoirement être écrites avec l'opérateur** D.

Ex.19

```
> dsolve({Eq,y(0)=1,D(y)(0)=0,(D@@2)(y)(0)=0},y(x));
```
$$y(x) = \frac{1}{3}\, e^x + \frac{2}{3}\, e^{\left(-\frac{1}{2}\right)x} \cos\left(\frac{1}{2}\sqrt{3}x\right)$$

Attention ! Respecter la place des parenthèses dans l'écriture de (D@@2)(y)(0)=0.

I.3. Equations classiques

MAPLE sait résoudre la plupart des équations que l'on peut rencontrer dans la littérature : équations homogènes, équations de Riccati, équations de Bessel, etc. Il utilise le plus souvent une des nombreuses fonctions figurant dans sa bibliothèque mathématique (cf. ch. 25).

L'exemple suivant concerne une équation de Riccati que MAPLE résout grâce à la fonction erf définie par $erf(x) = \dfrac{2}{\sqrt{\pi}} \displaystyle\int_0^x e^{-t^2}\, dt$.

Ex.20

```
> Eq:=diff(y(x),x)=x^2-y(x)^2+1;
```
$$Eq := \frac{\partial}{\partial x}y(x) = x^2 - y(x)^2 + 1$$

```
> dsolve(Eq,y(x));
```
$$y(x) = x + \frac{e^{-x^2}}{\_C1 + \frac{1}{2}\sqrt{\pi}\, erf(x)}$$

Autre exemple, où MAPLE exprime la solution en utilisant des fonctions de Bessel.

Ex.21

```
> Eq:=x^2*diff(y(x),x,x)+x*diff(y(x),x)+x^2*y(x);
```
$$Eq := x^2 \left(\frac{\partial^2}{\partial x^2} y(x) \right) + x \left(\frac{\partial}{\partial x} y(x) \right) + x^2 y(x)$$

```
> dsolve(Eq,y(x));
```
$$y(x) = \_C1 \, BesselJ(0,x) + \_C2 \, BesselY(0,x)$$

I.4. Systèmes d'équations différentielles

Ecriture et résolution d'un système d'équations

Pour résoudre un système différentiel on utilise `dsolve` avec deux arguments :

- le premier est l'ensemble, entre accolades, des équations du système et éventuellement des conditions initiales.
- le second est l'ensemble des fonctions inconnues.

Si on désire imposer des conditions initiales aux solutions d'un système différentiel, il faut les écrire dans l'ensemble des équations en utilisant = et non pas :=.

Exemple pour un système de deux équations différentielles, sans condition initiale

Ex.22

```
> Eq:={diff(x(t),t)=-y(t),diff(y(t),t)=x(t)};
```
$$Eq := \left\{ \frac{\partial}{\partial t} x(t) = -y(t), \ \frac{\partial}{\partial t} y(t) = x(t) \right\}$$

```
> dsolve(Eq,{x(t),y(t)});
```
$$\left\{ y(t) = \sin(t) \_C1 + \cos(t) \_C2, \right.$$
$$\left. x(t) = \cos(t) \_C1 - \sin(t) \_C2 \right\}$$

MAPLE retourne un ensemble d'équations et il introduit les constantes qui lui sont nécessaires en utilisant des identificateurs commençant, comme toujours, par le caractère souligné.

Le même système, mais avec conditions initiales

Ex.23

```
> Eq:={diff(x(t),t)=-y(t),diff(y(t),t)=x(t),x(0)=1,y(0)=0};
```
$$Eq := \left\{ \frac{\partial}{\partial t} x(t) = -y(t), \ \frac{\partial}{\partial t} y(t) = x(t), \ x(0) = 1, \ y(0) = 0 \right\}$$

```
> Sol:=dsolve(Eq,{x(t),y(t)});
```
$$Sol := \{ y(t) = \sin(t), \ x(t) = \cos(t) \}$$

Pour résoudre un système, il faut donner autant de fonctions inconnues que d'équations sinon on obtient un message d'erreur, peu explicite dans le cas où il y a des conditions initiales.

Ex.24

```
> dsolve(Eq,x(t));
Error, (in dsolve) invalid initial condition
```

Représentation graphique

Pour représenter graphiquement les résultats d'un système différentiel, il est nécessaire d'extraire l'expression des solutions du résultat retourné par **dsolve**. La syntaxe utilisée par **dsolve** pour écrire sa réponse incite à utiliser **subs**.

Si on désire, pour le système de l'exemple précédent, représenter les variations de $x(t)$ et de $y(t)$ en fonction de t, il suffit d'écrire

Ex.25

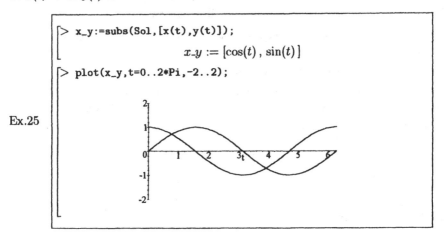

```
> x_y:=subs(Sol,[x(t),y(t)]);
                    x_y := [cos(t), sin(t)]
> plot(x_y,t=0..2*Pi,-2..2);
```

Si on désire pour ce même système représenter graphiquement la courbe paramétrée associée à une solution (déphasage en électricité, trajectoire en mécanique), il suffit d'écrire

Ex.26

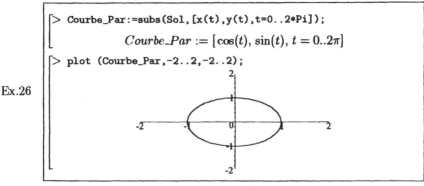

```
> Courbe_Par:=subs(Sol,[x(t),y(t),t=0..2*Pi]);
              Courbe_Par := [cos(t), sin(t), t = 0..2π]
> plot (Courbe_Par,-2..2,-2..2);
```

II. Méthodes de résolution approchée

II.1. Résolution numérique d'une équation d'ordre 1

Lorsque la fonction `dsolve` ne peut trouver d'expression formelle de la solution d'une équation différentielle, elle retourne une séquence vide. C'est une situation que l'on rencontre si on cherche à déterminer l'équation de la tractrice passant par un point donné.

Une tractrice est une courbe dont la tangente en un point M coupe Ox en un point T tel que la longueur MT est égale à a constante donnée. La recherche de l'équation de la tractrice correspondant à $a = 2$, et passant par le point $(3, 1.5)$ se ramène à un problème différentiel qui s'écrit

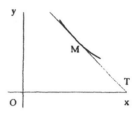

Ex.27

```
> restart:
  Eq:={y(3)=1.5,diff(y(x),x)=-y(x)/sqrt(4-y(x)^2)};
```

$$Eq := \left\{ y(3) = 1.5, \ \frac{\partial}{\partial x} y(x) = -\frac{y(x)}{\sqrt{4 - y(x)^2}} \right\}$$

```
> Sol:=dsolve(Eq,y(x));        dsolve retourne l'expression NULL
                                        sans écho sur l'écran
```

$$Sol :=$$

L'option numeric

Pour une équation différentielle sans paramètre et avec suffisamment de conditions initiales pour que sa solution ne dépende plus d'aucune constante d'intégration (problème de Cauchy), l'utilisation de `dsolve` avec l'option **numeric** retourne une procédure qui permet d'obtenir des valeurs numériques de la solution.

En ce qui concerne la tractrice, on peut écrire

Ex.28

```
> Sol:=dsolve(Eq,y(x),numeric);
```

$$Sol := proc(rkf45\_x)...end$$

La fonction `dsolve` retourne une procédure à un paramètre qui appliquée à une valeur a de la variable x, retourne une liste de la forme $[x = a, \ y(x) = val\_de\_y(a)]$. La structure de cette réponse incite à utiliser la fonction `subs` pour extraire la valeur de $y(a)$.

Avec la procédure de l'exemple précédent, on a

Ex.29

```
> Sol(4);
                    [ x = 4 , y(x) = .814430348531400 ]

> subs(Sol(4),y(x));
                            .814430348531400
```

Pour dessiner la courbe solution de l'équation différentielle, on peut écrire

Ex.30

```
> f:=t->subs(Sol(t),y(x));
                    f := t → subs(Sol(t), y(x));

> plot(f,3..10,y=0..1.5);
```

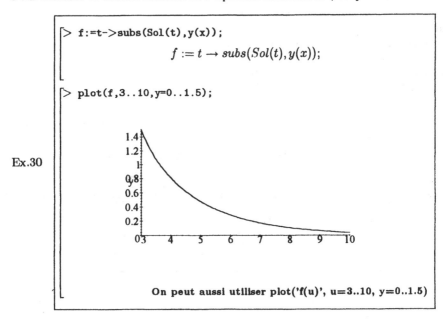

On peut aussi utiliser plot('f(u)', u=3..10, y=0..1.5)

Remarque : Si on utilise `plot('f(u)',u=3..10,y=0..2)`, les apostrophes autour de `f(u)` sont indispensables : lors de son appel, la fonction `plot` évalue tous ses arguments et en particulier `f(u)`, c'est-à-dire `Sol(u)`, ce que MAPLE ne peut réaliser puisque u ne contient aucune valeur numérique. En l'absence d'apostrophes, on obtient le même message d'erreur que si on demande directement l'évaluation de `Sol(u)`.

Ex.31

```
> Sol(u);
Error, (in Sol) cannot evaluate boolean
```

L'utilisation de la syntaxe `plot(f,3..10,y=0..2)` ne pose aucun problème car une fonction n'est jamais évaluée complètement.

Attention ! Prendre garde aux noms des variables utilisées dans la définition de f :

- le second argument de la fonction subs doit impérativement être y(x), c'est-à-dire le nom de la fonction inconnue donnée dans le dsolve.

- le paramètre de la fonction f doit être différent de x, car si on utilise la même variable l'évaluation de f(a) donne subs(Sol(a),y(a)) au lieu de subs(Sol(a),y(x)).

Pour dessiner la courbe solution de l'équation différentielle précédente, on peut aussi utiliser directement la fonction **odeplot** de la bibliothèque **plots**.

Ex.32

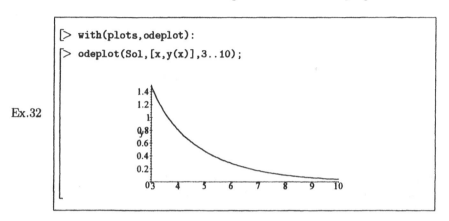

II.2. Résolution numérique d'une équation d'ordre supérieur

On peut aussi utiliser l'option **numeric** pour résoudre une équation différentielle d'ordre supérieur à 1.

Dans le cas d'une équation du second ordre, la fonction **dsolve** retourne une procédure à un paramètre qui appliquée à une valeur a de la variable x, retourne une liste de la forme $\left[x = a, \ y(x) = val\_de\_y(a), \ \frac{\partial}{\partial x} y(x) = val\_de\_y'(a)\right]$. La structure de cette réponse incite à utiliser la fonction **subs** pour extraire $y(a)$ et $y'(a)$.

Le démarche est analogue pour une équation d'ordre supérieur.

Pendule simple

Pour un pendule non amorti, on peut écrire

Ex.33

```
[> Eq:=diff(y(x),x,x)=-sin(y(x)):
   Sol:=dsolve({Eq,y(0)=0,D(y)(0)=0.5},y(x),numeric);
                    Sol := proc(rkf45_x)...end
[> Sol(1);                Pour vérifier la structure de la réponse
[x = 1, y(x) = .4215341926928455, ∂/∂x y(x) = .2737235288022365]
```

Pour représenter les variations de la solution, on peut écrire

Ex.34

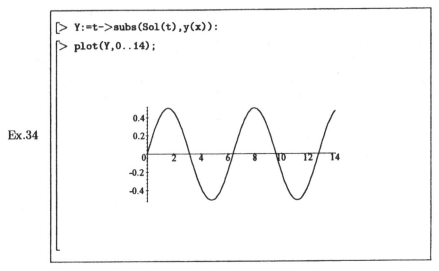

```
[> Y:=t->subs(Sol(t),y(x)):
[> plot(Y,0..14);
```

Comme on voit sur le graphique précédent que la période de ce pendule est comprise entre 6 et 7, on peut la déterminer numériquement à l'aide de la fonction **fsolve**.

Ex.35

```
[> fsolve('Y(t)',t=6..7);          Apostrophes obligatoires
                                    comme dans l'exemple 17

                    6.384968902
```

Oscillateur de van der Pol

Dans le cas d'un oscillateur de van der Pol, on obtient

Ex.36

```
[> Eq:=diff(y(x),x,x)=(1-y(x)^2)*diff(y(x),x)-y(x);
```
$$Eq := \frac{\partial^2}{\partial x^2} y(x) = \left(1 - y(x)^2\right) \left(\frac{\partial}{\partial x} y(x)\right) - y(x)$$
```
[> Sol:=dsolve({Eq,y(0)=0,D(y)(0)=0.1},y(x),numeric);
```
$$Sol := proc(rkf45\_x)...end$$

Pour représenter le portrait de phase, on peut par exemple utiliser la fonction **odeplot** avec la syntaxe suivante.

Ex.37

```
[> with(plots,odeplot);
```
$$[\,odeplot\,]$$

```
> odeplot(Sol,[y(x),diff(y(x),x)],0..20,numpoints=450);
```

Ex.38

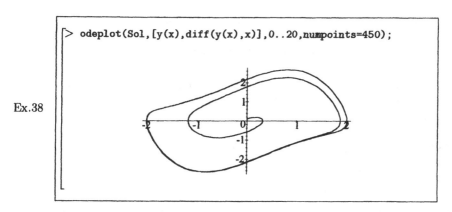

Equation de gravitation avec perturbation

L'étude en coordonnées polaires du mouvement de certaines planètes conduit à résoudre une équation différentielle du type

Ex.39

```
> u:=1/r(theta):   Eq:=diff(u,theta,theta)=-u+1+u^2/100;
```

$$Eq := 2\frac{\left(\frac{\partial}{\partial t}r(\theta)\right)^2}{r(\theta)^3} - \frac{\frac{\partial^2}{\partial t^2}r(\theta)}{r(\theta)^2} = -\frac{1}{r(\theta)} + 1 + \frac{1}{100}\frac{1}{r(\theta)^2}$$

dans laquelle le terme $\frac{1}{100\,r(\theta)^2}$ correspond à une petite perturbation par rapport à l'équation classique de la mécanique newtonienne. La fonction dsolve ne peut résoudre cette équation différentielle avec conditions initiales. Pour tracer la trajectoire correspondante, on peut résoudre cette équation différentielle avec l'option numeric puis utiliser la fonction plot avec l'option coords=polar.

```
> Sol:=dsolve({Eq,r(0)=10,D(r)(0)=0},r(theta),numeric);
```

$$Sol := proc(rkf45\_x)...end$$

```
> R:=u->subs(Sol(u),r(theta)):
  plot(R,0..6*Pi,coords=polar,numpoints=350);
```

Ex.40

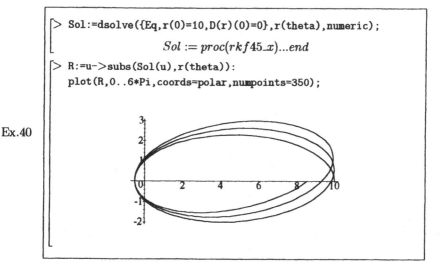

Le dessin réalisé ci-dessus met bien en évidence l'influence de la perturbation introduite dans l'équation différentielle sur la nature de la trajectoire qui se comporte alors comme une ellipse tournant légèrement sur elle-même.

Bien que `odeplot` ne supporte pas l'option `coords=polar`, il est possible de l'utiliser pour obtenir le dessin précédent en tapant

Ex.41
```
> odeplot(Sol,[r(theta)*cos(theta),r(theta)*sin(theta)],
    0..6*Pi,numpoints=350);
```

Remarque : Les valeurs retournées par les procédures issues d'un appel à dsolve(...,numeric) sont calculées à l'aide de la fonction `evalhf` (cf. p. 61) et comportent donc une quinzaine de chiffres significatifs. Il est possible de modifier la précision de ces valeurs en modifiant la valeur de **Digits avant l'appel de la fonction** dsolve. Le temps de calcul devient alors rapidement prohibitif.

II.3. Calcul d'un développement limité de la solution

La fonction `dsolve`, utilisée avec l'option **series**, permet d'obtenir un développement limité d'une solution d'équation différentielle.

- Lorsque l'option **series** est utilisée sur une équation avec conditions initiales, le développement limité est calculé au voisinage du point où l'on donne les conditions initiales.

- En l'absence de conditions initiales, le développement limité est calculé au voisinage de 0 et exprimé en fonction de y(0), D(y)(0),...

Dans les deux cas, l'ordre de ce développement limité est déterminé par le contenu de la variable `Order` (attention à la majuscule) et ne peut être défini localement dans `dsolve`.

Dans le cas du pendule simple, avec comme conditions initiales $y(0) = 0$ et $y'(0) = v$, on obtient

Ex.42
```
> Eq:=diff(y(x),x,x)=-sin(y(x));
```
$$Eq := \frac{\partial^2}{\partial x^2} y(x) = -\sin(y(x))$$
```
> dsolve({Eq,y(0)=0,D(y)(0)=v},y(x),series);
```
$$y(x) = v - \frac{1}{6} v\, x^3 + \left(\frac{1}{120} v + \frac{1}{120} v^3 \right) x^5 + O(x^6)$$

Et on peut vérifier que ce dernier développement limité, au terme $\frac{1}{120} v^3 x^5$ près, est égal à celui de $v \sin x$ qui est la solution de l'équation approchée $y'' = -y$ que l'on utilise classiquement pour le pendule.

III. Méthodes graphiques de résolution

Pour une équation différentielle (ou un système différentiel du premier ordre) sans paramètre et avec suffisamment de conditions initiales pour que sa solution ne dépende plus d'aucune constante d'intégration (problème de Cauchy), la fonction `DEplot` permet d'obtenir rapidement un ensemble de courbes intégrales.

Comme la fonction `DEplot` ne fait pas partie de la bibliothèque standard, avant toute utilisation, il faut la charger à l'aide de `with(DEtools,DEplot)` ou de `with(DEtools)`.

III.1. Cas d'une équation différentielle d'ordre 1

L'appel de `DEplot` pour tracer des courbes intégrales d'une équation de la forme `y'=f(x,y)` nécessite quatre paramètres obligatoires qui sont dans l'ordre :

- l'équation écrite `diff(y(x),x)=f(x,y(x))` ou `D(y)(x)=f(x,y(x))`,
- la fonction cherchée sous la forme `y(x)`,
- l'intervalle de variation de la variable sous la forme `x=a..b` ou même `a..b`,
- un ensemble de conditions initiales : chaque condition est une liste de la forme `[y(a)=y0]`. Ce sont les courbes correspondant à ces conditions initiales qui seront tracées. Attention, pour avoir une seule courbe il est impératif d'écrire `{[y(a)=y0]}`.

Exemple de tracé de quelques courbes de l'équation $y'(x) = y(x)$.

Ex.43

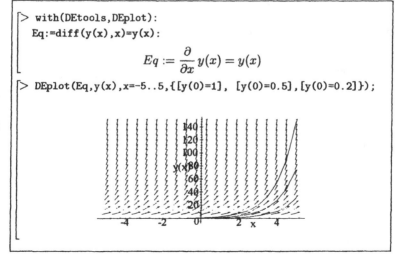

```
> with(DEtools,DEplot):
  Eq:=diff(y(x),x)=y(x):
```
$$Eq := \frac{\partial}{\partial x} y(x) = y(x)$$
```
> DEplot(Eq,y(x),x=-5..5,{[y(0)=1], [y(0)=0.5],[y(0)=0.2]});
```

III.2. Les options de DEplot pour une équation différentielle

Comme le montre l'exemple précédent, les tracés obtenus avec les quatre paramètres obligatoires sont souvent trop imprécis soit par suite d'une mauvaise échelle en y soit à cause du pas trop important utilisé par la méthode de résolution approchée ; de plus ils contiennent une représentation, la plupart du temps sans intérêt, du champ de vecteurs de l'équation différentielle.

Pour personnaliser les tracés retournés par `DEplot`, on dispose des options

`stepsize = h`   qui permet de préciser le pas utilisé, `h`, pour incrémenter la variable lors de l'évaluation numérique des solutions. Par défaut cette valeur est égale à `(b-a)/20`, ce qui est souvent trop grossier.

`y=c..d`   qui calibre l'axe vertical et limite le tracé aux valeurs de y comprises dans l'intervalle $[c, d]$. Si cette option n'est pas présente, MAPLE adapte l'échelle pour tracer les courbes intégrales pour x variant de a et b. Attention, ici y est obligatoire.

`scene=[y,x]`   qui permet d'inverser les coordonnées c'est à dire de faire une symétrie par rapport à la première bissectrice. C'est assez intéressant lorsque l'on doit, par exemple, résoudre une équation en cherchant x en fonction de y.

`arrows=NONE`   qui permet de supprimer le tracé du champ de vecteurs.

`grid=[n,m]`   qui permet de modifier le pas de la grille utilisée pour tracer le champ de vecteurs. Par défaut MAPLE utilise une grille 20×20.

`linecolor=black` qui permet d'obtenir un tracé en noir pour une sortie imprimante.

Exemple d'utilisation de certaines options avec l'équation $y'(x) = y(x)$

Ex.44

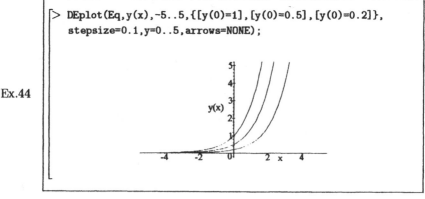

```
> DEplot(Eq,y(x),-5..5,{[y(0)=1],[y(0)=0.5],[y(0)=0.2]},
   stepsize=0.1,y=0..5,arrows=NONE);
```

Pour n'obtenir que le champ de vecteurs de l'équation différentielle, il suffit de ne pas mettre d'ensemble de conditions initiales. En revanche il est alors obligatoire d'utiliser l'option y=c..d pour calibrer l'axe vertical.

Ex.45

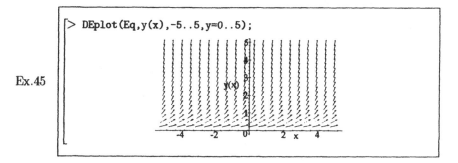

```
> DEplot(Eq,y(x),-5..5,y=0..5);
```

III.3. Cas d'une équation différentielle d'ordre n

L'appel à DEplot pour tracer des courbes intégrales d'une équation résolue en $y^{(n)}$, de la forme $y^{(n)} = f(x,y,y,...y^{(n-1)})$ nécessite quatre paramètres obligatoires qui sont dans l'ordre

- l'équation écrite diff(y(x), x$n)=f(x, y(x),...,diff(y(x), x$(n-1)),
- la fonction cherchée sous la forme y(x),
- l'intervalle de variation de la variable écrit x=a..b ou même a..b,
- un ensemble de conditions initiales : chaque condition est une liste de la forme [y(a)=y0,D(y)(a)=y1,...]. Ce sont les courbes correspondant à ces conditions initiales qui seront tracées. Attention, même si on ne veut tracer qu'une courbe il est impératif de mettre la seule condition initiale entre accolades.

Les paramètres optionnels sont les mêmes que dans le cas précédent à l'exception de ceux concernant le tracé du champ de vecteurs qui n'a pas de sens pour une équation d'ordre $n > 1$.

Exemple de tracé de quelques courbes de l'équation du pendule $y = -\sin(y)$

Ex.46

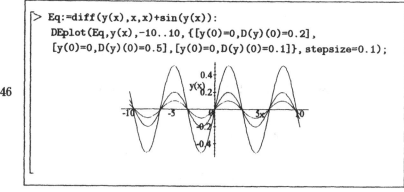

```
> Eq:=diff(y(x),x,x)+sin(y(x)):
  DEplot(Eq,y(x),-10..10, {[y(0)=0,D(y)(0)=0.2],
  [y(0)=0,D(y)(0)=0.5],[y(0)=0,D(y)(0)=0.1]}, stepsize=0.1);
```

III.4. Nécessité de l'option stepsize

Dans le cas d'un oscillateur de van der Pol, l'utilisation de DEplot sans option stepsize donne un tracé loin d'être correct.

Ex.47

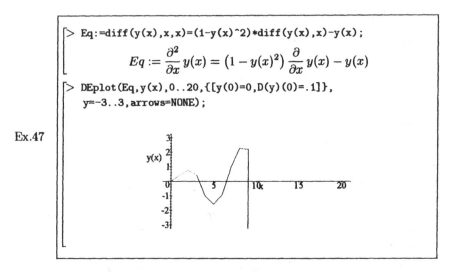

En revanche avec **stepsize=0.1**, on obtient un tracé tout à fait acceptable.

Ex.48

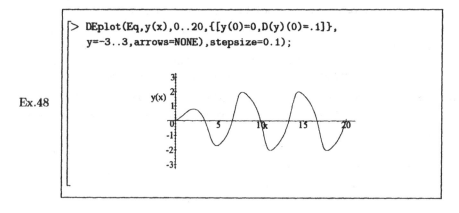

III.5. Cas d'un système différentiel d'ordre 1

La fonction DEplot permet d'obtenir des représentations graphiques planes de solutions de systèmes différentiels tels que

$$(S_1) \begin{cases} x' = f(t,x,y) \\ y' = g(t,x,y) \end{cases} \qquad (S_2) \begin{cases} x' = f(t,x,y,z) \\ y' = g(t,x,y,z) \\ z' = h(t,x,y,z) \end{cases}$$

L'appel de **DEplot** nécessite alors cinq paramètres qui sont dans l'ordre

- le système d'équations écrit sous forme d'ensemble.
- un ensemble décrivant les fonctions inconnues sous la forme
  * `{x(t),y(t)}` pour (S_1).
  * `{x(t),y(t),z(t)}` pour (S_2).
- l'intervalle de variation de la variable t sous la forme `t=a..b` ou `a..b`.
- un ensemble de conditions initiales : chaque condition est une liste de la forme
  * `{x(a)=x0,y(a)=y0}` pour (S_1).
  * `{x(a)=x0,y(a)=y0,z(a)=z0}` pour (S_2).

  Attention ! Même si on ne veut tracer qu'une courbe, il est impératif de mettre la seule condition initiale entre accolades.
- une relation du type `scene=.....` permettant de préciser la courbe à tracer
  * Dans le cas du système (S_1), la relation `scene=[x,y]` permet d'obtenir la courbe $t \mapsto (x(t), y(t))$ alors que `scene=[t,x]` permet d'obtenir la courbe $t \mapsto (t, x(t))$.
  * Dans le cas du système (S_2), la relation `scene=[x,z]` permet d'obtenir la courbe $t \mapsto (x(t), z(t))$ alors que `scene=[t,x]` permet d'obtenir la courbe $t \mapsto (t, x(t))$.

La fonction **DEplot** appliquée à un système différentiel utilise la plupart des options décrites p. 156.

Ex.49

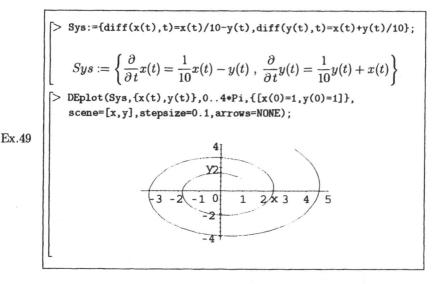

```
> Sys:={diff(x(t),t)=x(t)/10-y(t),diff(y(t),t)=x(t)+y(t)/10};
```
$$Sys := \left\{ \frac{\partial}{\partial t}x(t) = \frac{1}{10}x(t) - y(t) \ , \ \frac{\partial}{\partial t}y(t) = \frac{1}{10}y(t) + x(t) \right\}$$
```
> DEplot(Sys,{x(t),y(t)},0..4*Pi,{[x(0)=1,y(0)=1]},
  scene=[x,y],stepsize=0.1,arrows=NONE);
```

Pour obtenir une représentation en 3D de solutions de l'un des systèmes précédents, il faut utiliser la fonction **DEplot3d** qui fait aussi partie de la bibliothèque **DEtools** et dont la syntaxe est similaire à celle de **DEplot**. Dans le cas de l'exemple précédent, on peut représenter la courbe $t \mapsto (t, y(t), z(t))$ en exécutant

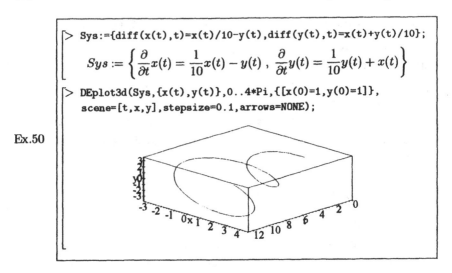

```
> Sys:={diff(x(t),t)=x(t)/10-y(t),diff(y(t),t)=x(t)+y(t)/10};
```

$$Sys := \left\{ \frac{\partial}{\partial t}x(t) = \frac{1}{10}x(t) - y(t) , \ \frac{\partial}{\partial t}y(t) = \frac{1}{10}y(t) + x(t) \right\}$$

```
> DEplot3d(Sys,{x(t),y(t)},0..4*Pi,{[x(0)=1,y(0)=1]},
  scene=[t,x,y],stepsize=0.1,arrows=NONE);
```

Ex.50

De même on peut obtenir l'attracteur de Lorenz avec

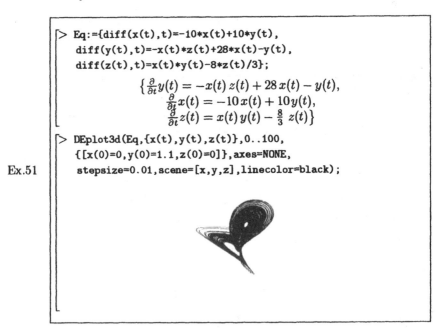

```
> Eq:={diff(x(t),t)=-10*x(t)+10*y(t),
  diff(y(t),t)=-x(t)*z(t)+28*x(t)-y(t),
  diff(z(t),t)=x(t)*y(t)-8*z(t)/3};
```

$$\{ \tfrac{\partial}{\partial t}y(t) = -x(t)\,z(t) + 28\,x(t) - y(t),$$
$$\tfrac{\partial}{\partial t}x(t) = -10\,x(t) + 10y(t),$$
$$\tfrac{\partial}{\partial t}z(t) = x(t)\,y(t) - \tfrac{8}{3}\,z(t) \}$$

```
> DEplot3d(Eq,{x(t),y(t),z(t)},0..100,
  {[x(0)=0,y(0)=1.1,z(0)=0]},axes=NONE,
  stepsize=0.01,scene=[x,y,z],linecolor=black);
```

Ex.51

III.6. Etude d'un exemple

Terminons ce chapitre en essayant de tracer avec DEplot quelques courbes intégrales de l'équation différentielle $y'(x) = \dfrac{1}{y(x) - x^2}$

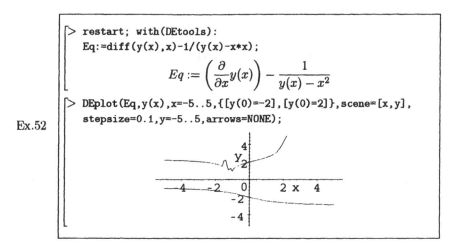

Ex.52

Voyant que le graphe supérieur du dessin précédent paraît avoir un comportement singulier entre -2 et 0, on peut penser à utiliser un pas plus fin, mais cela a plutôt tendance à empirer les choses comme le lecteur pourra le vérifier avec par exemple **stepsize=0.03**.

Le problème provient du fait que, au voisinage des points de la parabole $y - x^2 = 0$, la dérivée y tend vers l'infini, ce qui ne permet pas à la méthode numérique de poursuivre correctement son travail. On peut le vérifier en traçant cette parabole sur le même dessin que les solutions précédentes, grâce à la fonction **display** (cf. p. 93). Il faut alors commencer par stocker le dessin précédent dans une variable **G_1** et celui de la parabole dans la variable **P_xy**.

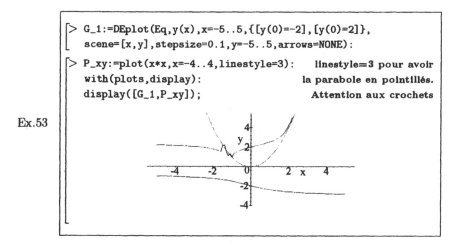

Ex.53

Pour obtenir tracé correct des courbes intégrales de l'équation précédente, on peut chercher les solutions de cette équation différentielle donnée sous la forme $y \mapsto x(y)$ et donc résoudre l'équation différentielle: $x'(y) = y - x(y)^2$.

Ex.54

```
> Eq_inv:= diff(x(y),y)=y-x(y)^2;
```
$$Eq\_inv := \left(\frac{\partial}{\partial y}x(y)\right) = y - x(y)^2$$

Il suffit alors d'utiliser **scene=[x,y]** pour obtenir une représentation graphique d'une solution du problème initial.

Ex.55

```
> G_2:=DEplot(Eq_inv,x(y),-5..5,{[x(-2)=0],[x(2)=0]},
   scene=[x,y],x=-4..4,stepsize=0.1,arrows=NONE):
> display([G_2,P_xy]);
```

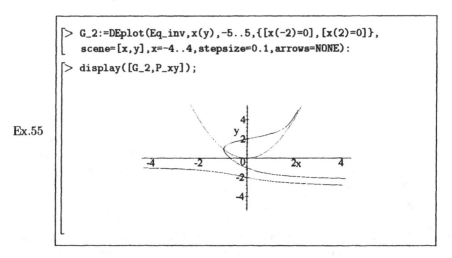

On peut alors tracer quelques courbes intégrales de l'équation donnée.

Ex.56

```
> G_3:=DEplot(Eq_inv,x(y),-5..5,
   {[x(-2)=0],[x(2)=0],[x(3)=0],[x(4)=0]},
   x=-4..4,stepsize=0.1,scene=[x,y],arrows=NONE):
> display([G_3,P_xy]);
```

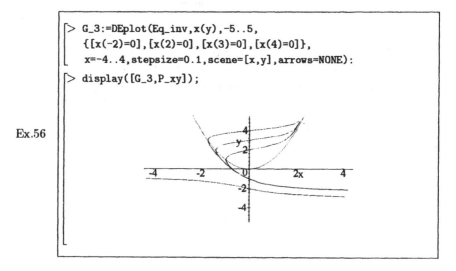

Chapitre 10

Intégration et sommation

I. Intégration

C'est la fonction **int** qui permet de calculer des intégrales ou des primitives.

I.1. Calcul exact d'intégrales et de primitives

- Si p est une expression de la variable libre x,
    - * int(p,x=a..b) retourne une expression de $\int_a^b p\,dx$.
    - * int(p,x)   retourne une primitive de p par rapport à x.
- Si f est une fonction d'une variable, on utilise alors int(f(x),x=a..b) ou int(f(x),x).

Ex. 1
```
> restart; int(sin(x)^2,x=0..Pi/2);
```
$$\frac{1}{4}\pi$$
```
> p:=(2*x^2+x+3)*exp(x);
```
$$p := (2x^2 + x + 3)\,e^x$$
```
> int(p,x);
```
$$2\,e^x\,x^2 - 3\,e^x\,x + 6\,e^x$$

Dans un calcul de primitive, MAPLE ne met aucune constante d'intégration.

Attention ! Si la variable d'intégration x n'est pas libre lors de l'appel de int, MAPLE retourne un message d'erreur assez peu explicite pour un débutant : *Error, (in int) wrong number (or type) of arguments*

Attention ! L'identificateur I représente pour MAPLE sqrt(-1) et il ne faut donc pas utiliser cet identificateur pour stocker une intégrale.

Ex. 2
```
> I:=int(sin(x),x=0..Pi/4);
  Error, Illegal use of an object as a name
```

Pour exprimer les intégrales MAPLE ne se limite pas aux "fonctions élémentaires", il peut utiliser les fonctions de Legendre, les fonctions de Bessel ou l'une des nombreuses fonctions figurant dans sa bibliothèque (voir ch. 25.)

Ex. 3
```
> f:=1/sqrt((1-x^2)*(x^2+5));
```
$$f := \frac{1}{\sqrt{(1 - x^2)\,(5 + x^2)}}$$
```
> int(f,x=1/2..1);
```
$$\frac{1}{6}\,\sqrt{6}\,EllipticF\left(\frac{1}{2}\,\sqrt{3}, \frac{1}{6}\,\sqrt{6}\right)$$

Lorsqu'une expression fait intervenir la fonction de Heaviside ou la "fonction de Dirac", MAPLE en calcule l'intégrale au sens des distributions.

Ex. 4
```
> int(exp(x)*Heaviside(x),x=-5..5);
```
$$e^5 - 1$$
```
> int(exp(x)*Dirac(x),x=-2..2);
```
$$1$$

Quand MAPLE ne peut retourner de forme explicite d'une intégrale, il renvoie une expression non évaluée ; sous Windows, elle est juste un peu mieux écrite

Ex. 5
```
> p:=1/sqrt(2*cos(x)^3+3*sin(x)^2);
```
$$p := \frac{1}{\sqrt{2\cos(x)^3 + 3\sin(x)^2}}$$
```
Int_p:=int(p,x=0..Pi/2);
```
$$Int\_p := \int_0^{\pi/2} \frac{1}{\sqrt{2\cos(x)^3 + 3\sin(x)^2}}\,dx$$

I.2. Intégrales généralisées

La fonction `int` permet d'écrire des intégrales généralisées sur un intervalle borné ou non borné.

Exemple d'intégrale sur un intervalle borné

Ex. 6
```
> f:=1/sqrt((1-x)*(x+1));
```
$$f := \frac{1}{\sqrt{(1-x)(1+x)}}$$
```
> int(f,x=-1..1);
```
$$\pi$$

Dans l'exemple suivant MAPLE retourne un résultat utilisant la fonction B ; l'utilisation de `convert(...,GAMMA)` permet d'obtenir une expression utilisant la fonction Γ.

Ex. 7
```
> int(sin(x)/x,x=0..infinity);
```
$$\pi/2$$
```
> f:=1/(x^(1/3)*(1-x)^(1/3));
```
$$f := \frac{1}{x^{1/3}(1-x)^{1/3}}$$
```
> int(f,x=0..1);
```
$$B\left(\frac{2}{3},\frac{2}{3}\right)$$
```
> convert(",GAMMA);
```
$$\frac{3}{2}\frac{\Gamma\left(\frac{2}{3}\right)^3\sqrt{3}}{\pi}$$

Comme pour les intégrales définies, il peut arriver à la fonction `int` de retourner un résultat qu'il laisse sous forme non évaluée. Le fait que MAPLE retourne un tel résultat ne préjuge en rien de la convergence de l'intégrale, comme le prouvent les deux exemples suivants

Ex. 8
```
> int(sin(x)^2/(1+x^(3/2)),x=0..infinity);   intégrale convergente
```
$$\int_0^\infty \frac{\sin(x)^2}{1+x^{3/2}}\,dx$$
```
> int(sin(x)^2/(1+x^(1/2)),x=0..infinity);   intégrale divergente
```
$$\int_0^\infty \frac{\sin(x)^2}{1+\sqrt{x}}\,dx$$

Lorsque l'intégrale diverge vers $+\infty$ (resp. vers $-\infty$), MAPLE peut renvoyer $+\infty$ (resp. $-\infty$) ou seulement l'intégrale sous forme non évaluée. Lorsque MAPLE se rend compte que l'intégrale diverge sans tendre vers $\pm \infty$, il retourne la valeur *undefined*.

Ex. 9

```
> int(1/x,x=0..1);
```
$$\infty$$
```
> int(abs(sin(x)/x),x=0..infinity);
```
$$\int_0^\infty \left| \frac{\sin(x)}{x} \right| dx$$
```
> int(x*sin(x),x=0..infinity);
```
$$undefined$$

I.3. Forme inerte Int

On peut demander à MAPLE de retourner une intégrale sous forme non évaluée en utilisant `Int` (attention à la majuscule) en lieu et place de `int`. La "fonction" `Int` est la forme inerte de `int` : ce n'est pas à proprement parler une fonction MAPLE mais un simple mot clé qui est reconnu

- par le programme d'affichage qui retourne une belle intégrale,
- par quelques fonctions du noyau de MAPLE, comme la fonction `value` qui le transforme en `int` et essaie de faire le calcul de l'intégrale.

L'utilisation conjointe de `Int` et de `value` , comme dans les exemples suivants, permet d'écrire l'égalité entre l'intégrale initiale et le résultat qu'en retourne MAPLE.

Ex.10

```
> Intg:=Int(sin(x)^2,x=0..Pi/2);
```
$$Intg := \int_0^{\pi/2} \sin(x)^2 \, dx$$
```
> Intg=value(Intg);
```
$$\int_0^{\pi/2} \sin(x)^2 \, dx = \frac{\pi}{4}$$
```
> Int(1/(x^(2/3)*(1-x)^(1/3)),x=0..1): "=value(");
```
$$\int_0^1 \frac{1}{x^{2/3} \, (1-x)^{1/3}} \, dx = \frac{2}{3} \, \pi \, \sqrt{3}$$

On peut aussi utiliser `Int` pour écrire une intégrale que l'on ne désire pas calculer immédiatement mais dont on veut obtenir simplement une évaluation numérique (cf. ci-dessous) ou sur laquelle on envisage de faire des transformations : dérivation, intégration par parties (cf. p. 168), etc.

On peut appliquer `simplify`, `convert`, ... à une intégrale sous forme non évaluée, cela revient à appliquer la fonction correspondante à tous les éléments qui figurent dans l'intégrale : aussi bien aux bornes qu'à la fonction à intégrer.

Ex.11

```
> Intg:=Int(1/sqrt(2*cos(x)^2+3*sin(x)^2),x=0..Pi/2);
```
$$Intg := \int_0^{\pi/2} \frac{1}{\sqrt{2\cos(x)^2 + 3\sin(x)^2}} \, dx$$

```
> simplify(Intg);
```
$$\int_0^{\pi/2} \frac{1}{\sqrt{-\cos(x)^2 + 3}} \, dx$$

I.4. Evaluation numérique d'intégrales

Pour obtenir l'évaluation numérique d'une intégrale laissée sous forme non évaluée on peut utiliser la fonction `evalf`. Tous les calculs sont effectués avec n chiffres où n est le contenu de la variable interne `Digits` ou le second argument de `evalf`.

Ex.12

```
> p:=1/sqrt(2*cos(x)^3+3*sin(x)^2):  int(p,x=0..Pi/2);
```
$$\int_0^{\pi/2} \frac{1}{\sqrt{2\cos(x)^3 + 3\sin(x)^2}} dx$$

```
> evalf(");
```
$$1.033315425$$

Pour une intégrale généralisée convergente dont MAPLE retourne une forme non évaluée, on peut aussi obtenir une évaluation numérique en utilisant `evalf`.

Ex.13

```
> int(sin(x)^2/(1+x^(3/2)),x=0..infinity);
```
$$\int_0^{\infty} \frac{\sin(x)^2}{1 + x^{3/2}} \, dx$$

```
> evalf(",5);
```
$$1.1179$$

Lorsque l'intégrale renvoyée sous forme non évaluée est divergente et que l'on essaie de lui appliquer la fonction **evalf**, MAPLE peut gratifier l'utilisateur d'un message d'erreur indiquant simplement que la fonction à intégrer possède un pôle dans l'intervalle *(Error, (in evalf/int) integrand has a pole in the interval)*, mais il peut aussi "planter" le système ce qui oblige l'utilisateur à ré-initialiser la machine.

Quand on ne veut qu'une estimation numérique d'une intégrale donnée (généralisée ou non) il est plus rapide d'utiliser la forme inerte **Int**. Cela permet de définir une intégrale sans demander à MAPLE d'en calculer une expression exacte ; on gagne ainsi le temps des essais, quelquefois infructueux, d'un tel calcul.

Ex.14

```
> p:=1/sqrt(2*cos(x)^3+3*sin(x)^2): Intgr:=Int(p,x=0..Pi/2);
```

$$Intgr := \int_0^{\pi/2} \frac{1}{\sqrt{2\cos(x)^3 + 3\sin(x)^2}}\,dx$$

```
> evalf(Intgr);
```
$$1.033315425$$

```
> Digits:=20:  evalf(Intgr);
```
$$1.0333154249774588724$$

II. Opérations sur les intégrales non évaluées

II.1. Intégration par parties

Bien que MAPLE sache calculer sans aide extérieure bon nombre d'intégrales, il peut être nécessaire d'effectuer sur des intégrales non évaluées des calculs de changement de variable ou d'intégration par parties. Les fonctions permettant ce genre de transformations n'existent pas dans le noyau de MAPLE mais se trouvent dans une bibliothèque annexe nommée **student**. Pour les utiliser il faut commencer par les charger à l'aide de la fonction **with**

Ex.15

```
> restart; with(student):        L'utilisation du : évite l'écho de
                                  la liste des fonctions que charge MAPLE
```

Dans l'exemple suivant, le graphe de la fonction $f : x \mapsto x \arctan\left(\sqrt{\frac{1-x}{1+x}}\right)$ paraît incompatible avec le résultat retourné par **int(f(x),x=0..1)** ; l'utilisation conjointe de **evalf** et de la forme inerte **Int** confirme nos doutes.

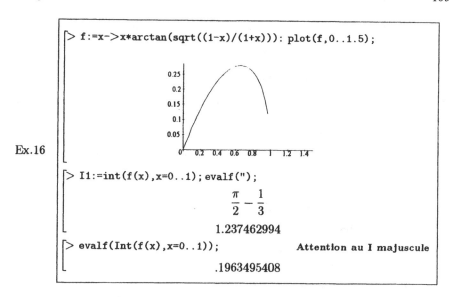

Ex.16

Pour calculer l'intégrale précédente par intégration par parties, comme on le fait classiquement à la main, on peut utiliser la fonction **intparts** de la bibliothèque **student** . Si **Intgr** est une intégrale ou une primitive non évaluée d'une expression u∗v, alors **intparts(Intgr,u)** réalise une intégration par parties en dérivant u et en intégrant v. Même si l'intégrale initiale est définie à l'aide de **int**, l'intégrale figurant dans la réponse retournée par **intparts** est une forme inerte utilisant **Int**, l'utilisation de **value** est donc nécessaire pour terminer l'évaluation de l'intégrale.

Ex.17

```
> p:=arctan(sqrt((1-x)/(1+x))):
  I2:=intparts(Int(f(x),x=0..1),p);
```

$$I2 := -\int_0^1 \frac{1}{4} \frac{\left(-\frac{1}{1+x} - \frac{1-x}{(1+x)^2}\right) x^2}{\sqrt{\frac{1-x}{1+x}} \left(1 + \frac{1-x}{1+x}\right)} \, dx$$

```
> assume(x,RealRange(0,1));          Pour préciser x ∈ [0, 1]
> I3:=combine(simplify(I2),radical);
```

$$I3 := \frac{1}{4} \int_0^1 \frac{x\sim^2 \sqrt{1 - x\sim^2}}{1 - x\sim^2} \, dx$$

```
> value(I3); evalf(");
```

$$\frac{\pi}{16}$$

$$.1963495409$$

C'est donc le dernier résultat de l'exemple 17 qui est correct.

II.2. Changement de variable dans une intégrale

Changement de variable du type $x=f(u)$

Soit `Intgr` une intégrale non évaluée de la forme `Int(p,x=a..b)` ou une primitive non évaluée de la forme `Int(p,x)`. Pour effectuer le changement de variable `x=f(u)` on utilise la fonction **changevar** avec trois arguments

- la formule `x=f(u)` définissant l'ancienne variable d'intégration en fonction de la nouvelle,
- l'intégrale,
- la nouvelle variable d'intégration.

Cela s'écrit donc **changevar(x=f(u),Intgr,u)**.

Ex.18

```
> restart;with(student):
  Intgr:=Int(x^2/sqrt(1-x^2),x=0..1);
```
$$Intgr := \int_0^1 \frac{x^2}{\sqrt{1-x^2}}\, dx$$

```
> changevar(x=sin(u),Intgr,u);
```
$$\int_0^{\pi/2} \frac{\sin^2(u)\cos(u)}{\sqrt{1-\sin(u)^2}}\, du$$

Pour simplifier l'intégrale précédente, on utilise **simplify**, avec l'option **symbolic** pour indiquer à MAPLE que la simplification $\cos(x) = \sqrt{\cos(x)^2}$ est licite.

Ex.19

```
> simplify(",symbolic);
```
$$\int_0^{\frac{1}{2}\pi} 1-\cos(u)^2\, du$$

```
> value(");
```
$$\frac{\pi}{4}$$

Changement de variable du type g(x)=f(u)

Soit `Intgr` une intégrale non évaluée de la forme `Int(p,x=a..b)` ou une primitive non évaluée de la forme `Int(p,x)`. Pour effectuer un changement de variable sur `Intgr`, il n'est pas nécessaire d'expliciter x en fonction de u, il suffit de donner en premier argument une relation du type `g(x)=f(u)` et d'écrire **changevar(g(x)=f(u),Intgr,u)**.

```
> g:=sqrt((1-x)/(1+x));
```
$$g := \sqrt{\frac{1-x}{1+x}}$$

```
> Intgr1:=Int(x*arctan(sqrt((1-x)/(1+x))),x);
```
$$Intgr1 := \int x \arctan\left(\sqrt{\frac{1-x}{1+x}}\right) dx$$

```
> Intgr2:=value(changevar(g=t,Intgr1,t));
```
$$Intgr2 \quad := 2\,\frac{\arctan(t)}{(1+t^2)^2} - 2\,\frac{\arctan(t)}{1+t^2} - \frac{1}{2}\,\frac{t}{(1+t^2)^2}$$
$$+\frac{1}{4}\,\frac{t}{1+t^2} + \frac{1}{4}\,\arctan(t)$$

```
> F:=simplify(subs(t=g,Intgr2));
```
Pour revenir à la variable initiale
$$-\frac{1}{4}\,\arctan\left(\sqrt{-\frac{-1+x}{1+x}}\right) + \frac{1}{2}\,\arctan\left(\sqrt{-\frac{-1+x}{1+x}}\right)\,x^2$$
$$-\frac{1}{8}\,\sqrt{-\frac{-1+x}{1+x}}\,x - \frac{1}{8}\,\sqrt{-\frac{-1+x}{1+x}}\,x^2$$

```
> eval(subs(x=1,F)-subs(x=0,F));
```
Pour confirmer le résulat de l'exemple 26
$$\frac{\pi}{16}$$

Ex.20

II.3. Dérivation sous le signe intégral

La fonction `diff` permet d'appliquer la formule de "dérivation sous le signe somme" à une intégrale non évaluée. Si `p` est une expression dépendant de `t` et de `x` et si `a` et `b` sont des expressions indépendantes de `x`,

- `diff(int(p,x=a..b),t)` retourne la valeur de `int(diff(p,t),x=a..b)`.
- `diff(Int(p,x=a..b),t)` retourne la valeur de `Int(diff(p,t),x=a..b)`.

Pour obtenir l'évaluation de cette dernière quantité il faut alors utiliser la fonction `value`.

La dérivation sous le signe intégral s'utilise souvent pour calculer l'intégrale définie d'une fonction dont on ne sait pas exprimer de primitive.

On peut utiliser cette méthode pour calculer, pour $x > 0$, la quantité $\int_0^{\pi/2} \ln\left(x^2 \cos(t)^2 + \sin(t)^2\right)\, dt$ dont MAPLE ne retourne qu'une forme assez peu exploitable. Pour cela, on définit l'intégrale à l'aide de `Int` pour pouvoir ensuite effectuer une dérivation sous le signe somme.

```
> restart: F:=Int(ln(x^2*cos(t)^2+sin(t)^2),t=0..Pi/2);
```

$$F := \int_0^{\frac{1}{2}\pi} \ln\left(x^2 \cos(t)^2 + \sin(t)^2\right) \, dt$$

Ex.21

```
> F1:=diff(F,x);
```

$$F1 := \int_0^{\frac{1}{2}\pi} 2\,\frac{x\,\cos(t)^2}{x^2\,\cos(t)^2 + \sin(t)^2}\, dt$$

En Release 4, on ne peut calculer **F1** à l'aide de **value**. En revanche, dans un tel cas, le changement de variable classique **u=tan(t)** permet de calculer l'intégrale, ce qui s'écrit

```
> with(student): F1:=changevar(tan(t)=u,F1,u);
```

$$F1 := \int_0^\infty 2\,\frac{x}{\left(1+u^2\right)^2\left(\frac{x^2}{1+u^2}+\frac{u^2}{1+u^2}\right)}\, du$$

Ex.22

```
> F1:=value(F1);
```

$$F1 := -\frac{\pi\left(csgn\left(\overline{x}\right)-x\right)}{\left(x^2-1\right)}$$

L'expression du résultat précédent nous rappelle que MAPLE suppose que toutes les variables utilisées peuvent prendre des valeurs complexes. Comme dans notre exemple, **x** représente un réel strictement positif, il faut le préciser à MAPLE en utilisant **assume**.

```
> assume(x>0); F1:=simplify(F1);
```

Ex.23

$$F1 := \frac{\pi}{1+x\sim}$$

Comme il est évident que **F** est nulle pour **x=1**, on peut alors déterminer **F**, en intégrant **F1** entre 1 et **x**.

```
> F=Int(subs(x=t,F1),t=1..x);
```

$$\int_0^{\pi/2} \ln\left(x\sim^2 \cos(t)^2 + \sin(t)^2\right)\, dt = \int_1^{x\sim} \frac{\pi}{t+1}\, dt$$

Ex.24

```
> F=value(rhs("));
```

$$\int_0^{\pi/2} \ln\left(x\sim^2 \cos(t)^2 + \sin(t)^2\right)\, dt = \ln(x\sim+1)\,\pi - \ln(2)\,\pi$$

L'utilisation dans la ligne précédente de la fonction **rhs** permet de n'appliquer **value** qu'au membre de droite de l'égalité **F=Int(subs(x=t,F1),t=1..x)**.

II.4. Développement limité d'une primitive

Il est possible d'obtenir un développement limité d'une primitive non évaluée en invoquant la fonction **series**. Le développement limité ne peut alors être calculé qu'au voisinage de 0. Toute demande de développement en un point différent de 0 entraîne un message d'erreur.

Ex.25

```
> restart; intgr:=int(exp(-x^3),x);
```
$$intgr := \int e^{-x^3} dx$$

```
> series(intgr,x=0,6);
```
$$x - \frac{1}{4}x^4 + O(x^7)$$

```
> series(intgr,x=1,6);
Error, (in series/int) invalid arguments
```

Pour trouver un développement limité en un point différent de 0 d'une primitive laissée non évaluée, on peut toujours écrire cette primitive comme une intégrale fonction de sa borne supérieure puis utiliser **series**.

Ex.26

```
> intgr:=int(exp(-x^3),x=0..t);
```
$$intgr := \int_0^t e^{-x^3} dx$$

```
> series(intgr,t=1,3);
```
$$\int_0^1 e^{-x^3} dx + e^{-1}(t-1) - \frac{3}{2}e^{-1}(t-1)^2 + O\left((t-1)^3\right)$$

La fonction **series** permet d'obtenir un développement généralisé d'une primitive non évaluée d'une fonction f non bornée au voisinage de 0 à condition que la fonction f possède en 0 un développement asymptotique n'utilisant que des puissances entières.

Ex.27

```
> intgr:=int(sin(1+t^3)/t,t); series(intgr,t);
```
$$intgr := \int \frac{\sin(1+t^3)}{t} dt$$
$$\sin(1)\ln(t) + \frac{1}{3}\cos(1)t^3 + O\left(t^6\right)$$

En revanche, lorsque la fonction f possède un développement avec exposants fractionnaires, MAPLE retourne un message d'erreur.

Ex.28

```
> intgr:=int(exp(-sqrt(x^3)),x);
```
$$intgr := \int e^{-\sqrt{x^3}} dx$$

```
> series(intgr,x);
```
Error, (in series/int) unable to compute series

Dans un tel cas, on peut obtenir le résultat en inversant l'ordre d'appel des fonctions int et series.

Ex.29

```
> int(series(exp(-sqrt(x^3)),x),x);
```
$$x - \frac{2}{5} x^{5/2} + \frac{1}{8} x^4 - \frac{1}{33} x^{11/2} + O\left(x^7\right)$$

III. Sommation discrète

La fonctions sum est l'équivalent discret de int, elle permet de définir une somme finie ou une somme indéfinie d'une quantité f(k) dépendant d'une variable k.

III.1. Sommes indéfinies

Si f(k) est une expression de la variable libre k, sum(f(k),k) retourne une somme indéfinie de f(k) c'est-à-dire une expression g(k) vérifiant g(k+1)-g(k)=f(k).

Pour les expressions polynomiales MAPLE utilise une méthode fondée sur les polynômes de Bernoulli et la méthode de Moenck pour les fractions rationnelles.

Ex.30

```
> sum(k^3,k);
```
$$\frac{1}{4} k^4 - \frac{1}{2} k^3 + \frac{1}{4} k^2$$

```
> factor(");
```
$$\frac{1}{4} k^2 (k-1)^2 .$$

MAPLE sait aussi calculer des sommes indéfinies de certaines expressions faisant intervenir des factorielles, comme dans l'exemple suivant

Ex.31

```
> sum(k*k!,k);
```
$$k!$$

On peut voir apparaître des fonctions assez peu courantes telle que Ψ, la fonction *digamma*, qui est la dérivée logarithmique de la fonction Γ (voir Annexe A).

Ex.32

```
> sum(1/k,k);
```
$$\Psi(k)$$

Enfin il faut signaler les sommes géométriques ainsi que les sommes classiques de fonctions trigonométriques dont MAPLE sait aussi donner une expression exacte

Ex.33

```
> sum(cos((2*k+1)*a),k);
```
$$\frac{\sin(a\,k)\,\cos(a\,k)}{\sin(a)}$$

Toutefois MAPLE ne paraît pas connaître la façon de calculer des sommes analogues de sinus hyperboliques ou de cosinus hyperboliques. Il faut alors passer par une conversion sous forme exponentielle puis forcer l'évaluation de la nouvelle quantité à l'aide de **eval**.

Ex.34

```
> sum(sinh((2*k+1)*a),k);
```
$$\sum_{k} \sinh((2k+1)\,a)$$

```
> S:=eval(convert(",exp));
```
$$S := \frac{1}{2}\,\frac{e^a\left(\left(e^{ak}\right)^4+1\right)}{\left(\left(e^a\right)^2-1\right)\left(e^{ak}\right)^2}$$

```
> S:=simplify(simplify(convert(S,trig)),
  {cosh(a)^2=sinh(a)^2+1});
```
$$\frac{1}{2}\,\frac{-1+2\cosh(a\,k)^2}{\sinh(a)}$$

Si la variable de sommation n'est pas libre lors d'un appel à **sum**, MAPLE le signale

Ex.35

```
> k:=1; '.........': sum(k^3,k);
```
Error, (in sum) summation variable previously assigned, second argument evaluates to, 1

Une façon classique de calculer la somme précédente sans perdre le contenu de
k est d'utiliser comme suit les apostrophes pour empêcher MAPLE de faire une
évaluation complète des arguments transmis à sum.

Ex.36

```
> sum('k^3','k');
```
$$\frac{1}{4}k^4 - \frac{1}{2}k^3 + \frac{1}{4}k^2$$

III.2. Sommes finies

Etant donnés m et n deux entiers et f(k) une expression de la variable libre k,
l'expression sum(f(k),k=n..m) représente

- si $n \leq m$ $f(n) + f(n+1) + \ldots f(m-1) + f(m)$,
- si $n > m$ $-(f(m+1) + f(m+2) + \ldots f(n-2) + f(n-1))$.

Dans tous les cas, il s'agit donc de g(m+1)-g(n) où
g(k) est une expression de k telle que g(k+1)-g(k)=f(k), c'est à dire telle
que g(k)=sum(f(k),k).

Attention ! Ne pas croire que l'inversion des bornes de sommation correspond à un
simple changement de l'ordre de calcul.

La somme sum(f(k),k=n..m) est calculée arithmétiquement lorsque abs(m-n)
représente une valeur numérique inférieure à 1000, sinon MAPLE utilise, s'il la
connaît, la somme discrète indéfinie correspondante

Ex.37

```
> k:='k'; sum(1/k,k=1..30);
```
$$\frac{9304682830147}{2329089562800}$$

```
> sum(1/k,k=1..n);
```
$$\Psi(n+1) + \gamma$$

```
> sum(1/k,k=1..1000);
```
$$\Psi(1001) + \gamma$$

L'expression du résultat de sum(1/k,k=1..1000) peut ne pas convenir si on a
besoin de l'écriture fractionnaire exacte, pour traiter par exemple un problème
d'arithmétique. Pour obtenir une telle écriture, on peut construire à l'aide de seq
la liste des nombres à sommer puis la convertir en une expression de type somme
grâce à **convert**. C'est le simplificateur automatique de MAPLE qui fait le reste
du travail.

Ex.38

```
[> S:=[seq(1/k,k=1..1000)]:  : pour empêcher l'écho du résultat
[> convert(S,'+');
```

$$53362913282294785045591045624042980409652472280384260097101349248456268889497101757506079019850356914090887315504680983784421721178850094643023443265660225021002784256328520814055449412104421426727702947747127089179639677796104532246924266646888828158207198489710511079687324931915552930175089315645199760857344730141832840117244122806490743077037366831700558002936592350885893602352858528081607595747378366554131755081315225 17 / 71288652746650930531663841557142729206683588618858930404520019911543240875811114994764441519138715869117178170195752565129802640676210092514658710043051310726862681432001966099748627459371883437050154344525237397452989631456749821282369562328237940110688092623177088619795407912477545580493264757378299233527517967352480424636380511370343312147817468508784534856780218880753732499219956720569320290993908916874876726979509316035200000$$

```
[> isprime(numer(""));
```

$$false$$

Chapitre 11

Graphiques en 3D

I. Surfaces d'équation $z=f(x,y)$

Cette partie concerne l'étude des surfaces d'équation $z = f(x,y)$. En MAPLE, une telle surface peut être définie soit par une expression dépendant des variables x et y, soit par une fonction de deux variables.

I.1. Tracé d'une surface définie par une expression

Si p est une expression des variables libres x et y et si a, b, c et d sont quatre valeurs numériques vérifiant a<b et c<d, alors l'évaluation de plot3d(p,x=a..b,y=c..d) dessine la surface S définie par

$$S = \{(x,y,p) \mid a \leq x \leq b \text{ et } c \leq y \leq d\}$$

Comme par défaut la fonction plot3d ne dessine aucun axe, il est conseillé, pour la lisibilité des tracés, d'utiliser en option axes=frame ou axes=boxed, qui permet de faire apparaître les axes et de les calibrer.

Ex. 1

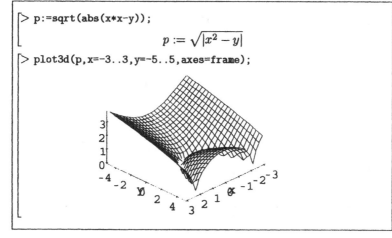

```
> p:=sqrt(abs(x*x-y));
```
$$p := \sqrt{|x^2 - y|}$$
```
> plot3d(p,x=-3..3,y=-5..5,axes=frame);
```

Par défaut le dessin est inclus dans la feuille de calcul et il est possible de le redimensionner avec la souris. Toutefois si le choix **Plot Display\Window** du menu **Options** a été coché avant l'exécution de **plot**, le dessin est réalisé seul dans une autre fenêtre graphique, ce qui donne alors la possibilité de l'imprimer sans le reste des calculs.

Comme on le voit dans l'exemple précédent, MAPLE ajuste automatiquement l'échelle en z pour représenter tous les points de la surface S, le tracé est alors réalisé "pleine page". Si on veut limiter à [z1,z2] les variations de z, soit pour faire un zoom sur une partie de la surface, soit parce que la surface "part à l'infini", il suffit d'utiliser l'option **view=z1..z2**.

Exemple de zoom sur une partie de la surface précédente.

Ex. 2

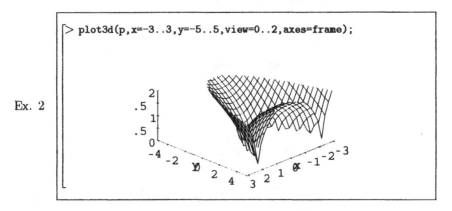

```
[> plot3d(p,x=-3..3,y=-5..5,view=0..2,axes=frame);
```

Exemple où l'utilisation de **view** est indispensable, car la surface est définie par une expression ayant une limite infinie en un point du domaine.

Ex. 3

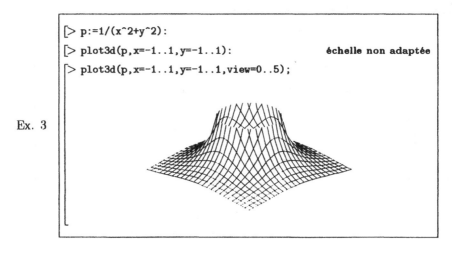

```
[> p:=1/(x^2+y^2):
[> plot3d(p,x=-1..1,y=-1..1):                    échelle non adaptée
[> plot3d(p,x=-1..1,y=-1..1,view=0..5);
```

Attention ! Si, lors de l'évaluation de plot3d(p,x=a..b,y=c..d), l'une des variables x ou y n'est pas libre, MAPLE retourne le message d'erreur suivant

Ex. 4

```
> x:=t^2+1: plot3d(p,x=-1..1,y=-1..1);
  Error, (in plot3d/expression) bad range arguments, t^2+1=-1..1,y=-1..1
```

Attention !

- Si on oublie les identificateurs x et y figurant en second et troisième paramètre, MAPLE retourne un message disant que le dessin est vide sans plus d'explication.
- Si on n'oublie qu'un seul des identificateurs x ou y, MAPLE retourne un message d'erreur disant que les arguments ne conviennent pas.

Ex. 5

```
> plot3d(1/(x^2+y^2),-1..1,-1..1);
  Warning in iris-plot: empty plot
> plot3d(1/(x^2+y^2),x=-1..1,-1..1);
  Error, (in plot3d/expression) bad range arguments, x = -1 .. 1, -1 .. 1
```

I.2. Tracé d'une surface définie par une fonction

Si f est une fonction de deux variables (ou une procédure) et si a, b, c et d sont quatre réels vérifiant a<b et b<d, alors plot3d(f(x,y),x=a..b,y=c..d) ou plot3d(f,a..b,c..d) dessine la surface définie par $z = f(x,y)$, pour x variant de a à b et y variant de c à d. Il est possible de limiter les variations de z à l'intervalle $[z1, z2]$ en utilisant l'option view=z1..z2.

Ex. 6

```
> f:=(x,y)->cos(x*x)+cos(y);
```
$$f := (x,y) \rightarrow \cos(x^2) + \cos(y)$$
```
> plot3d(f,1..3,-3..3,axes=frame);
```

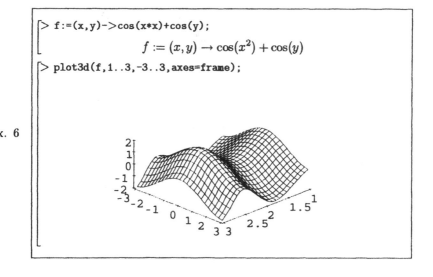

I.3. Tracé simultané de plusieurs surfaces

Si p et q sont deux expressions des variables libres x et y et si a, b, c et d sont des valeurs numériques vérifiant a<b et b<d , alors plot3d({p,q},x=a..b,y=c..d) dessine les surfaces S_1 et S_2 définies par

$$S_1 = \{(x,y,p) \mid a \leq x \leq b \text{ et } c \leq y \leq d\}$$
$$S_2 = \{(x,y,q) \mid a \leq x \leq b \text{ et } c \leq y \leq d\}$$

Attention ! Ne pas oublier les accolades autour de la séquence des expressions p et q, et surtout ne pas les remplacer par des crochets, ce qui a une tout autre signification comme il est expliqué dans III p. 189.

Exemple de tracé simultané d'un cône et du classique conoïde de Plücker

Ex. 7

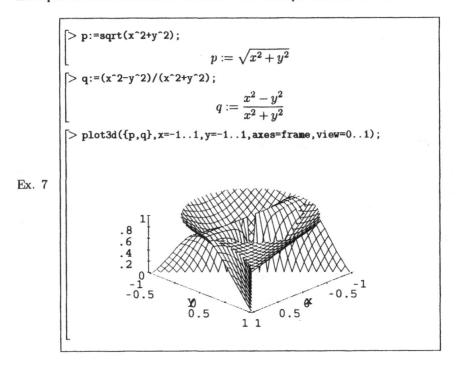

```
> p:=sqrt(x^2+y^2);
```
$$p := \sqrt{x^2 + y^2}$$
```
> q:=(x^2-y^2)/(x^2+y^2);
```
$$q := \frac{x^2 - y^2}{x^2 + y^2}$$
```
> plot3d({p,q},x=-1..1,y=-1..1,axes=frame,view=0..1);
```

II. L'environnement de plot3D

Par défaut un dessin est inclus dans la feuille de calcul, toutefois si le choix **Plot Display\Window** du menu **Options** a été coché avant l'exécution de plot, le dessin est réalisé seul dans une fenêtre externe. Divers choix, accessibles par menus et dont les principaux sont décrits ci-dessous, permettent de modifier l'aspect de ce dessin ; ils sont directement accessibles lorsque le dessin est réalisé dans une fenêtre externe en revanche, si le graphique est inclus dans la feuille de calcul, il est nécessaire de cliquer sur le dessin pour pouvoir y accéder.

II.1. Le menu de plot3d sous Windows

En mode graphique, on dispose en haut d'une barre de menus, d'une barre d'outils ainsi que d'une barre de contexte contenant entre autre le bouton $\boxed{R}$ permettant de retracer la surface après toute modification du style.

La barre de menu

En mode graphique, les choix les plus utiles de la barre de menus sont

File   mêmes fonctions qu'en 2D, cf. p. 75.

Edit   pour recopier le dessin dans le presse-papiers (*copy*) afin de le transférer vers une autre application compatible Windows.

View   pour valider ou supprimer l'affichage de la barre d'outils (*Toolbar*) ou de la barre d'état (*Statusbar*).

Style   pour choisir entre les styles de tracé suivants

     Patch surface teintée et dessin du quadrillage obtenu en joignant les points calculés.

     Patch w/o grid surface teintée, sans quadrillage.

     Patch and contour surface teintée, tracé des lignes de niveau en z.

     Hidden line quadrillage obtenu en joignant les points calculés, lignes cachées non tracées.

     Contour tracé des lignes de niveau en z.

     Wireframe quadrillage obtenu en joignant les points calculés, y compris les lignes cachées.

     Point tracé des seuls points calculés.

Style	pour choisir (**Symbol**) le symbole utilisé lorsque la surface est tracée par points, ce peut être : **Cross, Diamond, Point, Circle,** ...
	pour choisir (**Line Style**) le style de trait utilisé pour représenter les courbes, ce peut être : continu (*Solid*), tirets (**Dash**), ...
	pour choisir le style de quadrillage (**Grid Style**), soit des quadrilatères (**Grid Half**) soit des quadrilatères avec diagonale(**Grid Full**).
	pour choisir l'épaisseur de trait (**line width**), qui peut être fin (**thin**), moyen (**medium**), épais (**thick**), épaisseur par défaut (**default**).

Color	pour choisir, en style *Patch*, le mode de répartition des couleurs
	XYZ couleurs variant en fonction de X, de Y et de Z.
	XY couleurs variant en fonction de X et de Y.
	Zcouleurs variant en fonction de Z seulement.
	$Z(Hue)$ comme le précédent, mais variations plus fortes.
	$Z(Greyscale)$ surface teintée en gris avec des nuances variant en fonction de Z.
	NoColoring surface laissée en blanc.
	pour choisir ou non un éclairage de la surface et en préciser l'origine, ce peut être **No Lighting, light scheme1, light scheme2,** ...

Axes	pour choisir la nature et la position des axes.
	Boxed axes formant un parallélépipède entourant la surface.
	Framed axes dessinés au bord du parallélépipède de référence.
	*Normal*axes passant, en général, par l'origine.
	None aucun axe tracé.

Projection	pour choisir le type de perspective utilisé : *No Perspective, Near Perspective, Medium Perspective* ou *Far Perspective*.
	pour choisir entre un repère orthonormé (*Constrained*) ou un dessin utilisant au mieux toute la fenêtre (*Unconstrained*).

La barre d'outils et la barre de contexte

Les icônes de la barre d'outils et la barre de contexte permettent, en cliquant dessus avec le bouton gauche de la souris, d'activer directement certains choix du menu précédent. Chaque icône est suffisamment suggestive et on peut faire afficher, dans la barre d'état, un message résumant son utilisation en appuyant sur le bouton gauche de la souris lorsque le curseur se trouve sur cette icône. Le choix ne sera activé que si le bouton de la souris est relaché à l'intérieur de l'icône.

Orientation du parallélépipède de référence

Lorsqu'on clique à l'aide de la souris sur la fenêtre de tracé, la surface dessinée disparaît et fait place à un "parallélépipède" à côtés parallèles aux axes tandis que les valeurs de θ et de φ, qui déterminent sous quel angle on voit la surface, sont affichées à gauche de la barre de contexte.

On peut alors modifier manuellement l'orientation du parallélépipède de référence, ce qui revient à modifier la position de l'observateur, en faisant glisser le pointeur de souris, bouton gauche de la souris maintenu appuyé. Durant cette opération les valeurs de θ et de φ, qui déterminent la position de l'observateur, sont en permanence affichées dans la barre de contexte. Une fois qu'on a choisi une orientation, il suffit d'appuyer sur *ENTREE* ou de cliquer sur l'icône $\boxed{\text{R}}$ pour obtenir le nouveau tracé.

Remarque : Il est d'ailleurs possible de modifier directement les valeurs de θ et de φ soit en entrant des valeurs numériques (en degrés), soit en utilisant les flèches de variations.

II.2. Les options de plot3d

Lors de l'appel de plot3d, il est possible d'ajouter certaines options qui permettent de préciser un style de présentation ou d'affiner le tracé. On peut mettre plusieurs options en les séparant par des virgules. Comme pour la fonction plot, ces options doivent être mises après les trois premiers paramètres que sont l'expression ou la fonction et les intervalles en x et en y.

Options de présentation correspondant à certains choix du menu

Parmi les options de plot3d on en trouve qui permettent d'obtenir directement certains choix du menu précédent.

style | s'utilise sous la forme style=hidden, style=contour, style=patch, style=patchnogrid, style=patchcontour, style=wireframe ou style=point, selon le style de tracé désiré. Par défaut le style utilisé est hidden.

thickness | s'utilise sous la forme thickness=n où n vaut 0, 1, 2 ou 3, suivant l'épaisseur du trait désiré.

axes | s'utilise sous la forme axes=boxed, axes=framed, axes=normal, ou axes=none suivant la nature des axes désirés.

scaling | scaling=constrained ou scaling=unconstrained permet de choisir entre une représentation en axes orthonormés et une représentation utilisant au mieux la fenêtre.

shading | s'utilise sous la forme shading=s, où s est égal à xyz, xy, z, zhue, zgreyscale, none, suivant la répartition de nuances désirées.

Comparaison des différents styles de tracé pour la surface de l'exemple 17 p. 311

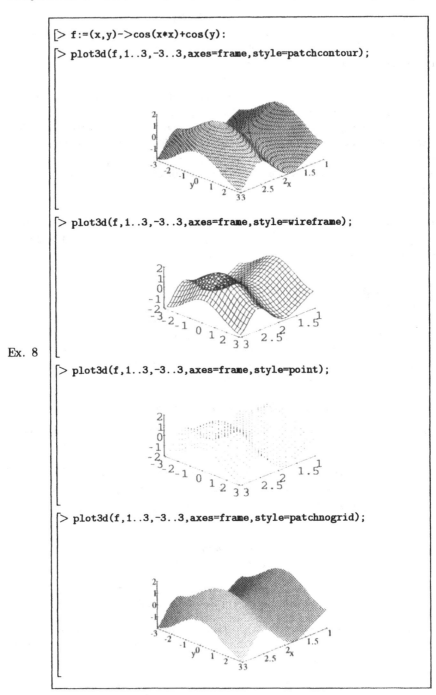

Ex. 8

Options de présentation ne correspondant pas à un choix du menu

tickmarks   tickmarks=[l,m,n] permet de faire afficher environ l valeurs sur l'axe x, m valeurs sur l'axe Oy et n valeurs sur l'axe Oz.

orientation   orientation=[m,n] permet de choisir les valeurs en degrés de *theta* (longitude) et de *phi* (colatitude) qui déterminent l'angle sous lequel est vue la surface. Par défaut *theta* = *phi* = 45°.

view   view=z1..z2 permet de limiter les valeurs de z à $[z1, z2]$.

       view=[x1..x2,y1..y2,z1..z2] permet de limiter les valeurs des trois coordonnées.

labels   labels=[x,y,z] permet de libeller les axes.

title   title='nom de la surface' permet d'afficher un titre.

Exemples de tracés d'une même surface à partir de différents points de vue

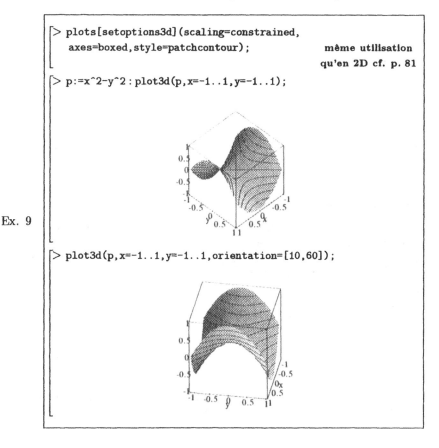

```
[> plots[setoptions3d](scaling=constrained,
    axes=boxed,style=patchcontour);                     même utilisation
                                                         qu'en 2D cf. p. 81
[> p:=x^2-y^2 : plot3d(p,x=-1..1,y=-1..1);
```

Ex. 9

```
[> plot3d(p,x=-1..1,y=-1..1,orientation=[10,60]);
```

La surface précédente sous d'autres angles

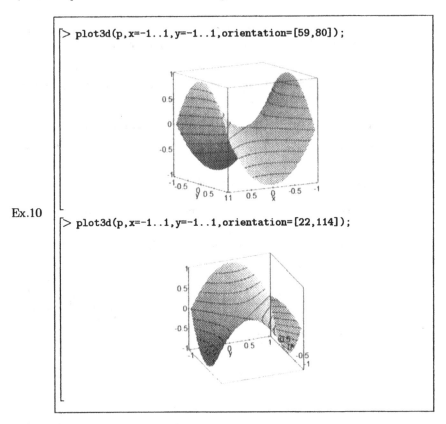

Ex.10

Les options numpoints et grid

Lors de l'évaluation de `plot3d(p,x=a..b,y=c..d)`, MAPLE calcule p pour un ensemble de valeurs (x,y) formant une grille de points du rectangle $[a,b] \times [c,d]$, ces points étant régulièrement espacés en abscisse et en ordonnée. Par défaut, cette grille est carrée et contient $25^2 = 625$ points. Les deux options suivantes permettent d'affiner cette grille.

grid   avec `grid=[m,n]`, la grille contient m points en abscisse et n points
            en ordonnée.

numpoints   avec `numpoints=n`, MAPLE utilise une grille d'environ $\sqrt{n} \times \sqrt{n}$.

Attention ! Plus encore que pour la fonction plot, il faut gérer ces options en fonction des possibilités du système et du temps dont on dispose pour le tracé de la surface.

III. Nappes paramétrées en cartésiennes

Cette partie concerne les nappes paramétrées c'est-à-dire les surfaces dont les coordonnées (x, y, z) du point courant dépendent de deux paramètres ; une telle représentation paramétrique pouvant être définie soit par des expressions dépendant de deux variables soit par des fonctions ou des procédures de deux variables.

Etant données quatre valeurs numériques vérifiant a<b et c<d

- Si **p**, **q** et **r** sont des expressions des deux variables libres **u** et **v**, alors
  `plot3d([p,q,r],u=a..b,v=c..d)` dessine la surface S définie paramétriquement par
  $$S = \{(p, q, r) \mid a \leq u \leq b \text{ et } c \leq v \leq d\}$$
- Si **f**, **g** et **h** sont des fonctions (ou procédures) de deux variables, alors l'évaluation de `plot3d([f(u,v),g(u,v),h(u,v)],u=a..b,v=c..d)` ou de `plot3d([f,g,h],a..b,c..d)` dessine la surface S définie paramétriquement par
  $$S = \{(f(u, v), g(u, v), h(u, v)) \mid a \leq u \leq b \text{ et } c \leq v \leq d\}$$

Le tracé des nappes paramétrées utilise l'environnement de `plot3d` décrit dans la partie II, aussi bien pour le menu que pour les options.

Exemple de nappe paramétrée avec des coordonnées sous forme d'expressions :

Ex.11

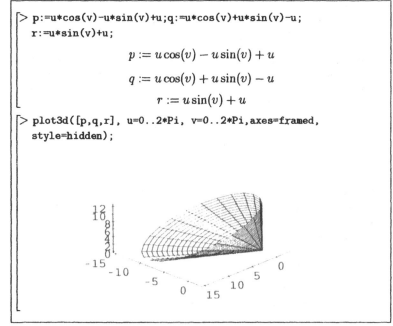

Exemple de nappe paramétrée avec des coordonnées sous forme de fonctions

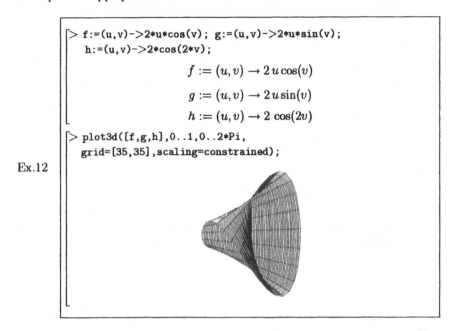

```
> f:=(u,v)->2*u*cos(v); g:=(u,v)->2*u*sin(v);
  h:=(u,v)->2*cos(2*v);
```
$$f := (u, v) \rightarrow 2\,u\cos(v)$$
$$g := (u, v) \rightarrow 2\,u\sin(v)$$
$$h := (u, v) \rightarrow 2\,\cos(2v)$$
```
> plot3d([f,g,h],0..1,0..2*Pi,
  grid=[35,35],scaling=constrained);
```

Ex.12

IV. Nappes paramétrées en cylindriques

C'est la fonction `plot3d` avec l'option `coords=cylindrical` qui permet de représenter une surface définie en coordonnées cylindriques.

- Etant donné une expression **p** dépendant des deux variables libres **theta** et **z**, ainsi que des valeurs numériques a, b, c, d vérifiant a<b et c<d, alors `plot3d(p,theta=a..b,z=c..d,coords=cylindrical)` dessine la surface définie en coordonnées cylindriques par $r = p$ pour θ variant de a à b et z variant de c à d, c'est-à-dire la surface définie paramétriquement par

$$S = \{(p\cos\theta, p\sin\theta, z) \mid a \le \theta \le b \text{ et } c \le z \le d\}.$$

- Etant donné des expressions **p**, **alpha**, **q** dépendant des variables libres **u** et **v**, ainsi que des valeurs numériques a, b, c, d vérifiant a<b et c<d, alors `plot3d([p,alpha,q],u=a..b,v=c..d,coords=cylindrical)` dessine la surface définie en coordonnées cylindriques par $r = p$, $\theta = \alpha$ et $z = q$, pour u variant de a à b et v variant de c à d, c'est-à-dire la surface définie paramétriquement par

$$S = \{(p\cos\alpha, p\sin\alpha, q) \mid a \le u \le b \text{ et } c \le v \le d\}.$$

Attention ! L'utilisation de l'option `coords=cylindrical` ne force pas la fonction `plot3d` à utiliser un repère orthonormé. Pour obtenir le tracé en axes orthonormés, il faut donc préciser `scaling=constrained`.

```
[> restart; p:=z+cos(theta);
```
$$p := z + \cos(\theta)$$
```
[> plot3d(p,theta=0..2*Pi,z=0.1..0.9,coords=cylindrical,
   grid=[35,35],scaling=constrained,orientation=[44,72]);
```

Ex.13

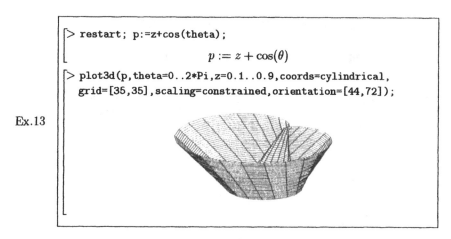

Tracé d'une partie de la surface précédente en utilisant l'option `view`.

```
[> plot3d(p, theta=0..2*Pi, z=0.4..0.7,coords=cylindrical,
   view=[-0.7..0.7,-0.7..0.7,0.4..0.6],scaling=constrained,
   orientation=[44,72],grid=[35,35]);
```

Ex.14

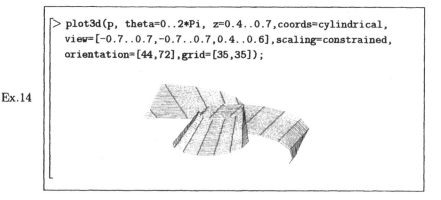

Et pour finir le classique ruban de Möbius

```
[> r:=2-v*sin(Pi/4+theta/2):  z:=v*cos(theta/2):
[> plot3d([r,theta,z],theta=0..2*Pi,v=-1..1,
   coords=cylindrical,orientation=[120,67],
   grid=[150,5],scaling=constrained);
```

Ex.15

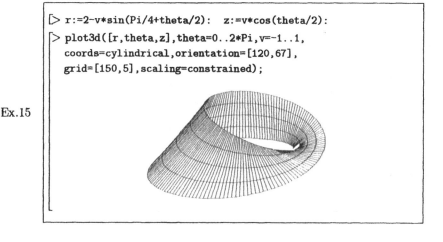

V. Nappes paramétrées en sphériques

La fonction `plot3d` avec l'option `coords=spherical` permet de représenter une surface définie en coordonnées sphériques.

- Etant donné une expression p dépendant de deux variables libres `theta` et `phi` ainsi que des valeurs numériques a, b, c et d vérifiant a<b et c<d, alors `plot3d(p,theta=a..b,phi=c..d,coords=spherical)` dessine la surface définie en coordonnées sphériques par $r = p$ pour θ variant de a à b et φ variant de c à d, c'est-à-dire la surface définie paramétriquement par

$$S = \left\{ (p\cos\theta\sin\varphi,\, p\sin\theta\sin\varphi, p\cos\varphi) \mid a \leq \theta \leq b \text{ et } c \leq \varphi \leq d \right\}.$$

- Etant donné des expressions p, `alpha` et `beta` dépendant des variables libres u et v ainsi que des valeurs numériques a, b, c et d vérifiant a<b et c<d, alors `plot3d([p,alpha,beta],u=a..b,v=c..d,coords=spherical)` dessine la surface définie en coordonnées sphériques par $r = p$, $\theta = \alpha$ et $\varphi = \beta$, pour u variant de a à b et v variant de c à d, c'est-à-dire la surface définie paramétriquement par

$$S = \left\{ (p\cos\alpha\sin\beta,\, p\sin\alpha\sin\beta, p\cos\beta) \mid a \leq u \leq b \text{ et } c \leq v \leq d \right\}.$$

Attention ! L'utilisation de l'option `coords=spherical` ne force pas la fonction `plot3d` à utiliser un repère orthonormé. Pour obtenir le tracé en axes orthonormés, il faut donc préciser `scaling=constrained`.

```
> plot3d(cos(theta)*cos(phi),theta=0..2*Pi,phi=0..Pi,
  grid=[50,50],coords=spherical,orientation=[54,67],
  style=patchcontour,view=[-0.3..0.3,-0.5..0.5,-0.3..0.3],
  scaling=constrained);
```

Ex.16

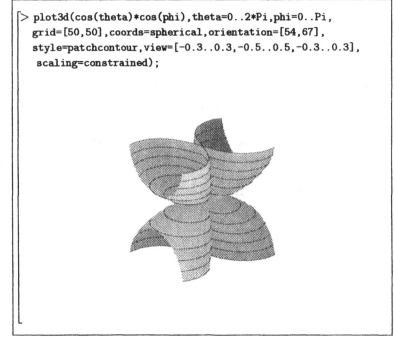

VI. Courbes paramétrées de l'espace

C'est la fonction `spacecurve` qui permet de représenter une courbe paramétrée de l'espace ; elle ne fait pas partie de la bibliothèque standard et doit être chargée avec

Ex.17
```
[> with(plots,spacecurve):
```

VI.1. Tracé d'une courbe paramétrée

Etant données deux valeurs numériques **a** et **b** vérifiant a<b,

- si **p**, **q** et **r** sont des expressions d'une variable libre u alors l'évaluation de `spacecurve([p,q,r,u=a..b])` dessine la courbe définie paramétriquement par $x = p$, $y = q$ et $z = r$ pour u variant de a à b.

- si **f**, **g** et **h** sont des fonctions (ou des procédures) d'une variable alors `spacecurve([f,g,h,a..b])` ou `spacecurve([f(u),g(u),h(u),u=a..b])` dessine la courbe définie paramétriquement par $x = f(u)$, $y = g(u)$ et $z = h(u)$ pour u variant de a à b.

On peut augmenter le nombre de points utilisés par MAPLE pour dessiner la courbe en utilisant l'option `numpoints` (par défaut `numpoints=50`). Mis à part l'option `grid`, toutes les options vues pour la fonction `plot3d` peuvent s'utiliser avec `spacecurve`.

Ex.18
```
[> with(plots,spacecurve):
[> p:=(t^2+3)*sin(15*t): q:=(t^2+3)*cos(15*t): r:=t:
   spacecurve([p,q,r,t=-3..3],numpoints=800,
   orientation=[51,70]);
```

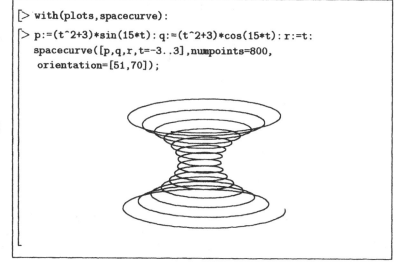

VI.2. Tracé simultané de plusieurs courbes paramétrées

Etant donné **a1**, **b1**, **a2** et **b2** des réels vérifiant **a1<b1** et **a2<b2** ainsi que **p1**, **p2**, **q1**, **q2**, **r1** et **r2** des expressions de la variable libre **u**, alors l'évaluation de `spacecurve({[p1,q1,r1,u=a1..b1],[p2,q2,r2,u=a2..b2]})` dessine la courbe paramétrée par $x = p1$, $y = q1$ et $z = r1$ pour u variant de $a1$ à $b1$ ainsi que la courbe paramétrée par $x = p2$, $y = q2$ et $z = r2$ pour u variant de $a2$ à $b2$.

La syntaxe précédente peut se généraliser à un nombre quelconque de courbes. Dans l'exemple suivant on utilise trois courbes.

Ex.19

```
> f:=sin(40*t^(4/3)): g:=(3+cos(40*t^(4/3)))*cos(t):
  h:=(3+cos(40*t^(4/3)))*sin(t):
> spacecurve({[f,g,h,t=0..Pi],[sin(t),3+cos(t),0,t=0..2*Pi],
  [sin(t),-3+cos(t),0,t=0..2*Pi]},scaling=constrained,
  orientation=[32,69],numpoints=800,shading=none);
```

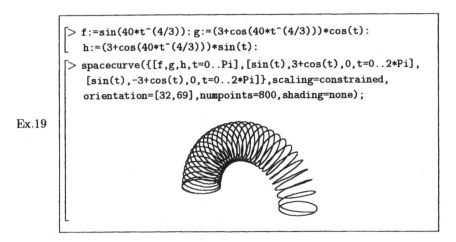

VII. Surfaces définies implicitement

La fonction `implicitplot3d`, permettant de dessiner une surface définie implicitement, ne fait pas partie de la bibliothèque standard et doit être chargée par

Ex.20

```
> with(plots,implicitplot3d):
```

Si **x1**, **x2**, **y1**, **y2**, **z1** et **z2** sont six réels vérifiant **x1<x2**, **y1<y2**, **z1<z2** et si **p** est une expression des trois variables libres **x**, **y** et **z**, alors l'évaluation de `implicitplot3d(p,x=x1..x2,y=y1..y2,z=z1..z2)` trace la partie de la surface d'équation $p = 0$ contenue dans $[x1, x2] \times [y1, y2] \times [z1, z2]$.

Il est possible d'utiliser comme premier argument de `implicitplot3d` l'équation p=0 et plus généralement l'équation p=q. Toutes les options vues pour la fonction `plot3d` (cf. p. 185) peuvent être utilisées pour la fonction `implicitplot3d`.

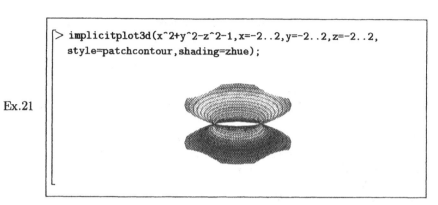

```
[> implicitplot3d(x^2+y^2-z^2-1,x=-2..2,y=-2..2,z=-2..2,
   style=patchcontour,shading=zhue);
```

Ex.21

L'équation implicite de la surface à tracer peut aussi être donnée par une fonction. Etant donné six réels x1, x2, y1, y2, z1, z2 tels que x1<x2, y1<y2, z1<z2 et une fonction f de trois variables, implicitplot3d(f,x1..x2,y1..y2,z1..z2) dessine la partie de la surface d'équation $f(x, y, z) = 0$ contenue dans le volume $[x1, x2] \times [y1, y2] \times [z1, z2]$.

L'exemple précédent aurait pu s'écrire

Ex.22
```
[> f:=(x,y,z)->x^2+y^2-z^2-1;
[> implicitplot3d(f,-2..2,-2..2,-2..2, style=patchcontour,
   shading=zhue);
```

Comme pour les courbes planes implicites, la qualité du tracé des surfaces données implicitement peut être améliorée en utilisant **grid**. L'option **grid=[m,n,p]** définit une grille d'analyse possédant m points suivant Ox, n points suivant Oy et p points suivant Oz (par défaut **grid=[10,10,10]**). Comme en 2D, il faut utiliser cette option avec modération !

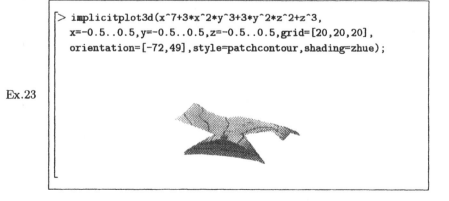

```
[> implicitplot3d(x^7+3*x^2*y^3+3*y^2*z^2+z^3,
   x=-0.5..0.5,y=-0.5..0.5,z=-0.5..0.5,grid=[20,20,20],
   orientation=[-72,49],style=patchcontour,shading=zhue);
```

Ex.23

VIII. Mélange de dessins d'origines différentes

Comme en 2D, il faut utiliser la fonction `display` pour représenter sur un même dessin des surfaces ou des courbes d'origines différentes : nappes paramétrées, surfaces définies implicitement ... La fonction `display` ne fait pas partie de la bibliothèque standard et elle doit être chargée avant sa première utilisation.

Avant de pouvoir utiliser la fonction `display` il faut, comme dans le cas du plan, commencer par stocker les différents objets (surfaces, courbes) dans des variables. On peut alors appeler la fonction `display` avec comme premier argument la liste des variables dont on veut dessiner le contenu. La fonction `display` supporte les options décrites en II.2. p. 185.

Pour utiliser `display` avec une sphère et un tore, on commence par stocker ces surfaces dans les variables S et T

Ex.24

```
[> f:=sin(u): g:=(3+cos(u))*cos(v)-3: h:=(3+cos(u))*sin(v):
[> S:=plot3d(1.75,u=0..2*Pi,v=0..Pi,grid=[15,20],
   coords=spherical,scaling=constrained):
[> T:=plot3d([f,g,h],u=0..2*Pi,v=0..2*Pi,grid=[15,25],
    scaling=constrained):
```

Pour vérifier le contenu de S et T, on peut écrire

Ex.25

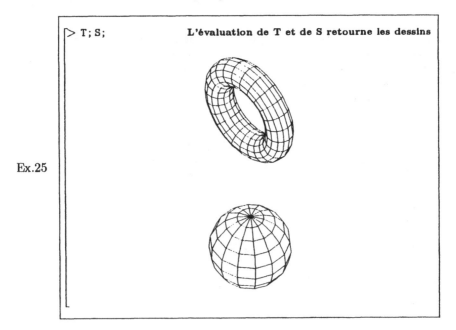

```
[> T;S;            L'évaluation de T et de S retourne les dessins
```

Avec l'option **style=hidden** la fonction **display** retourne la réunion des surfaces
avec élimination des parties cachées

Ex.26

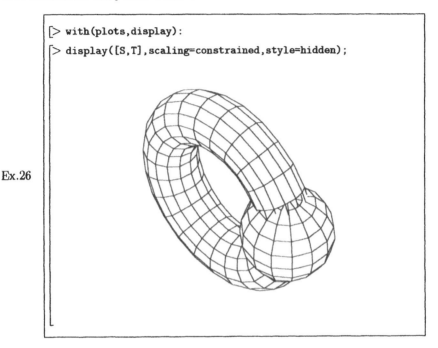

```
[> with(plots,display):
[> display([S,T],scaling=constrained,style=hidden);
```

Alors qu'en style **wireframe** on voit la réunion des deux structures

Ex.27

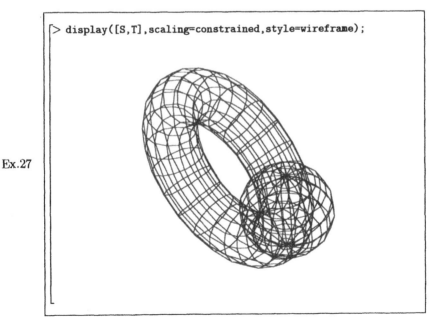

```
[> display([S,T],scaling=constrained,style=wireframe);
```

Chapitre 12

Polynômes
à coefficients rationnels

I. Ecriture des polynômes

Les polynômes à une ou plusieurs variables correspondent à un type particulier de MAPLE, le type **polynom**, cependant l'introduction de tels objets ne nécessite pas de déclaration particulière. Les polynômes sont simplement entrés par l'utilisateur à l'aide des opérateurs arithmétiques usuels +,-,* et ^.

I.1. Rappels : collect, sort, expand

On peut effectuer sur les polynômes les opérations arithmétiques usuelles : somme, différence, produit et élévation à une puissance entière. Il est possible de développer le résultat obtenu en utilisant la fonction **expand**, de regrouper les termes de même puissance en utilisant la fonction **collect** ou d'ordonner le polynôme suivant les puissances décroissantes de la variable en utilisant la fonction **sort** (voir le détail de ces fonctions p. 23).

Ex. 1

```
> f:=2*x+1; g:=x^2+x+1; h:=x^2+1;
```
$$f := 2x + 1$$
$$g := x^2 + x + 1$$
$$h := x^2 + 1$$
```
> k:=f*g+h^2;
```
$$k := (2x + 1)(x^2 + x + 1) + (x^2 + 1)^2$$
```
> k:=expand(k);
```
$$k := 2x^3 + 5x^2 + 3x + 2 + x^4$$
```
> sort(k,x);
```
$$x^4 + 2x^3 + 5x^2 + 3x + 2$$

Pour un polynôme à plusieurs variables, **expand** regroupe les monômes identiques mais pour regrouper les termes de même puissance par rapport à une indéterminée donnée, il faut utiliser `collect`.

Ex. 2

```
> f:=(x+y)^2+y*x^2+y*x;
```
$$f := (x+y)^2 + y\,x^2 + y\,x$$

```
> g:=expand(f);
```
$$g := x^2 + 3\,y\,x + y^2 + y\,x^2$$

```
> collect(g,x);
```
$$(1+y)\,x^2 + 3\,y\,x + y^2$$

Toutefois, lors d'un appel de la fonction `collect`, MAPLE commence par développer l'expression, il est donc inutile d'invoquer **expand** au préalable.

Ex. 3

```
> collect(f,x); collect(f,y);
```
$$(1+y)\,x^2 + 3\,y\,x + y^2$$
$$y^2 + (3\,x + x^2)\,y + x^2$$

Pour obtenir les coefficients du polynôme sous forme factorisée, il faut appeler `collect` avec **factor** en troisième argument. Le lecteur pourra se reporter p. 34 où sont aussi décrites les autres options de la fonction `collect`.

Ex. 4

```
> collect(f,y,factor);
```
$$y^2 + x\,(x+3)\,y + x^2$$

Même pour un polynôme à une seule variable il est impératif, pour la fonction `collect`, d'indiquer en second paramètre le nom de cette variable.

Ex. 5

```
> f:=x^2+(x+1)^2;
```
$$f := x^2 + (x+1)^2$$

```
> collect(f);
Error, (in collect) collect uses a 2nd argument, x, which is missing
```

Lorsque le polynôme est à plusieurs variables on peut regrouper les termes de même puissance par rapport à une partie des variables en utilisant la fonction `collect` avec comme second paramètre la liste (entre crochets) de ces variables ; le regroupement s'effectue de manière récursive suivant les puissances des variables de cette liste.

Ex. 6

```
> f:=(x*y+1)^2+(y+1)^2*x;
```
$$f := (xy + 1)^2 + (1 + y)^2 x$$

```
> collect(f,x); collect(f,y);
```
$$x^2 y^2 + \left(2y + (1 + y)^2\right) x + 1$$

$$\left(x^2 + x\right) y^2 + 4xy + 1 + x$$

```
> collect(f,[x,y]);
```
$$x^2 y^2 + (y^2 + 4y + 1) x + 1$$

I.2. Indéterminées d'un polynôme

Si f est un polynôme, `indets(f)` retourne l'ensemble des variables de f.

Ex. 7

```
> f:=x*y+z;
```
$$f := x\,y + z$$

```
> indets(f);
```
$$\{\, x \,,\, y \,,\, z \,\}$$

Cette fonction permet aussi, pour une expression quelconque, polynomiale ou non, de déterminer l'ensemble des termes à partir desquels l'expression peut être construite.

Ex. 8

```
> f:=exp(x*x)+x^(1/2);
```
$$f := e^{\left(x^2\right)} + \sqrt{x}$$

```
> indets(f);
```
$$\left\{\, x \,,\, \sqrt{x} \,,\, e^{\left(x^2\right)} \,\right\}$$

```
> g:=x^2-exp(a)^2; indets(g);
```
$$g := x^2 - (e^a)^2$$

$$\{\, x \,,\, e^a \,,\, a \,\}$$

```
> h:=x^2-exp(2*a); indets(h);
```
$$h := x^2 - e^{2a}$$

$$\left\{\, x \,,\, e^{(2a)} \,,\, a \,\right\}$$

I.3. Valeur d'un polynôme en un point

La façon la plus simple de calculer la valeur d'une expression polynomiale en un point est d'utiliser la fonction **subs** (cf. ch. 22 p. 373). L'évaluation de **subs(x=a,f)** renvoie l'expression obtenue en remplaçant la variable x par la valeur a dans le polynôme f.

Ex. 9

```
> f:=(x+1)^4-x*(x+1)^3+x;
```
$$f := (x+1)^4 - x\,(x+1)^3 + x$$
```
> subs(x=2,f);
```
$$29$$

Pour réaliser le calcul précédent il est aussi possible d'affecter la valeur 2 à la variable x. L'évaluation de f retourne alors la valeur attendue.

Ex.10

```
> x:=2;
```
$$x := 2$$
```
> f;
```
$$29$$

Pour retrouver l'expression initiale de f après une telle affectation, on peut soit libérer x avec l'instruction **x:='x'**, soit utiliser **eval(f,1)** (cf. p. 21) ce qui permet de limiter l'évaluation au premier niveau.

Ex.11

```
> eval(f,1);
```
$$(x+1)^4 - x\,(x+1)^3 + x$$
```
> x:='x':f;
```
$$(x+1)^4 - x\,(x+1)^3 + x$$

II. Coefficients d'un polynôme

II.1. Degré et valuation

Ce sont les fonctions **degree** et **ldegree** qui permettent de calculer respectivement le degré et la valuation d'un polynôme. Les évaluations de **degree(f,x)** et de **ldegree(f,x)** renvoient respectivement le degré et la valuation du polynôme f par rapport à la variable x. Le x est facultatif si f est un polynôme à une seule variable. Pour MAPLE, le degré et la valuation du polynôme nul sont égaux à 0.

```
> restart; f:=2*x^4+x^5-3*x^2;
```
$$2\,x^4 + x^5 - 3\,x^2$$
```
> degree(f), ldegree(f);
```
$$5\,,\,2$$

Ex.12

Si on utilise ces fonctions **degree** et **ldegree** avec un polynôme qui n'est pas écrit comme une somme de monômes de degrés différents, MAPLE ne retourne aucun message d'erreur mais le résultat peut réserver des surprises. Pour de tels polynômes l'utilisateur doit donc appeler **collect** avant l'une de ces fonctions.

```
> f:=(x+1)^4-x*(x+1)^3+x; n:=degree(f,x);
```
$$f := (x + 1)^4 - x\,(x + 1)^3 + x$$
$$n := 4$$
```
> f:=collect(f,x); n:=degree(f,x);
```
$$f := x^3 + 3\,x^2 + 4\,x + 1$$
$$n := 3$$

Ex.13

Lorsque **f** est un polynôme à plusieurs variables, **degree(f)** retourne le degré total du polynôme **f** par rapport à l'ensemble de ses variables. On peut obtenir également le degré par rapport à une partie des variables en indiquant en second paramètre l'ensemble (entre accolades) de ces variables.

```
> f:=a*b*x^2+b^3*x+c;
```
$$f := a\,b\,x^2 + b^3\,x + c$$
```
> degree(f), degree(f,{a,b});
```
$$4\,,\,3$$

Ex.14

Attention ! Lorsque certains exposants ne sont pas évalués à des valeurs entières, les fonctions degree et ldegree ne retournent pas le résultat attendu.

```
> n:='n': f:=(x^n)^2+x^n+1; degree(f);
```
$$f := (x^n)^2 + x^n + 1$$
$$2$$

Ex.15

En fait, dans l'exemple précédent, la fonction **degree** voit une expression polynomiale du second degré en x^n et retourne son degré par rapport à x^n.

La fonction **degree** peut aussi être utilisée dans un cadre plus large que celui
des polynômes : lorsqu'une expression **f** est une fonction polynomiale d'une sous-
expression **g**, l'évaluation de **degree(f,g)** renvoie le degré de l'expression **f** par
rapport à **g**.

Ex.16

```
> f:=x^2*sin(x)^2+x; degree(f,sin(x));
```
$$f := x^2 \sin(x)^2 + x$$
$$2$$

II.2. Obtention des coefficients

Il y a trois fonctions permettant d'obtenir certains coefficients d'un polynôme **f**

- **coeff(f,x,k)**   retourne le coefficient du terme en x^k
- **lcoeff(f,x)**   (leading coefficient)
      retourne le coefficient du terme de plus haut degré.
- **tcoeff(f,x)**   (trailing coefficient)
      retourne le coefficient du terme de plus bas degré.

Dans chaque cas le polynôme **f** doit être sous forme d'une somme de termes de
degrés tous différents.

Ex.17

```
> f:=2*x^4+x^5-3*x^2;
```
$$f := 2x^4 + x^5 - 3x^2$$
```
> coeff(f,x,4); lcoeff(f,x); tcoeff(f,x);
```
$$2$$
$$1$$
$$-3$$

Les fonctions **lcoeff** et **tcoeff** peuvent aussi s'utiliser avec un troisième paramètre non affecté ou entre apostrophes. L'évaluation de **lcoeff(f,x,'t')** retourne le coefficient du terme de plus haut degré **d** et affecte la valeur **x^d** à la
variable **t**.

Ex.18

```
> f:=2*x^4+3*x^5-3*x^2;
```
$$f := 2x^4 + 3x^5 - 3x^2$$
```
> lcoeff(f,x,'t'); t;
```
$$3$$
$$x^5$$

Attention ! Si le polynôme n'est pas sous forme de somme de monômes de degrés différents, il est indispensable d'appliquer `collect` avant d'utiliser l'une des fonctions précédentes.

Ex.19
```
> f:=(x+1)^4-x*(x+1)^3+x; g:=expand(f);
```
$$f := (x+1)^4 - x(x+1)^3 + x$$
$$g := x^3 + 3x^2 + 4x + 1$$

Ex.20
```
> coeff(f,x,3);
```
$$4$$
```
> lcoeff(f,x);
```
$$0$$

III. Divisibilité

III.1. La fonction divide

Si `f` et `g` sont deux polynômes à une ou plusieurs variables, à coefficients rationnels, `divide(f,g)` renvoie la valeur `true` si `f` est divisible par `g`, et `false` sinon.

Ex.21
```
> f:=(x-1)^4+x^5; g:=x^2-x+1;
```
$$f := (x-1)^4 + x^5$$
$$g := x^2 - x + 1$$
```
> divide(f,g);
```
$$true$$

Exemple de divisibilité avec des polynômes à plusieurs variables:

Ex.22
```
> f:=x^3-y^3; g:=x-y;
```
$$f := x^3 - y^3$$
$$g := x - y$$
```
> divide(f,g);
```
$$true$$

La fonction divide peut aussi s'utiliser avec un troisième paramètre qui doit être une variable non affectée ou entre apostrophes. Dans le cas où divide(f,g,'q') a été évalué à true, la variable q contient le quotient de la division de f par g.

Ex.23

```
> divide(f,g,'q');q;
```
$$true$$
$$x^2 + xy + y^2$$

Il ne faut surtout pas utiliser la fonction divide hors de l'ensemble des polynômes à coefficients rationnels.

Lorsque les coefficients ne sont pas rationnels, comme dans l'exemple suivant, MAPLE peut retourner un message d'erreur mettant l'utilisateur en garde, mais il peut aussi retourner true ou false : le résultat peut d'ailleurs varier d'un appel à l'autre.

Ex.24

```
> restart;
  divide(x^4-2*cos(2*a)*x^2+1,x^2-2*cos(a)*x+1);
```
$$true$$
```
> restart;
  divide(x^4-2*cos(2*a)*x^2+1,x^2-2*cos(a)*x+1);
```
Error, invalid arguments to divide

Dans le cas de l'exemple suivant, même si l'utilisateur pense très fort que n est entier, voire le déclare à l'aide de la fonction assume, il faut bien comprendre que, MAPLE ne considère pas f et g comme des polynômes en x : on peut le vérifier à l'aide de la fonction indets.

Ex.25

```
> assume(n,integer);
  f:=x^(3*n)-1; g:=x^(2*n)+x^n+1;
```
$$f \quad : \quad = x^{(3n\sim)} - 1$$
$$g \quad : \quad = x^{(2n\sim)} + x^{n\sim} + 1$$
```
> divide(f,g);
```
Error, invalid arguments to divide
```
> indets(f); indets(g);
```
$$\{x, n \quad \sim \quad , x^{n\sim}, x^{(2n\sim)}\}$$
$$\{x, n \quad \sim \quad , x^{(3n\sim)}\}$$

III.2. Division euclidienne

Les fonctions quo et rem (*remainder*) permettent de calculer respectivement le quotient et le reste d'une division euclidienne. Si f et g sont deux polynômes de la variable x dont les coefficients peuvent dépendre d'autres variables,

- quo(f,g,x) retourne le quotient de la division euclidienne, par rapport à la variable x, du polynôme f par le polynôme g.
- rem(f,g,x) retourne le reste de la division euclidienne, par rapport à la variable x, du polynôme f par le polynôme g.

Attention ! Le x est indispensable même lorsque les expressions f et g ne dépendent que d'une seule indéterminée.

Ex.26

```
> f:=x^4+4*x^3-3*x+7;
```
$$f := x^4 + 4x^3 - 3x + 7$$
```
> g:=3*x^2-5*x+9;
```
$$g := 3x^2 - 5x + 9$$
```
> q:=quo(f,g,x);
```
$$q := \frac{1}{3}x^2 + \frac{17}{9}x + \frac{58}{27}$$
```
> r:=rem(f,g,x);
```
$$r := -\frac{250}{27}x - \frac{37}{3}$$
```
> q:=quo(f,g);
Error, (in quo) wrong number (or type) of arguments
```

On peut utiliser en option dans la fonction quo (resp. dans la fonction rem) un quatrième paramètre non affecté (ou entre apostrophes), qui au retour contient le reste (resp. le quotient) de la division euclidienne.

Ex.27

```
> q:=quo(f,g,x,'r');r;
```
$$q := \frac{1}{3}x^2 + \frac{17}{9}x + \frac{58}{27}$$
$$r := -\frac{250}{27}x - \frac{37}{3}$$

L'évaluation de rem(f,g,x) peut être utilisée pour tester la divisibilité par rapport à x de f par g même si les coefficients ne sont pas polynomiaux, ce qui la différencie de la fonction divide vue précédemment.

Ex.28

```
> f:=x^4*sin(a)-x*sin(4*a)+sin(3*a);
  g:=x*x-2*x*cos(a)+1;
```
$$f := x^4 \sin(a) - x \sin(4\,a) + \sin(3\,a)$$
$$g := x^2 - 2\,x\,\cos(a) + 1$$
```
> r:=rem(f,g,x,'q');
```
$$\sin(3\,a) + \sin(a) - 4\,\sin(a)\,\cos(a)^2$$
$$+ \left(-\sin(4\,a) - 4\,\sin(a)\,\cos(a) + 8\,\sin(a)\,\cos(a)^3\right)\,x$$
```
> combine(r,trig);                    Pour simplifier le résultat
```
$$0$$
```
> divide(f,g);                        Résultat pouvant varier
                                      d'une session à l'autre
  Error, invalid arguments to divide
```

III.3. Résultant et discriminant

Si f et g sont deux polynômes de la variable x, l'évaluation de resultant(f,g,x) retourne le résultant des polynômes par rapport à x. Ce résultant est une expression polynomiale des coefficients de f et de g, et son annulation est une condition nécessaire et suffisante pour que les deux polynômes de la variable x aient une racine commune.

Ex.29

```
> restart; f:=x^3+p*x+q; g:=y*x+y-1;
```
$$f := x^3 + p\,x + q$$
$$g := y\,x + y - 1$$
```
> collect(resultant(f,g,x),y);
```
$$(-q + p + 1)\,y^3 + (-p - 3)\,y^2 + 3\,y - 1$$

Si f est un polynôme de la variable x, l'évaluation de discrim(f,x) retourne le discriminant de f par rapport à x, c'est à dire le résultant au signe près de f et de f'. Ce discriminant est une expression polynomiale des coefficients de f, son annulation est une condition nécessaire et suffisante pour que f ait une racine multiple.

Ex.30

```
> discrim(f,x); resultant(f,diff(f,x),x);
```
$$-4\,p^3 - 27\,q^2$$
$$4\,p^3 + 27\,q^2$$

IV. Calcul de p.g.c.d. et p.p.c.m.

IV.1. Les fonctions gcd et lcm

Les fonctions **gcd** (*greatest common divisor*) et **lcm** (*least common divisor*) retournent respectivement un p.g.c.d. et un p.p.c.m. de deux polynômes à une ou plusieurs variables. Si **f** et **g** sont des polynômes à coefficients rationnels,

- **gcd(f,g)**   retourne un p.g.c.d de **f** et **g**.
- **lcm(f,g)**   retourne un p.p.c.m de **f** et **g**.

Exemple à une variable

Ex.31

```
> f:=1/2*x^3-1/2;g:=x^2-1;
```

$$f := \frac{1}{2}x^3 - \frac{1}{2}$$

$$g := x^2 - 1$$

```
> gcd(f,g);lcm(f,g);
```

$$x - 1$$

$$\frac{1}{2}x^4 + \frac{1}{2}x^3 - \frac{1}{2}x - \frac{1}{2}$$

Exemple à plusieurs variables

Ex.32

```
> f:=x^4*y-y*z^4;g:=x^3-z^3;
```

$$f := x^4 y - y z^4$$

$$g := x^3 - z^3$$

```
> gcd(f,g);
```

$$x - z$$

On peut utiliser en option dans la fonction **gcd** deux paramètres non affectés (ou entre apostrophes) qui, au retour, contiennent respectivement le quotient de **f** par **gcd(f,g)** et le quotient de **g** par **gcd(f,g)**.

Ex.33

```
> f:=1/2*x^3-1/2:
  g:=x^2-1: gcd(f,g,f1,g1):
  f1;g1;
```

$$\frac{1}{2}x^2 + \frac{1}{2}x + \frac{1}{2}$$

$$x + 1$$

La fonction **gcd** ne sait calculer que le p.g.c.d. de polynômes à coefficients rationnels. Dans le cas où les coefficients de l'un des polynômes ne sont pas tous rationnels, MAPLE renvoie un message d'erreur assez clair.

Ex.34

```
> f:=sqrt(2)*x^3-sqrt(2); g:=x^2-1;
```
$$f := \sqrt{2}x^3 - \sqrt{2}$$
$$g := x^2 - 1$$

```
> gcd(f,g);
```
Error, (in gcd) arguments must be polynomials over the rationals

```
> f:=x^2-sin(a)^2; g:=x-sin(a);
```
$$f := x^2 - \sin(a)^2$$
$$g := -\sin(a) + x$$

```
> gcd(f,g);
```
Error, (in gcd) arguments must be polynomials over the rationals

IV.2. Contenu et partie primitive

Si **f** est un polynôme à une ou plusieurs variables à coefficients entiers, le contenu de **f** par rapport à **x** est le plus grand commun diviseur des coefficients du polynôme **f**, considéré comme un polynôme en **x**.

- **content(f,x)**   retourne le contenu de **f** par rapport à **x**.
- **primpart(f,x)**   retourne le quotient de **f** par **content(f,x)**.

Exemple à une variable

Ex.35

```
> f:=6*x^2+2*x+2;
```
$$f := 6\,x^2 + 2\,x + 2$$

```
> content(f);                    x facultatif pour un
  primpart(f);                   polynôme à une variable
```
$$2$$
$$3\,x^2 + x + 1$$

Exemple à plusieurs variables

Ex.36

```
> p:=(a^2-1)*(a+2)^2*x+a*(a+1);
```
$$p := (a^2 - 1)(a + 2)^2 x + a(a + 1)$$

```
> content(p,x);
```
$$a + 1$$

Dans le cas où **f** est un polynôme en **x** dont les coefficients sont des fractions rationnelles, le contenu de **f** est le quotient `content(m*f,x)/m` où **m** est le p.p.c.m. des dénominateurs des coefficients de **f**.

- `content(f,x)` retourne le contenu de **f** par rapport à **x**.
- `primpart(f,x)` retourne le polynôme `f/content(f,x)`.

Ex.37

```
> p:=1/a*x+1/(a+1);
```
$$p := \frac{x}{a} + \frac{1}{a + 1}$$

```
> content(p,x); primpart(p,x);
```
$$\frac{1}{a(a + 1)}$$
$$x\,a + x + a$$

L'utilisation de ces fonctions **content** et **primpart** permet de réaliser le calcul du p.g.c.d. de deux polynômes à une indéterminée dont les coefficients sont des fractions rationnelles, ce qui est impossible par un appel direct à **gcd**.

Ex.38

```
> f:=1/a*x^2-a; g:=1/a*x^3-a^2;
```
$$f := \frac{x^2}{a} - a$$
$$g := \frac{x^3}{a} - a^2$$

```
> gcd(f,g);
Error, (in gcd) arguments must be polynomials over the rationals
> gcd(primpart(f,x),primpart(g,x));
```
$$x - a$$

IV.3. Algorithme d'Euclide étendu : la fonction gcdex

Etant donné f et g deux polynômes non constants à coefficients rationnels, ainsi que u et v deux variables libres, l'évaluation de **gcdex(f,g,x,u,v)** retourne le p.g.c.d. de f et g par rapport à la variable x, et attribue aux variables u et v des polynômes u0 et v0 tels que u0*f+v0*g=gcd(f,g), les polynômes u0 et v0 étant de degré strictement inférieur respectivement au degré de g et au degré de f. Les paramètres u et v sont optionnels.

Ex.39

```
> f:=(x-1)^4; g:=(x+1)^4; gcdex(f,g,x,u,v);
```
$$f := (x - 1)^4$$
$$g := (x + 1)^4$$
$$1$$
```
> u; v;
```
$$\frac{29}{32} x + \frac{1}{2} + \frac{5}{32} x^3 + \frac{5}{8} x^2$$
$$\frac{1}{2} - \frac{29}{32} x + \frac{5}{8} x^2 - \frac{5}{32} x^3$$

Avec des polynômes en x dont les coefficients sont des fractions rationnelles, l'évaluation de **gcdex(f,g,x)** retourne effectivement le p.g.c.d. par rapport à x des polynômes f et g. Toutefois **gcdex** ne peut être utilisée avec des polynômes à coefficients quelconques bien que MAPLE ne retourne pas de message d'erreur.

Ex.40

```
> f:=1/a*x^2-a; g:=1/a*x^3-a^2;
```
$$f := \frac{x^2}{a} - a$$
$$g := \frac{x^3}{a} - a^2$$
```
> gcdex(f,g,x);
```
$$-a + x$$
```
> f:=x^4-2*x^2*cos(2*a)+1; g:=x^2-2*x*cos(a)+1;
```
$$f := x^4 - 2 x^2 \cos(2 a) + 1$$
$$g := x^2 - 2 x \cos(a) + 1$$
```
> gcdex(f,g,x);                          gcdex retourne 1
```
$$1$$
```
> combine(rem(f,g,x),trig);              et pourtant g divise f !
```
$$0$$

V. Factorisation

Cette section se limite à l'étude de la factorisation d'un polynôme à coefficients rationnels en un produit de polynômes à coefficients rationnels. En effet la factorisation d'un polynôme sur $\mathbb{Q}$ se ramène à la factorisation d'un polynôme sur $\mathbb{Z}$ et peut donc se traiter par des méthodes modulaires (utilisant des congruences), alors que la factorisation sur $\mathbb{R}$ ou sur $\mathbb{C}$ nécessite des algorithmes de nature différente. L'étude de cette dernière factorisation sera abordée dans le chapitre suivant.

V.1. Décomposition en facteurs irréductibles

C'est la fonction **factor** qui permet de factoriser un polynôme à coefficients rationnels. Si **f** est un polynôme à coefficients rationnels, à une ou plusieurs variables, **factor(f)** retourne la factorisation de **f** en un produit de polynômes irréductibles dans le corps des nombres rationnels.

Ex.41

```
> f:=(x+1)^7-x^7-1;
```
$$f := (x+1)^7 - x^7 - 1$$

```
> factor(f);
```
$$7\,x\,(x+1)(x^2+x+1)^2$$

```
> f:=x^4+y^2*x^2+y^4;
```
$$f := x^4 + y^2\,x^2 + y^4$$

```
> factor(f);
```
$$(x^2 - x\,y + y^2)\,(x^2 + x\,y + y^2)$$

Les polynômes retournés par la fonction **factor** sont irréductibles dans le corps des nombres rationnels et n'ont aucune raison d'être irréductibles dans le corps de nombres réels : il est donc possible dans une telle factorisation d'obtenir des polynômes à une indéterminée de degré 3 comme dans l'exemple suivant

Ex.42

```
> factor(x^6-4);
```
$$(x^3 - 2)(x^3 + 2)$$

Dans l'exemple suivant, malgré le nom de la seconde variable qui classiquement représente un paramètre, la fonction **factor** retourne une factorisation en un produit de polynômes irréductibles par rapport aux indéterminées **x** et **a**.

Ex.43

```
> f:=x^4-4*x^2*a^2+2*x^2+1;
```
$$f := x^4 - 4\,a^2\,x^2 + 2\,x^2 + 1$$

```
> factor(f);
```
$$(x^2 + 2a\,x + 1)\,(x^2 - 2a\,x + 1)$$

Les polynômes obtenus ne sont évidemment pas irréductibles, en tant que polynômes en **x**, pour toute valeur du "paramètre" **a**, comme on peut le vérifier pour **a=1**.

Ex.44

```
> subs(a=1,f);
```
$$x^4 - 2\,x^2 + 1$$

```
> factor(");
```
$$(x - 1)^2\,(x + 1)^2$$

V.2. Factorisation sans facteurs multiples

Utilisée avec l'option **sqrfree**, la fonction **convert** permet de réaliser une factorisation sans facteurs multiples (*square-free*). Si **f** est un polynôme à coefficients rationnels, à une ou plusieurs variables, **convert(f,sqrfree)** retourne l'expression du polynôme **f** sous la forme $f = \lambda\,f_1 f_2^2\,f_3^3...f_k^k$ où λ est une constante et $f_1, f_2, f_3, ..., f_k$ des polynômes premiers entre eux et sans racines multiples. En fait f_r est le polynôme unitaire dont les racines sont les racines complexes d'ordre r de f, certains de polynômes f_r peuvent être égaux à 1 et ils n'apparaissent alors pas dans le résultat.

Cette factorisation sans facteurs multiples, qui repose essentiellement sur un calcul de p.g.c.d., est souvent utilisée en calcul formel, en particulier dans certains algorithmes d'intégration.

Ex.45

```
> f:=x^10+x^9-x^8-x^7-x^6-x^5+x^4+x^3;
```
$$f := x^{10} + x^9 - x^8 - x^7 - x^6 - x^5 + x^4 + x^3$$

```
> convert(f,sqrfree);
```
$$(x^2 + 1)(x - 1)^2(x^2 + x)^3$$

V.3. Test d'irréductibilité

La fonction `irreduc` permet de tester l'irréductibilité d'un polynôme dans le corps des rationnels. Si `f` est un polynôme à coefficients rationnels, à une ou plusieurs variables, l'évaluation de `irreduc(f)` retourne `true` si `f` est irréductible dans le corps des rationnels et `false` dans le cas contraire.

Ex.46

```
> f:=x^4+x^3+x^2+x+1;
```
$$f := x^4 + x^3 + x^2 + x + 1$$
```
> irreduc(f);
```
$$true$$
```
> f:=x^4+y^2*x^2+y^4;
```
$$f := x^4 + y^2 x^2 + y^4$$
```
> irreduc(f);
```
$$false$$
```
> factor(f);
```
$$(x^2 - x y + y^2)(x^2 + x y + y^2)$$

Pour un polynôme comme celui de l'exemple suivant, la fonction `irreduc` teste l'irréductibilité du polynôme par rapport à l'ensemble des indéterminées x et a, ce qui ne signifie que ce dernier est irréductible, en tant que polynôme en x, pour toute valeur du "paramètre" a.

Ex.47

```
> f:=x^4+a*x^2+1;
```
$$f := x^4 + a x^2 + 1$$
```
> irreduc(f);
```
$$true$$
```
> subs(a=1,f);irreduc(");
```
$$x^4 + x^2 + 1$$
$$false$$
```
> factor(");          "" représente l'avant dernière valeur calculée
```
$$\left(x^2 + x + 1\right)\left(x^2 - x + 1\right)$$

Chapitre 13

Polynômes à coefficients non rationnels

I. Extensions algébriques de $\mathbb{Q}$

Dans le chapitre précédent l'étude des fonctions `divide`, `factor`, etc. se limite à des polynômes à coefficients rationnels. L'objet de ce chapitre est de généraliser leur utilisation à des polynômes dont les coefficients peuvent être algébriques c'est-à-dire racines d'une équation polynomiale à coefficients entiers.

Factorisation des polynômes à coefficients algébriques

Si `f` est un polynôme à une ou plusieurs variables, à coefficients algébriques, `factor(f)` retourne la factorisation de `f` en produit de polynômes irréductibles dans le corps engendré par les coefficients du polynôme `f`.

Ex. 1

```
> f:=x^2-2;
```
$$f := x^2 - 2$$
```
> g:=(x^2-2)*(x-sqrt(2));
```
$$g := \left(x^2 - 2\right)\left(x - \sqrt{2}\right)$$
```
> factor(f);
```
$$x^2 - 2$$
```
> factor(g);
```
$$\left(x + \sqrt{2}\right)\left(x - \sqrt{2}\right)^2$$

Comme `f` est à coefficients rationnels, il est factorisé dans le corps des rationnels où il est irréductible alors que, $\sqrt{2}$ apparaissant dans les coefficients de `g`, ce polynôme est factorisé en un produit de polynômes du premier degré dont les coefficients s'expriment en fonction de $\sqrt{2}$.

Autre exemple de factorisation dans le corps engendré par les coefficients.

Ex. 2

```
> f:=x^2-(sqrt(2)+sqrt(3))*x+sqrt(6);
```
$$f := x^2 - \left(\sqrt{2} + \sqrt{3}\right) x + \sqrt{6}$$

```
> factor(f);
```
$$\left(x - \sqrt{2}\right)\left(x - \sqrt{3}\right)$$

I.1. Test d'irréductibilité

A l'instar de la fonction `factor`, la fonction `irreduc` teste si un polynôme est irréductible dans le corps engendré par les coefficients de ce polynôme.

Ex. 3

```
> f:=sqrt(2)*x^4-2*sqrt(2);g:=x^4-2;
```
$$f := \sqrt{2}\, x^4 - 2\sqrt{2}$$
$$g := x^4 - 2$$

```
> irreduc(f);irreduc(g);
```
$$false$$
$$true$$

I.2. Racines d'un polynôme

La fonction `roots` permet d'obtenir les racines d'un polynôme appartenant au corps engendré par ses coefficients.

Si `f` est un polynôme à une indéterminée à coefficients algébriques, `roots(f)` retourne la liste $[[x_1, \alpha_1], [x_2, \alpha_2], ..., [x_k, \alpha_k]]$ où $x_1, x_2, ..., x_k$ sont les racines de `f` appartenant au corps engendré par les coefficients de `f` et où $\alpha_1, \alpha_2, ..., \alpha_k$ sont les ordres de multiplicités de ces racines.

Ex. 4

```
> f:=x^7-2*x^5-x^4+x^3+2*x*x-1;
```
$$f := x^7 - 2x^5 - x^4 + x^3 + 2x^2 - 1$$

```
> roots(f);
```
$$[[-1, 2], [1, 3]]$$

La fonction `solve` retourne la séquence de toutes les racines d'un polynôme, même celles qui n'appartiennent pas au corps engendré par ses coefficients. Dans cette séquence une racine multiple figure alors un nombre de fois égal à son ordre. La fonction `solve` est étudiée en détail au chapitre 6.

Ex. 5

```
> solve(f);
```
$$-\frac{1}{2} + \frac{1}{2} I \sqrt{3}, \ -\frac{1}{2} - \frac{1}{2} I \sqrt{3}, \ -1, \ -1, \ 1, \ 1, \ 1$$

Lorsque la fonction `solve` n'arrive pas à exprimer à l'aide de radicaux certaines racines du polynôme, elle retourne une réponse utilisant la fonction `RootOf`.

Ex. 6

```
> f:=x^6-2*x+1;
```
$$f := x^6 - 2x + 1$$
```
> solve(f);
```
$$1, \ RootOf(\_Z^5 + \_Z^4 + \_Z^3 + \_Z^2 + \_Z - 1)$$

La réponse précédente signifie que l'ensemble des racines de `f` est constitué de 1 et de l'ensemble des racines du polynôme $Z^5 + Z^4 + Z^3 + Z^2 + Z - 1$ qui est lui-même irréductible dans $\mathbb{Q}$.

La suite de cette section est consacrée à l'étude de la fonction `RootOf`.

I.3. La fonction RootOf

Dans le cadre algébrique, la fonction `RootOf` peut être utilisée avec deux significations sensiblement différentes qu'il faut bien distinguer. Elle permet de représenter

- soit l'ensemble des racines d'un polynôme.
- soit un nombre algébrique ou mieux une extension algébrique.

Il existe une autre utilisation de `RootOf` permettant de représenter une fonction implicite, cette dernière est étudiée p. 136.

Utilisation de RootOf pour décrire les racines d'un polynôme

Dans l'exemple 17, on a vu comment la fonction `solve` utilise `RootOf` pour décrire l'ensemble des racines d'un polynôme.

De même, un `RootOf` utilisé avec les fonctions `sum` et `product` permet à l'utilisateur d'exprimer et de calculer une expression symétrique des racines d'un polynôme.

Pour calculer la somme des **1/(x+1)** lorsque **x** décrit l'ensemble des racines du polynôme **x^3+x+1** , on écrit

Ex. 7

```
> f:=x^3+x+1;
```
$$f := x^3 + x + 1$$
```
> sum(1/(x+1),x=RootOf(f));
```
$$4$$

Pour un polynôme en **x** dont les coefficients dépendent d'un ou plusieurs paramètres, il faut préciser, en second argument de la fonction **RootOf**, le nom de l'indéterminée pour permettre à MAPLE de la distinguer des paramètres.

Ex. 8

```
> f:=x^3+p*x+q;
```
$$f := x^3 + p\,x + q$$
```
> product(1/(u+1),u=RootOf(f,x));
```
$$\frac{1}{-q + p + 1}$$
```
> product(1/(u+1),u=RootOf(f));        Si on oublie le x ... Error
```
Error, (in RootOf) expression independent of, _Z

Utilisation de RootOf pour représenter un nombre algébrique

Même quand on sait exprimer les racines d'un polynôme, il est souvent inutile de les expliciter pour simplifier des expressions rationnelles de ces racines et pour en déduire certaines de leurs propriétés. Dans sa seconde utilisation, **RootOf** permet de décrire un nombre algébrique (racine d'un polynôme) ou plutôt une extension algébrique.

Si **f** est un polynôme irréductible de la variable **x**, la quantité **RootOf(f,x)** représente une racine de ce polynôme. L'affectation **a:=RootOf(f, x)** correspond à la phrase: "soit **a** une racine de **f**".

Par exemple pour prouver que, si $k \in \mathbf{R}$, le polynôme $f(x) = x^3 - 3\,x - k\,(1 - 3\,x^2)$ possède trois racines réelles, on peut effectuer le raisonnement suivant.

- On calcule $f'(x) = 3\,x^2 - 3 + 6\,k\,x$. Ce polynôme f' possède deux racines réelles de produit -1 : soit a la racine négative et b la racine positive.
- En désignant par u l'une des racines de f', grâce à la relation $u^2 = 1 - 2\,k\,u$, on peut écrire

$$
\begin{aligned}
f(u) &= u\,(1 - 2\,k\,u) - 3u - k\,(1 - 3\,u^2) \\
&= k\,u^2 - 2\,u - k \\
&= -2\,(1 + k^2)\,u
\end{aligned}
$$

- D'après ce dernier résultat, on voit que $f(u)$ est de signe opposé à celui de u. On obtient donc $f(a) > 0$ et $f(b) < 0$. Comme le coefficient de x^3 dans f est positif, l'étude des variations de f permet alors de conclure que le polynôme f possède trois racines réelles.

Le calcul de l'exemple précédent n'utilise pas l'expression explicite des racines de f mais uniquement la relation algébrique qu'elles vérifient. MAPLE fait de même lorsqu'on lui demande de calculer sur une expression contenant des RootOf.

Donnons à titre d'exemple la feuille de calcul MAPLE correspondant au calcul précédent.

Ex. 9

```
> restart; f:=x^3-3*x-k*(1-3*x^2);
```
$$f := x^3 - 3x - k\left(1 - 3x^2\right)$$

```
> f1:=diff(f,x);.                              calcul de f '
```

```
> u:=RootOf(f1,x);                    soit u une racine de f ' ....
```

```
> extrem:=subs(x=u,f);                    Expression de f(u)
```
$$extrem := RootOf\left(\_Z^2 - 1 + 2k\_Z\right)^3 \\ -3\, RootOf\left(\_Z^2 - 1 + 2k\_Z\right) \\ -k\left(1 - 3\, RootOf\left(\_Z^2 - 1 + 2k\_Z\right)^2\right)$$

```
> simplify(extrem);
```
$$-2\left(1 + k^2\right) RootOf\left(\_Z^2 - 1 + 2k\_Z\right)$$

On voit sur l'exemple précédent que contrairement à ce qui se produit avec des radicaux, une expression contenant des RootOf n'est pas automatiquement simplifiée par MAPLE. Il faut en demander explicitement la simplification à l'aide de la fonction simplify.

L'écriture de résultat faisant intervenir des RootOf peut être rendue plus lisible en utilisant la fonction alias. L'avantage de alias(a=RootOf(f)) sur a:=RootOf(f) est que MAPLE utilisera ensuite a au lieu de RootOf(f) pour écrire les résultats qu'il retourne, ce qui leur donnera une présentation plus agréable à l'oeil.

Ex.10

```
[> alias(alpha=RootOf(f1,x));              MAPLE affiche alors
                                       la liste de tous les alias existants

                        I, α

[> extrem:=subs(x=u,f);                   Expression de f(u)

            extrem := α³ − 3 α − k (1 − 3 α²)

[> simplify(extrem);

                   −2 (1 + k²) α
```

Autre exemple de calcul sur les RootOf

Ex.11

```
[> restart; alias(a=RootOf(x^4+x+1));

                        I, a

[> simplify(1/(a^2+1));

         3   1      1     2
         ─ + ─ a³ − ─ a − ─ a²
         5   5      5     5
```

Remarque : La syntaxe normale de la fonction RootOf est RootOf(f,x), mais si f est un polynôme d'une seule indéterminée à coefficients numériques il suffit d'écrire RootOf(f). Si les coefficients du polynôme contiennent des paramètres et que l'on oublie de préciser le nom de l'indéterminée, MAPLE retourne le message d'erreur.

Ex.12

```
[> restart; f:=x^5+a*x+1: RootOf(f);
[ Error, (in RootOf) expression independent of, _Z
```

Le texte de ce message d'erreur, assez peu clair à première vue, est dû à ce que MAPLE remplace systématiquement RootOf(f(x),x) par RootOf(f(_Z)), comme on peut le vérifier sur l'exemple suivant

Ex.13

```
[> restart; u:=RootOf(x^4+a*x+1,x);

            u := RootOf(_Z⁴ + a _Z + 1)
```

I.4. Valeurs numériques d'expressions contenant des RootOf

Si f est un polynôme à coefficients numériques, evalf(RootOf(f)) retourne une valeur décimale approchée de l'une des racines de f.

Ex.14

```
> a:=RootOf(x^4+x+1);
```
$$a := RootOf(\_Z^4 + \_Z + 1)$$

```
> evalf(a);
```
$$-.7271360845 - .4300142883\,I$$

La fonction allvalues

Si P est un polynôme de la seule variable x, à coefficients numériques, et si f est une expression contenant RootOf(P,x), alors l'évaluation de allvalues(f) retourne la séquence des valeurs prises par f en remplaçant successivement RootOf(P,x) par toutes les racines de P. Si c'est possible, les valeurs obtenues sont exprimées à l'aide de radicaux, sinon MAPLE utilise des réels de type float.

Ex.15

```
> restart; alias(a=RootOf(x^2-2));
```
$$I\,,\,a$$

```
> f:=a^3-7;
```
$$f := a^3 - 7$$

```
> s:=allvalues(f);
```
$$2\sqrt{2} - 7,\ -2\sqrt{2} - 7$$

```
> s[2];
```
Pour extraire le second élément
$$-2\sqrt{2} - 7$$

Dans l'exemple précédent, on a utilisé l'opérateur de sélection [ ] pour extraire une valeur particulière de la séquence retournée par allvalues, ce qui n'est pas fiable car l'ordre des éléments de la séquence peut varier d'une session à l'autre. Il est préférable d'utiliser la fonction select comme dans l'exemple suivant, où l'on extrait la racine inférieure à −7.

Ex.16

```
> select(x->evalf(x+7)<0,[s]);
```
Attention aux crochets
$$\left[-2\sqrt{2} - 7\right]$$

Dans l'exemple suivant où la fonction `allvalues` retourne une séquence d'éléments de type `float`, la fonction `select` permet, par exemple, d'extraire les valeurs dont la partie imaginaire est négative.

Ex.17

```
> alias(b=RootOf(x^5+2*x+1));
```
$$I \, , \, a, \, b$$
```
> g:=b^2+3;
```
$$g := b^2 + 3$$
```
> s:=allvalues(g);
```
$$2.718759347 + 1.234872424 \, I,$$
$$2.718759347 - 1.234872424 \, I,$$
$$3.236574294,$$
$$3.162953506 - 1.615154465 \, I,$$
$$3.162953506 + 1.615154465 \, I$$
```
> select(x->Im(x)<0,[s]);
```
$$[2.718759347 - 1.234872424 \, I, \, 3.162953506 - 1.615154465 \, I]$$

Lorsqu'une expression `f` contient des `RootOf` de polynômes différents, l'évaluation de `allvalues(f)` retourne la séquence des valeurs prises par `f` en combinant toutes les valeurs possibles des `RootOf`.

Ex.18

```
> a:=RootOf(x^2-2); b:=RootOf(x^2+2);
```
$$a := RootOf(\_Z^2 - 2)$$
$$b := RootOf(\_Z^2 + 2)$$
```
> f:=a+b;
```
$$f := RootOf(\_Z^2 - 2) + RootOf(\_Z^2 + 2)$$
```
> allvalues(f);
```
On obtient une séquence de 2×2 valeurs possibles
$$\sqrt{2} + I \sqrt{2}, \; \sqrt{2} - I \sqrt{2}, \; -\sqrt{2} + I \sqrt{2}, \; -\sqrt{2} - I \sqrt{2}$$

I.5. Conversion de RootOf en radicaux

Si **f** est une expression contenant un ou plusieurs **RootOf**, l'évaluation de
convert(f,radical)
retourne l'expression **f** dans laquelle

- **RootOf(a*x^n+b,x)** est remplacé par **(-b/a)^(1/n)**,
- **RootOf(a*x^2+b*x+c,x)** est remplacé par **(-b+sqrt(b^2-4*a*c))/(2*a)**.

Ex.19

```
> a:=RootOf(x^3-2);
```
$$a := RootOf(\_Z^3 - 2)$$
```
> convert(a^2+1,radical);
```
$$2^{2/3} + 1$$
```
> b:=5*a^4+1: convert(b,radical);
```
$$1 + 10\,2^{1/3}$$
```
> simplify(b);
```
$$1 + 10\,RootOf(\_Z^3 - 2)$$

On voit sur l'exemple précédent qu'une expression écrite à l'aide de radicaux
est automatiquement simplifiée par MAPLE, ce qui n'est pas le cas pour une
expression écrite avec des **RootOf**.

La transformation inverse, **convert(f,RootOf)**, retourne une expression de **f**
dans
laquelle les radicaux du type **a^(1/q)** sont remplacés par **RootOf(x^q-a,x)**.

Ex.20

```
> convert(sqrt(2),RootOf);
```
$$RootOf(\_Z^2 - 2)$$

Cette dernière transformation se révélera d'une grande importance dans la seconde
partie de ce chapitre pour transformer des polynômes à coefficients algébriques et
écrire tous leurs termes non rationnels à l'aide de **RootOf**.

Ex.21

```
> f:=x^2-(sqrt(2)+sqrt(3))*x+sqrt(2)*sqrt(3);
```
$$f := x^2 - (\sqrt{2} + \sqrt{3})\,x + \sqrt{2}\,\sqrt{3}$$
```
> g:=convert(f,RootOf);
```
$$g := x^2 - \left(RootOf\left(\_Z^2 - 2\right) + RootOf\left(\_Z^2 - 3\right)\right)\,x$$
$$+ RootOf\left(\_Z^2 - 2\right)\,RootOf\left(\_Z^2 - 3\right)$$

II. Calcul dans une extension algébrique

II.1. Factorisation dans une extension donnée

La factorisation d'un polynôme peut être effectuée dans une extension algébrique du corps engendré par les coefficients de ce polynôme en utilisant un second paramètre lors de l'appel de la fonction `factor`.

Soit `f` un polynôme. Si K est un ensemble de nombres algébriques, c'est-à-dire

- soit un ensemble d'éléments de type `radical`,
- soit un ensemble de `RootOf`,

alors l'évaluation de `factor(f,K)` retourne l'écriture de `f` en produit de polynômes irréductibles dans le corps engendré par les coefficients de `f` et les éléments de K : les coefficients des polynômes intervenant dans une telle décomposition s'-expriment comme combinaisons linéaires à coefficients rationnels de puissances d'éléments de K

Par exemple, dans le cas du polynôme $x^8 - 1$

- `factor(x^8-1)` retourne la décomposition sur $\mathbf{Q}$, qui contient un polynôme de degré 4.
- `factor(x^8-1,sqrt(2))` retourne une décomposition en produit de polynômes dont les coefficients peuvent contenir $\sqrt{2}$. Le degré maximum de ces polynômes est alors 2.
- `factor(x^8-1,{sqrt(2),I})` retourne une décomposition en produit de polynômes dont les coefficients peuvent contenir $\sqrt{2}$ et i. Tous ces polynômes sont alors de degré 1.

Ex.22

```
> f:=x^8-1;
```
$$f := x^8 - 1$$
```
> factor(f);
```
$$(x - 1)(x + 1)(x^2 + 1)(x^4 + 1)$$
```
> factor(f,sqrt(2));
```
$$\left(x^2 + 1\right)\left(x^2 + \sqrt{2}\,x + 1\right)\left(x^2 - \sqrt{2}\,x + 1\right)(x + 1)(x - 1)$$
```
> factor(f,{sqrt(2),I});
```
$$\frac{1}{16}(x - I)(x + I)(2x + \sqrt{2} - I\sqrt{2})(2x - \sqrt{2} + I\sqrt{2})$$
$$(2x - \sqrt{2} - I\sqrt{2})(2x + \sqrt{2} + I\sqrt{2})(x - 1)(x + 1)$$

Exemple dans lequel K est décrit à l'aide des `RootOf`

Ex.23

```
> restart; alias(a=RootOf(x^2-5));
```
$$I, a$$
```
> f:=x^5-1;
```
$$f := x^5 - 1$$
```
> factor(f,a);
```
$$\frac{1}{4}(2x^2 + x - ax + 2)(2x^2 + x + ax + 2)(x - 1)$$

Remarque : Pour trouver les radicaux permettant d'obtenir une telle factorisation, l'utilisateur peut s'inspirer des méthodes classiques de factorisation mais il peut aussi utiliser la fonction `solve` qui permet, pour la plupart des exemples classiques, d'exprimer les racines et d'en déduire les radicaux cherchés.

Lorsqu'on décrit l'extension algébrique et les coefficients du polynôme à l'aide de `RootOf`, il est indispensable de n'utiliser que des `RootOf` de polynômes irréductibles, sinon MAPLE retourne un message d'erreur.

Ex.24

```
> f:=(x+1)^5-x^5-1; a:=RootOf(x^3-1);
```
$$f := (x + 1)^5 - x^5 - 1$$
$$a := RootOf(\_Z^3 - 1)$$
```
> factor(f,a);
```
Error, (in evala) reducible RootOf detected ...

II.2. Incompatibilité entre radicaux et RootOf

Lors d'une utilisation de `factor` avec un second paramètre K, les éléments de K ainsi que les coefficients du polynôme doivent être tous écrits avec des radicaux ou bien tous écrits avec des `RootOf`. Le mélange des genres est interdit !

Dans le cas où K est décrit à l'aide de `RootOf`, les coefficients de f ne peuvent contenir de radicaux, sinon MAPLE nous rappelle à l'ordre par un message d'erreur.

```
> restart; alias(a=RootOf(x^2-2));
  f:=x^2-2*sqrt(3)*x+1;
```
$$I \, , \, a$$
$$f := x^2 - 2\sqrt{3}\,x + 1$$

Ex.25

```
> factor(f,a);
  Error, (in factor) expecting a polynomial over
  an algebraic number field
```

Ce message d'erreur, peu compréhensible à première vue car l'utilisateur a bien décrit une extension algébrique, traduit simplement l'incompatibilité existant entre **RootOf** et radicaux.

Quand on rencontre une telle situation de conflit entre **RootOf** et radicaux, il est d'usage d'exprimer à la fois les coefficients du polynôme ainsi que les éléments du paramètre K à l'aide de **RootOf** : pour ce faire, on peut éventuellement utiliser `convert(...,RootOf)`.

```
> alias(a=RootOf(x^2-3),b=RootOf(x^2-2));
```
$$I \, , \, a \, , \, b$$

```
> f:=convert(f,RootOf);
```
$$f := x^2 - 2a\,x + 1$$

Ex.26

```
> factor(f,b);
```
$$(x - a - b)(x - a + b)$$

Attention ! Une manifestation plus sournoise de cette incompatibilité entre RootOf et sqrt se manifeste dans l'exemple suivant.

```
> f:=x^8-1; factor(f,{I,RootOf(Z^2-2)});
```
$$f := x^8 - 1$$
```
  Error, (in factor) 2nd argument is not a valid algebraic extension
```

Ex.27

En effet I est pour MAPLE l'alias de `sqrt(-1)`. Cette définition de I permet une simplification automatique dans les calculs, ce qui ne serait pas le cas avec `RootOf(_Z^2+1)` qui exigerait l'utilisation de **simplify**. En revanche une telle définition rend incompatibles les utilisations simultanées de I et de `RootOf(_Z^2-2)`. Dans l'exemple précédent il faut donc écrire : `factor(f,{I,sqrt(2)})`.

II.3. Irréductibilité, racines dans une extension donnée

Comme la fonction `factor`, les fonctions `irreduc`, et `roots` peuvent être utilisées
en option avec un second paramètre K, qui décrit une extension algébrique à l'aide
de radicaux ou à l'aide de `RootOf`.

Si `f` est un polynôme à coefficients algébriques, `irreduc(f,K)` renvoie `true` si
`f` est irréductible dans le corps engendré par les coefficients de `f` et les éléments
de K.

Ex.28

```
> f:=x^4+x^3+x^2+x+1; irreduc(f);
```
$$f := x^4 + x^3 + x^2 + x + 1$$
$$true$$
```
> irreduc(f,sqrt(5)); factor(f,sqrt(5));
```
$$false$$
$$\frac{1}{4}\left(2x^2 + x + \sqrt{5}\,x + 2\right)\left(2x^2 + x - \sqrt{5}\,x + 2\right)$$

Si `f` est un polynôme à coefficients algébriques, `roots(f,K)` retourne les racines
de `f` dans le corps engendré par les éléments de K et les coefficients de `f`.

Ex.29

```
> f:=7*x^8+21*x^7+56*x^6+98*x^5
   +126*x^4+112*x^3+63*x^2+21*x;
```
$$f := 7x^8 + 21x^7 + 56x^6 + 98x^5$$
$$+126x^4 + 112x^3 + 63x^2 + 21x$$
```
> alias(a=RootOf(x^2+x+1)): roots(f,a);
```
$$[[2a+1,1],[-1-2a,1],[-1,1],[0,1],[-a-1,2],[a,2]]$$

II.4. Factorisation d'un polynôme dans son corps des racines

C'est la fonction `split` qui permet la factorisation d'un polynôme à coefficients
algébriques dans le corps engendré par ses racines complexes.
Si `f` est un polynôme de la variable x, l'évaluation de `split(f,x)` retourne la
factorisation de `f` en produit de facteurs du premier degré. Avant sa première
utilisation, cette fonction doit être chargée à l'aide de `readlib(split)`.

Ex.30

```
> restart; f:=x^4+4;
```
$$f := x^4 + 4$$

```
> readlib(split): g:=split(f,x);
```
$$g := (x + \%1)\,(x + 2 + \%1)\,(x - \%1)\,(x - 2 - \%1)$$
$$\%1 := RootOf(\_Z^2 + 2\,\_Z + 2)$$

On peut alors le rendre plus lisible le résulat en utilisant la fonction **alias**.

Ex.31

```
> alias(a=%1);
```
$$I\,,\,a$$

```
> g;
```
$$(x + a)\,(x + 2 + a)\,(x - a)\,(x - 2 - a)$$

Mais on peut aussi convertir les **RootOf** en radicaux.

Ex.32

```
> convert(g,radical);
```
$$(x + 1 + I)\,(x + 1 - I)\,(x - 1 + I)\,(x - 1 - I)$$

II.5. Divisibilité de polynômes à coefficients algébriques

La fonction **divide** (nom commençant par un d minuscule) ne doit pas être utilisée pour des polynômes à coefficients algébriques. Il faut utiliser la forme inerte **Divide** (nom commençant par une majuscule) : cette fonction inerte retourne une forme non évaluée dont on peut forcer l'évaluation à l'aide de la fonction **evala**. Toutefois il faut alors que tous les coefficients algébriques non rationnels des polynômes soient définis par des **RootOf**.

Si **f** et **g** sont des polynômes à coefficients algébriques écrits à l'aide de **RootOf**,

- l'évaluation de **evala(Divide(f,g))** retourne la valeur **true** si **f** est divisible par **g** et **false** sinon.
- lorsque l'évaluation de **evala(Divide(f,g,'q'))** donne la valeur **true**, la variable **q** contient au retour le quotient de la division de **f** par **g**.

```
[> f:=x^2+x+3-RootOf(x^2+3);
   g:=x-RootOf(x^2+3);
```

$$f := x^2 + x + 3 - RootOf(\_Z^2 + 3)$$

$$g := x - RootOf(\_Z^2 + 3)$$

Ex.33

```
[> evala(Divide(f,g,'q')); q;
```

$$true$$

$$x + 1 + RootOf(\_Z^2 + 3)$$

Attention ! Ne pas utiliser la fonction **divide** (d minuscule) avec des polynômes à coefficients algébriques. Jusqu'à la release 4, MAPLE ne donne pas de message d'erreur mais il retourne une réponse qui peut être fausse comme avec les polynômes de l'exemple précédent.

Ex.34

```
[> divide(f,g);
```

$$false$$

Attention ! Si malgré la mise en garde de la page précédente, **evala(Divide( ))** est appelé avec des polynômes dont les coefficients contiennent des **sqrt**, le résultat peut être faux comme dans l'exemple suivant.

```
[> f:=x*x-2; g:=x-sqrt(2);
```

$$f := x^2 - 2$$

$$g := x - \sqrt{2}$$

Ex.35

```
[> evala(Divide(f,g,'q'));
```

$$false$$

```
[> evala(convert(Divide(f,g,'q'),RootOf));
```

$$true$$

II.6. P.g.c.d. de polynômes à coefficients algébriques

Alors que la fonction **gcd** ne peut être utilisée que sur des polynômes à coefficients rationnels, la forme inerte **Gcd** permet de calculer le p.g.c.d. de polynômes à coefficients algébriques. Comme pour **Divide** les coefficients algébriques non rationnels des polynômes doivent être définis à l'aide de la fonction **RootOf**.

Si **f** et **g** sont des polynômes dont les coefficients algébriques sont définis par des **RootOf**, alors **evala(Gcd(f,g))** retourne le p.g.c.d. des polynômes **f** et **g**.

Ex.36

```
> alias(a=RootOf(x^2-2));
  f:=x^4-2; g:=x^4-2*a*x^2+2;
```
$$I\ ,\ a$$
$$f := x^4 - 2$$
$$g := x^4 - 2\,a\,x^2 + 2$$
```
> evala(Gcd(f,g));
```
$$x^2 - a$$

De même que **Divide**, la fonction **Gcd** conduit à un résultat inexact si certains coefficients de **f** et de **g** sont exprimés à l'aide de radicaux et non à l'aide de **RootOf**.

Ex.37

```
> f:=x^4-2;
```
$$f := x^4 - 2$$
```
> g:=x^4-2*sqrt(2)*x^2+2;
```
$$g := x^4 - 2\sqrt{2}\,x^2 + 2$$
```
> evala(Gcd(f,g));
```
                                        Résulat inexact
$$1$$

Pour effectuer un algorithme d'Euclide étendu sur des polynômes à coefficients algébriques, on doit utiliser **Gcdex** dont la syntaxe est identique à celle de **gcdex**, les coefficients non rationnels des polynômes devant être exprimés à l'aide de **RootOf**. L'évaluation de **evala(Gcdex(f,g,x,'u','v'))** retourne le p.g.c.d. des polynômes **f** et **g**, et affecte aux variables **u** et **v** un couple de polynômes vérifiant $u\,f + v\,g = pgcd(f,g)$.

Ex.38

```
> alias(a=RootOf(x^2-2)):
  f:=x*x-2; g:=x*x-2*a*x+2;
```
$$f := x^2 - 2$$
$$g := x^2 - 2a\,x + 2$$
```
> evala(Gcdex(f,g,x,'u','v'));u;v;
```
$$-a + x$$
$$\frac{1}{4}\,a$$
$$-\frac{1}{4}\,a$$

III. Polynômes à coefficients dans $\mathbb{Z}/p\mathbb{Z}$

Les fonctions étudiées jusqu'alors ne concernaient que des polynômes à coefficients rationnels ou algébriques. MAPLE possède aussi des fonctions permettant de calculer sur des polynômes à coefficients dans $\mathbb{Z}/p\mathbb{Z}$ lorsque p est un entier naturel premier. Ces fonctions jouent un rôle fondamental en calcul formel car elles sont utilisées dans la plupart des algorithmes concernant les polynômes à coefficients rationnels (p.g.c.d, factorisation, etc ...).

Dans toute la suite de cette section, p désigne un entier naturel premier.

III.1. Calculs polynomiaux élémentaires dans $\mathbb{Z}/p\mathbb{Z}$

Rappelons qu'on peut représenter $\mathbb{Z}/p\mathbb{Z}$ soit à l'aide des éléments de l'ensemble $\{0, 1, \ldots, p-1\}$ soit à l'aide des entiers de l'intervalle $\left[-E\left(\frac{p-1}{2}\right), E\left(\frac{p}{2}\right)\right]$. MAPLE, dans ses calculs modulo p, utilise par défaut la première représentation, mais il est possible de lui faire utiliser la seconde en affectant à la variable mod la valeur mods (cf. p. 53).

Dans la suite nous supposons utiliser la première représentation. Tout polynôme à coefficients dans $\mathbb{Z}/p\mathbb{Z}$, à une ou plusieurs indéterminées, peut alors être représenté à l'aide d'un unique polynôme à coefficients dans $\{0, 1, \ldots, p-1\}$. Il est possible d'obtenir l'image d'un polynôme dans cette représentation en utilisant l'opérateur mod.

Ex.39
```
> P:=x^2+7*x+1: P mod 5;
```
$$x^2 + 2x + 1$$

Pour calculer la somme ou le produit de polynômes à coefficients dans $\mathbb{Z}/p\mathbb{Z}$, on commence par réaliser ce calcul sur les polynômes à coefficients dans $\mathbb{Z}$ dont ils sont issus, puis on utilise mod pour obtenir le représentant du résultat dans $\mathbb{Z}/p\mathbb{Z}$.

Ex.40
```
> P:=x^2+7*x+1;
```
$$P := x^2 + 7x + 1$$
```
> Q:=x^2+4;
```
$$Q := x^2 + 4$$
```
> (P+Q) mod 5;
```
$$2x^2 + 2x$$
```
> expand(P*Q) mod 5;
```
$$x^4 + 2x^3 + 3x + 4$$

III.2. Divisibilité de polynômes dans $\mathbb{Z}/p\mathbb{Z}$

Etant donnés deux polynômes **f** et **g** à coefficients dans $\mathbb{Z}/p\mathbb{Z}$, l'étude de la divisibilité de **f** par **g** ne peut se ramener à l'étude de la divisibilité de leurs représentants à coefficients dans $\mathbb{Z}$, comme on le verra dans l'exemple suivant avec **f=x^2+3*x+1**, **g=x+4** et **p=5**.

Il n'est donc pas possible d'utiliser `divide(f,g) mod p` car, avec une telle syntaxe, MAPLE commence par évaluer `divide(f,g)` qui retourne **true** ou **false** selon que **f** divise ou non **g** dans $\mathbb{Z}[x]$, cette seule valeur de vérité ne permettant plus de conclure quant à la divisibilité recherchée.

Pour étudier la divisibilité de polynômes à coefficients dans $\mathbb{Z}/p\mathbb{Z}$, il faut utiliser la forme inerte `Divide` qui est ensuite gérée correctement pas l'opérateur mod.

Si **f** et **g** sont des polynômes à une ou plusieurs variables à coefficients dans $\mathbb{Z}/p\mathbb{Z}$,

- `Divide(f,g) mod p` retourne la valeur **true** si **f** est divisible par **g**, et **false** sinon.

- Lorsque `Divide(f,g,'q') mod p` est évaluée à **true**, la variable q contient au retour le quotient de la division de **f** par **g** dans $\mathbb{Z}/p\mathbb{Z}$.

Ex.41

```
> f:=x^2+3*x+1;
```
$$f := x^2 + 3x + 1$$

```
> g:=x+4;
```
$$g := x + 4$$

```
> Divide(f,g,'q') mod 5;
```
$$true$$

```
> q;
```
$$x + 4$$

```
> divide(f,g) mod 5;
```
$$false$$

III.3. Calcul de p.g.c.d. de polynômes dans $\mathbb{Z}/p\mathbb{Z}$

Comme pour la divisibilité, la détermination du p.g.c.d. de polynômes à coefficients dans $\mathbb{Z}/p\mathbb{Z}$ ne peut se ramener à la détermination du p.g.c.d. de leurs représentants. Il faut donc utiliser la fonction inerte Gcd.

Si f et g sont deux polynômes à une ou plusieurs variables à coefficients dans $\mathbb{Z}/p\mathbb{Z}$, l'évaluation de Gcd(f,g) mod p retourne le p.g.c.d. de f et de g. On peut utiliser en option dans la fonction Gcd deux paramètres qui, au retour, contiennent respectivement le quotient modulo p de f par $pgcd(f,g)$ et le quotient modulo p de g par $pgcd(f,g)$.

Ex.42

```
> f:=x*x+6*x+6;
```
$$f := x^2 + 6\,x + 6$$
```
> g:=x*x+2*x+3;
```
$$g := x^2 + 2\,x + 3$$
```
> Gcd(f,g,f1,g1) mod 11;
```
$$x + 9$$
```
> f1; g1;
```
$$x + 8$$
$$x + 4$$

III.4. Division euclidienne, algorithme d'Euclide étendu

Les formes inertes Quo et Rem permettent de calculer respectivement le quotient et le reste de la division euclidienne modulo p. Si f et g sont deux polynômes à une ou plusieurs variables à coefficients dans $\mathbb{Z}/p\mathbb{Z}$

- Quo(f,g,x) mod p retourne le quotient de la division euclidienne du polynôme f par le polynôme g.
- Rem(f,g,x) mod p retourne le reste de la division euclidienne du polynôme f par le polynôme g.

Comme pour les fonctions quo et rem, le x est indispensable même pour des polynômes à une seule indéterminée.

On peut utiliser en option dans la fonction Quo ou dans la fonction Rem un quatrième paramètre non affecté (ou entre apostrophes), qui au retour contient respectivement le reste et le quotient de la division euclidienne.

```
> f:=x^4+4*x^3+7;
```
$$f := x^4 + 4x^3 + 7$$
```
> g:=2*x^2-2*x+1;
```
$$g := 2x^2 - 2x + 1$$
Ex.43
```
> Rem(f,g,x) mod 11;
```
$$2x + 2$$
```
> Quo(f,g,x,'r') mod 11;
```
$$6x^2 + 8x + 5$$
```
> r;
```
$$2x + 2$$

Si **f** et **g** sont deux polynômes à une ou plusieurs variables à coefficients dans $\mathbb{Z}/p\mathbb{Z}$, l'évaluation de Gcdex(f,g,'u','v') mod p permet déterminer des polynômes u et v à coefficients dans $\mathbb{Z}/p\mathbb{Z}$ vérifiant l'équation $uf + vg = pgcd(f, g)$.

```
> f:=x^2-x+1;
```
$$f := x^2 - x + 1$$
```
> g:=2*x*x-x+1;
```
$$g := 2x^2 - x + 1$$
Ex.44
```
> Gcdex(f,g,x,'u','v') mod 13;
```
$$1$$
```
> u; v;
```
$$2x + 1$$
$$12x$$

III.5. Factorisation des polynômes dans $\mathbb{Z}/p\mathbb{Z}$

La fonction inerte **Factor**, utilisée conjointement avec **mod**, permet de factoriser un polynôme modulo un nombre premier **p**.

Avec la représentation positive (par défaut) on a

```
> f:=x^4+x^2+1;
```
$$f := x^4 + x^2 + 1$$
Ex.45
```
> Factor(f) mod 13;
```
$$(x + 10)(x + 4)(x + 3)(x + 9)$$

En représentation symétrique, on obtient

Ex.46

```
> 'mod':=mods;            Ne pas oublier les apostrophes inversées
```
$$mod := mods$$

```
> Factor(f) mod 13;
```
$$(x - 3)\,(x + 4)\,(x + 3)\,(x - 4)$$

Attention ! Ne pas oublier la majuscule de **Factor** sinon on obtient une image modulo p de la décomposition en produits de facteurs irréductibles dans $\mathbb{Z}$ des représentants de f et g et non la décomposition recherchée.

Ex.47

```
> 'mod':=modp;            Pour revenir à la représentation positive
```
$$mod := modp$$

```
> factor(f) mod 13;                       Ici avec f minuscule !
```
$$\left(x^2 + x + 1\right)\left(x^2 + 12\,x + 1\right)$$

La fonction inerte **Irreduc**, utilisée conjointement avec **mod**, permet de tester l'irréductibilité d'un polynôme modulo un nombre premier p.

Ex.48

```
> f:=x^5+2;
```
$$f := x^5 + 2$$

```
> Irreduc(f) mod 11;
```
$$true$$

```
> Irreduc(f) mod 19;
```
$$false$$

```
> mods(Factor(f),19);          Pour obtenir une représentation
                          symétrique sans modifier le contenu de mod
```
$$\left(x^2 + x - 3\right)\left(x^2 + 3\,x - 3\right)(x - 4)$$

Attention ! Les fonctions inertes `Divide`, `Factor` et `Irreduc` ne sont pas systématiquement protégées contre une utilisation avec un entier p non premier. Toutefois dans certains cas, elles retournent un message d'erreur.

Ex.49

```
> f:=4*x+4; g:=2*x+2;
```
$$f := 4x + 4$$
$$g := 2x + 2$$

```
> Divide(f,g) mod 6;
```
Error, (in mod/Rem) the modular inverse does not exist

Chapitre 14

Fractions rationnelles

Les fractions rationnelles correspondent à un type particulier, le type `ratpoly`, cependant, comme pour les polynômes, l'introduction de tels objets ne nécessite pas de déclaration préalable. Les fractions rationnelles sont simplement entrées par l'utilisateur à l'aide des opérateurs usuels +, -, *, ^ et / . De même que le type `polynom`, le type `ratpoly` n'est pas un type de base retourné par `whattype` mais il peut être testé à l'aide de la fonction `type`.

Ex. 1

```
> f:=(4*x^3+1/2)/(2*x^2-15*x-8);
```

$$f := \frac{4\,x^3 + \frac{1}{2}}{2\,x^2 - 15\,x - 8}$$

```
> whattype(f); type(f,ratpoly);
```

$$*$$

$$true$$

I. Ecriture des fractions rationnelles

I.1. Mise sous forme irréductible

Si `f` est une fraction rationnelle à coefficients rationnels, à une ou plusieurs variables, `normal(f)` retourne un représentant irréductible de la fraction `f`, c'est-à-dire un représentant $k\,\dfrac{p}{q}$ dans lequel k est un rationnel et p ainsi que q sont des polynômes premiers entre eux à coefficients entiers.

Avec la fraction de l'exemple précédent, on a

Ex. 2

```
> normal(f);
```

$$\frac{1}{2}\,\frac{4\,x^2 - 2\,x + 1}{x - 8}$$

Exemple avec une fraction rationnelle à plusieurs variables

Ex. 3

```
> g:=(x^4+x^2*y^2+y^4)/(x^3-y^3);
```
$$g := \frac{x^4 + x^2 y^2 + y^4}{x^3 - y^3}$$

```
> normal(g);
```
$$\frac{x^2 - xy + y^2}{x - y}$$

En fait la fonction **normal** permet, comme on a vu p. 27, de mettre sous forme normale toute "expression rationnelle" à coefficients rationnels mais elle ne permet pas toujours de mettre sous forme irréductible une fraction rationnelle dont les coefficients ne sont pas rationnels.

Ex. 4

```
> h:=(x^2-cos(a)^2)/(x-cos(a));
```
$$h := \frac{x^2 - \cos(a)^2}{x - \cos(a)}$$

```
> normal(h);
```
$$\cos(a) + x$$

```
> h:=(x-sqrt(2))/(x^2-2);
```
$$h := \frac{x - \sqrt{2}}{x^2 - 2}$$

```
> normal(h);
```
Ici, normal ne fait rien
$$\frac{x - \sqrt{2}}{x^2 - 2}$$

I.2. Numérateur et dénominateur

Si f est une fraction rationnelle, **numer(f)** et **denom(f)** en retournent respective-ment le numérateur et le dénominateur.

Ex. 5

```
> f:=x+(x+1)/(2*x^2+x+1);
```
$$f := x + \frac{x + 1}{2 x^2 + x + 1}$$

```
> numer(f);
```
$$2x^3 + x^2 + 2x + 1$$

```
> denom(f);
```
$$2x^2 + x + 1$$

II. Factorisation des fractions rationnelles

La fonction **factor** permet de factoriser les fractions rationnelles avec une syntaxe analogue à celle utilisée pour les polynômes.

II.1. Fractions rationnelles à coefficients rationnels

Si **f** est une fraction rationnelle à coefficients rationnels, à une ou plusieurs variables, l'évaluation de **factor(f)** retourne un représentant irréductible de la fraction **f** dont le numérateur et le dénominateur sont écrits sous forme de produits de polynômes irréductibles dans le corps des rationnels.

Exemple avec une fraction rationnelle à une variable

Ex. 6

```
> f:=(x^3+1)/((x+1)^7-x^7-1);
```
$$f := \frac{x^3 + 1}{(x+1)^7 - x^7 - 1}$$

```
> normal(f);
```
normal réduit mais ne factorise pas
$$\frac{1}{7} \frac{x^2 - x + 1}{(x^4 + 2x^3 + 3x^2 + 2x + 1) x}$$

```
> factor(f);
```
factor permet de factoriser
$$\frac{1}{7} \frac{x^2 - x + 1}{(x^2 + x + 1)^2 x}$$

Exemple avec une fraction à plusieurs variables

Ex. 7

```
> f:=(3*x^5-7*x^4*y+3*x^3*y^2-3*x^2*y^3+4*y^5)/(x^3-y^3);
```
$$f := \frac{3x^5 - 7x^4 y + 3x^3 y^2 - 3x^2 y^3 + 4y^5}{x^3 - y^3}$$

```
> factor(f);
```
$$\frac{(3x + 2y)(x - 2y)(x^2 + y^2)}{x^2 + xy + y^2}$$

```
> normal(f);
```
normal réduit mais ne factorise pas
$$\frac{3x^4 - 4x^3 y - x^2 y^2 - 4xy^3 - 4y^4}{x^2 + xy + y^2}$$

II.2. Fractions rationnelles à coefficients quelconques

Si **f** est une fraction rationnelle, à une ou plusieurs variables, dont les coefficients ne sont pas nécessairement rationnels, l'évaluation de **factor(f)** retourne un représentant irréductible de **f**, le numérateur et le dénominateur étant écrits sous forme de produits de polynômes irréductibles dans le corps engendré par les coefficients de **f**.

Ex. 8

```
> f:=(x^2-2)*(x+2*sqrt(2))/(x^2-8);
```
$$f := \frac{(x^2 - 2)(x + 2\sqrt{2})}{x^2 - 8}$$

```
> factor(f);
```
$$\frac{(x - \sqrt{2})(x + \sqrt{2})}{x - 2\sqrt{2}}$$

```
> normal(f);                          Ici normal ne fait rien
```
$$\frac{(x^2 - 2)(x + 2\sqrt{2})}{x^2 - 8}$$

II.3. Factorisation dans une extension algébrique

Comme pour les polynômes, la factorisation d'une fraction rationnelle peut être effectuée dans une extension algébrique du corps engendré par les coefficients de cette fraction en utilisant, dans la fonction **factor**, un second paramètre K qui est un ensemble de nombres algébriques.

Si **f** est une fraction rationnelle, l'évaluation de **factor(f,K)** retourne un représentant de la fraction **f** dont le numérateur et le dénominateur sont écrits sous forme de produits de polynômes irréductibles dans le corps engendré par les coefficients de **f** et les éléments de K. Les éléments de K ainsi que les coefficients de **f** doivent, comme pour les polynômes (cf. p. 227), être tous écrits avec des radicaux ou bien tous écrits avec des **RootOf**.

Exemple avec des radicaux

Ex. 9

```
> f:=1/(x^4-x^2+1);
```
$$f := \frac{1}{x^4 - x^2 + 1}$$

```
> f:=factor(f,sqrt(3));
```
$$f := \frac{1}{(x^2 + \sqrt{3}x + 1)(x^2 - \sqrt{3}x + 1)}$$

Exemple avec des `RootOf`

Ex.10

```
[> alias(a=RootOf(x^2-5)):
   f:=(x^2-5)/(x^5-1);
```

$$f := \frac{x^2 - 5}{x^5 - 1}$$

```
[> factor(f,a);
```

$$4\,\frac{(x + a)\,(x - a)}{(2\,x^2 + x - a\,x + 2)\,(2\,x^2 + x + a\,x + 2)\,(x - 1)}$$

III. Décomposition en éléments simples

C'est la fonction `convert` avec l'option `parfrac` qui permet de décomposer une fraction rationnelle en éléments simples.

III.1. Décomposition d'une fraction dans $\mathbb{Q}(x)$

Si `f` est une fraction rationnelle à coefficients rationnels de la variable libre `x`, l'évaluation de `convert(f,parfrac,x)` retourne la décomposition de `f` en éléments simples dans $\mathbb{Q}(x)$. Même lorsque la fraction `f` ne dépend pas d'une autre variable libre, la présence du `x` est indispensable.

Ex.11

```
[> f:=(x^3+1)/(x*(x^4+4));
```

$$f := \frac{x^3 + 1}{x\,(x^4 + 4)}$$

```
[> convert(f,parfrac,x);
```

$$\frac{1}{4}\frac{1}{x} + \frac{1}{8}\frac{1 + x}{x^2 - 2\,x + 2} - \frac{1}{8}\frac{1 + 3\,x}{x^2 + 2\,x + 2}$$

```
[> convert(f,parfrac);
```

Error, (in convert/parfrac) convert/parfrac
uses a 2nd argument,x, which is missing

```
[> f:=1/(x^8-1);
```

$$f := \frac{1}{x^8 - 1}$$

```
[> convert(f,parfrac,x);
```

$$\frac{1}{8}\frac{1}{x - 1} - \frac{1}{8}\frac{1}{x + 1} - \frac{1}{4}\frac{1}{x^2 + 1} - \frac{1}{2}\frac{1}{x^4 + 1}$$

III.2. Décomposition d'une fraction dans $\mathbf{R}(x)$ ou dans $\mathbf{C}(x)$

Fraction rationnelle à coefficients rationnels

Si **f** est une fraction rationnelle à coefficients rationnels dont la factorisation du dénominateur dans $\mathbf{R}(x)$ ne fait intervenir que des polynômes à coefficients rationnels, l'évaluation de `convert(f,parfrac,x)` retourne la décomposition en éléments simples de **f** dans $\mathbf{R}(x)$.

Ex.12

```
> f:=1/(x^4+4);
```
$$f := \frac{1}{(x^4 + 4)}$$

```
> convert(f,parfrac,x);
```
$$-\frac{1}{8}\frac{-x+2}{x^2-2x+2} + \frac{1}{8}\frac{x+2}{x^2+2x+2}$$

En revanche, si la factorisation dans $\mathbf{R}(x)$ fait intervenir des coefficients algébriques ou si on désire une décomposition dans $\mathbf{C}(x)$, il faut travailler en deux temps : d'abord utiliser la fonction **factor** avec un second paramètre permettant d'obtenir la factorisation du dénominateur, puis appeler **convert**.

Ex.13

```
> f:=(x^2+1)/(x^4-4);
```
$$f := \frac{x^2 + 1}{x^4 - 4}$$

```
> g:=factor(f,sqrt(2));           factorisation de f dans R(x)
```
$$g := \frac{x^2 + 1}{(x^2 + 2)(x - \sqrt{2})(x + \sqrt{2})}$$

```
> convert(g,parfrac,x);           Décomposition de f dans R(x)
```
$$\frac{1}{4}\frac{1}{x^2+2} + \frac{3}{16}\frac{\sqrt{2}}{x-\sqrt{2}} - \frac{3}{16}\frac{\sqrt{2}}{x+\sqrt{2}}$$

```
> h:=factor(f,{sqrt(2),I});       Factorisation de f dans C(x)
```
$$h := \frac{(x+I)(x-I)}{(x-\sqrt{2})(x+\sqrt{2})(x+I\sqrt{2})(x-I\sqrt{2})}$$

```
> convert(h,parfrac,x);           Décomposition de f dans C(x)
```
$$\frac{3}{16}\frac{\sqrt{2}}{x-\sqrt{2}} - \frac{3}{16}\frac{\sqrt{2}}{x+\sqrt{2}} + \frac{1}{16}\frac{I\sqrt{2}}{x+I\sqrt{2}} - \frac{1}{16}\frac{I\sqrt{2}}{x-I\sqrt{2}}$$

Fraction rationnelle à coefficients quelconques

Pour une fraction `f` à coefficients quelconques, `convert(f,parfrac,x)` commence par effectuer `factor(denom(f))` ce qui retourne une factorisation du dénominateur sur l'extension algébrique engendrée par ses coefficients.

- Lorsque cette factorisation ne contient que des polynômes irréductibles dans $\mathbf{R}(x)$ (resp. dans $\mathbf{C}(x)$) le résultat retourné par ce seul appel à `convert` fournit bien la décomposition recherchée.

- Dans le cas contraire l'utilisateur doit utiliser `factor` avec un second paramètre permettant une factorisation du dénominateur en polynômes irréductibles.

Exemple de décomposition ne nécessitant pas d'appel préalable à `factor`

Ex.14

```
> f:=1/(x^2-(sqrt(2)+sqrt(3))*x+sqrt(6));
```
$$f := \frac{1}{x^2 - (\sqrt{2} + \sqrt{3})\,x + \sqrt{6}}$$
```
> convert(f,parfrac,x);
```
$$-\frac{\sqrt{3} + \sqrt{2}}{x - \sqrt{2}} + \frac{\sqrt{3} + \sqrt{2}}{x - \sqrt{3}}$$

Exemple de décomposition où l'utilisateur doit appliquer `factor`

Ex.15

```
> f:=(x^2-2)*(x+2)/(x^2-8);
```
$$f := \frac{(x^2 - 2)\,(x + 2)}{(x^2 - 8)}$$
```
> convert(f,parfrac,x);
```
                                    Décomposition de f dans $\mathbb{Q}(x)$
$$x + 2 + \frac{6\,x + 12}{x^2 - 8}$$
```
> g:=factor(f,sqrt(2));
```
$$g := \frac{(x - \sqrt{2})\,(x + \sqrt{2})\,(x + 2)}{(x + 2\sqrt{2})\,(x - 2\sqrt{2})}$$
```
> convert(g,parfrac,x);
```
                                    Décomposition de f dans $\mathbf{R}(x)$
$$x + 2 - \frac{3}{2}\,\frac{\sqrt{2} - 2}{x + 2\sqrt{2}} - \frac{3}{2}\,\frac{\sqrt{2} + 2}{-x + 2\sqrt{2}}$$

Remarque : Dans l'exemple précédent, comme on n'a besoin que de la factorisation du dénominateur, il est plus économique en temps de calcul de remplacer `factor(f,sqrt(2))` par `subs(denom(f)=factor(denom(f),sqrt(2)),f)`.

Exemple de décomposition utilisant la fonction `split`

```
> f:=(x^4+1)/(x^8+x^4+1);
```
$$f := \frac{x^4 + 1}{x^8 + x^4 + 1}$$

```
> readlib(split):
  d:=split(denom(f),x):                    écho sans intérêt
  d:=convert(d,radical);
```
$$d := (x - \%1)\left(x - \frac{1}{2} - \frac{1}{2}I\sqrt{3}\right)\left(x + \sqrt{\%1}\,(-\%1)\right)$$
$$(x + \%1)\left(x - \sqrt{\%1}\right)\left(x - \sqrt{\%1}\,(-\%1)\right)$$
$$\left(x + \sqrt{\%1}\right)\left(x + \frac{1}{2} - \frac{1}{2}I\sqrt{3}\right)$$

$$\%1 := \frac{1}{2} + \frac{1}{2}I\sqrt{3}$$

```
> convert(numer(f)/d,parfrac,x);
```
$$\frac{1}{12}\frac{3I - \sqrt{3}}{2x - \sqrt{3} + I} + \frac{1}{12}\frac{\sqrt{3} + 3I}{2x + \sqrt{3} + I} - \frac{1}{12}\frac{-3 + I\sqrt{3}}{2x + 1 - I\sqrt{3}}$$
$$-\frac{1}{12}\frac{\sqrt{3} + 3I}{2x - \sqrt{3} - I} - \frac{1}{12}\frac{3I - \sqrt{3}}{2x + \sqrt{3} - I} - \frac{1}{12}\frac{-3 + I\sqrt{3}}{2x - 1 + I\sqrt{3}}$$
$$+\frac{1}{12}\frac{3 + I\sqrt{3}}{2x + 1 + I\sqrt{3}} - \frac{1}{12}\frac{3 + I\sqrt{3}}{2x - 1 - I\sqrt{3}}$$

Ex.16

Au vu de la décomposition précédente, on voit qu'on aurait pu obtenir la décomposition dans $\mathbf{R}(x)$ de la fraction `f` en tapant

---

```
> d:=factor(denom(f),sqrt(3));
```
$$d := \left(x^2 - x + 1\right)\left(x^2 + x + 1\right)\left(x^2 + \sqrt{3}x + 1\right)\left(x^2 - \sqrt{3}x + 1\right)$$

```
> convert(numer(f)/d,parfrac,x);
```
$$\frac{1}{4}\frac{-1 + x}{x^2 - x + 1} + \frac{1}{4}\frac{1 + x}{x^2 + x + 1}$$
$$+\frac{1}{12}\frac{3 + \sqrt{3}x}{x^2 + \sqrt{3}x + 1} - \frac{1}{12}\frac{-3 + \sqrt{3}x}{x^2 - \sqrt{3}x + 1}$$

Ex.17

III.3. Décomposition d'une fraction dépendant de paramètres

La fonction `convert` permet aussi de décomposer en éléments simples une fraction rationnelle de la variable x dont les coefficients dépendent de paramètres.

Ex.18

```
> f:=1/(x^4-4*x^2*a^2+2*x^2+1);
```
$$f := \frac{1}{x^4 - 4x^2 a^2 + 2x^2 + 1}$$

```
> convert(f,parfrac,x);
```
$$\frac{1}{4} \frac{2a+x}{a\left(x^2+2a\,x+1\right)} - \frac{1}{4} \frac{-2a+x}{a\left(x^2-2a\,x+1\right)}$$

En fait dans l'exemple précédent, la fonction `convert` retourne la décomposition de f en considérant les coefficients de x comme éléments de $\mathbb{Q}(a)$ où a est formellement différent de 0, de 1 et de -1. Comme habituellement a désigne un paramètre numérique, il ne faut pas oublier de traiter les cas particuliers.

Ex.19

```
> convert(subs(a=0,f),parfrac,x);          Etude du cas a=0
```
$$\frac{1}{\left(x^2+1\right)^2}$$

```
> convert(subs(a=1,f),parfrac,x);          Etude du cas a=1
```
$$\frac{1}{4} \frac{1}{(x-1)^2} - \frac{1}{4} \frac{1}{(x-1)} + \frac{1}{4} \frac{1}{(x+1)^2} + \frac{1}{4} \frac{1}{(x+1)}$$

Autre exemple classique de décomposition

Ex.20

```
> f:=1/(x^4-2*x^2*cos(a)+1);
```
$$f := \frac{1}{x^4 - 2x^2 \cos(a) + 1}$$

```
> f:=subs(cos(a)=2*cos(a/2)^2-1,f);
```
$$f := \frac{1}{x^4 - 2x^2 \left(2\cos\left(\frac{1}{2}a\right)^2 - 1\right) + 1}$$

```
> convert(f,parfrac,x);
```
$$\frac{1}{4} \frac{2\cos\left(\frac{1}{2}a\right) + x}{\cos\left(\frac{1}{2}a\right)\left(x^2 + 2\cos\left(\frac{1}{2}a\right)x + 1\right)}$$
$$-\frac{1}{4} \frac{2\cos\left(\frac{1}{2}a\right) - x}{\cos\left(\frac{1}{2}a\right)\left(-x^2 + 2\cos\left(\frac{1}{2}a\right)x - 1\right)}$$

Etude du cas particulier $a = 0$

Ex.21

```
> convert(subs(a=0,f),parfrac,x);          ne donne pas
                                            la décomposition
                                            car cos(0) n'est pas évalué
```

$$\frac{1}{4} \frac{2\cos(0) + x}{\cos(0)\,(x^2 + 2\cos(0)\,x + 1)}$$

$$-\frac{1}{4} \frac{2\cos(0) - x}{\cos(0)\,(-x^2 + 2\cos(0)\,x - 1)}$$

```
> convert(eval(subs(a=0,f)),parfrac,x);    après subs il faut
                                           forcer l'évaluation par eval
```

$$\frac{1}{4}\frac{1}{(x-1)^2} - \frac{1}{4}\frac{1}{x-1} + \frac{1}{4}\frac{1}{(x+1)^2} + \frac{1}{4}\frac{1}{x+1}$$

IV. Développement en fraction continue

La fonction **convert** avec l'option **confrac** permet de calculer le développement en fraction continue d'une expression quelconque.

- Si **f** est une fraction rationnelle, alors **convert(f,confrac,x)** retourne le développement en fraction continue de **f** par rapport la variable **x**. Comme dans le cas d'un nombre rationnel il ne s'agit que d'une autre écriture de **f**.

- Si **f** est une expression non rationnelle de **x**, alors **convert(f,confrac,x,n)** retourne le développement en fraction continue de **f** par rapport à la variable **x** à l'ordre n. En fait c'est le développement en fraction continue de **series(f,x,n)**. Le paramètre n est optionnel, et par défaut MAPLE choisit comme valeur **n=Order** (cf. p. 127).

Exemple de développement d'une fraction rationnelle

Ex.22

```
> f:=(1+x+x^2)/(2-x+x^2+x^3);
```

$$f := \frac{1 + x + x^2}{2 - x + x^2 + x^3}$$

```
> convert(f,confrac,x);
```

$$\cfrac{1}{x - 2\cfrac{1}{x + 2 + 3\cfrac{1}{x - 1}}}$$

Autre exemple : développement en fraction continue de `cos(x)` et étude graphique de la qualité de l'approximation.

Ex.23

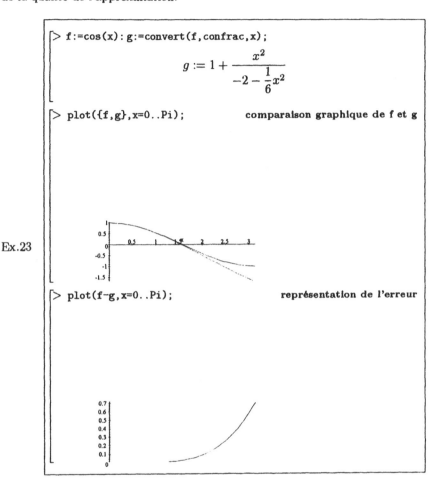

Chapitre 15

Création
de vecteurs et de matrices

I. La bibliothèque linalg

La plupart des fonctions[1] permettant de réaliser des opérations d'algèbre linéaire ne se trouvent pas dans le noyau de MAPLE mais dans la bibliothèque annexe linalg. Quand on veut les utiliser il y a plusieurs démarches possibles.

Première solution

Si on a besoin de beaucoup de fonctions de cette bibliothèque, on charge toute la bibliothèque à l'aide de la commande with(linalg) et, en écho, MAPLE signale qu'il utilise une nouvelle définition des identificateurs trace et norm. Puis il affiche la liste de toutes les fonctions qu'il vient de charger en mémoire.

Ex. 1

```
> restart; with(linalg);
Warning: new definition for norm
Warning: new definition for trace
            [BlockDiagonal, GramSchmidt, ......

            ...........................................

            ......vectdim, vector]
```

S'il l'utilisateur ne désire pas que cette liste s'affiche il peut remplacer le point-virgule par le symbole deux points.

---

[1] à l'exception de vector, matrix et evalm.

Deuxième solution

Si on n'a besoin que de quelques fonctions et que l'on ne veut pas encombrer la
mémoire, on les charge à l'aide de

Ex. 2
```
> restart; with(linalg,det,vectdim,trace);
Warning: new definition for trace

                    [det, vectdim, trace]
```

Troisième solution

On utilise le nom complet de la fonction, incluant le nom de la bibliothèque, grâce
à une syntaxe utilisant les crochets. Avec la fonction **vectdim** que l'on étudiera
dans la section suivante on peut écrire

Ex. 3
```
> restart; v:=vector([1,2,3]): linalg[vectdim](v);

                            3
```

Attention ! Dans ce cas la fonction n'est pas chargée en mémoire et il faudra, pour
une utilisation ultérieure, encore l'appeler avec ce nom complet incluant celui de la
bibliothèque.

Dans toute la suite de ce chapitre on suppose chargée la bibliothèque **linalg**.

II. Vecteurs

Pour manipuler les vecteurs, MAPLE dispose du type **vector** qui est un type
array particulier : tableau à un indice, dont l'indice commence à 1 ; ce n'est
pas un type de base retourné par **whattype** mais il peut être testé à l'aide de la
fonction **type**.

II.1. Définition des vecteurs

C'est la fonction **vector** qui permet de définir des vecteurs. Cette fonction **vector**
peut s'utiliser avec deux syntaxes différentes.

Première syntaxe

On peut définir le vecteur en donnant simplement la liste (entre crochets) de ses composantes.

Ex. 4

```
> v:=vector([5,7,3]);
```
$$v := [5, 7, 3]$$
```
> vector(5,7,3);            Si on oublie les crochets...Error
Error, (in vector) invalid arguments
> v:=vector({5,7,3});      { } définit un ensemble et pas une liste
Error, (in vector) invalid arguments
```

Seconde syntaxe

On peut définir un vecteur en donnant sa dimension et une application donnant chaque composante en fonction de son rang. Ce peut être une fonction anonyme (cf. p. 406) définie lors de l'appel de la fonction **vector**, mais on peut aussi utiliser une application préalablement définie.

Ex. 5

```
> v:=vector(5,x->x*x);
```
$$v := [1, 4, 9, 16, 25]$$
```
> f:=x->x^2; v:=vector(5,f);
```
$$f := x \rightarrow x^2$$
$$v := [1, 4, 9, 16, 25]$$

Attention ! Quand on veut définir un vecteur en donnant ses composantes en fonction de leur rang, il est impératif d'utiliser une fonction et non pas une expression.

Ex. 6

```
> x:='x': w:=vector(3,2*x+1);
```
$$w := [2\,x(1) + 1,\ 2\,x(2) + 1,\ 2\,x(3) + 1]$$

Attention ! Lors de l'évaluation de vector(n,f) la dimension n doit contenir une valeur numérique et cette valeur doit être entière sinon ... erreur:

Ex. 7

```
> n:='n': v:=vector(n,t->t^2);
Error, (in vector) invalid argument
```

Remarque : Il est aussi possible d'affecter à une variable v un vecteur dont on donne la dimension et une liste définissant les premières composantes. Sur l'écho fourni par MAPLE, toute composante d'indice i non initialisée est représentée par un v_i suffisamment explicite.

Ex. 8

```
> v:=vector(4,[3,1,2]);
```
$$v := [3, 1, 2, v_4]$$
```
> v:=vector(4);                    Cas particulier d'une liste vide
```
$$v := array\,(1..4, [])$$

II.2. Dimension et composantes d'un vecteur

La fonction **vectdim** retourne le nombre de composantes de son argument qui est supposé être un vecteur.

Ex. 9

```
> v:=vector([1,2,3]);
```
$$v := [1, 2, 3]$$
```
> vectdim(v);            On suppose avoir exécuté with(linalg) !
```
$$3$$

Comme la plupart des fonctions s'appliquant à des vecteurs, la fonction **vectdim** tolère l'utilisation de listes pour représenter des vecteurs.

Ex.10

```
> v:=[1,2,3];
```
$$v := [1, 2, 3]$$
```
> vectdim(v);
```
$$3$$

Pour obtenir la valeur d'une composante d'un vecteur il suffit, comme pour tout objet de type **array**, d'indiquer son rang entre crochets.

Ex.11

```
> v:=vector([3,2,4,5,1]); v[3];
```
$$v := [3, 2, 4, 5, 1]$$
$$4$$
```
> v[6];                         En cas de débordement ...Error
```
Error, 1st index, 6, larger than upper array bound 5

De même, pour attribuer une valeur à la i-ème composante du vecteur v, il suffit de réaliser une affectation du type v[i] :=...

Ex.12

```
[> eval(v);
                            [3, 2, 4, 5, 1]

[> v[3]:=2.5;
                            v_3 := 2.5

[> eval(v);                          eval permet d'obtenir
                              les composantes de v (cf. p 258)
                            [3, 2, 2.5, 5, 1]
```

$$[3, 2, 4, 5, 1]$$

$$v_3 := 2.5$$

$$[3, 2, 2.5, 5, 1]$$

III. Matrices

Pour manipuler les matrices, MAPLE dispose du type **matrix** qui est un type **array** particulier : tableau à deux indices dont chaque indice commence à 1. Ce n'est pas un type de base retourné par **whattype** mais il peut être testé à l'aide de la fonction **type**.

III.1. Définition de matrices

C'est la fonction **matrix** qui permet de définir des matrices. Cette fonction **matrix** peut s'utiliser avec deux syntaxes différentes.

Première syntaxe

On peut définir une matrice en donnant la liste de ses lignes, chacune de ces lignes étant elle même une liste d'éléments : il faut donc utiliser un double niveau de crochets.

Si chacun des objets L1, L2, ..., Ln est une liste de p éléments, alors l'évaluation de **matrix([L1,L2,...,Ln])** retourne la matrice à n lignes et p colonnes dont les éléments de la i-ème ligne sont les éléments de Li.

Ex.13

```
[> M:=matrix([[1,2,3],[4,5,6]]);
```
$$M := \left[\begin{array}{ccc} 1 & 2 & 3 \\ 4 & 5 & 6 \end{array} \right]$$

Attention ! Si on oublie le niveau externe de crochets la fonction **matrix** voit au moins deux arguments de type **liste** : elle retourne alors un message d'erreur.

Ex.14

```
> M:=matrix([1,2,3],[4,5,6] );
Error, (in matrix)1st and 2nd arguments (dimensions)
must be non negative integers
```

Deuxième syntaxe

On peut aussi définir une matrice en donnant d'abord ses dimensions puis la liste, donc entre crochets, de ses éléments ; cette liste sera utilisée pour remplir la matrice ligne par ligne. Pour une matrice à n lignes et p colonnes, la syntaxe est donc : **matrix(n ,p,Liste_El)** où **Liste_El** est une liste de np éléments.

Si la liste n'est pas assez longue pour remplir toute la matrice, les derniers éléments sont laissés indéterminés et apparaissent sous forme de coefficients indicés. Si la liste est trop longue, MAPLE ne tronque pas mais retourne un message d'erreur.

Ex.15

```
> M:=matrix(2,3,[1,2,3,4,5,6]);
```
$$M := \left[\begin{array}{ccc} 1 & 2 & 3 \\ 4 & 5 & 6 \end{array} \right]$$
```
> M:=matrix(2,3,[1,2,3,4]);
```
$$M := \left[\begin{array}{ccc} 1 & 2 & 3 \\ 4 & M_{2,2} & M_{2,3} \end{array} \right]$$
```
> M:=matrix(2,3,[1,2,3,4,5,6,7,8]);
Error, (in matrix) 1st index, 3, larger than upper array bound
```

Troisième syntaxe

On peut encore définir une matrice en donnant ses dimensions (des valeurs déterminées et non pas des variables libres) et une application de 2 variables définissant chaque coefficient en fonction de ses indices. Cette application peut être une application préalablement définie mais on peut aussi utiliser une fonction anonyme (cf. p. 406) définie lors de l'appel de la fonction **matrix**.

Ex.16

```
> f:=(i,j)->(i+j-1): matrix(3,3,f);
```
$$\left[\begin{array}{ccc} 1 & 2 & 3 \\ 2 & 3 & 4 \\ 3 & 4 & 5 \end{array} \right]$$
```
> matrix(3,3,(x,y)->x+y-1):   Utilisation d'une fonction anonyme
```

Attention ! Quand on veut définir une matrice en donnant les éléments en fonction de leur position, il est impératif d'utiliser une fonction et non pas une expression.

Ex.17

```
> x:='x': y:='y': M:=matrix(3,3,x+y);
```

$$
\begin{bmatrix}
x(1,1)+y(1,1) & x(1,2)+y(1,2) & x(1,3)+y(1,3) \\
x(2,1)+y(2,1) & x(2,2)+y(2,2) & x(2,3)+y(2,3) \\
x(3,1)+y(3,1) & x(3,2)+y(3,2) & x(3,3)+y(3,3)
\end{bmatrix}
$$

Attention ! Lors de l'évaluation de matrix(n,p,f) les dimensions n et p doivent contenir des valeurs numériques et ces valeurs doivent être entières sinon MAPLE retourne un message d'erreur.

Ex.18

```
> n:='n': matrix(n,3,[1,2,3,4,5,6,7,8]);
Error, (in matrix)1st and 2nd arguments (dimensions)
must be non negative integers
```

III.2. Dimensions et coefficients d'une matrice

Les fonctions rowdim et coldim permettent de déterminer le nombre de lignes et le nombre de colonnes d'une matrice. Si A est une matrice, l'évaluation de rowdim(A) (resp. coldim(A)) retourne le nombre de lignes (resp. de colonnes) de la matrice A.

Ex.19

```
> A:=matrix([[1,2,3],[2,3,4],[3,4,5],[4,5,6]]);
```

$$
A := \begin{bmatrix}
1 & 2 & 3 \\
2 & 3 & 4 \\
3 & 4 & 5 \\
4 & 5 & 6
\end{bmatrix}
$$

```
> rowdim(A); coldim(A);
```

$$4$$

$$3$$

Attention ! Les fonctions précédentes attendent comme argument une matrice et ne tolèrent pas l'utilisation d'un vecteur car MAPLE ne permet pas de confondre un vecteur et une matrice colonne.

Ex.20

```
> v:=vector(5,i->i); rowdim(v);
```

$$v := [1,2,3,4,5]$$

```
Error, (in rowdim) expecting a matrix
```

Pour avoir la valeur d'un élément d'une matrice on indique ses indices entre crochets, le premier étant l'indice de ligne.

Ex.21

```
> M:=matrix(2,3,[1,2,3,4,5,6]):M[2,3];
                          6
> M[2,4];
  Error, 2nd index, 4, larger than upper array bound 3
```

De même, pour attribuer une valeur au coefficient d'indice (i,j) de la matrice M, il suffit de réaliser une affectation du type M[i,j]:=...

Ex.22

```
> M[1,1]:=0: eval(M);                      eval voir p. 260

                    ⎡ 0  2  3 ⎤
                    ⎣ 4  5  6 ⎦
```

IV. Problèmes d'évaluation

IV.1. Evaluation des vecteurs

Contrairement à ce qui se passe avec les variables de presque tous les types rencontrés jusqu'alors, MAPLE ne réalise pas une évaluation complète d'un objet de type **vector** (il en est d'ailleurs de même pour tous les tableaux).

Si on veut obtenir à l'écran le contenu d'un vecteur on ne peut pas se contenter d'en invoquer le nom, ce qui produit seulement une évaluation jusqu'au dernier nom de vecteur rencontré. Pour obtenir la liste de tous les éléments il faut utiliser **eval** qui retourne une évaluation complète.

Ex.23

```
> v:=vector(5,t->t^2); w:=v;
                    v := [1, 4, 9, 16, 25]


                          w := v
> v,w;                              v est le dernier nom rencontré
                          v , v
> eval(v); eval(w);
                    [1, 4, 9, 16, 25]
                    [1, 4, 9, 16, 25]
```

MAPLE permet évidemment de manipuler des vecteurs dont les composantes sont des expressions dépendant de variables libres. Mais si on affecte une valeur à l'une de ces variables, l'utilisation de `eval` ne suffit pas pour obtenir la nouvelle valeur du vecteur. Il faut utiliser `map(eval,...)` qui permet d'appliquer `eval` à chacune des composantes du vecteur. La fonction `map` sera étudiée en détail au chapitre 22, mais les exemples suivants permettent d'en comprendre l'utilisation.

Ex.24

```
> x:='x'; v:=vector(4,t->t*x^(t-1));
```
$$x := x$$
$$v := \left[1, 2\,x, 3\,x^2, 4\,x^3\right]$$
```
> x:=2; eval(v); map(eval,v);
```
$$x := 2$$
$$\left[1, 2\,x, 3\,x^2, 4\,x^3\right]$$
$$\left[1, 4, 12, 32\right]$$

Autre exemple avec affectation d'une expression littérale.

Ex.25

```
> x:=y+1; eval(v); map(eval,v);
```
$$x := y + 1$$
$$\left[1, 2\,x, 3\,x^2, 4\,x^3\right]$$
$$\left[1, 2\,y + 2, 3\,(y+1)^2, 4\,(y+1)^3\right]$$

Lorsqu'un vecteur **v** dépend d'une variable **x** et que cette variable **x** pointe sur une expression dépendant d'une autre variable, **y** par exemple, la simplification de certains résultats peut nécessiter un second niveau d'utilisation de `map` ou l'utilisation d'une composée de fonctions. Avec les notations de l'exemple précédent, on a

Ex.26

```
> map(expand,map(eval,v));
```
$$\left[1, 2\,y + 2, 3\,y^2 + 6\,y + 3, 4\,y^3 + 12\,y^2 + 12\,y + 4\right]$$
```
> map(expand@eval,v);                         autre possibilité
```
$$\left[1, 2\,y + 2, 3\,y^2 + 6\,y + 3, 4\,y^3 + 12\,y^2 + 12\,y + 4\right]$$

IV.2. Evaluation des matrices

Comme pour les variables de type **vector**, MAPLE réalise, pour les matrices, une
évaluation au dernier nom rencontré. Si on veut obtenir le contenu d'une matrice
on ne peut se contenter d'en invoquer le nom , il faut encore utiliser **eval**.

Ex.27

```
> x:='x': M:=matrix(3,3,(i,j)->x^(i-1)*y^(j-1)): N:=M;
                        N := M
> N; eval(N);
                          M
```

$$\begin{bmatrix} 1 & y & y^2 \\ x & xy & xy^2 \\ x^2 & x^2y & x^2y^2 \end{bmatrix}$$

Comme pour les vecteurs l'utilisation de la fonction **eval** ne suffit plus pour
obtenir l'évaluation complète de matrices dont les composantes sont des expressions. Il faudra aussi utiliser **map** pour appliquer **eval** à chacun des coefficients
de la matrice.

Ex.28

```
> M:=matrix(3,3,(i,j)->x^(i-1)*y^(j-1)):
  x:=1: eval(M); map(eval,M);
```

$$\begin{bmatrix} 1 & y & y^2 \\ x & xy & xy^2 \\ x^2 & x^2y & x^2y^2 \end{bmatrix}$$

$$\begin{bmatrix} 1 & y & y^2 \\ 1 & y & y^2 \\ 1 & y & y^2 \end{bmatrix}$$

Comme pour les vecteurs, lorsque la variable **x** intervenant dans les coefficients
de la matrice pointe sur une expression dépendant d'une autre variable il faudra
même deux niveaux d'utilisation de **map** pour obtenir certaines évaluations.

Si on a besoin d'une expression développée des coefficients de la matrice précédente
lorsque **y** pointe sur **z+1**, on peut écrire

Ex.29

```
> x:='x': y:=z+1:
  map(expand,map(eval,M));
```

$$\begin{bmatrix} 1 & z+1 & z^2+2z+1 \\ x & xz+x & xz^2+2xz+x \\ x^2 & x^2z+x^2 & x^2z^2+2x^2z+x^2 \end{bmatrix}$$

IV.3. Exemple d'utilisation de matrices de taille variable

MAPLE ne permet de définir que des matrices et des vecteurs dont les dimensions sont des valeurs numériques entières, il est donc impossible de travailler avec une matrice ou un vecteur dont une des dimensions dépend d'un "paramètre", c'est-à-dire d'une variable non affectée.

Si on désire étudier le déterminant de
$$\begin{bmatrix} 1 & 1 & \cdots & \cdots & 1 \\ 1 & \xi & \xi^2 & \cdots & \xi^{n-1} \\ 1 & \xi^2 & \xi^4 & \cdots & \xi^{2(n-1)} \\ \vdots & \vdots & \vdots & & \vdots \\ 1 & \xi^{n-2} & \xi^{2(n-2)} & \cdots & \xi^{(n-2)(n-1)} \\ 1 & \xi^{n-1} & \xi^{2(n-1)} & \cdots & \xi^{(n-1)(n-1)} \end{bmatrix}$$

avec $\xi = e^{2i\pi/n}$, il est impossible de définir la matrice correspondante sans avoir au préalable affecté une valeur entière à n.

Ex.30
```
> n:='n': M:=matrix(n,n,(i,j)->exp(2*I*Pi/n)^((i-1)*(j-1)));
Error, (in matrix) 1st and 2nd arguments (dimensions)
must be non egative integers
```

En revanche, il est possible de commencer par attribuer une valeur entière à n, puis de définir M en fonction de n et d'en calculer le déterminant.

Ex.31
```
> n:=3:
  M:=matrix(n,n,(i,j)->exp(2*I*Pi/n)^((i-1)*(j-1))):
> det(M);
```
$$-3I\sqrt{3}$$

Pour calculer la valeur de ce déterminant pour n=5, il suffit alors de modifier l'affectation de la première ligne et de reéxécuter les trois instructions.

Toutefois il est encore plus efficace d'écrire

Ex.32
```
> n:='n':
  M:='matrix(n,n,(i,j)->exp(2*I*Pi/n)^((i-1)*(j-1)))';
```
$$M := matrix\left(n, n, (i,j) \to \left(e^{\left(2\frac{I\pi}{n}\right)}\right)^{(i-1)(j-1)}\right)$$

Les apostrophes permettent alors de différer l'évaluation de la fonction `matrix`, ce qui fait pointer M sur une expression dépendant de n. Avec cette écriture, le calcul du déterminant pour différentes valeurs de n s'écrit alors

Ex.33

```
> n:=3: det(eval(M));
```
$$-3I\sqrt{3}$$
```
> n:=5: evalc(det(eval(M)));
```
$$-25\sqrt{5}$$
```
> det(M);                    det refuse le calcul car M de type string
Error, (in det) expecting a matrix
```

Pour réaliser plus rapidement le calcul du déterminant, on peut aussi penser à définir M comme une fonction de n. On est alors tenté d'écrire

Ex.34

```
> M:=n->matrix(n,n,(i,j)->exp(2*I*Pi/n)^((i-1)*(j-1)));
```
$$M := n \rightarrow matrix\left(n, n, (i,j) \rightarrow \left(e^{\left(2\frac{I\pi}{n}\right)}\right)^{(i-1)(j-1)}\right)$$
```
> simplify(det(M(3)));
```
$$1 - 2\,(-1)^{2/5} - 2\,(-1)^{1/5} + (-1)^{3/5}$$

Le 5 intervenant dans le résultat paraît surprenant. C'est une conséquence de la façon dont MAPLE gère les variables apparaissant dans les procédures ou les fonctions imbriquées : la fonction `(i,j)->exp(2*I*Pi/n)^((i-1)*(j-1))` étant imbriquée dans la fonction M, le n qui y figure est considéré par MAPLE comme la variable globale n, qui pointe donc vers 5, et non comme le paramètre n de la fonction M. Le lecteur pourra se reporter p. 3 pour une explication plus détaillée de ce phénomène.

Seule l'utilisation de **unapply** permet ici d'obtenir une expression correcte de la fonction M.

Ex.35

```
> M:=n->matrix(n,n,unapply(exp(2*I*Pi/n)^((i-1)*(j-
1)),i,j));
```
$$M := n \rightarrow matrix\left(n,\ n,\ unapply\left(\left(e^{\left(2\frac{I\pi}{n}\right)}\right)^{(i-1)(j-1)},\ i,\ j\right)\right)$$
```
> n:='n': det(M(3)); evalc(det(M(5)));
```
$$-3I\sqrt{3}$$
$$-25\sqrt{5}$$

V. Matrices remarquables

V.1. Matrice diagonale, matrice identité

C'est la fonction **diag** qui permet de créer des matrices diagonales. Si **Expr_seq** est une séquence de scalaires, alors **diag(Expr_seq)** retourne la matrice diagonale possédant comme éléments diagonaux les éléments de **Expr_seq**.

Ex.36
```
> restart: with(linalg): diag(1,2,3);
```
$$\begin{bmatrix} 1 & 0 & 0 \\ 0 & 2 & 0 \\ 0 & 0 & 3 \end{bmatrix}$$

Il n'est pas possible de définir simplement une matrice diagonale à l'aide d'une application définissant les éléments diagonaux en fonction de leur rang, mais pour pallier ce manque on peut très bien utiliser la fonction **seq** (cf. p. 350).

Ex.37
```
> diag(seq(i*i,i=1..3));
```
$$\begin{bmatrix} 1 & 0 & 0 \\ 0 & 4 & 0 \\ 0 & 0 & 9 \end{bmatrix}$$

```
> id:=diag(seq(1,i=1..3));
```
    Obtention de la matrice identité
    On peut aussi écrire diag(1$3)

$$id := \begin{bmatrix} 1 & 0 & 0 \\ 0 & 1 & 0 \\ 0 & 0 & 1 \end{bmatrix}$$

V.2. Matrice tri-diagonale ou multi-diagonale

La fonction **band** permet de créer les matrices tri-diagonales où tous les éléments d'une parallèle à la diagonale principale sont égaux. Si a, b et c sont trois scalaires, et n un entier, alors **band([a,b,c],n)** retourne la matrice carrée d'ordre n

$$\begin{bmatrix} b & c & 0 & \cdots & 0 \\ a & b & c & \ddots & \vdots \\ 0 & a & \ddots & \ddots & 0 \\ \vdots & \ddots & \ddots & \ddots & c \\ 0 & \cdots & 0 & a & b \end{bmatrix}$$

Ex.38

```
[> band([1,2,-1],4);
```

$$
\begin{bmatrix}
2 & -1 & 0 & 0 \\
1 & 2 & -1 & 0 \\
0 & 1 & 2 & -1 \\
0 & 0 & 1 & 2
\end{bmatrix}
$$

Plus généralement la fonction **band** permet de créer des matrices $(2p+1)$-diagonales où tous les éléments d'une parallèle à la diagonale principale sont égaux. Comme précédemment on doit donner la liste des éléments utilisés ainsi que la taille de la matrice. La liste est utilisée pour remplir les parallèles aux diagonales de la matrice de bas en haut en utilisant l'élément médian pour la diagonale principale.

V.3. Matrice de Vandermonde

Pour obtenir une matrice de Vandermonde, il suffit d'utiliser la fonction **vandermonde** en lui donnant la liste (donc entre crochets) des éléments à utiliser.

Ex.39

```
[> vandermonde([x,y,z,t]);
```

$$
\begin{bmatrix}
1 & x & x^2 & x^3 \\
1 & y & y^2 & y^3 \\
1 & z & z^2 & z^3 \\
1 & t & t^2 & t^3
\end{bmatrix}
$$

Si on a besoin de manipuler une matrice de Vandermonde possédant un grand nombre de rangées ou si on désire tester une hypothèse sur des matrices de Vandermonde de tailles différentes, on peut utiliser la fonction **seq** comme le montre l'exemple suivant.

Ex.40

```
[> n:=4: M:=vandermonde([seq(x[i],i=1..n)]);
```

$$
\begin{bmatrix}
1 & x_1 & x_1^2 & x_1^3 \\
1 & x_2 & x_2^2 & x_2^3 \\
1 & x_3 & x_3^2 & x_3^3 \\
1 & x_2 & x_4^2 & x_4^3
\end{bmatrix}
$$

La syntaxe précédente utilise en fait le tableau **x** dont les éléments sont écrits x_1, x_2, x_3, x_4 . Pour modifier le contenu de $x[i]$ il faut donc écrire $x[i] :=...$

V.4. Matrice de Hilbert

Si n est un entier naturel, alors `hilbert(n)` retourne la matrice de Hilbert d'ordre n, c'est à dire la matrice d'ordre n dont le terme général est égal à $1/(i+j-1)$.

Ex.41

```
> hilbert(3);
```

$$\begin{bmatrix} 1 & \dfrac{1}{2} & \dfrac{1}{3} \\ \dfrac{1}{2} & \dfrac{1}{3} & \dfrac{1}{4} \\ \dfrac{1}{3} & \dfrac{1}{4} & \dfrac{1}{5} \end{bmatrix}$$

V.5. Matrice de Sylvester, matrice de Bézout

Si P et Q sont deux polynômes de la variable x, alors `sylvester(P,Q,x)` (resp. `bezout(P,Q,x)`) retourne la matrice de Sylvester (resp. la matrice dé Bézout) des deux polynômes P et Q.

Ex.42

```
> P:=a3*x^3+a2*x^2+a1*x+a0; Q:=b2*x^2+b1*x+b0;
```

$$P := a3\,x^3 + a2\,x^2 + a1\,x + a0$$

$$Q := b2\,x^2 + b1\,x + b0$$

```
> sylvester(P,Q,x);
```

$$\begin{bmatrix} a3 & a2 & a1 & a0 & 0 \\ 0 & a3 & a2 & a1 & a0 \\ b2 & b1 & b0 & 0 & 0 \\ 0 & b2 & b1 & b0 & 0 \\ 0 & 0 & b2 & b1 & b0 \end{bmatrix}$$

```
> bezout(P,Q,x);
```

$$\begin{bmatrix} a3\,b0 - b2\,a1 & b0\,a2 - a1\,b1 - b2\,a0 & -a0\,b1 \\ a3\,b1 - b2\,a2 & a3\,b0 - b2\,a1 & -b2\,a0 \\ b2 & b1 & b0 \end{bmatrix}$$

```
> bezout(P,(x+1)^2,x);
```

$$\begin{bmatrix} a3 - a1 & a2 - 2a1 - a0 & -2a0 \\ 2a3 - a2 & a3 - a1 & -a0 \\ 1 & 2 & 1 \end{bmatrix}$$

V.6. Matrice d'un système d'équations

La fonction **genmatrix** permet d'obtenir la matrice d'un système d'équations linéaires. Si **Eq** est un ensemble ou une liste d'équations et **var** un ensemble ou une liste de variables, alors **genmatrix(Eq,var)** retourne la matrice du système d'équations dont les inconnues sont les éléments de **var**. L'utilisation de listes, donc entre crochets, est fortement conseillée car elle permet de garder l'ordre initial de équations pour les lignes et l'ordre initial des variables pour les colonnes.

Ex.43

```
> Eq:=[2*x+3*y-2*z=3,x+y+z-1,5*x+4*y+2*z];
```
$$Eq := [2\,x + 3\,y - 2\,z = 3,\ x + y + z - 1,\ 5\,x + 4\,y + 2\,z]$$
```
> genmatrix(Eq,[x,y,z]);
```
$$\begin{bmatrix} 2 & 3 & -2 \\ 1 & 1 & 1 \\ 5 & 4 & 2 \end{bmatrix}$$

Utilisée avec **flag** comme troisième paramètre, **genmatrix** retourne la matrice complète du système avec en dernière colonne les "seconds membres".

Ex.44

```
> genmatrix(Eq,{x,y,z},flag);
```
$$\begin{bmatrix} 2 & 3 & -2 & 3 \\ 1 & 1 & 1 & 1 \\ 5 & 4 & 2 & 0 \end{bmatrix}$$

VI. Vecteurs et matrices aléatoires

VI.1. Vecteurs aléatoires

Si **n** est un entier naturel,

- **randvector(n)** retourne un vecteur à **n** composantes qui sont des nombres aléatoires entiers compris entre -99 et 99.
- **randvector(n,entries=rand(a..b))** retourne un vecteur à **n** composantes qui sont des nombres aléatoires entiers compris entre **a** et **b**.

Remarque : L'utilisateur peut s'étonner d'obtenir sur sa machine les mêmes valeurs "aléatoires" que celles données ci-dessous. En fait il n'y a pas vraiment de "hasard", la fonction **rand** étant une procédure qui se contente, à partir d'une base, d'égrener des nombres équirépartis. Pour modifier la valeur de cette base et donc les valeurs retournées, il suffit d'utiliser **readlib(randomize)()**.

Ex.45

```
[> randvector(5);randvector(5,entries=rand(-10..150));
```
$$[-85, -55, -37, -35, 97]$$
$$[139, 79, 63, 13, 50]$$

Pour obtenir un vecteur dont les composantes sont des nombres décimaux il suffit de multiplier par un pas décimal approprié en utilisant **scalarmul**.

Ex.46

```
[> scalarmul(randvector(5,
   entries=rand(-1000..1000)),0.001);
```
$$[.600, -.100, .908, .151, -.515]$$

VI.2. Matrices aléatoires

La fonction **randmatrix** de MAPLE permet de définir des matrices aléatoires. Si **n** et **m** sont deux entiers naturels,

- **randmatrix(n,m)** retourne une matrice $n \times m$ dont les coefficients sont des nombres aléatoires entiers compris entre -99 et 99.
- **randmatrix(n,m,entries=rand(a..b))** retourne une matrice $n \times m$ dont les coefficients sont des nombres aléatoires entiers compris entre a et b.

Ex.47

```
[> randmatrix(3,3);
```
$$\begin{bmatrix} 92 & 43 & -62 \\ 77 & 66 & 54 \\ -5 & 99 & -61 \end{bmatrix}$$
```
[> randmatrix(2,3,entries=rand(-500..500));
```
$$\begin{bmatrix} -134 & 201 & 316 \\ -360 & 93 & -151 \end{bmatrix}$$

Pour obtenir une matrice dont les composantes sont des nombres décimaux il suffira de multiplier par un nombre décimal approprié en utilisant **scalarmul**.

Ex.48

```
[> scalarmul(randmatrix(3,3,
   entries=rand(-1000..1000)),0.001);
```
$$\begin{bmatrix} -.899 & -.532 & -.761 \\ -.698 & .893 & .046 \\ -.914 & .503 & -.352 \end{bmatrix}$$

VII. Fonctions d'extraction de matrices

VII.1. Sous-matrice

La fonction **submatrix** permet d'extraire une sous-matrice d'une matrice donnée.

Etant donnée une matrice A ainsi que i1, i2, j1 et j2 quatre nombres entiers naturels, **submatrix(A,i1..i2,j1..j2)** retourne la matrice extraite de A en ne gardant que les lignes de i1 à i2 et les colonnes de j1 à j2.

Au lieu d'utiliser des intervalles comme dans la syntaxe précédente, on peut aussi décrire les lignes et les colonnes que l'on veut garder sous forme de liste ce qui permet éventuellement de réordonner les rangées correspondantes.

Remarque : On peut utiliser simultanément les deux syntaxes, l'une pour les lignes et l'autre pour les colonnes.

Ex.49
```
> A:=vandermonde([x,y,z]);
  B:=submatrix(A,2..3,[3,1]);
```
$$A := \left[\begin{array}{ccc} 1 & x & x^2 \\ 1 & y & y^2 \\ 1 & z & z^2 \end{array} \right]$$

$$B := \left[\begin{array}{cc} y^2 & 1 \\ z^2 & 1 \end{array} \right]$$

Pour extraire une matrice à une ligne ou à une colonne, il faut utiliser des intervalles ou des listes réduits à un élément po ur sélectionner les rangées.

Ex.50
```
> submatrix(A,2,[3,1]);
  Error, (in submatrix) wrong number (or type) of args
```
```
> submatrix(A,2..2,[3,1]);        ou encore : submatrix(A,[2],[3,1]);
```
$$\left[\begin{array}{cc} y^2 & 1 \end{array} \right]$$

Les fonctions **delrows** et **delcols** permettent aussi d'extraire une sous-matrice. Etant donnée une matrice A ainsi que i1 et i2 deux nombres entiers, **delrows(A,i1..i2)** retourne la matrice extraite de A en supprimant les lignes de i1 à i2. L'évaluation de **delcols(A,i1..i2)** effectue un travail analogue sur les colonnes. Ici on ne peut pas utiliser de liste.

Ex.51

```
> delcols(A,1..1); delrows(A,2..3);
```

$$\left[\begin{array}{cc} x & x^2 \\ y & y^2 \\ z & z^2 \end{array} \right]$$

$$\left[1 \ x \ x^2 \right]$$

Les matrices unilignes ou unicolonnes retournées par les fonctions précédentes sont toujours de type **matrix** et non de type **vector**, ce qui explique le message d'erreur que l'on obtient dans l'exemple suivant si on demande la dimension du "vecteur ligne" retourné. Pour obtenir un résultat de type **vector**, il faut utiliser les fonctions **row**, **col** ou **subvector**, décrites dans la partie suivante.

Ex.52

```
> A:=vandermonde([x,y,z]);
```

$$A := \left[\begin{array}{ccc} 1 & x & x^2 \\ 1 & y & y^2 \\ 1 & z & z^2 \end{array} \right]$$

```
> B:=submatrix(A,[3],1..3);
```

$$B := \left[1 \ z \ z^2 \right]$$

```
> vectdim(B);
  Error, (in vectdim) expecting a vector
```

VII.2. Vecteur colonne et vecteur ligne

Etant donné **A** une matrice ainsi que **n** et **m** deux entiers naturels

- **col(A,n)**   retourne le n-ième vecteur colonne de la matrice **A**.
- **col(A,n..m)** retourne la séquence des vecteurs colonnes de **A** dont les indices vont de n à m.

La fonction **row** effectue un travail analogue avec les vecteurs lignes.

Ex.53

```
> col(A,2); row(A,2..3);
```

$$[x, y, z]$$

$$\left[1, y, y^2 \right] , \left[1, z, z^2 \right]$$

On peut extraire des parties de vecteurs colonnes ou de vecteurs lignes de matrices grâce à la fonction **subvector**.

Etant donné **A** une matrice ainsi que **i1, i2** et **j** trois entiers naturels, l'évaluation de **subvector(A,i1..i2,j)** retourne le vecteur dont les composantes sont les coefficients d'indice **i1** à **i2** du **j**-ème vecteur colonne de la matrice **A**. Dans la syntaxe précédente, on peut aussi décrire les coefficients que l'on veut garder sous forme de liste ce qui permet éventuellement de les réordonner.

Ex.54

```
> A:=vandermonde([x,y,z]);
```

$$A := \begin{bmatrix} 1 & x & x^2 \\ 1 & y & y^2 \\ 1 & z & z^2 \end{bmatrix}$$

```
> subvector(A,1..2,3);
```

$$\left[x^2, y^2 \right]$$

```
> subvector(A,[3,1],2);
```

$$[z, x]$$

On a une syntaxe analogue pour extraire des "sous-vecteurs" lignes.

Ex.55

```
> subvector(A,1,[2,1]);
```

$$[x, 1]$$

Les fonctions **col**, **row** et **subvector** retournent toutes des objets de type **vector**.

VIII. Fonction de construction de matrices

VIII.1. Matrices diagonales par blocs

La fonction **diag** permet de former des matrices diagonales par blocs. Etant donné **A1, A2, ..., Ap** des matrices carrées, alors **diag(A1,A2,...,Ap)** retourne

$$\begin{bmatrix} A_1 & 0 & \dots & 0 \\ 0 & A_2 & \ddots & \vdots \\ \vdots & \ddots & \ddots & 0 \\ 0 & \dots & 0 & A_p \end{bmatrix}.$$

```
[> A:=matrix(2,2,(i,j)->-1); B:=matrix(3,3,(i,j)->i+j-1);
```

$$A := \begin{bmatrix} -1 & -1 \\ -1 & -1 \end{bmatrix}$$

$$B := \begin{bmatrix} 1 & 2 & 3 \\ 2 & 3 & 4 \\ 3 & 4 & 5 \end{bmatrix}$$

Ex.56

```
[> diag(A,B);
```

$$\begin{bmatrix} -1 & -1 & 0 & 0 & 0 \\ -1 & -1 & 0 & 0 & 0 \\ 0 & 0 & 1 & 2 & 3 \\ 0 & 0 & 2 & 3 & 4 \\ 0 & 0 & 3 & 4 & 5 \end{bmatrix}$$

VIII.2. Matrice définie par blocs

La fonction `blockmatrix` permet de définir une matrice par blocs. Etant donné n et p deux entiers naturels ainsi que np matrices A_1, A_2,..., A_{np} de tailles compatibles, `blockmatrix(n ,p,A`$_1$`,A`$_2$`,...,A`$_{np}$`)` retourne

$$\begin{bmatrix} A_1 & A_2 & \dots & A_p \\ A_{p+1} & A_{p+2} & \dots & A_{2p} \\ \vdots & \dots & \dots & \vdots \\ A_{np-p+1} & \dots & A_{np-1} & A_{np} \end{bmatrix}$$

```
[> A1:=matrix(2,2,(i,j)->-1); A2:=matrix(3,3,(i,j)->i+j-1);
```

$$A1 := \begin{bmatrix} -1 & -1 \\ -1 & -1 \end{bmatrix} \quad A2 := \begin{bmatrix} 1 & 2 & 3 \\ 2 & 3 & 4 \\ 3 & 4 & 5 \end{bmatrix}$$

```
[> A3:=matrix(2,3,(i,j)->x); A4:=matrix(3,2,(i,j)->y);
```

Ex.57

$$A3 := \begin{bmatrix} x & x & x \\ x & x & x \end{bmatrix} \quad A4 := \begin{bmatrix} y & y \\ y & y \\ y & y \end{bmatrix}$$

```
[> blockmatrix(2,2,A1,A3,A4,A2);
```

$$\begin{bmatrix} -1 & -1 & x & x & x \\ -1 & -1 & x & x & x \\ y & y & 1 & 2 & 3 \\ y & y & 2 & 3 & 4 \\ y & y & 3 & 4 & 5 \end{bmatrix}$$

VIII.3. Juxtaposition et empilement de matrices

Si A et B sont deux matrices possédant le même nombre de lignes, concat(A,B)
retourne la matrice [A | B] (écriture par blocs).

Ex.58

```
> A:=vandermonde([x,y,z]);
  B:=(n,p)->matrix(n,p,(i,j)->i+j-1);
```

$$A := \begin{bmatrix} 1 & x & x^2 \\ 1 & y & y^2 \\ 1 & z & z^2 \end{bmatrix}$$

$$B := (n,p) \rightarrow matrix(n,p,(i,j) \rightarrow i+j-1)$$

```
> concat(A,B(3,2));
```

$$\begin{bmatrix} 1 & x & x^2 & 1 & 2 \\ 1 & y & y^2 & 2 & 3 \\ 1 & z & z^2 & 3 & 4 \end{bmatrix}$$

Si A et B sont deux matrices possédant le même nombre de colonnes, stack(A,B)
retourne la matrice $\begin{bmatrix} A \\ B \end{bmatrix}$.

Ex.59

```
> stack(A,B(2,3));
```

$$\begin{bmatrix} 1 & x & x^2 \\ 1 & y & y^2 \\ 1 & z & z^2 \\ 1 & 2 & 3 \\ 2 & 3 & 4 \end{bmatrix}$$

Les fonctions stack et concat peuvent aussi s'utiliser avec des vecteurs, le résultat
est une matrice. Avec concat les vecteurs donnés deviennent les vecteurs colonnes
de la matrice obtenue, avec stack ils en deviennent les vecteurs lignes.

Ex.60

```
> v:=n->vector(n,i->x^(i-1)): w:=n->vector(n,i->i):
  stack(v(3),w(3)); concat(v(3),w(3));
```

$$\begin{bmatrix} 1 & x & x^2 \\ 1 & 2 & 3 \end{bmatrix} \quad \begin{bmatrix} 1 & 1 \\ x & 2 \\ x^2 & 3 \end{bmatrix}$$

VIII.4. Transfert d'une matrice dans une autre

La fonction `copyinto` permet de copier une matrice dans une autre. Si A et B sont deux matrices et si i et j sont deux entiers naturels, `copyinto(A,B,i,j)` recopie A dans B à partir de la position (i,j) et retourne la matrice ainsi obtenue. Cette fonction modifie le contenu de B. En cas de débordement aucun message d'erreur n'est retourné.

Ex.61

```
> A:=(n,p)->matrix(n,p,(i,j)->i+j-1);
  B:=vandermonde([x,y,z]);
```

$$A := (n,p) \rightarrow matrix(n,p,(i,j) \rightarrow i+j-1)$$

$$B := \begin{bmatrix} 1 & x & x^2 \\ 1 & y & y^2 \\ 1 & z & z^2 \end{bmatrix}$$

```
> copyinto(A(2,2),B,2,1);eval(B);
```

$$\begin{bmatrix} 1 & x & x^2 \\ 1 & 2 & y^2 \\ 2 & 3 & z^2 \end{bmatrix} \begin{bmatrix} 1 & x & x^2 \\ 1 & 2 & y^2 \\ 2 & 3 & z^2 \end{bmatrix}$$

Alors que la fonction `copyinto` permet de copier une matrice dans une autre, la fonction `copy` crée une nouvelle matrice. Si A est une matrice à n lignes et p colonnes l'affectation `B:=copy(A)` crée une nouvelle matrice B et y recopie le contenu de A. L'utilisation de `copy` est indispensable pour créer une copie indépendante d'une matrice donnée, ce que ne permet pas une affectation du type `C:=eval(A)`, comme on peut le voir sur l'exemple suivant.

Ex.62

```
> A:=vandermonde([x,y,z]);
```

$$A := \begin{bmatrix} 1 & x & x^2 \\ 1 & y & y^2 \\ 1 & z & z^2 \end{bmatrix}$$

```
> B:=copy(A);C:=eval(A);
```

$$B := \begin{bmatrix} 1 & x & x^2 \\ 1 & y & y^2 \\ 1 & z & z^2 \end{bmatrix}$$

$$C := \begin{bmatrix} 1 & x & x^2 \\ 1 & y & y^2 \\ 1 & z & z^2 \end{bmatrix}$$

Ex.63

```
[> A[1,1]:=0:
[> eval(A); eval(B); eval(C);
```

$$
\begin{bmatrix} 0 & x & x^2 \\ 1 & y & y^2 \\ 1 & z & z^2 \end{bmatrix}
$$

$$
\begin{bmatrix} 1 & x & x^2 \\ 1 & y & y^2 \\ 1 & z & z^2 \end{bmatrix}
$$

$$
\begin{bmatrix} 0 & x & x^2 \\ 1 & y & y^2 \\ 1 & z & z^2 \end{bmatrix}
$$

Remarque : Pour créer une copie indépendante de A, il est aussi possible d'utiliser l'affectation C:=evalm(A). La fonction evalm est étudiée dans le chapitre suivant.

Chapitre 16

Calcul vectoriel et matriciel

Dans tout ce chapitre on suppose avoir chargé, en début de session, la bibliothèque `linalg` à l'aide de la commande `with(linalg)`.

I. Opérations sur vecteurs et matrices

I.1. Combinaisons linéaires de vecteurs

Il y a deux façons, en MAPLE, de calculer des combinaisons linéaires de vecteurs

- soit utiliser les fonctions `scalarmul` ou `matadd` de la bibliothèque `linalg`.
- soit écrire naturellement la combinaison linéaire avec + et *.

Utilisation de scalarmul et de add

Etant donnés u, v deux vecteurs et x, y deux scalaires,

- `scalarmul(u,x)`   retourne le vecteur $x\,u$.
- `matadd(u,v)`   retourne le vecteur $u + v$.
- `matadd(u,v,x,y)`   retourne le vecteur $x\,u + y\,v$.

Ex. 1

```
> with(linalg): u:=vector(3,1); v:=vector(3,t->t);
```
$$u := [1,1,1] \qquad v := [1,2,3]$$
```
> scalarmul(v,x);
```
$$[x, 2\,x, 3\,x]$$
```
> matadd(u,v);
```
$$[2,3,4]$$
```
> matadd(u,v,x,y);
```
$$[x+y, x+2\,y, x+3\,y]$$

Attention ! Dans les deux fonctions il faut placer les scalaires après les vecteurs !

Utilisation des opérateurs + et *

Une combinaison linéaire des vecteurs u et v peut aussi s'écrire "naturellement"
c'est à dire sous la forme x*u+y*v. Toutefois l'objet alors construit n'est pas évalué
complètement mais laissé sous forme d'une expression de type + (il en est de même
pour x*u qui reste de type *). Pour évaluer complètement une combinaison de
vecteurs et obtenir ses composantes, on doit utiliser la fonction **evalm**.

Ex. 2

```
> u:=vector([1,1,1]); v:=vector([1,2,3]);
```
$$u := [1,1,1]$$
$$v := [1,2,3]$$

```
> w:=2*u+3*v;
```
$$w := 2u + 3v$$

```
> eval(w);                                          eval ne fonctionne pas
```
$$2u + 3v$$

```
> evalm(w);
```
$$[5,8,11]$$

Attention ! Dans toute expression, MAPLE effectue automatiquement certaines simplifications, ce qui peut faire perdre sa qualité de vecteur à une combinaison linéaire
exprimée à l'aide de + et *. Par exemple une combinaison linéaire telle que u-u est
automatiquement simplifiée en 0 (le nombre 0), ce qui peut éventuellement conduire à
une erreur lors de l'utilisation ultérieure d'une fonction telle que vectdim. Il sera donc
préférable, surtout en programmation, d'utiliser la fonction **matadd**.

Ex. 3

```
> v:=evalm(u-u);
```
$$v := 0$$

```
> vectdim(v);
  Error, (in vectdim) expecting a vector
> matadd(u,-u);
```
$$[0,0,0]$$

```
> vectdim(");            la fonction matadd retourne toujours un vecteur:
```
$$3$$

I.2. Combinaison linéaire de matrices

Les combinaisons linéaires de matrices s'écrivent, comme pour les vecteurs, soit à l'aide de **scalarmul** ou de **matadd**, soit à l'aide des opérateurs + et * et de **evalm**.

Exemples utilisant **matadd** ou **scalarmul** :

Ex. 4

```
> A:=matrix(3,3,(i,j)->i+j-1);B:=matrix(3,3,1);
```
$$A := \begin{bmatrix} 1 & 2 & 3 \\ 2 & 3 & 4 \\ 3 & 4 & 5 \end{bmatrix}$$
$$B := \begin{bmatrix} 1 & 1 & 1 \\ 1 & 1 & 1 \\ 1 & 1 & 1 \end{bmatrix}$$
```
> matadd(A,B);
```
$$\begin{bmatrix} 2 & 3 & 4 \\ 3 & 4 & 5 \\ 4 & 5 & 6 \end{bmatrix}$$
```
> matadd(A,B,x,y); scalarmul(A,2);
```
$$\begin{bmatrix} x+y & 2x+y & 3x+y \\ 2x+y & 3x+y & 4x+y \\ 3x+y & 4x+y & 5x+y \end{bmatrix}$$
$$\begin{bmatrix} 2 & 4 & 6 \\ 4 & 6 & 8 \\ 6 & 8 & 10 \end{bmatrix}$$

Exemple utilisant * et +, puis la fonction **evalm**

Ex. 5

```
> C:=x*A+y*B; evalm(C);
```
$$C := x\,A + y\,B$$
$$\begin{bmatrix} x+y & 2x+y & 3x+y \\ 2x+y & 3x+y & 4x+y \\ 3x+y & 4x+y & 5x+y \end{bmatrix}$$

Comme pour les vecteurs, l'utilisation de + ou de * risque de faire perdre au résultat sa qualité de matrice et peut poser un problème lors de l'utilisation ultérieure d'une fonction telle que **rowdim** ou **coldim**.

I.3. Transposition de matrices et de vecteurs

Pour transposer une matrice on utilise la fonction **transpose** avec comme seul argument la matrice à transposer.

Ex. 6

```
> A:=vandermonde([x,y,z]);
```

$$A := \begin{bmatrix} 1 & x & x^2 \\ 1 & y & y^2 \\ 1 & z & z^2 \end{bmatrix}$$

```
> transpose(A);
```

$$\begin{bmatrix} 1 & 1 & 1 \\ x & y & z \\ x^2 & y^2 & z^2 \end{bmatrix}$$

La fonction **transpose** peut aussi recevoir comme argument un vecteur v, elle retourne alors un résultat affiché à l'écran sous la forme **transpose(v)** : c'est de cette façon que MAPLE peut manipuler des vecteurs lignes, le type **vector** correspondant aux vecteurs colonnes.

Ex. 7

```
> transpose(vector([1,2,3]));
```

$$transpose([1,2,3])$$

Lorsque l'on veut appliquer la fonction **transpose** à une variable, il est recommandé d'utiliser **evalm**.

Ex. 8

```
> u:=vector([1,2,3]):
  v:=transpose(evalm(u));w:=transpose(u);
```

$$v := transpose([1,2,3])$$

$$w := transpose(u)$$

```
> u:=vector([1,2]):eval(v);map(eval,w);
```

$$transpose([1,2,3])$$

$$transpose([1,2])$$

C'est la fonction **htranspose** qui permet d'obtenir la transconjuguée c'est-à-dire la transposée de la conjuguée d'une matrice. Cette fonction peut aussi s'appliquer à des vecteurs. La fonction **htranspose** présente les mêmes problèmes d'évaluation que la fonction **transpose**.

I.4. Produit d'une matrice par un vecteur

C'est la fonction `multiply` qui permet de calculer le produit d'une matrice par un vecteur. Etant donné `A` une matrice et `u` un vecteur de tailles compatibles, `mutiply(A,u)` retourne le produit de la matrice `A` par le vecteur `u`.

Ex. 9

```
> A:=matrix(3,2,(i,j)->i+j-1);u:=vector([1,1]);
```
$$A := \begin{bmatrix} 1 & 2 \\ 2 & 3 \\ 3 & 4 \end{bmatrix}$$
$$u := [1,1]$$
```
> multiply(A,u);
```
$$[3,5,7]$$

La fonction `multiply` permet aussi de multiplier un vecteur ligne par une matrice. Un vecteur ligne s'écrit à l'aide des fonctions **transpose** (ou **htranspose**). Le résultat est un vecteur ligne, donc écrit à l'aide de la fonction **transpose**.

Ex.10

```
> v:=vector([1,-1,1]):multiply(transpose(v),A);
```
$$transpose\,([2,3])$$

I.5. Produit de matrices

La fonction multiply

Si `A` et `B` sont deux matrices de tailles compatibles, `mutiply(A,B)` retourne le produit $A\,B$. De même `multiply(A_1,A_2,...,A_p)` retourne le produit $A_1\,A_2\ldots A_p$.

Ex.11

```
> A:=matrix(3,3,(i,j)->i+j-1);B:=matrix(3,2,1);
```
$$A := \begin{bmatrix} 1 & 2 & 3 \\ 2 & 3 & 4 \\ 3 & 4 & 5 \end{bmatrix}$$
$$B := \begin{bmatrix} 1 & 1 \\ 1 & 1 \\ 1 & 1 \end{bmatrix}$$
```
> multiply(A,B);
```
$$\begin{bmatrix} 6 & 6 \\ 9 & 9 \\ 12 & 12 \end{bmatrix}$$

L'opérateur de multiplication &*

Il ne faut pas, comme on pourrait à juste titre en être tenté, utiliser l'opérateur *
pour réaliser une multiplication de matrices. D'ailleurs, si on se limite à un produit
de deux matrices, MAPLE nous l'interdit dans la plupart des cas.

Ex.12

```
> A:=matrix(3,3,(i,j)->i+j-1);B:=matrix(3,3,1);
```

$$A := \begin{bmatrix} 1 & 2 & 3 \\ 2 & 3 & 4 \\ 3 & 4 & 5 \end{bmatrix} \qquad B := \begin{bmatrix} 1 & 1 & 1 \\ 1 & 1 & 1 \\ 1 & 1 & 1 \end{bmatrix}$$

```
> evalm(A*B);
```
Error, (in evalm/evaluate) use the &* operator
for matrix multiplication

Mais pour un produit de trois matrices, MAPLE ne bronche pas et il retourne un
résultat faux comme on peut le vérifier dans l'exemple suivant.

Ex.13

```
> evalm(A*B*A);multiply(A,B,A);
```

$$\begin{bmatrix} 60 & 60 & 60 \\ 87 & 87 & 87 \\ 114 & 114 & 114 \end{bmatrix}$$

$$\begin{bmatrix} 36 & 54 & 72 \\ 54 & 81 & 108 \\ 72 & 108 & 144 \end{bmatrix}$$

Comme le lecteur peut le vérifier, le premier résultat retourné par MAPLE est le
produit A^2B. En fait lorsque MAPLE rencontre des expressions telles que A*B*A
ou P^(-1)*A*P, il les considère comme des expressions rationnelles et commence
par leur appliquer les simplifications automatiquement faites pour ce genre de
calculs. Par exemple :

- si on utilise d'abord A*B*C et que l'on veut ensuite calculer B*A*C, MAPLE
  reconnaît qu'une expression équivalente à cette dernière, au sens de la multiplication polynomiale, se trouve déjà dans sa table d'expressions et il commence par remplacer B*A*C par A*B*C avant d'entamer tout calcul matriciel.

- A*B*A est automatiquement transformé en A^2*B ou B*A^2 suivant le contexte.

- Une expression telle que P^(-1)*A*P est automatiquement simplifiée en A.

Il ne faut donc pas s'étonner du résultat suivant obtenu sans calcul matriciel mais par pure simplification polynomiale.

Ex.14

```
> A*B-B*A;
                0
```

En un mot MAPLE traite la multiplication désignée par * comme une multiplication commutative ce qui peut conduire à des résultats aberrants !

Si on veut utiliser une notation multiplicative, plus proche de nos habitudes que ne l'est la fonction multiply, il faut utiliser l'opérateur &*, à la place de l'opérateur *, pour représenter cette multiplication non commutative et empêcher MAPLE de commencer par effectuer des simplifications de type polynomial. L'obtention d'une évaluation complète nécessite ensuite l'utilisation de la fonction evalm.

Ex.15

```
> A:=matrix(3,3,(i,j)->i+j-1);B:=matrix(3,3,1);
```

$$A := \begin{bmatrix} 1 & 2 & 3 \\ 2 & 3 & 4 \\ 3 & 4 & 5 \end{bmatrix} \quad B := \begin{bmatrix} 1 & 1 & 1 \\ 1 & 1 & 1 \\ 1 & 1 & 1 \end{bmatrix}$$

```
> A&*B-B&*A;
```

$$(A\& * B) - (B\& * A)$$

```
> evalm(A&*B-B&*A);
```

$$\begin{bmatrix} 0 & -3 & -6 \\ 3 & 0 & -3 \\ 6 & 3 & 0 \end{bmatrix}$$

I.6. Inverse d'une matrice

Si A est une matrice inversible, l'évaluation de inverse(A) retourne la matrice inverse de la matrice A. On peut aussi utiliser evalm(1/A) ou evalm(A^(-1)).

Ex.16

```
> A:=matrix([[a,b],[-b,a]]);
```

$$A := \begin{bmatrix} a & b \\ -b & a \end{bmatrix}$$

```
> B:=inverse(A);
```
On peut aussi utiliser evalm(1/A) et evalm(A^(-1))

$$B := \begin{bmatrix} \dfrac{a}{a^2 + b^2} & -\dfrac{b}{a^2 + b^2} \\ \dfrac{b}{a^2 + b^2} & \dfrac{a}{a^2 + b^2} \end{bmatrix}$$

I.7. Puissances de matrices carrées

Pour calculer une puissance de matrice, on peut utiliser l'opérateur ^ ou mieux l'opérateur &^ suivi éventuellement d'un **evalm** pour obtenir une évaluation complète.

Ex.17

```
> A:=matrix([[a,b],[-b,a]]);
```
$$A := \left[\begin{array}{cc} a & b \\ -b & a \end{array} \right]$$

```
> B:=A&^2; evalm(B);
```
$$B := A \,\&^{\wedge}\, 2$$
$$\left[\begin{array}{cc} a^2 - b^2 & 2\,a\,b \\ -2\,a\,b & a^2 - b^2 \end{array} \right]$$

Lorsque la matrice est inversible on peut en calculer des puissances négatives.

Ex.18

```
> evalm(A&^(-2));
```
$$\left[\begin{array}{cc} \dfrac{a^2 - b^2}{\left(a^2 + b^2\right)^2} & -2\,\dfrac{a\,b}{\left(a^2 + b^2\right)^2} \\[3mm] 2\,\dfrac{a\,b}{\left(a^2 + b^2\right)^2} & \dfrac{a^2 - b^2}{\left(a^2 + b^2\right)^2} \end{array} \right]$$

Attention ! De même que l'utilisation de l'opérateur *, l'utilisation de l'opérateur ^ (au lieu de &^) entraîne une simplification automatique abusive lorsque l'exposant est nul : le résultat retourné est alors le scalaire 1 et non pas la matrice identité. Il faut y penser, surtout en programmation, lors d'une utilisation des fonctions coldim et rowdim.

Mauvaise méthode

Ex.19

```
> B:=A^n;
```
$$B := A^n$$

```
> n:=0:B;
```
$$1$$

```
> rowdim(B);
```
Error, (in rowdim) expecting a matrix

Bonne méthode

```
> n:='n': B:=A&^n;
                        B := A &^ n
> n:=0: evalm(B);
                        [ 1  0 ]
                        [ 0  1 ]
> rowdim(B);
                           2
```

Ex.20

II. Base d'un sous-espace vectoriel

II.1. Sous-espace défini par des générateurs

C'est la fonction **basis** qui permet d'obtenir une base d'un espace vectoriel défini par une famille de générateurs.

- Si Lst est une liste de vecteurs, **basis(Lst)** retourne une sous-liste de Lst qui est une base de l'espace vectoriel engendré par ces vecteurs.

- Si Ens est un ensemble de vecteurs, **basis(Ens)** retourne un sous-ensemble de Ens qui est une base de l'espace vectoriel engendré par ces vecteurs.

Il est préférable d'appliquer la fonction **basis** à une liste afin d'obtenir, pour la base, une liste de vecteurs dont l'ordre correspond à celui de la liste initiale.

```
> a:= vector([1,2,0,1]): b:=vector([2,1,3,1]):
  c:= vector([1,-1,1,2]): d:=vector([2,4,2,0]):
> Base:=basis([a,b,c,d]);
                    Base := [a, b, c]

> Base:=basis({a,b,c,d});      la réponse dépend de la session
                    Base := {b, a, d}
```

Ex.21

Pour obtenir la dimension de l'espace vectoriel correspondant il suffit d'utiliser la fonction **nops** (cf. p. 339) qui retourne le nombre d'éléments de la base obtenue.

```
> nops(Base);
                        3
```

Ex.22

II.2. Noyau d'une matrice

Pour obtenir une base du noyau d'une matrice on utilise **kernel** ou **nullspace**.
Si **A** est une matrice, **kernel(A)** retourne, sous forme d'ensemble, une base du
noyau de **A**.

Ex.23
```
> M:=matrix(2,4,[1,2,3,4,2,3,4,5]);
```
$$M := \left[\begin{array}{cccc} 1 & 2 & 3 & 4 \\ 2 & 3 & 4 & 5 \end{array} \right]$$
```
> kernel(M);                          on peut aussi utiliser nullspace(M)
```
$$\{ [1,-2,1,0] , [2,-3,0,1] \}$$

La fonction **kernel** peut aussi s'utiliser avec un second paramètre non affecté
ou entre apostrophes. Si **A** est une matrice et **k** une variable, **kernel(A,'k')**
retourne une base du noyau de **A** et affecte à **k** la dimension de ce sous-espace.

Ex.24
```
> kernel(M,'k');
```
$$\{ [1,-2,1,0] , [2,-3,0,1] \}$$
```
> k;
```
$$2$$

II.3. Sous-espace engendré par les rangées d'une matrice

- Si **A** est une matrice et **r** une variable libre, **colspace(A,r)** retourne, sous
  forme d'ensemble, une base de l'espace vectoriel engendré par les vecteurs
  colonnes de **A** et affecte à **r** la dimension de ce sous-espace.
- Si **A** est une matrice et **r** une variable libre, **rowspace(A,r)** retourne, sous
  forme d'ensemble, une base de l'espace vectoriel engendré par les vecteurs
  lignes de **A** et affecte à **r** la dimension de ce sous-espace.

Dans chaque cas, le second argument est optionnel.

Ex.25
```
> colspace(M,r);
```
$$\{[0,1] , [1,0]\}$$
```
> r;
```
$$2$$
```
> rowspace(M);
```
$$\{[1,0,-1,-2] , [0,1,2,3]\}$$

La fonction **rowspan** permet aussi de déterminer une base du sous-espace vectoriel engendré par les vecteurs lignes d'une matrice. Son utilisation est préférable dans le cas où les coefficients sont des expressions. En effet la fonction **rowspace** effectue une mise sous forme triangulaire en utilisant la méthode classique du pivot de Gauss, alors que la fonction **rowspan** utilise, pour trianguler, une méthode un peu plus sophistiquée ne faisant pas intervenir de dénominateur.

La fonction **colspan** effectue un travail analogue sur les colonnes de la matrice.

Ex.26

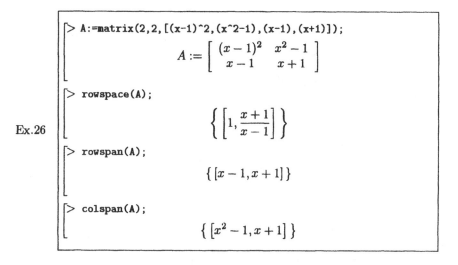

```
> A:=matrix(2,2,[(x-1)^2,(x^2-1),(x-1),(x+1)]);
```
$$A := \left[\begin{array}{cc} (x-1)^2 & x^2-1 \\ x-1 & x+1 \end{array} \right]$$

```
> rowspace(A);
```
$$\left\{ \left[1, \frac{x+1}{x-1} \right] \right\}$$

```
> rowspan(A);
```
$$\left\{ [x-1, x+1] \right\}$$

```
> colspan(A);
```
$$\left\{ [x^2-1, x+1] \right\}$$

II.4. Sous-espace défini par des équations

Pour déterminer une base d'un sous-espace vectoriel défini par des équations, on peut commencer par extraire la matrice du système d'équations grâce à la fonction **genmatrix** puis utiliser **kernel** qui donne une base du noyau de la matrice.

Ex.27

```
> Eq:=[x+2*y+3*z+4*t=0,2*x+3*y+4*z+5*t=0];
```
$$Eq := \{x + 2y + 3z + 4t = 0, \ 2x + 3y + 4z + 5t = 0\}$$

```
> M:=genmatrix(Eq,[x,y,z,t]);
```
$$M := \left[\begin{array}{cccc} 1 & 2 & 3 & 4 \\ 2 & 3 & 4 & 5 \end{array} \right]$$

```
> kernel(M);                    on peut aussi utiliser nullspace(M)
```
$$\{[1, -2, 1, 0], [2, -3, 0, 1]\}$$

II.5. Intersection et somme de sous-espaces vectoriels

Etant donné E1,E2,...,Ep des sous-espaces vectoriels, chacun de ces sous-espaces vectoriels étant défini par une liste ou un ensemble de générateurs,

- intbasis(E1,E2,...,Ep) retourne une base de l'intersection de ces sous-espaces.

- sumbasis(E1,E2,...,Ep), retourne une base de la somme de ces sous-espaces.

Ex.28

```
> E1:=[vector([1,2,0]),vector([2,1,3])];
  E2:=[vector([1,2,1]),vector([-1,1,1]),vector([-2,-1,0])];
```
$$E1 := [[1,2,0],[2,1,3]]$$
$$E2 := [[1,2,1],[-1,1,1],[-2,-1,0]]$$
```
> intbasis(E1,E2);
```
$$\{[-5,-7,-3]\}$$
```
> sumbasis(E1,E2);
```
$$[[1,2,0,],[2,1,3],[1,2,1]]$$

Remarque : On peut décrire la famille de sous-espaces vectoriels à l'aide de listes ou d'ensembles de générateurs. Pour une intersection de sous-espaces vectoriels, MAPLE retourne toujours un ensemble de générateurs linéairement indépendants (entre accolades). Pour une somme, il retourne une liste (entre crochets) lorsque tous les sous-espaces sont décrits par des listes et un ensemble dans le cas contraire.

II.6. Rang d'une matrice

La fonction **rank** permet d'obtenir le rang d'une matrice carrée ou non. Si **A** est une matrice dont les coefficients sont des expressions rationnelles à coefficients rationnels, l'évaluation de **rank(A)** retourne le rang de **A**.

Ex.29

```
> A:=matrix(3,4,(i,j)->i+j-1);
```
$$A := \begin{bmatrix} 1 & 2 & 3 & 4 \\ 2 & 3 & 4 & 5 \\ 3 & 4 & 5 & 6 \end{bmatrix}$$
```
> rank(A);
```
$$2$$

Attention ! La fonction `rank` ne peut s'utiliser avec une matrice dont l'un des coefficients contient une valeur numérique non rationnelle telle que `sqrt(2)` ou `Pi`.

Ex.30
```
> rank(diag(1,sqrt(2)));
Error, (in linalg[gausselim]) unable to find a provably non-zero pivot
```

II.7. Problème d'évaluation

Si des fonctions telles que `rank`, `colspace`, `kernel` ne posent aucun problème avec les matrices à coefficients rationnels il n'en est pas de même lorsque les coefficients sont exprimés en fonction de variables liées. L'exemple suivant, exécuté en *release 4*, peut laisser rêveur.

Ex.31
```
> A:=vandermonde([x,y,z]);
```
$$A := \begin{bmatrix} 1 & x & x^2 \\ 1 & y & y^2 \\ 1 & z & z^2 \end{bmatrix}$$
```
> x:=1: y:=1:
> rank(A);
```
$$3$$
```
> det(A);
```
$$0$$

Ce qui précède est la conséquence de la programmation de la fonction `rank` qui utilise une évaluation trop superficielle d'une matrice dont les coefficients sont des expressions : la fonction `rank` appelle la procédure `linalg[ffgausselim]` avec `A`, ce qui envoie à `ffgausselim` l'expression initiale de `A` et non pas une évaluation complète de cette matrice ; ainsi la fonction `rank` retourne le rang de `A` en ne tenant pas compte des valeurs attribuées à `x` et `y`.

Comme on l'a vu p. 260, la fonction `eval` ne permet pas d'obtenir l'évaluation complète d'une matrice dont les coefficients dépendent de variables qui pointent vers d'autres valeurs. Pour obtenir le résultat attendu dans l'exemple précédent, on ne peut se contenter d'appliquer la fonction `rank` à `eval(A)`, il faut écrire `rank(map(eval,A))`.

Ex.32
```
> rank(eval(A));
```
$$3$$
```
rank(map(eval,A));
```
$$2$$

II.8. Un exercice sur les matrices commutantes

C'est une question classique que de chercher les matrices B commutant avec une
matrice A donnée. Pour résoudre ce problème, on peut commencer par calculer
C=A*B-B*A où B est une matrice B inconnue.

Ex.33

```
> restart; with(linalg):
  A:=matrix(3,3,[1,1,1,0,2,1,0,0,3]);
```
$$A := \begin{bmatrix} 1 & 1 & 1 \\ 0 & 2 & 1 \\ 0 & 0 & 3 \end{bmatrix}$$
```
> B:=matrix(3,3);
```
$$B := array(1..3, 1..3, [])$$
```
> C:=evalm(A&*B-B&*A):
```

Le problème initial est équivalent à la résolution de l'équation C=0. Comme
MAPLE ne sait pas résoudre directement une telle équation, il nous faut récupérer
chacun des coefficients de C pour obtenir l'équation correspondant à son annulation.

Première possibilité

Comme toute matrice 3×3 est définie par la liste L de ses 9 éléments, la recherche
de B est équivalente à la recherche de cette liste. La fonction **seq** permet de passer
de B à L, puis de récupérer les coefficients de C qui fournissent les membres de
gauche du système dont les inconnues sont les éléments de L.

Ex.34

```
> Lst_Inc:=[seq(seq(B[i,j],j=1..3),i=1..3)];
```
$$Lst\_Inc := [B_{1,1}, B_{1,2}, B_{1,3}, B_{2,1}, B_{2,2}, B_{2,3}, B_{3,1}, B_{3,2}, B_{3,3}]$$
```
> Ens_Eq:={seq(seq(C[i,j],j=1..3),i=1..3)}:
```

La résolution de ce système d'équations est équivalente à la recherche du noyau
de la matrice 9×9 associée que l'on trouve grâce à **genmatrix**.

Ex.35

```
> N:=kernel(genmatrix(Ens_Eq,Lst_Inc));
```
$$N := \{ [1,0,0,0,0,1,0,0,0,1],$$
$$[-1,1,0,0,0,0,0,0,0] , [-1,0,1,0,-1,1,0,0,0] \}$$

Pour récupérer les matrices correspondantes, on peut appliquer la fonction **matrix**
à chaque élément de N. Plutôt que d'écrire trois affectations, on peut laisser à la

fonction map le soin de faire le travail. On obtient ensuite facilement la forme générale de toutes les matrices commutant avec A.

Ex.36

```
> M:=map(m->matrix(3,3,m),N);
```

$$M := \left\{ \begin{bmatrix} -1 & 1 & 0 \\ 0 & 0 & 0 \\ 0 & 0 & 0 \end{bmatrix}, \begin{bmatrix} 1 & 0 & 0 \\ 0 & 1 & 0 \\ 0 & 0 & 1 \end{bmatrix}, \begin{bmatrix} -1 & 0 & 1 \\ 0 & -1 & 1 \\ 0 & 0 & 0 \end{bmatrix} \right\}$$

```
> evalm(a*M[1]+b*M[2]+c*M[3]);
```

$$\begin{bmatrix} a-b-c & b & c \\ 0 & a-c & c \\ 0 & 0 & a \end{bmatrix}$$

Seconde possibilité

On utilise la fonction solve, ce qui permet de choisir les coefficients de B servant à paramétrer la réponse. Pour cela il faut mettre comme second argument de solve l'ensemble des inconnues par rapport auxquelles on veut résoudre. Pour obtenir ce second argument de solve il suffit de retrancher, à l'aide de la fonction minus, l'ensemble des inconnues de l'ensemble des paramètres.

Si on veut exprimer la solution générale en fonction des éléments diagonaux de B, on peut écrire.

Ex.37

```
> Ens_Inc:=convert(Lst_Inc,set);          Pour transformer
                                           la liste en ensemble (cf. p. 356)
```

$$Ens\_Inc := \{ B_{1,1}, B_{1,2}, B_{1,3}, B_{2,1}, B_{2,2}, B_{2,3}, B_{3,1}, B_{3,2}, B_{3,3} \}$$

```
> Sol := solve(Ens_Eq,
  Ens_Inc minus{B[1,1],B[2,2],B[3,3]});
```

$$Sol := \{ B_{1,3} = B_{3,3} - B_{2,2}, \; B_{1,2} = B_{2,2} - B_{1,1}, \; B_{3,1} = 0,$$
$$B_{2,3} = B_{3,3} - B_{2,2}, \; B_{2,1} = 0, \; B_{3,2} = 0 \}$$

```
> subs(Sol,evalm(B));        pour réaliser les conditions précédentes
```

$$\begin{bmatrix} B_{1,1} & B_{2,2} - B_{1,1} & B_{3,3} - B_{2,2} \\ 0 & B_{2,2} & B_{3,3} - B_{2,2} \\ 0 & 0 & B_{3,3} \end{bmatrix}$$

Chapitre 17

Systèmes
d'équations linéaires

Dans tout ce chapitre on suppose avoir chargé, en début de session, la bibliothèque `linalg` à l'aide de la commande `with(linalg)`.

I. Résolution d'un système linéaire

I.1. Système linéaire donné matriciellement

Etant donné une matrice `A` à n lignes et p colonnes,

- si B est un vecteur à n composantes, `linsolve(A,B)` retourne, sous forme de vecteur à p composantes, la solution générale du système $AX = B$.

- si B est une matrice à n lignes et q colonnes, `linsolve(A,B)` retourne, sous forme de matrice à p lignes et q colonnes, la solution générale du système $AX = B$.

Cas d'un système possédant une seule solution

Exemple de résolution d'un système où l'inconnue est un vecteur

Ex. 1

```
> A:=evalm(matrix(3,3,1)+1);
```

$$\begin{bmatrix} 2 & 1 & 1 \\ 1 & 2 & 1 \\ 1 & 1 & 2 \end{bmatrix}$$

```
> B:=vector([a,b,c]);
  v:=linsolve(A,B);
```

$$B := [a, b, c]$$

$$v := \left[\frac{3}{4}a - \frac{1}{4}b - \frac{1}{4}c, -\frac{1}{4}a + \frac{3}{4}b - \frac{1}{4}c, -\frac{1}{4}a - \frac{1}{4}b - \frac{3}{4}c \right]$$

Dans le cas où la matrice `A` est inversible (donc carrée) comme la précédente on peut remplacer `v:=linsolve(A,B)` par `v:=evalm(A^(-1)&*B)`. Mais la fonction `linsolve`, permet aussi de résoudre un système dont la matrice n'est pas carrée, comme dans l'exemple suivant.

Ex. 2

```
> A:=matrix(3,2,[2,1,1,2,1,1]);B:=vector([3,3,2]);
```

$$A := \begin{bmatrix} 2 & 1 \\ 1 & 2 \\ 1 & 1 \end{bmatrix}$$

$$B := [3, 3, 2]$$

```
> linsolve(A,B);
```

$$[1, 1]$$

```
> X:=evalm(A^(-1)&*B);
```
Error, (in linalg/inverse]) expecting a square matrix

Exemple de résolution d'un système où l'inconnue est une matrice

Ex. 3

```
> A:=matrix(3,2,[2,1,1,2,1,1]);
  B:=matrix(3,3,[5,4,-3,4,5,-3,3,3,-2]);
```

$$A := \begin{bmatrix} 2 & 1 \\ 1 & 2 \\ 1 & 1 \end{bmatrix} \qquad B := \begin{bmatrix} 5 & 4 & -3 \\ 4 & 5 & -3 \\ 3 & 3 & -2 \end{bmatrix}$$

```
> linsolve(A,B);
```

$$\begin{bmatrix} 2 & 1 & -1 \\ 1 & 2 & -1 \end{bmatrix}$$

Cas d'un système ne possédant aucune solution

Lorsque le système n'a pas de solution, la fonction `linsolve` retourne une séquence vide qui n'a donc aucun écho à l'écran.

Ex. 4

```
> A:=matrix(3,2,[2,1,1,2,1,1]);B:=vector([1,1,1]);
```

$$A := \begin{bmatrix} 2 & 1 \\ 1 & 2 \\ 1 & 1 \end{bmatrix} \qquad B := [1, 1, 1]$$

```
> v:=linsolve(A,B);         Sans affectation, il n'y aurait aucun écho.
```

$$v :=$$

Cas d'un système possédant plus d'une solution

Lorsqu'un système possède plus d'une solution, `linsolve` retourne l'expression de la solution générale en utilisant des variables auxiliaires commençant par le caractère *souligné*.

Cas d'un second membre vectoriel

Ex. 5

```
> A:=matrix(3,3,1)-3;
```

$$A := \begin{bmatrix} 1 & 1 & 1 \\ 1 & 1 & 1 \\ 1 & 1 & 1 \end{bmatrix} - 3$$

```
> evalm(A);
```

On vérifie que si M est une matrice, MAPLE interprète M-3 comme M-3 I

$$\begin{bmatrix} -2 & 1 & 1 \\ 1 & -2 & 1 \\ 1 & 1 & -2 \end{bmatrix}$$

```
> B:=vector([0,3,-3]);
```

$$B := [0, 3, -3]$$

```
> v:=linsolve(A,B);
```

$$v := [\_t_1 - 1, \_t_1 - 2, \_t_1]$$

Cas d'un second membre matriciel

Ex. 6

```
> B1:=vector([3,-3,0]);
```

$$B1 := [3, -3, 0]$$

```
> C:=concat(B,B1);
```

$$C := \begin{bmatrix} 0 & 3 \\ 3 & -3 \\ -3 & 0 \end{bmatrix}$$

```
> v:=linsolve(A,C);
```

$$v := \begin{bmatrix} -1 + \_t_{1_1} & -1 + \_t_{2_1} \\ -2 + \_t_{1_1} & 1 + \_t_{2_1} \\ \_t_{1_1} & \_t_{2_1} \end{bmatrix}$$

Système de la forme $XA = B$

Il n'y a pas dans MAPLE de fonction spéciale pour résoudre un système linéaire de la forme $XA = B$. On peut pallier ce manque par une double utilisation de **transpose**, comme dans l'exemple suivant.

Ex. 7

```
> A:=matrix(2,3,[2,1,1,1,2,1]);
```
$$A := \begin{bmatrix} 2 & 1 & 1 \\ 1 & 2 & 1 \end{bmatrix}$$

```
> B:=matrix(3,3,[4,5,3,5,4,3,1,-4,-1]);
```
$$B := \begin{bmatrix} 4 & 5 & 3 \\ 5 & 4 & 3 \\ 1 & -4 & -1 \end{bmatrix}$$

```
> linsolve(transpose(A),transpose(B));
```
$$\begin{bmatrix} 1 & 2 & 2 \\ 2 & 1 & -3 \end{bmatrix}$$

```
> transpose(");
```
$$\begin{bmatrix} 1 & 2 \\ 2 & 1 \\ 2 & -3 \end{bmatrix}$$

Remarque : On peut obtenir directement le résultat précédent en tapant

Ex. 8

```
> transpose(linsolve(transpose(A),transpose(B)));
```

I.2. Système linéaire donné par des équations

Dans cette partie on se propose de résoudre un système donné par des équations.

Utilisation de solve

Si on utilise **solve** pour résoudre un système d'équations linéaires, la réponse est retournée sous forme de séquence, ce qui nécessite l'utilisation des fonctions **subs** et **vector** si on a vraiment besoin d'un vecteur.

```
> Eq:={2*x+3*y-2*z-3,x+y+z-1,5*x+4*y+2*z};
```
$$Eq := \{2x + 3y - 2x - 3, x + y + z - 1, 5x + 4y + 2z\}$$
```
> S:=solve(Eq,{x,y,z});
```
$$S := \left\{ y = \frac{23}{7}, x = \frac{-20}{7}, z = \frac{4}{7} \right\}$$
```
> v:=vector(subs(S,[x,y,z]));
```
$$v := \left[\frac{-20}{7}, \frac{23}{7}, \frac{4}{7} \right]$$

Ex. 9

Utilisation de linsolve

Pour un système linéaire donné par des équations, on peut utiliser la fonction linsolve après avoir construit la matrice du système et la matrice des "seconds membres" à l'aide des fonctions **genmatrix** et **submatrix**.

```
> S:=genmatrix(Eq,[x,y,z],flag);
```
$$S := \left[\begin{array}{cccc} 2 & 3 & -2 & 3 \\ 1 & 1 & 1 & 1 \\ 5 & 4 & 2 & 0 \end{array} \right]$$
```
> A:=submatrix(S,1..3,1..3);
  B:=col(S,4);
```
$$A := \left[\begin{array}{ccc} 2 & 3 & -2 \\ 1 & 1 & 1 \\ 5 & 4 & 2 \end{array} \right]$$
$$B := [3, 1, 0]$$
```
> linsolve(A, B);
```
$$\left[\frac{-20}{7}, \frac{23}{7}, \frac{4}{7} \right]$$

Ex.10

Avec cette méthode, il ne faut surtout pas modifier l'ordre des variables : on doit donc donner ces variables sous forme de liste. En revanche, on peut utiliser directement l'ensemble des équations défini à la page précédente, ce qui modifie éventuellement l'ordre des lignes de la matrice **A** obtenue, ce qui n'a aucune influence sur le résultat.

II. Méthode du pivot

II.1. Opérations sur les lignes et les colonnes d'une matrice

Bien que MAPLE sache de lui même résoudre les systèmes linéaires on peut avoir besoin d'opérer des transformations sur les lignes ou les colonnes d'une matrice.

Etant donné A une matrice ainsi que i et j deux entiers et x un scalaire, le tableau suivant résume la syntaxe des diverses fonctions de manipulation de lignes et de colonnes.

Instruction	La matrice retournée est obtenue en ...
swapcol (A,i,j)	permutant les colonnes i et j de A
swaprow (A,i,j)	permutant les lignes i et j de A
mulcol (A,j,x)	multipliant la $j^{ième}$ colonne de A par x
mulrow (A,i,x)	multipliant la $i^{ième}$ ligne de A par x
addcol (A,i,j,x)	remplaçant la $j^{ième}$ colonne Cj par Cj+x*Ci
addrow (A,i,j,x)	remplaçant la $j^{ième}$ ligne Lj par Lj+x*Li

Remarque : Aucune de ces fonctions ne modifie la matrice originale. En ce qui concerne addcol et addrow il faut prendre garde à l'ordre peu naturel des paramètres : addcol(A,i,j,x) qui ajoute à la $j^{ième}$ colonne le produit par x de la $i^{-ième}$ colonne.

Ex.11

```
> A:=matrix(4,3,(i,j)->i+j-1);
```

$$A := \begin{bmatrix} 1 & 2 & 3 \\ 2 & 3 & 4 \\ 3 & 4 & 5 \\ 4 & 5 & 6 \end{bmatrix}$$

```
> B:=swapcol(A,2,3); C:=swaprow(A,1,4);
```

$$B := \begin{bmatrix} 1 & 3 & 2 \\ 2 & 4 & 3 \\ 3 & 5 & 4 \\ 4 & 6 & 5 \end{bmatrix} \qquad C := \begin{bmatrix} 4 & 5 & 6 \\ 2 & 3 & 4 \\ 3 & 4 & 5 \\ 1 & 2 & 3 \end{bmatrix}$$

```
> mulrow(A,2,w);
```

$$\begin{bmatrix} 1 & 2 & 3 \\ 2w & 3w & 4w \\ 3 & 4 & 5 \\ 4 & 5 & 6 \end{bmatrix}$$

II.2. La fonction pivot

La fonction **pivot** permet, par combinaisons linéaires de lignes, d'annuler une partie des coefficients d'une colonne.

Etant donné une matrice **A** et un couple d'indices (i,j) pour lequel le coefficient **A[i,j]** (le pivot) est non nul, l'instruction **pivot(A,i,j)** retourne une matrice, de même taille et de même rang que **A**, dont tous les coefficients situés en dessous du pivot sont nuls. Cette matrice est obtenue en retranchant à chacune des lignes situées en dessous de la $i^{\text{ème}}$ ligne une combinaison linéaire de la $i^{\text{ème}}$ ligne.

Ex.12

```
> A:=matrix(4,3,(i,j)->i+j-1);
```

$$A := \begin{bmatrix} 1 & 2 & 3 \\ 2 & 3 & 4 \\ 3 & 4 & 5 \\ 4 & 5 & 6 \end{bmatrix}$$

```
> A1:=pivot(A,1,1);
  A2:=pivot(A1,2,2);
```

$$A1 := \begin{bmatrix} 1 & 2 & 3 \\ 0 & -1 & -2 \\ 0 & -2 & -4 \\ 0 & -3 & -6 \end{bmatrix}$$

$$A2 := \begin{bmatrix} 1 & 0 & -1 \\ 0 & -1 & -2 \\ 0 & 0 & 0 \\ 0 & 0 & 0 \end{bmatrix}$$

Il est possible, en utilisant un quatrième paramètre qui doit être un intervalle, de limiter les effets de la fonction **pivot** aux lignes dont l'indice se situe entre les bornes de cet intervalle.

Ex.13

```
> pivot(A,1,1,2..3);
```

$$\begin{bmatrix} 1 & 2 & 3 \\ 0 & -1 & -2 \\ 0 & -2 & -4 \\ 4 & 5 & 6 \end{bmatrix}$$

II.3. Réduction de Gauss : la fonction gausselim

La fonction **gausselim** permet de réaliser une élimination de Gauss. Si **A** est une matrice dont les coefficients sont des nombres ou des expressions rationnelles, **gausselim(A)** retourne une réduite de Gauss, c'est à dire une matrice "triangulaire supérieure" de même rang que **A**.

Lorsque les coefficients de la matrice sont des fractions rationnelles à coefficients de type **complex(rational)**, voir page 348, les calculs sont réalisés exactement mais MAPLE permute parfois les lignes de façon à diviser par un élément de longueur minimale afin de ne pas trop compliquer les dénominateurs.

Exemple avec une matrice à coefficients rationnels

Ex.14

```
> A:=matrix(4,3,(i,j)->i+j-1); gausselim(A);
```

$$A := \begin{bmatrix} 1 & 2 & 3 \\ 2 & 3 & 4 \\ 3 & 4 & 5 \\ 4 & 5 & 6 \end{bmatrix}$$

$$\begin{bmatrix} 1 & 2 & 3 \\ 0 & -1 & -2 \\ 0 & 0 & 0 \\ 0 & 0 & 0 \end{bmatrix}$$

Exemple avec une matrice à coefficients polynomiaux

Ex.15

```
> A:=matrix(3,3,(i,j)->(x+i+j-1)^2); gausselim(A);
```

$$A := \begin{bmatrix} (x+1)^2 & (x+2)^2 & (x+3)^2 \\ (x+2)^2 & (x+3)^2 & (x+4)^2 \\ (x+3)^2 & (x+4)^2 & (x+5)^2 \end{bmatrix}$$

$$\begin{bmatrix} (x+1)^2 & (x+2)^2 & (x+3)^2 \\ 0 & -\dfrac{2x^2+8x+7}{(x+1)^2} & -4\dfrac{x^2+5x+5}{(x+1)^2} \\ 0 & 0 & 8\dfrac{1}{2x^2+8x+7} \end{bmatrix}$$

Si la matrice est à coefficients numériques et que l'un d'entre eux est de type `float`, alors tous les calculs sont faits en virgule flottante. Dans ce cas MAPLE utilise la méthode classique du pivot partiel en choisissant un élément de valeur absolue maximale.

Ex.16

```
> A:=matrix(3,3,(i,j)->i+j-1):
> A[1,1]:=1.:evalm(A);                    remarquer le point décimal
```

$$\begin{bmatrix} 1. & 2 & 3 \\ 2 & 3 & 4 \\ 3 & 4 & 5 \\ 4 & 5 & 6 \end{bmatrix}$$

```
> gausselim(A);
```

$$\begin{bmatrix} 3. & 4. & 5. \\ 0 & .666666667 & 1.333333333 \\ 0 & 0 & .4 \cdot 10^{-9} \end{bmatrix}$$

Dès que la matrice contient un coefficient de type `float`, elle ne peut contenir de variable sinon MAPLE retourne un message d'erreur.

Ex.17

```
> A:=matrix(3,3,(i,j)->i+j-1): A[1,1]:=1.: A[2,2]:=x:
  evalm(A);
```

$$\begin{bmatrix} 1. & 2 & 3 \\ 2 & x & 4 \\ 3 & 4 & 5 \end{bmatrix}$$

```
> gausselim(A);
  Error, (in gausselim) matrix entries must all evaluate to complex floats
```

Il faut aussi noter que, si l'un des coefficients contient une valeur réelle qui n'est pas de type `numeric` comme `sqrt(2)`, la fonction `gausselim` ne peut réaliser son travail. Un essai d'élimination de Gauss avec la matrice A suivante se solde par un message d'erreur.

Ex.18

```
> A:=matrix(3,3,(i,j)->i+j-1): A[1,1]:=sqrt(2):
> gausselim(A);
  Error, (in gausselim) unable to find a provably non zero pivot
```

Dans un tel cas, pour forcer MAPLE à effectuer le calcul en réels, on peut soit écrire l'une des valeurs entières avec un point décimal, soit appliquer la fonction `gausselim` à `map(evalf,A)` ou à `evalf(eval(A))`.

II.4. Réduction de Gauss sans dénominateur : ffgausselim

La fonction **ffgausselim** réalise aussi une élimination de Gauss mais seulement sur des matrices dont les coefficients sont des polynômes à coefficients de type **complex(rational)**, c'est à dire de la forme **a+i*b** où **a** et **b** sont rationnels. Cette fois il s'agit d'une élimination sans introduction de dénominateur, tous les calculs se réalisant dans un anneau de polynômes à coefficients de type complex(rational).

Comme la fonction **gausselim**, la fonction **ffgausselim** peut permuter des lignes pour prendre comme "pivot" un coefficient de longueur minimale. Contrairement à ce qui se passe avec la fonction **gausselim**, cette seconde méthode ne conserve pas la valeur absolue du déterminant de la matrice.

L'exemple suivant montre la différence des résultats fournis par les fonctions **gausselim** et **ffgausselim**.

Ex.19

```
> A:=matrix(3,3,(i,j)->(6-i-j)^2);
```

$$A := \begin{bmatrix} 16 & 9 & 4 \\ 9 & 4 & 1 \\ 4 & 1 & 0 \end{bmatrix}$$

```
> gausselim(A); ffgausselim(A);
```

$$\begin{bmatrix} 9 & 4 & 1 \\ 0 & -\dfrac{7}{9} & -\dfrac{4}{9} \\ 0 & 0 & \dfrac{8}{7} \end{bmatrix} , \begin{bmatrix} 9 & 4 & 1 \\ 0 & -7 & -4 \\ 0 & 0 & -8 \end{bmatrix}$$

On voit sur l'exemple précédent que MAPLE commence par permuter la première ligne avec la seconde, dont le coefficient est de longueur (et non de valeur) minimale parmi les éléments de la première colonne.

Autre exemple avec une matrice à coefficients polynomiaux

Ex.20

```
> A:=matrix(3,3,(i,j)->(x+i+j-1)^2);
```

$$A := \begin{bmatrix} (x+1)^2 & (x+2)^2 & (x+3)^2 \\ (x+2)^2 & (x+3)^2 & (x+4)^2 \\ (x+3)^2 & (x+4)^2 & (x+5)^2 \end{bmatrix}$$

```
> ffgausselim(A);
```

$$\begin{bmatrix} x^2+2x+1 & x^2+4x+4 & x^2+6x+9 \\ 0 & -2x^2-8x-7 & -4x^2-20x-20 \\ 0 & 0 & -8 \end{bmatrix}$$

II.5. Paramètres optionnels de gausselim et ffgausselim

Chacune de ces deux fonctions précédentes, **gausselim** et **ffgausselim**, tolère des paramètres optionnels permettant de récupérer le rang et le déterminant de la matrice ou d'indiquer un indice de ligne où il faut arrêter l'élimination.
Etant donné une matrice **A**,

- si i contient une valeur numérique entière, alors l'évaluation de **gausselim(A,i)** ou de **ffgausselim(A,i)** effectue une élimination de Gauss partielle en s'arrêtant à la ligne d'indice i

- si r est une variable libre, alors l'évaluation de **gausselim(A,r)** ou **ffgausselim(A, r)** effectue une élimination de Gauss totale et, au retour, r contient le rang de **A**.

- si r et d sont des variables libres et si **A** est une matrice carrée, alors **gausselim(A,r,d)** ou **ffgausselim(A,r,d)** effectue une élimination de Gauss totale et, au retour, r contient le rang de **A** et d contient son déterminant.

Exemple d'élimination partielle

Ex.21

```
> A:=matrix(4,4,(i,j)->(i+j)^2);
```

$$A := \begin{bmatrix} 4 & 9 & 16 & 25 \\ 9 & 16 & 25 & 36 \\ 16 & 25 & 36 & 49 \\ 25 & 36 & 49 & 64 \end{bmatrix}$$

```
> gausselim(A,2);
```

$$\begin{bmatrix} 4 & 9 & 16 & 25 \\ 0 & -11 & -28 & -51 \\ 0 & 0 & -\dfrac{2}{11} & -\dfrac{6}{11} \\ 0 & 0 & \dfrac{6}{11} & \dfrac{18}{11} \end{bmatrix}$$

Exemple avec calcul de rang et de déterminant :

Ex.22

```
> A:=matrix(3,3,(i,j)->(6-i-j)^2):
> gausselim(A,'r','d'): r;d;
```
$$3$$
$$-8$$

Il faut noter que le test sur l'annulation du pivot est toujours fait à l'égalité :
lorsque les calculs sont faits avec des valeurs de type float cela peut, comme dans
l'exemple suivant, donner des résultats incorrects pour le rang et le déterminant.

Ex.23

```
[> A:=matrix(3,3,(i,j)->(i+j-1)):  A[1,1]:=1.:
[> evalm(A);
```

$$A := \begin{bmatrix} 1. & 2 & 3 \\ 2 & 3 & 4 \\ 3 & 4 & 5 \end{bmatrix}$$

```
[> gausselim(A,'r','d'):
[> r; d;                    MAPLE ne tient pas compte des erreurs
                                 d'arrondi pour déterminer le rang
```

$$3$$

$$8.000000004 \ 10^{-9}$$

II.6. Réduction de Gauss Jordan

La méthode de Gauss Jordan est une méthode d'élimination de Gauss dans laquelle à chaque étape on divise la ligne du pivot par ce pivot puis, par des combinaisons linéaires, on annule non seulement les coefficients situés en dessous du
pivot mais aussi tous ceux situés au dessus de ce pivot. A l'issue de cette élimination, les coefficients "diagonaux" sont tous égaux à 1 ou à 0.

Cette fonction permet, entre autres, de calculer l'inverse d'une matrice en utilisant
la méthode décrite ci-dessous.

On commence par prendre une matrice A et lui accoler la matrice identité :

Ex.24

```
[> A:=matrix(3,3,(i,j)->(i+j-1)^2);
```

$$A := \begin{bmatrix} 1 & 4 & 9 \\ 4 & 9 & 16 \\ 9 & 16 & 25 \end{bmatrix}$$

```
[> B:=concat(A,diag(1,1,1));
```

$$B := \begin{bmatrix} 1 & 4 & 9 & 1 & 0 & 0 \\ 4 & 9 & 16 & 0 & 1 & 0 \\ 9 & 16 & 25 & 0 & 0 & 1 \end{bmatrix}$$

Puis on applique la méthode de Gauss Jordan à la matrice ainsi construite.

Ex.25

```
> B1:=gaussjord(B);
```

$$B1 := \begin{bmatrix} 1 & 0 & 0 & \dfrac{31}{8} & -\dfrac{11}{2} & \dfrac{17}{8} \\ 0 & 1 & 0 & -\dfrac{11}{2} & 7 & -\dfrac{5}{2} \\ 0 & 0 & 1 & \dfrac{17}{8} & -\dfrac{5}{2} & \dfrac{7}{8} \end{bmatrix}$$

Et il suffit alors d'extraire le bloc de droite pour obtenir l'inverse de A.

Ex.26

```
> C:=submatrix(B1,1..3,4..6);
```

$$C := \begin{bmatrix} \dfrac{31}{8} & -\dfrac{11}{2} & \dfrac{17}{8} \\ -\dfrac{11}{2} & 7 & -\dfrac{5}{2} \\ \dfrac{17}{8} & -\dfrac{5}{2} & \dfrac{7}{8} \end{bmatrix}$$

```
> multiply(A,C);                        rien ne vaut une vérification
```

$$\begin{bmatrix} 1 & 0 & 0 \\ 0 & 1 & 0 \\ 0 & 0 & 1 \end{bmatrix}$$

Chapitre 18

Réduction des matrices

Dans tout ce chapitre on suppose avoir chargé, en début de session, la bibliothèque linalg à l'aide de la commande with(linalg).

I. Déterminant, polynôme caractéristique

I.1. Déterminant d'une matrice

C'est la fonction **det** qui permet de calculer le déterminant d'une matrice. Si **A** est une matrice carrée, **det(A)** retourne le déterminant de **A**.

Exemple avec une matrice à coefficients entiers

Ex. 1

```
> with(linalg): A:=matrix(5,5,(i,j)->irem(i+j-2,5)+1);
  Warning, new definition for norm
  Warning, new definition for trace
```

$$A := \begin{bmatrix} 1 & 2 & 3 & 4 & 5 \\ 2 & 3 & 4 & 5 & 1 \\ 3 & 4 & 5 & 1 & 2 \\ 4 & 5 & 1 & 2 & 3 \\ 5 & 1 & 2 & 3 & 4 \end{bmatrix}$$

```
> det(A);
```
$$1875$$

Exemple de l'incontournable déterminant de Vandermonde

Ex. 2

```
> A:=vandermonde([x,y,z,t]):
  factor(det(A));
```
$$(t-y)(y-x)(t-x)(z-y)(t-z)(z-x)$$

I.2. Matrice caractéristique et polynôme caractéristique

Matrice caractéristique d'une matrice

Si **A** est une matrice carrée d'ordre n, l'évaluation de **charmat(A,x)** retourne la matrice $x\,I_n - A$, où I_n est la matrice unité d'ordre n. Le **x** est indispensable.

Ex. 3

```
> A:=matrix(3,3,(i,j)->i^j):B:=charmat(A,x);
```

$$B := \begin{bmatrix} x-1 & -1 & -1 \\ -2 & x-4 & -8 \\ -3 & -9 & x-27 \end{bmatrix}$$

```
> C:=charmat(A);                              Si on oublie le x ... Error
  Error, (in charmat) invalid arguments
```

Polynôme caractéristique d'une matrice

Si **A** est une matrice carrée d'ordre n, l'évaluation de **charpoly(A,x)** retourne le déterminant de la matrice $x\,I_n - A$ où I_n est la matrice unité d'ordre n. Au facteur multiplicatif $(-1)^n$ près, on obtient donc le polynôme caractéristique de **A**. Ici encore, le **x** est indispensable.

Ex. 4

```
> A:=matrix(3,3,(i,j)->i^j);
```

$$A := \begin{bmatrix} 1 & 1 & 1 \\ 2 & 4 & 8 \\ 3 & 9 & 27 \end{bmatrix}$$

```
> p:=charpoly(A);
  Error, (in charpoly) wrong number of parameters
> p:=charpoly(A,x);
```

$$p := x^3 - 32\,x + 62\,x - 12$$

```
> subs(x=A,p);                              Vérifions le théorème
                                            de Cayley-Hamilton
```

$$A^3 - 32\,A + 62\,A - 12$$

```
> evalm(");
```

$$\begin{bmatrix} 0 & 0 & 0 \\ 0 & 0 & 0 \\ 0 & 0 & 0 \end{bmatrix}$$

Si les coefficients de la matrice **A** ne sont pas tous des nombres rationnels, le polynôme obtenu n'est pas forcément réduit.

Ex. 5

```
> A:=evalm(matrix(3,3,1)+a);
```

$$A := \begin{bmatrix} 1+a & 1 & 1 \\ 1 & 1+a & 1 \\ 1 & 1 & 1+a \end{bmatrix}$$

```
> p:=charpoly(A,x);
```

$$p := x^3 - 3\,x^2 - 3\,x^2\,a + 6\,x\,a + 3\,x\,a^2 - 3\,a^2 - a^3$$

```
> collect(p,x);
```

$$x^3 + (-3 - 3\,a)\,x^2 + (3\,a^2 + 6\,a)\,x - 3\,a^2 - a^3$$

```
> factor(p);
```

$$(x - a - 3)\,(x - a)^2$$

I.3. Polynôme minimal d'une matrice

Si **A** est une matrice carrée d'ordre n, l'évaluation de `minpoly(A,x)` retourne le polynôme minimal de la matrice **A**.

Ex. 6

```
> A:=matrix(3,3,[4,4,6,-6,-7,-12,3,4,7]);
```

$$A := \begin{bmatrix} 4 & 4 & 6 \\ -6 & -7 & -12 \\ 3 & 4 & 7 \end{bmatrix}$$

```
> q:=minpoly(A,x);
```

$$q := 2 - 3\,x + x^2$$

```
> p:=charpoly(A,x);
```

$$p := x^3 + 5\,x - 4\,x^2 - 2$$

```
> divide(p,q);
```

On vérifie que le polynôme minimal divise le polynôme caractéristique

$$true$$

II. Eléments propres d'une matrice

II.1. Valeurs propres

C'est la fonction **eigenvals** qui permet d'obtenir les valeurs propres d'une matrice. Si **A** est une matrice carrée, l'évaluation de **eigenvals(A)** retourne, sous forme explicite ou implicite, la séquence des valeurs propres de **A**.

Si la matrice **A** est d'ordre inférieur ou égal à 3, alors **eigenvals(A)** retourne la séquence des valeurs propres de **A** avec une écriture utilisant des radicaux.

Ex. 7

```
> A:=matrix(3,3,[1,1,1,1,1,1,1,2,3]);
```
$$A := \begin{bmatrix} 1 & 1 & 1 \\ 1 & 1 & 1 \\ 1 & 2 & 3 \end{bmatrix}$$

```
> eigenvals(A);
```
$$0, \frac{5}{2} + \frac{1}{2}\sqrt{13}, \frac{5}{2} - \frac{1}{2}\sqrt{13}$$

Si la matrice **A** est d'ordre 4, alors **eigenvals(A)** peut, selon la valeur de la variable globale **_EnvExplicit** (cf. p. 103), retourner un résultat utilisant des radicaux ou une forme implicite utilisant la fonction **RootOf**.

Ex. 8

```
> A:=matrix(4,4,[0,0,0,a,0,0,0,b,0,0,0,c,a,b,c,d]);
```
$$A := \begin{bmatrix} 0 & 0 & 0 & a \\ 0 & 0 & 0 & b \\ 0 & 0 & 0 & c \\ a & b & c & d \end{bmatrix}$$

```
> eigenvals(A);
```
$$0, 0, \frac{d}{2} - \frac{1}{2}\sqrt{d^2 + 4c^2 + 4b^2 + 4a^2}, \frac{d}{2} + \frac{1}{2}\sqrt{d^2 + 4c^2 + 4b^2 + 4a^2}$$

Si la matrice **A** est d'ordre supérieur à 5, il est en général impossible d'exprimer les valeurs propres à l'aide de radicaux ; **eigenvals(A)** retourne un résultat écrit soit à l'aide de fonctions trigonométriques, soit à l'aide de la fonction **RootOf**.

Exemple de réponse utilisant des **RootOf**

Ex. 9

```
> A:=matrix(5,5,(i,j)->gcd(i,j)): eigenvals(A);
```
$$RootOf(-16 + 88\_Z + 34 - Z^2 + 72\_Z^3 - 15\_Z^4 + \_Z^5)$$

Exemple de réponse utilisant des lignes trigonométriques

Ex.10

```
> A:=band([0,0,1],7): A[7,1]:=1: eval(A);
```

$$\begin{bmatrix} 0 & 1 & 0 & 0 & 0 & 0 & 0 \\ 0 & 0 & 1 & 0 & 0 & 0 & 0 \\ 0 & 0 & 0 & 1 & 0 & 0 & 0 \\ 0 & 0 & 0 & 0 & 1 & 0 & 0 \\ 0 & 0 & 0 & 0 & 0 & 1 & 0 \\ 0 & 0 & 0 & 0 & 0 & 0 & 1 \\ 1 & 0 & 0 & 0 & 0 & 0 & 0 \end{bmatrix}$$

```
> eigenvals(A);
```

$$1, \cos\left(\tfrac{2\pi}{7}\right) + I\sin\left(\tfrac{2\pi}{7}\right), -\cos\left(\tfrac{3\pi}{7}\right) + I\sin\left(\tfrac{3\pi}{7}\right),$$
$$-\cos\left(\tfrac{\pi}{7}\right) + I\sin\left(\tfrac{\pi}{7}\right), -\cos\left(\tfrac{\pi}{7}\right) - I\sin\left(\tfrac{\pi}{7}\right),$$
$$-\cos\left(\tfrac{3\pi}{7}\right) - I\sin\left(\tfrac{3\pi}{7}\right), \cos\left(\tfrac{2\pi}{7}\right) - I\sin\left(\tfrac{2\pi}{7}\right)$$

```
> charpoly(A,x);
```
                                                Pour vérifier

$$x^7 - 1$$

Si **A** est une matrice dont les éléments sont des fonctions rationnelles à coefficients algébriques, **eigenvals(A,implicit)** impose à MAPLE de retourner un résultat écrit avec des **RootOf** (de polynômes irréductibles).

Avec la matrice **A** de l'exemple précédent, on obtient

Ex.11

```
> eigenvals(A,implicit);
```

$$1, RootOf(\_Z^6 + \_Z^5 + \_Z^4 + \_Z^3 + \_Z^2 + \_Z + 1)$$

Quand on utilise l'option **implicit**, les irrationnels figurant dans la matrice doivent être écrits à l'aide de **RootOf**, sinon MAPLE retourne un message d'erreur. On peut utiliser la fonction **convert** pour transformer les radicaux en **RootOf**, mais la règle d'évaluation des matrices impose d'appliquer **convert** à **eval(A)** et non à **A**.

Ex.12

```
> A:=matrix(3,3,[sqrt(2),-1,1,2,1,-1,-2,1,-1]);
```

$$A := \begin{bmatrix} \sqrt{2} & -1 & 1 \\ 2 & 1 & -1 \\ -2 & 1 & -1 \end{bmatrix}$$

```
> eigenvals(A,implicit);
```
Error, (in eigenvals) radicals in input matrix
must be converted to RootOfs

II.2. Vecteurs propres, diagonalisation

C'est la fonction `eigenvects` qui permet d'obtenir les vecteurs propres d'une matrice. Si `A` est une matrice carrée, `eigenvects(A)` retourne une séquence de listes de la forme $[\lambda, \alpha, B_\lambda]$, où λ est une valeur propre de `A`, α son ordre de multiplicité et B_λ une base (sous forme d'ensemble) du sous-espace propre associée à la valeur propre λ.

Premier exemple

Ex.13

```
> A:=matrix(3,3,(i,j)->a^(i+j-2));
```
$$A := \begin{bmatrix} 1 & a & a^2 \\ a & a^2 & a^3 \\ a^2 & a^3 & a^4 \end{bmatrix}$$

```
> s:=eigenvects(A);
```
$$s := \left[0, 2, \left\{ \left[-a^2, 0, 1 \right], [-a, 1, 0] \right\} \right],$$
$$\left[1 + a^2 + a^4, 1, \left\{ \left[1, a, a^2 \right] \right\} \right]$$

La matrice précédente est donc diagonalisable et on peut former une matrice de passage à l'aide des fonctions `op` et `union`.

Ex.14

```
> Ens_Vect:=op(3,s[1]) union op(3,s[2]);
```
$$Ens\_vect := \left\{ \left[-a^2, 0, 1 \right], [-a, 1, 0], \left[1, a, a^2 \right] \right\}$$

```
> P:=concat(op("));            op transforme l'ensemble en séquence
```
$$P := \begin{bmatrix} -a & -a^2 & 1 \\ 1 & 0 & a \\ 0 & 1 & a^2 \end{bmatrix}$$

```
> map(normal,evalm(P^(-1)&*A&*P));
```
$$\begin{bmatrix} 0 & 0 & 0 \\ 0 & 0 & 0 \\ 0 & 0 & 1 + a^2 + a^4 \end{bmatrix}$$

Deuxième exemple

Ex.15

```
> A:=matrix(4,4,(i,j)->irem(i+j-2,4));
```
$$A := \begin{bmatrix} 0 & 1 & 2 & 3 \\ 1 & 2 & 3 & 0 \\ 2 & 3 & 0 & 1 \\ 3 & 0 & 1 & 2 \end{bmatrix}$$

```
> s:=eigenvects(A);
```

$$s := [6, 1, \{[1, 1, 1, 1]\}], [-2, 1, \{[1, -1, 1, -1]\}],$$
$$[2\sqrt{2}, 1, \{[-1, \sqrt{2}+1, 1, -1-\sqrt{2}]\}],$$
$$[-2\sqrt{2}, 1, \{[-1, 1-\sqrt{2}, 1, \sqrt{2}-1]\}]$$

```
> P:=concat(op('union'(seq(op(3,x),x=s))));
```

Ex.16

$$P := \begin{bmatrix} 1 & 1 & -1 & -1 \\ 1 & -1 & \sqrt{2}+1 & 1-\sqrt{2} \\ 1 & 1 & 1 & 1 \\ 1 & -1 & -1-\sqrt{2} & \sqrt{2}-1 \end{bmatrix}$$

```
> map(normal,evalm(P^(-1)&*A&*P));          Pour vérifier
```

$$P := \begin{bmatrix} 6 & 0 & 0 & 0 \\ 0 & -2 & 0 & 0 \\ 0 & 0 & 2\sqrt{2} & 0 \\ 0 & 0 & 0 & -2\sqrt{2} \end{bmatrix}$$

Remarque : L'expression `seq(op(3,x),x=s)` est une forme abrégée de `seq(op(3,s[i]),i=1..nops([s]))`, elle retourne une séquence d'ensembles dont on fait la réunion à l'aide de la fonction `union` (cf. p. 357).

Troisième exemple

```
> A:=matrix(5,5,(i,j)->gcd(i,j)): s:=eigenvects(A);
```

$$s := [\%1, 1, \{[-\tfrac{397}{8}\%1 + \tfrac{237}{8}\%1^2 - \tfrac{103}{16}\%1^3 + \tfrac{7}{16}\%1^4 + \tfrac{91}{4},$$

$$\tfrac{67}{4}\%1 - 9\%1^2 + \tfrac{15}{8}\%1^3 - \tfrac{1}{8}\%1^4 - 10,$$

Ex.17

$$\tfrac{109}{8}\%1 - \tfrac{41}{4}\%1^2 + \tfrac{41}{16}\%1^3 - \tfrac{3}{16}\%1^4 - 5, 1,$$

$$-\tfrac{7}{4} + \tfrac{7}{2}\%1 - \tfrac{11}{8}\%1^2 + \tfrac{1}{8}\%1^3]\}]$$

$$\%1 := RootOf(-16 + 88\_Z - 134\_Z^2 + 72\_Z^3 - 15\_Z^4 + \_Z^5)$$

La fonction **allvalues** fournit les valeurs approchées des éléments propres

Ex.18

```
> Digits:=5: s1:=allvalues(op(s[3]));
```

$$[10.572, -5.8109, -1.8195, 1, -.83766],$$
$$[-.843, -1.5604, .54029, 1, .2046],$$
$$[-.320, .1586, -2.0916, 1, .4819],$$
$$[.070, .482, .181, 1, -1.4160],$$
$$[.550, .74, .73, 1, 1.0680]$$

```
> P:=concat(s1);
```

$$P := \begin{bmatrix} 10.572 & -.843 & -.320 & .070 & .550 \\ -5.8109 & -1.5604 & .1586 & .482 & .74 \\ -1.8195 & .54029 & -2.0916 & .181 & .73 \\ 1 & 1 & 1 & 1 & 1 \\ -.83766] & .2046 & .4819 & -1.4160 & 1.0680 \end{bmatrix}$$

```
> evalm(P^(-1)&*A&*P);                              Pour vérifier
```

$$\begin{bmatrix} .29365 & -.0000411 & .0013954 & .004676 & -.040832 \\ -.000088 & .78114 & .003385 & .002103 & .074384 \\ .00002 & -.000089 & 2.3745 & .00215 & .08882 \\ .0002 & .00005 & .00059 & 3.7813 & -.0141 \\ -.0005 & .00085 & .0103 & .0090 & 7.7698 \end{bmatrix}$$

II.3. Test de diagonalisabilité

Il n'y a pas de fonction MAPLE permettant de tester si une matrice est diago-nalisable, mais il suffit de calculer le nombre des vecteurs propres retournés par la fonction **eigenvals** et de le comparer à l'ordre de la matrice, comme dans l'exemple suivant.

Ex.19

```
> A:=matrix(3,3,1);
```

$$A := \begin{bmatrix} 1 & 1 & 1 \\ 1 & 1 & 1 \\ 1 & 1 & 1 \end{bmatrix}$$

```
> s:=eigenvects(A);
```

$$s := [0, 2, \{[-1, 0, 1], [-1, 1, 0]\}], [3, 1, \{[1, 1, 1]\}]$$

```
> Ens_Vect:='union'(seq(op(3,x),x=s));
```

$$Ens\_vect := \{[-1, 0, 1], [-1, 1, 0], [1, 1, 1]\}$$

```
> nops(Ens_Vect);
```

$$3$$

II.4. Cas des matrices possédant un élément de type float

Etant donné une matrice **A** dont tous les coefficients sont numériques et dont au moins l'un d'entre eux est de type `float` ou de type `complex(float)` (cf. p. 348),

- `eigenvals(A)` retourne la séquence des valeurs approchées des valeurs propres (réelles et complexes) de **A**.
- `eigenvects(A)` retourne un résultat analogue à celui décrit p. 310 mais utilisant des valeurs approchées.

Le nombre de chiffres significatifs des résultats est défini par la variable `Digits`.

Ex.20

```
> A:=matrix(3,3,[0,-1,3.0,2,1,1,-2,1,-1]);
```
$$A := \begin{bmatrix} 0 & -1 & 3.0 \\ 2 & 1 & 1 \\ -2 & 1 & -1 \end{bmatrix}$$

```
> Digits:=5: eigenvals(A);
```
$$-.73514 + 2.7607\,I \ , \ -.73514 + 2.7607\,I \ , \ 1.4703$$

```
> Digits:=3: eigenvects(A);
```
$$[-.74 + 2.75I, 1, \{[-.723 - 1.02I, -.514 + .503I, .948 - .241I]\}],$$
$$[-.74 - 2.75I, 1, \{[-.723 + 1.02I, -.514 - .503I, .948 + .241I]\}],$$
$$[1.48, 1, \{[.030, .669, .242]\}]$$

Dès que la matrice contient un coefficient de type `float`, elle ne peut contenir de variable sinon MAPLE retourne un message d'erreur.

Ex.21

```
> A:=matrix(3,3,[u,-1,3.0,2,1,1,-2,1,-1]);
```
$$A := \begin{bmatrix} u & -1 & 3.0 \\ 2 & 1 & 1 \\ -2 & 1 & -1 \end{bmatrix}$$

```
> eigenvals(A);
  Error, (in linalg/evalf) matrix entries must all evaluate to float
```

```
> eigenvects(A);
  Error, (in linalg/evalf) matrix entries must all evaluate to float
```

II.5. La fonction inerte Eigenvals

Dans le cas où on a juste besoin de valeurs numériques approchées des éléments propres, il est plus rapide d'utiliser la forme inerte **Eigenvals**. Si **A** est une matrice à coefficients réels ou complexes, **evalf(Eigenvals(A))** retourne, sous forme de vecteur, la liste des valeurs approchées des valeurs propres complexes de **A**. Une telle méthode ne peut toutefois s'appliquer qu'avec une matrice dont tous les coefficients sont numériques.

Attention ! Etant donné que la fonction **evalf** utilise une table de **remember** et qu'une matrice n'est pas évaluée complètement, si on désire faire ce calcul pour plusieurs valeurs de **A**, il faut écrire **evalf(Eigenvals(eval(A)))**.

Ex.22

```
> Digits:=3: A:=matrix(3,3,[0,-1,3,2,1,1,-2,1,-1]);
```
$$A := \begin{bmatrix} 0 & -1 & 3 \\ 2 & 1 & 1 \\ -2 & 1 & -1 \end{bmatrix}$$

```
> evalf(Eigenvals(eval(A)));
```
$$[-.74 + 2.75\,I\,,\; -.74 + 2.75\,I\,,\; 1.48]$$

Si **A** est une matrice diagonalisable à coefficients réels dont les valeurs propres sont réelles, et si **P** est une variable libre, **evalf(Eigenvals(A,P))** retourne la séquence des valeurs approchées des valeurs propres de **A** et affecte à **P** une matrice de passage permettant de diagonaliser **A**.

Ex.23

```
> A:=matrix(3,3,[1,1,1,1,2,1,1,1,3]);
```
$$A := \begin{bmatrix} 1 & 1 & 1 \\ 1 & 2 & 1 \\ 1 & 1 & 3 \end{bmatrix}$$

```
> Digits:=3: P:='P'; evalf(Eigenvals(eval(A),P));
```
$$[.328\,,\; 1.50\,,\; 4.24]$$

```
> eval(P);
```
                                              Pour voir la matrice de passage
$$\begin{bmatrix} .891 & -.228 & .398 \\ -.427 & -.745 & .535 \\ -.173 & .638 & .747 \end{bmatrix}$$

II.6. Réduction à la forme de Jordan

Matrice Bloc de Jordan

C'est la fonction JordanBlock qui permet de créer une matrice bloc de Jordan. Si n est un entier naturel et si x est une expression, alors JordanBlock(x,n) retourne la matrice carrée d'ordre n comportant des x sur la diagonale principale, des 1 sur la diagonale située juste au dessus et des 0 ailleurs.

Ex.24

```
> x:='x';
```
$$x := x$$
```
[J:=JordanBlock(x,5);
```
$$J := \begin{bmatrix} x & 1 & 0 & 0 & 0 \\ 0 & x & 1 & 0 & 0 \\ 0 & 0 & x & 1 & 0 \\ 0 & 0 & 0 & x & 1 \\ 0 & 0 & 0 & 0 & x \end{bmatrix}$$

Réduction à la forme de Jordan

Si A est une matrice carrée, jordan(A) retourne une forme de Jordan de A, c'est-à-dire une matrice diagonale-bloc $diag(J_1, J_2, ..., J_r)$, où les matrices J_k sont des matrices blocs de Jordan, deux J_k pouvant avoir les mêmes éléments diagonaux.

Ex.25

```
> A:=matrix(3,3,[2,-3,-1,1,-2,-1,-2,6,3]);
```
$$A := \begin{bmatrix} 2 & -3 & -1 \\ 1 & -2 & -1 \\ -2 & 6 & 3 \end{bmatrix}$$
```
> jordan(A);
```
$$\begin{bmatrix} 1 & 1 & 0 \\ 0 & 1 & 0 \\ 0 & 0 & 1 \end{bmatrix}$$

On peut utiliser en option dans la fonction jordan un second paramètre. Si A est une matrice carrée et P une variable libre, l'évaluation de jordan(A,P) retourne une matrice J, forme de Jordan de A, et attribue à P une matrice inversible telle que $J = P^{-1}AP$. Dans le cas où J est diagonale, P est donc une matrice de passage de la base canonique à une base de vecteurs propres de A.

```
> A:=matrix(4,4,[5,10,-19,4,1,7,-8,3,1,4,-5,2,0,-1,1,1]);
```

$$A := \begin{bmatrix} 5 & 10 & -19 & 4 \\ 1 & 7 & -8 & 3 \\ 1 & 4 & -5 & 2 \\ 0 & -1 & 1 & 1 \end{bmatrix}$$

```
> P:='P': jordan(A,P);
```

Ex.26

$$\begin{bmatrix} 2 & 1 & 0 & 0 \\ 0 & 2 & 0 & 0 \\ 0 & 0 & 2 & 1 \\ 0 & 0 & 0 & 2 \end{bmatrix}$$

```
> eval(P);
```

$$\begin{bmatrix} 8 & 9 & 5 & 8 \\ 1 & 0 & 0 & 0 \\ 2 & 1 & 1 & 1 \\ 1 & 0 & 1 & 0 \end{bmatrix}$$

La fonction jordan peut s'appliquer à des matrices dont les coefficients sont des expressions algébriques. Toutefois, avec de telles matrices le temps de calcul peut rapidement devenir prohibitif.

```
> x:=sqrt(2): A:=matrix(3,3,[-1,0,1,x+1,x,-1,-x-2,-x+2,3]);
```

$$A := \begin{bmatrix} -1 & 0 & 1 \\ \sqrt{2}+1 & \sqrt{2} & -1 \\ \sqrt{2}-2 & -\sqrt{2}+2 & 3 \end{bmatrix}$$

Ex.27

```
> J:=jordan(A);
```

$$J := \begin{bmatrix} \sqrt{2} & 0 & 0 \\ 0 & 1 & 1 \\ 0 & 0 & 1 \end{bmatrix}$$

En *Release 4*, la fonction jordan tolère les matrices dont l'un des coefficients est de type float, mais dans le cas où les valeurs propres ne sont pas distinctes, elle peut retourner soit un message d'erreur peu compréhensible soit un résultat fantaisiste.

Avec la matrice de l'exemple 17, on obtient

```
[> A:=matrix(5,5,(i,j)->gcd(i,j)):
[> jordan(map(evalf,A));
```

Ex.28

$$\begin{bmatrix} .29364 & 0 & 0 & 0 & 0 \\ 0 & 0.78114 & 0 & 0 & 0 \\ 0 & 0 & 2.3743 & 0 & 0 \\ 0 & 0 & 0 & 3.78112 & 0 \\ 0 & 0 & 0 & 0 & 7.7698 \end{bmatrix}$$

Avec la matrice de l'exemple 26, on obtient un message d'erreur.

Ex.29

```
[> A:=matrix(4,4,[5.,10,-19,4,1,7,-8,3,1,4,-5,2,0,-1,1,1]);
[> jordan(A)
  Error, (in linalg/inverse/) singular matrix
```

Et avec la matrice de l'exemple 25, on a un résultat aberrant.

Ex.30

```
[> A:=matrix(3,3,[2,-3,-1,1,-2,-1,-2,6,3]);
```

$$A := \begin{bmatrix} 2 & -3 & -1 \\ 1 & -2 & -1 \\ -2 & 6 & 3 \end{bmatrix}$$

```
[> J:=jordan(map(evalf,A));
```

$$\begin{bmatrix} 1 & 0 & 0 \\ 0 & 1 & 0 \\ 0 & 0 & J_{3,3} \end{bmatrix}$$

Chapitre 19

Orthogonalité

I. Espaces vectoriels euclidiens, hermitiens

Dans cette partie, on utilise des fonctions de la bibliothèque linalg que l'on suppose chargée à l'aide de with(linalg).

I.1. Produit scalaire, produit scalaire hermitien

C'est la fonction dotprod qui permet de calculer le produit scalaire de deux vecteurs réels ou le produit scalaire hermitien de deux vecteurs complexes.

- Si u et v sont deux vecteurs de même dimension à composantes numériques réelles, dotprod(u,v) retourne le produit scalaire (réel) de u et de v.
- Si u et v sont deux vecteurs de même dimension à composantes numériques complexes, l'évaluation de dotprod(u,v) retourne le produit scalaire hermitien de u et de v.

Ex. 1

```
> u:=vector([1,2,3]); v:=vector([1,1,1]);
```
$$u := [1, 2, 3]$$
$$v := [1, 1, 1]$$
```
> dotprod(u,v);
```
$$6$$
```
> u:=vector([1,I,-1]); v:=vector([-I,1,1]);
```
$$u := [1, I, -1]$$
$$v := [-I, 1, 1]$$
```
> dotprod(u,v);
```
$$2I - 1$$

Lorsque les composantes de u et v contiennent des variables libres, ces variables sont considérées comme réelles. Si le nombre complexe I figure dans l'écriture de u ou de v, alors dotprod(u,v) retourne le produit hermitien de u et de v ; sinon dotprod(u,v) retourne le produit scalaire (réel) des vecteurs u et v.

Ex. 2

```
> u:=vector([1,x]): v:=vector([1,y]): w:=vector([1,I*y]):
  dotprod(u,v);
```
$$1 + x y$$

```
> dotprod(u,w);
```
$$1 - I x y$$

Quand on a besoin de faire des calculs de produits hermitiens sur des vecteurs à composantes variables, chacune des variables "complexes" introduites doit être écrite explicitement sous la forme x+I*y.

Ex. 3

```
> restart: with(linalg):
  Warning, new definition for norm
  Warning, new definition for trace
> z1:=x1+I*y1: z2:=x2+I*y2:
  u:=vector([1,1]); v:=vector([z1,z2]);
```
$$u := [1,1]$$
$$v := [x1 + I y1, x2 + I y2]$$

```
> dotprod(u,v);
```
$$x1 - I y1 + x2 - I y2$$

Dans l'exemple suivant, on peut se rendre compte que si on écrit explicitement les variables complexes sous la forme x+I*y *après utilisation de la fonction* vector, il est alors nécessaire de forcer l'évaluation avec map(eval,).

Ex. 4

```
> uu:=vector([1,1]); vv:=vector([zz1,zz2]);
```
$$uu := [1,1]$$
$$vv := [zz1, zz2]$$

```
> zz1:=x1+I*y1: zz2:=x2+I*y2: dotprod(uu,vv); eval(");
```
$$zz1 + zz2$$
$$x1 + I y1 + x2 + I y2$$

```
> dotprod(u,map(eval,v));
```
$$x1 - I y1 + x2 - I y2$$

I.2. Norme

C'est la fonction norm(...,2) qui permet de calculer la norme euclidienne ou hermitienne d'un vecteur. Si le nombre complexe I figure dans l'écriture de u alors norm(u,2) retourne la norme hermitienne de u, sinon norm(u,2) retourne la norme euclidienne de u.

Ex. 5

```
> u:=vector([1,1]);
```
$$u := [1,1]$$

```
> norm(u,2);
```
$$\sqrt{2}$$

```
> v:=vector([1+2*I,1+3*I]);
```
$$v := [1+2I, 1+3I]$$

```
> norm(v,2);
```
$$\sqrt{15}$$

I.3. Produit vectoriel

C'est la fonction crossprod qui permet de calculer le produit vectoriel de deux vecteurs de $\mathbf{R}^3$. Etant donné u=(x1,x2,x3) et v=(y1,y2,y3) deux vecteurs à trois composantes, l'évaluation de crossprod(u,v) retourne le vecteur de composantes $(x2y3 - x3y2, x3y1 - x1y3, x1y2 - x2y1)$.

Ex. 6

```
> u:=vector([1,1,2]);v:=vector([1,2,1]);
```
$$u := [1,1,2]$$
$$v := [1,2,1]$$

```
> crossprod(u,v);
```
$$[-3,1,1]$$

I.4. Procédé de Gram-Schmidt

Si A est une liste de vecteurs linéairement indépendants à coefficients numériques réels ou complexes, GramSchmidt(A) retourne une liste de vecteurs 2 à 2 orthogonaux obtenus en appliquant le procédé d'orthogonalisation de Gram-Schmidt. Suivant que les vecteurs donnés sont à coefficients réels ou non, MAPLE utilise soit le produit scalaire réel soit le produit scalaire hermitien.

La fonction **GramSchmidt** peut être utilisée avec l'option **normalized** en second argument et retourne alors une liste de vecteurs de norme 1.

Ex. 7

```
> u:=vector([1,1]); v:=vector([2,1]); GramSchmidt([u,v]);
```
$$u := [\,1\,,1\,]$$
$$v := [\,2\,,1\,]$$
$$\left[\,[\,1\,,1\,]\,,\,\left[\frac{1}{2}\,,\frac{-1}{2}\right]\right]$$

```
> GramSchmidt([u,v],'normalized');
```
$$\left[\,\left[\frac{1}{2}\sqrt{2}\,,\,\frac{1}{2}\sqrt{2}\right]\,,\,\left[\frac{1}{2}\sqrt{2}\,,\,-\frac{1}{2}\sqrt{2}\right]\right]$$

```
> u:=vector([1+I,1]): v:=vector([1,1-I]):
  GramSchmidt([u,v]);
```
$$\left[\,[\,1+I\,,\,1\,]\,,\,\left[\frac{-1}{3}\,,\,\frac{1}{3}-\frac{1}{3}I\right]\right]$$

Lorsque la liste **A** n'est pas constituée de vecteurs linéairement indépendants, **GramSchmidt(A)** retourne une liste de vecteurs non nuls deux à deux orthogonaux dont le nombre est inférieur au nombre d'éléments de la liste **A**.

Ex. 8

```
> u:=vector([1,1,1]): v:=vector([1,0,1]): w:=vector([2,1,2]):
  GramSchmidt([u,v,w]);
```
$$\left[\,[\,1\,,1\,,1\,]\,,\,\left[\frac{1}{3}\,,\,\frac{-2}{3}\,,\,\frac{1}{3}\right]\right]$$

```
> det(concat(u,v,w));                          pour vérifier
                                        la dépendance des vecteurs
```
$$0$$

Attention ! La fonction **GramSchmidt** ne tolère que des vecteurs dont les coefficients sont des valeurs numériques réelles ou complexes et retourne un message d'erreur lorsque l'une des composantes contient une variable libre.

Ex. 9

```
> a:='a': u:=vector([1,1]); v:=vector([a,1]);
```
$$u := [\,1,1\,]$$
$$v := [\,a,1\,]$$

```
> GramSchmidt([u,v]);
  Error, (in GramSchmidt) not implemented for non numerical cases
```

I.5. Matrices symétriques réelles (définies) positives

Rappelons qu'une matrice symétrique réelle A est définie positive (resp. positive) si pour toute matrice colonne X non nulle, ${}^tXAX > 0$ (resp. ${}^tXAX \geq 0$). On définit de manière analogue les matrices symétriques définies négatives et les matrices négatives. C'est la fonction `definite` qui permet de tester si une matrice `A` symétrique réelle est positive, définie positive, etc.

Si `A` est une matrice carrée,

- `definite(A,'positive_def')` retourne une expression booléenne `Expr`.
  - ∗ Si `A` est à coefficients numériques `Expr` vaut `true` ou `false` selon que `A` est ou n'est pas définie positive,
  - ∗ sinon `Expr` est une expression booléenne qui est vraie si, et seulement si, `A` est définie positive.
- `definite(A,'positive_semidef')` retourne une expression booléenne `Expr`.
  - ∗ Si `A` est à coefficients numériques `Expr` vaut `true` ou `false` selon que `A` est ou n'est pas positive,
  - ∗ sinon `Expr=true` équivaut à dire que `A` est positive.
- `definite(A,'negative_def')` et `definite(A,'negative_semidef')` font de même en ce qui concerne les matrices définies négatives et les matrices négatives.

Exemples avec des matrices à coefficients numériques

Ex.10
```
> A:=matrix(2,2,[2,1,1,3]);
  B:=matrix(3,3,[4,1,1,1,4,1,1,1,4]);
```
$$A := \begin{bmatrix} 2 & 1 \\ 1 & 3 \end{bmatrix} \qquad B := \begin{bmatrix} 4 & 1 & 1 \\ 1 & 4 & 1 \\ 1 & 1 & 4 \end{bmatrix}$$
```
> definite(A,'positive_def');
```
$$true$$
```
> definite(B,'positive_semidef');
```
$$true$$

Exemples de matrices à coefficients variables

Ex.11
```
> A:=matrix(2,2,[a,b,b,c]);
```
$$A := \begin{bmatrix} a & b \\ b & c \end{bmatrix}$$
```
> definite(A,'positive_def');
```
   condition nécessaire et suffisante pour que A soit définie positive

$$-a < 0 \text{ and } -ac + b^2 < 0$$

Autre exemple : condition pour qu'une matrice soit négative

Ex.12
```
> B:=matrix(3,3,[a,2,-5,2,-2,4,-5,4,-9]);
```
$$B := \begin{bmatrix} a & 2 & -5 \\ 2 & -2 & 4 \\ -5 & 4 & -9 \end{bmatrix}$$
```
>definite(B,'negative_semidef');
```
$$a \leq 0 \ and \ a + 2 \leq 0 \ and \ a + 3 \leq 0$$

Attention ! Lorsque la matrice n'est pas carrée, la fonction definite retourne un message d'erreur, en revanche lorsque la matrice n'est pas symétrique, elle retourne la valeur *false*.

Ex.13
```
> A:=matrix(2,3,1);
```
$$A := \begin{bmatrix} 1 & 1 & 1 \\ 1 & 1 & 1 \end{bmatrix}$$
```
> definite(A,'positive_def');
```
   Error, (in definite) first argument must be a square matrix
```
> A:=matrix(2,2,[1,1,-1,1]);
```
$$A := \begin{bmatrix} 1 & 1 \\ -1 & 1 \end{bmatrix}$$
```
> definite(A,'positive_def');
```
$$false$$

I.6. Transconjuguée d'une matrice

La fonction **htranspose** permet d'obtenir la matrice transconjuguée d'une matrice donnée. Si **A** est une matrice carrée ou non, l'évaluation de **htranspose(A)** retourne la matrice conjuguée de la transposée de **A**.

Ex.14
```
> A:=matrix(3,2,[1,1-I,2*I,1+2*I,3,1-5*I]);
```
$$A := \begin{bmatrix} 1 & 1-I \\ 2I & 1+2I \\ 3 & 1-5I \end{bmatrix}$$
```
> htranspose(A);
```
$$\begin{bmatrix} 1 & -2I & 3 \\ 1+I & 1-2I & 1+5I \end{bmatrix}$$

I.7. Matrice orthogonale

La fonction **orthog** permet de tester si une matrice carrée réelle est orthogonale.
Cette fonction retourne la valeur **true**, quand elle reconnaît la matrice comme
orthogonale, **false** quand elle la reconnaît comme non orthogonale, et $FAIL$
lorsqu'elle ne peut conclure. L'origine de la troisième valeur, $FAIL$, réside dans
le fait que la fonction **orthog** utilise **testeq** (voir aide en ligne avec ? **testeq**)
pour comparer à 0 ou à 1, les différents produits scalaires.

Ex.15

```
> A:=matrix(2,2,[sqrt(2)/2,sqrt(2)/2,-sqrt(2)/2,sqrt(2)/2]);
```

$$A := \begin{bmatrix} \frac{1}{2}\sqrt{2} & \frac{1}{2}\sqrt{2} \\ -\frac{1}{2}\sqrt{2} & \frac{1}{2}\sqrt{2} \end{bmatrix}$$

```
> orthog(A);
```

$$true$$

I.8. Réduction des matrices symétriques réelles

A titre d'exemple montrons comment l'utilisation des fonctions précédentes permet d'obtenir une base orthonormée de vecteurs propres d'une matrice symétrique
réelle donnée A et de trouver une matrice orthogonale P telle que ^tPAP soit une
matrice diagonale.

On peut commencer par appeler la fonction **eigenvects** qui retourne une séquence
dont on extrait les vecteurs propres de la matrice **A** à l'aide de **op**. L'évaluation
de **GramSchmidt** retourne ensuite la base orthonormée cherchée.

Ex.16

```
> A:=matrix(3,3,[2,-2,-2,-2,2,-2,-2,-2,2]);
```

$$A := \begin{bmatrix} 2 & -2 & -2 \\ -2 & 2 & -2 \\ -2 & -2 & 2 \end{bmatrix}$$

```
> T:=eigenvects(A);
```

$$T := [4, 2, \{[-1, 0, 1], [-1, 1, 0]\}], [-2, 1, \{[1, 1, 1]\}]$$

```
> B:=[seq(op(x[3]),x=T)];            op pour enlever les accolades
```

$$B := [[-1, 0, 1], [-1, 1, 0], [1, 1, 1]]$$

```
> U:=GramSchmidt(B,normalized);
```

$$\left[\left[-\tfrac{1}{2}\sqrt{2}, \tfrac{1}{2}\sqrt{2}, 0\right], \left[-\tfrac{1}{6}\sqrt{3}\sqrt{2}, -\tfrac{1}{6}\sqrt{3}\sqrt{2}, \tfrac{1}{3}\sqrt{3}\sqrt{2}\right],\right.$$

$$\left.\left[\tfrac{1}{3}\sqrt{3}, \tfrac{1}{3}\sqrt{3}, \tfrac{1}{3}\sqrt{3}\right]\right]$$

On peut alors former la matrice P dont les colonnes sont les vecteurs précédents et vérifier qu'elle répond au problème.

Ex.17

```
> P:=transpose(matrix(U));                    pour former
                                         la matrice de passage
```

$$
P := \begin{bmatrix} -\dfrac{1}{2}\sqrt{2} & -\dfrac{1}{6}\sqrt{3}\sqrt{2} & \dfrac{1}{3}\sqrt{3} \\[2mm] 0 & -\dfrac{1}{6}\sqrt{3}\sqrt{2} & \dfrac{1}{3}\sqrt{3} \\[2mm] \dfrac{1}{2}\sqrt{2} & \dfrac{1}{3}\sqrt{3}\sqrt{2} & \dfrac{1}{3}\sqrt{3} \end{bmatrix}
$$

```
> orthog(P);          pour vérifier que U est une base orthonormée
```
$$true$$

```
> evalm(transpose(P) &* A &* P);              pour vérifier que U est
                                         une base de vecteurs propres
```

$$
\begin{bmatrix} 4 & 0 & 0 \\ 0 & 4 & 0 \\ 0 & 0 & -2 \end{bmatrix}
$$

II. Polynômes orthogonaux

Les fonctions de cette partie, qui permettent d'obtenir les polynômes orthogonaux classiques, appartiennent à la bibliothèque **orthopoly** qui doit être chargée avant toute utilisation en utilisant la commande **with(orthopoly)**.

Ex.18

```
> restart: with(orthopoly);
```
$$[\, G,\ H,\ L,\ P,\ T,\ U \,]$$

Dans la suite, on suppose que cette bibliothèque est chargée.

II.1. Polynômes de Tchebycheff de première espèce

Les polynômes de Tchebycheff de première espèce sont les polynômes définis par

$$T_0(X) = 1 , \quad T_1(X) = X$$

$$\forall n \geq 2, \quad T_n(X) = 2\,X\,T_{n-1}(X) - T_{n-2}(X)$$

L'évaluation de T(n,x) retourne la valeur en x de T_n .

Si m et n sont deux entiers naturels distincts, T_n et T_m sont orthogonaux pour le produit scalaire défini par $< P, Q >= \int_{-1}^{1} \dfrac{P(t)\, Q(t)}{\sqrt{1-t^2}}\, dt$.

Ex.19

```
> T(5,cos(x));
```
$$16\cos(x)^5 - 20\cos(x)^3 + 5\cos(x)$$
```
> combine(",trig);
```
$$\cos(5\ x)$$

II.2. Polynômes de Tchebycheff de seconde espèce

Les polynômes de Tchebycheff de seconde espèce sont les polynômes définis par
$$U_0(X) = 1\ , \quad U_1(X) = 2\,X$$
$$\forall n \geq 2, \quad U_n(X) = 2\,X\,U_{n-1}(X) - U_{n-2}(X)$$

L'évaluation de U(n,x) retourne la valeur en x de U_n .

Si m et n sont deux entiers naturels distincts, U_n et U_m sont orthogonaux pour le produit scalaire défini par $< P, Q >= \int_{-1}^{1} P(t)\, Q(t)\, \sqrt{1-t^2}\, dt$.

Ex.20

```
> U(5,cos(x))*sin(x);
```
$$\left(32\cos(x)^5 - 32\cos(x)^3 + 6\cos(x)\right)\sin(x)$$
```
> combine(",trig);
```
$$\sin(6x)$$

II.3. Polynômes de Hermite

Les polynômes de Hermite sont les polynômes définis par
$$H_0(X) = 1\ , \quad H_1(X) = 2\,X$$
$$\forall\, n \geq 2,\ H_n(X) = 2\,X\,H_{n-1}(X) - 2\,(n-1)\,H_{n-2}(X)$$

L'évaluation de H(n,x) retourne la valeur en x de H_n.

Si m et n sont deux entiers naturels distincts, H_n et H_m sont orthogonaux pour

le produit scalaire défini par $< P, Q >= \int_{-\infty}^{+\infty} P(t)\, Q(t)\, e^{-t^2}\, dt$.

Vérifions, pour $n = 4$ et $n = 5$ la formule $e^{t^2}\, \frac{d^n}{dt^n}\left(e^{-t^2}\right) = (-1)^n\, H_n(t)$

Ex.21

```
> n:=4: H(n,t);
```
$$16\,t^4 - 48\,t^2 + 12$$
```
> expand(exp(t^2)*diff(exp(-t^2),t$n));
```
$$16\,t^4 - 48\,t^2 + 12$$
```
> n:=5: H(n,t);
```
$$32\,t^5 - 160\,t^3 + 120\,t$$
```
> expand(exp(t^2)*diff(exp(-t^2),t$n));
```
$$-120\,t + 160\,t^3 - 32\,t^5$$

II.4. Polynômes de Laguerre

Les polynômes généralisés de Laguerre de paramètres a sont définis par

$$L_0(a, X) = 1\,, \quad L_1(a, x) = -X + 1 + a$$

$$\forall n \geq 2,\ L_n(a, X) = \tfrac{2n+a-1-X}{n}\, L_{n-1}(a, X) - \tfrac{n+a-1}{n}\, L_{n-2}(a, X)$$

L(n,a,x) retourne la valeur en x du $n^{\grave{e}me}$ polynôme généralisé de Laguerre de paramètre a et L(n,x) retourne L(n,0,x), le polynôme de Laguerre usuel de degré n.

Si m et n sont deux entiers naturels distincts et a un réel supérieur à -1, les polynômes $L_n(a, X)$ et $L_m(a, X)$ sont orthogonaux pour le produit scalaire défini

par $< P, Q >= \int_0^{\infty} P(t)\, Q(t)\, e^{-x} x^a\, dt$.

Ex.22

```
> L(2,-1/2,x);
```
$$\frac{3}{8} - \frac{3}{2}x + \frac{1}{2}x^2$$
```
> L(2,x);
```
Polynôme de Laguerre usuel de degré 2
$$1 - 2\,x + \frac{1}{2}x^2$$

II.5. Polynômes de Legendre et de Jacobi

Les polynômes de Jacobi de paramètres a et b sont définis par

$$P_0(a, b, X) = 1 \qquad P_1(a, b, X) = \frac{a-b}{2} + \frac{a+b+2}{2} X$$

$$\forall\, n \geq 2, \quad P_n(a, b, X) = A_n\, P_{n-1}(a, b, X) + B_n\, P_{n-2}(a, b, X)$$

avec

$$A_n = \frac{(2n+a+b-1-X)\,(a^2+b^2+(2n+a+b-2)\,(2n+a+b)\,X)}{2\,n\,(n+a+b)\,(2n+a+b-2)}$$

$$B_n = -\frac{2\,(n+a-1)\,(n+b-1)\,(2n+a+b)}{2\,n\,(n+a+b)\,(2n+a+b-2)}$$

L'évaluation de $\mathtt{P(n,a,b,x)}$ retourne la valeur en $\mathtt{x}$ du $n^{ème}$ polynôme de Jacobi de paramètres $\mathtt{a}$ et $\mathtt{b}$ et $\mathtt{P(n,x)}$ retourne $\mathtt{P(n,0,0,x)}$, polynôme de Legendre de degré $\mathtt{n}$.

Si m et n sont deux entiers naturels distincts, $P_n(a, b, X)$ et $P_m(a, b, X)$ sont

orthogonaux pour le produit scalaire $< P, Q > = \displaystyle\int_{-1}^{+1} P(t)\, Q(t)\, (1-t)^a\, (1+t)^b\, dt$.

Exemples de polynômes de Legendre et de Jacobi

Ex.23

```
> P(3,x);P(2,1,1/2,x);
```

$$\frac{5}{2}\, x^3 - \frac{3}{2}\, x$$

$$-\frac{21}{32} + \frac{9}{16}\, x + \frac{99}{32}\, x^2$$

II.6. Polynômes de Gegenbauer

Les polynômes de Gegenbauer de paramètre a sont définis par :

- si a est non nul,

$$G_0(a, X) = 1\ , \quad G_1(a, X) = 2\,a\,X$$

$$\forall\, n \geq 2,\ G_n(a, X) = \frac{2n+2a-2}{n}\, X\, G_{n-1}(a, X) - \frac{n+2a-2}{n}\, G_{n-2}(a, X).$$

- si a est nul,

$$G_0(0, X) = 1$$

$$\forall\, n \geq 1,\ G_n(0, X) = \frac{2}{n}\, T_n(X)$$

$T_n(X)$ étant le $n^{ème}$ polynôme de Tchebycheff de première espèce.

L'évaluation de $G(n,a,x)$ retourne la valeur en x du $n^{\text{ème}}$ polynôme de Gegenbauer de paramètre a.

Si m et n sont deux entiers naturels distincts, $G_n(a, X)$ et $G_m(a, X)$ sont orthogonaux pour le produit scalaire défini par $< P, Q >= \displaystyle\int_{-1}^{+1} P(t)\, Q(t)\, (1-t^2)^{a-1/2}\, dt$.

Ex.24
```
> G(3,4,x);
                        160 x^3 - 40 x
```

Chapitre 20

Analyse vectorielle

Les fonctions décrites dans ce chapitre font partie de la bibliothèque `linalg`. On suppose dans toute la suite cette bibliothèque chargée en début de session avec la commande `with(linalg)`.

En général, ces fonctions utilisent comme données ou retournent comme résultats des expressions vectorielles ou matricielles. Une expression vectorielle fournie comme donnée peut être une liste ou un objet de type `vector`. Les résultats non scalaires retournés sont toujours de type `vector` ou `matrix`.

I. Matrice jacobienne, divergence

I.1. Matrice jacobienne

C'est la fonction `jacobian` qui permet d'obtenir la matrice jacobienne d'une expression vectorielle. Etant donné une expression vectorielle `p=[p1,p2, ..,pn]` et une expression vectorielle `x=[x1,x2,..,xm]` dont les composantes sont des variables libres, l'évaluation de `jacobian(p,x)` retourne la matrice jacobienne de `[p1,p2,..,pn]` par rapport à `[x1,x2,..,xm]`, i.e. la matrice à n lignes et m colonnes $\left(\dfrac{\partial p_i}{\partial x_j} \right)_{\substack{1 \le i \le n \\ 1 \le j \le m}}$.

Ex. 1

```
> restart: with(linalg): p:=[r*cos(t),r*sin(t)]; v:=[r,t];
  Warning, new definition for norm
  Warning, new definition for trace
```

$$p := [r \cos(t), r \sin(t)]$$

$$v := [r, t]$$

```
> A:=jacobian(p,v); simplify(det(A));
```

$$A := \left[\begin{array}{cc} \cos(t) & -r \sin(t) \\ \sin(t) & r \cos(t) \end{array} \right]$$

$$r$$

Attention ! Si l'une des variables de l'expression vectorielle [x1,x2,..,xn] n'est pas libre, l'évaluation de jacobian(p,x) retourne le message d'erreur suivant

Ex. 2

```
> r:=sqrt(x*x+y*y);
```
$$r := \sqrt{x^2 + y^2}$$
```
> jacobian([r*cos(t),r*sin(t)],[r,t]);
```
Error,(in jacobian) wrong number (or type) of parameters in funct diff

˙ I.2. Divergence d'un champ de vecteurs

C'est la fonction **diverge** qui permet d'obtenir la divergence d'un champ de vecteurs. Etant donné une expression vectorielle p=[p1,p2,..,pn] et une expression vectorielle x=[x1,x2,..,xn] dont les composantes sont des variables libres, l'évaluation de **diverge(p, x)** retourne la divergence de [p1,p2,..,pn] par rapport à [x1,x2,..,xn] , c'est à dire l'expression $\sum_{i=1}^{n} \dfrac{\partial p_i}{\partial x_i}$.

Ex. 3

```
> p:=[arctan(y/x),1/(x^2+y^2)];
```
$$p := \left[\arctan\left(\frac{y}{x}\right) \,,\, \frac{1}{x^2 + y^2}\right]$$
```
> normal(diverge(p,[x,y]));        normal pour simplifier le résultat
```
$$-\frac{y\left(x^2 + y^2 + 2\right)}{(x^2 + y^2)^2}$$

En dimension trois, la fonction **diverge** peut être utilisée avec comme troisième argument coords=cylindrical (resp. coords=spherical). Le calcul de la divergence est alors réalisé en coordonnées cylindriques (resp. sphériques), les éléments de p contenant les composantes de la fonction vectorielle dans le repère mobile correspondant aux coordonnées utilisées.

Ex. 4

```
> unassign('r','u','v');              Pour libérer r, u et v
> diverge([1/(r^2),0,0],[r,u,v],coords=spherical);
              Calcul de la divergence d'un champ en 1/r^2
```
$$0$$

II. Gradient, laplacien, rotationnel

II.1. Gradient

La fonction **grad** permet de déterminer le gradient d'une expression. Etant donné une expression scalaire **p** et le vecteur **x=[x1,x2,..,xn]** dont les composantes sont des variables libres, l'évaluation de **grad(p,x)** retourne le gradient de **p** par rapport à **[x1,x2,..,xn]** , c'est à dire le vecteur $\left(\dfrac{\partial p}{\partial x_1}, \dfrac{\partial p}{\partial x_2}, ..., \dfrac{\partial p}{\partial x_n}\right)$.

Ex. 5

> `g:=arctan(y/x); G:=grad(g,[x,y]);`

$$g := \arctan\left(\frac{y}{x}\right)$$

$$G := \left[-\frac{y}{x^2\left(1+\dfrac{y^2}{x^2}\right)} \ , \ \frac{1}{x\left(1+\dfrac{y^2}{x^2}\right)} \right]$$

> `map(normal,G);`   **Pour appliquer normal à chaque composante de G**

$$\left[-\frac{y}{x^2+y^2} \ , \ \frac{x}{x^2+y^2} \right]$$

En dimension trois, la fonction **grad** peut être utilisée avec comme troisième argument **coords=cylindrical** (resp. **coords=spherical**) : la fonction **f** doit alors être exprimée en coordonnées cylindriques (resp. sphériques), le calcul du gradient est réalisé en coordonnées cylindriques (resp. sphériques) et le résultat retourné est exprimé dans le repère mobile correspondant aux coordonnées utilisées.

Ex. 6

> `grad(1/r,[r,u,v],coords=spherical);`

$$\left[-\frac{1}{r^2} \ , \ 0 \ , \ 0 \right]$$

II.2. Laplacien

La fonction **laplacian** permet de calculer un laplacien. Si **f** est une expression des variables libres x_1, x_2, ..., x_n , alors **laplacian(f,[x1,x2,..,xn])** retourne $\displaystyle\sum_{i=1}^{n} \frac{\partial^2 f}{\partial x_i^2}$.

Exemple d'un calcul de laplacien

Ex. 7

```
> p:=ln(1+cos(x)/cosh(y));
```
$$p := \ln\left(1 + \frac{\cos(x)}{\cosh(y)}\right)$$
```
> simplify(laplacian(p,[x,y]));
```
$$-\frac{1}{\cosh(y)^2}$$

En dimension trois, la fonction **laplacian** peut être utilisée avec comme troisième argument **coords=cylindrical** (resp. **coords=spherical**) : la fonction **f** doit alors être exprimée en coordonnées cylindriques (resp. sphériques), le calcul du laplacien est réalisé en coordonnées cylindriques (resp. sphériques) et le résultat retourné est exprimé en fonction des coordonnées correspondantes.

A titre d'exemple, montrons comment la fonction **laplacian**, avec l'option **coords=spherical**, permet de trouver les fonctions harmoniques des trois variables (x, y, z) qui ne dépendent que de $\sqrt{x^2 + y^2 + z^2}$.

Ex. 8

```
> f:='f':  p:=f(r):
```
$$f := f$$
$$p := f(r)$$
```
> laplacian(p,[r,theta,phi],coords=spherical);
```
$$\frac{2r\sin(\theta)\left(\frac{\partial}{\partial r}f(r)\right) + r^2\sin(\theta)\left(\frac{\partial^2}{\partial r^2}f(r)\right)}{r^2\sin(\theta)}$$
```
> Eq:=normal(");
```
$$Eq := \frac{2\left(\frac{\partial}{\partial r}f(r)\right) + r\left(\frac{\partial^2}{\partial r^2}f(r)\right)}{r}$$
```
> S:=dsolve(Eq,f(r));
```
$$S := f(r) = \_C1 + \frac{\_C2}{r}$$
```
> subs(S,r=sqrt(x^2+y^2+z^2),f(r));
```
$$\_C1 + \frac{\_C2}{\sqrt{x^2 + y^2 + z^2}}$$

II.3. Matrice hessienne

C'est la fonction **hessian** qui permet d'obtenir la matrice hessienne d'une expression. Etant donné une expression scalaire **p** et une expression vectorielle **x=[x1,x2,..,xn]** dont les composantes sont des variables libres, l'évaluation de **hessian(p,x)** retourne la matrice hessienne de p par rapport à **[x1,x2,..,xn]**, c'est à dire la matrice carrée $\left(\dfrac{\partial^2 p}{\partial x_i\, \partial x_j}\right)_{\substack{1\le i\le n \\ 1\le j\le n}}$.

Ex. 9

```
> p:=x^2+y^2+z^2-2*x*y*z;
```
$$p := x^2 + y^2 + z^2 - 2\,x\,y\,z$$

```
> A:=hessian(p,[x,y,z]);
```
$$A := \begin{bmatrix} 2 & -2\,z & -2\,y \\ -2\,z & 2 & -2\,x \\ -2\,y & -2\,x & 2 \end{bmatrix}$$

En utilisant la matrice hessienne il est possible de déterminer si une expression p possède un extremum en un point où son gradient s'annule. Par exemple, avec l'expression p précédente : on commence par trouver les points où le gradient s'annule et ensuite, pour chacun d'eux, on étudie le signe des valeurs propres de la matrice hessienne associée.

Ex.10

```
> v:=grad(p,[x,y,z]);
```
$$v := [\, 2\,x - 2\,y\,z\, ,\; 2\,y - 2\,x\,z\, ,\; 2\,z - 2\,x\,y\,]$$

```
> S:=solve({v[1],v[2],v[3]},{x,y,z});
```
$$S := \{x = 0,\, z = 0,\, y = 0\}\, ,\; \{x = 1,\, y = 1,\, z = 1\},$$
$$\{y = 1,\, x = -1,\, z = -1\}\, ,\; \{x = -1,\, y = -1,\, z = 1\},$$
$$\{\, x = 1,\, z = -1,\, y = -1\}$$

```
> A1:=subs(S[1],eval(A)): eigenvals(A1);
```
$$2\, ,\, 2\, ,\, 2$$

```
> A2:=subs(S[2],eval(A)): eigenvals(A2);
```
$$-2\, ,\, 4\, ,\, 4$$

Les calculs précédents prouvent que p possède un minimum en l'origine, mais que cette expression ne présente pas d'extremum en $(1, 1, 1)$.

II.4. Rotationnel d'un champ de vecteurs de $\mathbb{R}^3$

C'est la fonction `curl` qui permet d'obtenir le rotationnel d'un champ de vecteurs. Etant donné une expression vectorielle `p=[p1,p2,p3]` et une expression vectorielle `x=[x1,x2,x3]` dont les composantes sont des variables libres, l'évaluation de `curl(p,x)` retourne le rotationnel de p par rapport aux variables de x, c'est-à-dire le vecteur de composantes $\left(\dfrac{\partial p_3}{\partial x_2} - \dfrac{\partial p_2}{\partial x_3}, \ \dfrac{\partial p_1}{\partial x_3} - \dfrac{\partial p_3}{\partial x_1}, \ \dfrac{\partial p_2}{\partial x_1} - \dfrac{\partial p_1}{\partial x_2} \right)$.

Ex.11
```
> p:=[x*(x^2-y^2),y*(x*x-z^2),z*(y^2-x^2)];
```
$$p := \left[x\left(x^2 - y^2\right), \ y\left(x^2 - z^2\right), \ z\left(y^2 - x^2\right) \right]$$
```
> curl(p,[x,y,z]);
```
$$\left[\, 4\,z\,y\,, \ 2\,z\,x\,, \ 4\,y\,x\, \right]$$

La fonction `curl` peut être utilisée avec `coords=cylindrical` comme troisième argument (resp. `coords=spherical`) : le champ p doit alors être exprimé en coordonnées cylindriques (resp. sphériques), le calcul du rotationnel est réalisé en coordonnées cylindriques (resp. sphériques) et le résultat retourné est exprimé dans le repère correspondant.

III. Potentiel scalaire, potentiel vecteur

III.1. Potentiel scalaire d'un champ de vecteurs

La fonction `potential` permet de tester si un champ de vecteurs dérive d'un potentiel scalaire et, dans l'affirmative, de déterminer un potentiel dont il est issu. Si p est une expression vectorielle et x le vecteur `[x1,x2,...,xn]` dont les composantes sont des variables libres, l'évaluation de `potential(p,x,'V')` retourne `true` si le champ p dérive d'un potentiel scalaire et false sinon. Lorsque `potential(p,x,'V')` retourne `true`, la variable V contient, au retour, un potentiel scalaire dont est issu le champ p.

Ex.12
```
> p:=[2*x+y+z,x+2*y+z,x+y+2*z];
```
$$p := \left[2\,x + y + z\,, \ x + 2\,y + z\,, \ x + y + 2\,z \right]$$
```
> potential(p,[x,y,z],'V');
```
$$\mathit{true}$$
```
> V;
```
$$x\,y + x^2 + y^2 + x\,z + z^2 + y\,z$$

III.2. Potentiel vecteur d'un champ de vecteurs

La fonction **vectpotent** permet de tester si un champ de vecteurs de $\mathbf{R}^3$ dérive d'un potentiel vecteur et, dans l'affirmative, de déterminer un potentiel vecteur dont il est issu. Si **p=[p1,p2,p3]** est une expression vectorielle et **x** le vecteur **[x1,x2,x3]** dont les composantes sont des variables libres, l'évaluation de **vectpotent(p,x,'V')** retourne **true** si le champ p dérive d'un potentiel vecteur et **false** sinon. Dans le cas où **vectpotent(p,x,'V')** retourne **true**, la variable V contient, au retour, l'expression d'un potentiel vecteur dont est issu le champ p.

Ex.13

```
> p:=[y*z,-x*z,x^2+x*y];
```
$$p := \left[y\,z\,,\ -x\,z\,,\ x^2 + x\,y\right]$$

```
> vecpotent(p,[x,y,z],'V'); eval(V);
```
$$true$$
$$\left[-\frac{1}{2}z^2\,x - \frac{1}{2}x\,y^2 - x^2 y\,,\ -\frac{1}{2}z^2 y\,,\ 0\right]$$

Chapitre 21

Les objets de MAPLE

I. Expressions élémentaires

I.1. Les types +, * et ^

Les expressions élémentaires, qui ne font intervenir que des constantes rationnelles, des noms de variables et les opérateurs +, -, *, / et ^, sont classées par MAPLE en trois types : le type +, le type * et le type ^.

- Des expressions telles que x+y et x+y+z sont de type +, il en est de même de x-y+z que MAPLE mémorise comme x+(-1)*y+z ainsi que de (x*y)+(z*t) qui est la somme des deux termes x*y et z*t. Pour MAPLE, l'opérateur + n'est pas un opérateur binaire généralisé par récurrence mais un opérateur n-aire dont tous les opérandes jouent des rôles symétriques.

- Des expressions telles que x*y et x*y*z sont de type *, il en est de même de x*y/z que MAPLE mémorise comme x*y*z^(-1) ou de (x+y)*(z+t) qui, tel qu'il est écrit, est le produit des deux termes (x+y) et (z+t). Comme l'opérateur +, l'opérateur * est un opérateur n-aire.

- Des expressions telles que x^y, 1/x, (x+y)^(-3) ainsi que x^(1/2) ou (x-y+z)^(1/3) sont de type ^. Pour MAPLE, l'opérateur ^ est un opérateur binaire et MAPLE ne tolère pas l'écriture x^y^z, il faut absolument préciser x^(y^z) ou (x^y)^z.

I.2. Les fonctions whattype, op et nops

- La fonction **whattype** permet de connaître le type d'une expression élémentaire et plus généralement le type de base d'un objet MAPLE. Si Obj est un objet MAPLE whattype(Obj) retourne le type de base de Obj. On obtient la liste des types de base de MAPLE en tapant : ? whattype

- La fonction op permet d'éclater une expression en sous-expressions. Etant donné une expression Expr, on appelle opérande de Expr ou sous expression de premier niveau de Expr, tout élément de la séquence fournie par op(Expr).

- la fonction nops retourne le nombre de ces sous-expressions.

> Expr_1:=2*x*y-3*x^2+4*x/y^2;

$$Expr\_1 := 2\,x\,y - 3\,x^2 + 4\,\frac{x}{y^2}$$

> whattype(Expr_1); op(Expr_1); nops(Expr_1);

$$+$$

$$2\,x\,y \quad, \quad -3\,x^2 \quad, \quad 4\,\frac{x}{y^2}$$

$$3$$

> Expr_2:=(x+2*y^2)*(z+4)/(x+2);

$$Expr\_2 := \frac{(x + 2\,y^2)\,(z + 4)}{x + 2}$$

Ex. 1

> whattype(Expr_2); op(Expr_2);

$$*$$

$$x + 2\,y^2 \quad, \quad z + 4 \quad, \quad \frac{1}{x + 2}$$

> Expr_3:=(x^2+2*y*z)^2;

$$Expr\_3 := (x^2 + 2\,y\,z)^2$$

> whattype(Expr_3); op(Expr_3);

$$\wedge$$

$$x^2 + 2\,y\,z \quad, \quad 2$$

La fonction **op** peut aussi s'utiliser avec deux arguments. Si **n** contient une valeur entière positive, l'évaluation de **op(n,Expr)** retourne le $n^{\text{ème}}$ opérande de l'expression **Expr**.

> Expr_11:=op(1,Expr_1);

$$Expr\_11 := 2\,x\,y$$

> Expr_12:=op(2,Expr_1);

Ex. 2

$$Expr\_12 := -3\,x^2$$

> Expr_13:=op(3,Expr_1);

$$Expr\_13 := 4\,\frac{x}{y^2}$$

Attention ! Il ne faut appeler op(n,Expr) qu'avec une valeur de n entière positive et inférieure ou égale nops(Expr), sinon MAPLE retourne un message d'erreur.

Ex. 3
```
> op(5,Expr_1);
    Error, improper op or subscript selector
```

Si **Expr** est de type +, * ou ^, alors l'évaluation de op(0,Expr) retourne le type de **Expr** ; dans ce cas, c'est un synonyme de whattype(Expr) et, bien que op(0,Expr) soit défini, il ne figure pas dans la séquence op(Expr) et n'est pas compté dans le résultat de nops(Expr).

Ex. 4
```
> op(0,Expr_1);
```
$$+$$

I.3. Le type function

En plus de +, *, / et ^, l'écriture d'expressions mathématiques nécessite l'usage de termes tels que ln(2) ou sin(x+1) que MAPLE laisse sous forme littérale. Si l'évaluation de **Expr** retourne une forme telle que f(Expr1), alors **Expr** est de type function et cet objet possède **Expr1** comme seul opérande, retourné à la fois par op(Expr) et op(1,Expr) ; le nom f est, quant à lui, retourné par op(0,Expr).

Ex. 5
```
> x:='x':                        pour libérer x afin d'assurer
                                 une forme non évaluée au retour
> y:=sin(x+1):whattype(y);
```
$$function$$
```
> op(y);
```
$$x+1$$
```
> op(0,y),op(1,y);
```
$$sin \quad , \quad x+1$$

Attention ! Ce n'est pas f qui est de type function, c'est l'expression f(x). L'identificateur f est libre ou pointe vers un objet de type procedure (cf. chapitre 24).

Ex. 6
```
> whattype(sin(2));
```
$$function$$
```
> whattype(eval(sin));          Il faut forcer l'évaluation
                                d'un objet de type procédure
```
$$procedure$$

I.4. Structure des expressions mathématiques élémentaires

Les expressions mathématiques élémentaires se construisent à l'aide des quatre opérations +, *, /, ^ et d'expressions de type **function** telles que ln(2) ou sin(x+1).

De telles expressions sont de type +, *, ^ ou **function**. C'est l'opérateur qui est le plus "externe", celui que l'on effectue "en dernier", qui donne son type à une expression.

- $\dfrac{\sin(x) + \sqrt{2}}{y}$ est de type *, c'est le produit de $\sin(x) + \sqrt{2}$ et de $1/y$.

- La première sous-expression $\sin(x) + \sqrt{2}$ est elle même de type +, et elle est composée de $\sin(x)$ qui est de type **function** et de $\sqrt{2}$ qui est de type ^.

- $\sin\left(\dfrac{x + \sqrt{2}}{y}\right)$ est de type **function**, sa seule sous-expression de premier niveau est $\dfrac{x + \sqrt{2}}{y}$, qui est de type * et qui possède deux opérandes ...

Ex. 7

```
> restart; Expr_4:=(sin(x)+sqrt(2))/y;
```
$$Expr\_4 := \frac{\sin(x) + \sqrt{2}}{y}$$

```
> whattype(Expr_4);
```
$$*$$

```
> op(Expr_4);
```
$$\sin(x) + \sqrt{2} \ , \ \frac{1}{y}$$

```
> op(1,Expr_4); op(2,""); whattype("");
```
$$\sin(x) + \sqrt{2}$$
$$\sqrt{2}$$
$$\char`\^$$

```
> Expr_5:=sin((x+sqrt(2))/y);
```
$$Expr\_5 := \sin\left(\frac{x + \sqrt{2}}{y}\right)$$

```
> whattype(Expr_5),op(0,Expr_5),op(1,Expr_5);
```
$$function \ , \ \sin \ , \ \frac{x + \sqrt{2}}{y}$$

L'utilisation répétée de la fonction **op** permet d'atteindre les sous-expressions de tout niveau d'une expression MAPLE, comme on peut le voir sur l'exemple suivant.

Ex. 8

```
> Expr_1:=2*x*y-3*x^2+4*x/y^2;
```
$$Expr\_1 := 2\,x\,y - 3\,x^2 + 4\,\frac{x}{y^2}$$

```
> Expr_13:=op(3,Expr_1);
```
$$Expr\_13 := 4\,\frac{x}{y^2}$$

```
> op(Expr_13);
```
$$4\,,\,x\,,\,\frac{1}{y^2}$$

```
> Expr_133:=op(3,Expr_13);
```
$$Expr\_133 := \frac{1}{y^2}$$

```
> whattype(");
```
$$\wedge$$

```
> op(Expr_133);
```
$$y\,,-2$$

On peut poursuivre le jeu à l'infini et l'utilisateur curieux pourra explorer le dédale de ses expressions favorites à l'aide de la fonction **op**. Cette fonction **op** utilisée avec un ou deux arguments est une clé dont il ne faut surtout pas se priver et qui permet de se familiariser rapidement avec la structure des objets MAPLE.

II. Valeurs numériques réelles et complexes

En ce qui concerne les valeurs réelles, MAPLE distingue

- des valeurs qu'il qualifie de **numeric** : entiers, fractions, valeurs décimales.
- des valeurs qu'il laisse sous forme littérale, comme **sqrt(2)** et **ln(2)**, ou qu'il représente par un nom particulier, comme **Pi**, **gamma**, ...

En ce qui concerne les valeurs complexes, une distinction analogue est faite au niveau des parties réelles et imaginaires.

II.1. Les valeurs de type numeric

Le type integer

Un entier positif ou négatif est un objet de type **integer**. Il est représenté exactement en mémoire et toujours écrit à l'écran en base 10. C'est un objet élémentaire
qui ne peut être décomposé à l'aide de **op**.

Ex. 9

```
> x:=2^(2^15)+1:            le lecteur peut remplacer : par ;
                            pour voir la valeur de x

> whattype(x);
                    integer

> length(x);        nombre de chiffres de l'écriture décimale de x
                    9865
```

Les types fraction et rational

Un nombre rationnel non entier est représenté à l'aide de deux entiers, son numérateur et son dénominateur : le dénominateur étant strictement positif et premier
avec le numérateur. Un tel objet est de type **fraction**.

Ex.10

```
> x:=3/4-5;
                    x := \frac{-17}{4}

> whattype(x);
                    fraction
```

$$x := \frac{-17}{4}$$

Un objet de type **fraction** est composé de deux opérandes. L'utilisateur peut
récupérer chacun de ces opérandes à l'aide de la fonction **op** ou avec les fonctions
spécifiques **numer** et **denom**.

Ex.11

```
> op(1,x); op(2,x);
                    -17
                    4

> numer(x); denom(x);
                    -17
                    4
```

Le type **rational** est la réunion des types **integer** et **fraction**. Ce n'est pas,
comme les types **integer** et **fraction** un type de base retourné par **whattype**

mais il peut être testé avec la fonction **type**. La liste des types reconnus par la fonction **type** peut être obtenue en tapant : ? **type**.

Ex.12

```
> whattype(3), whattype(17/4);
                    integer , fraction
> type(3,fraction), type(3,rational);
                      false , true
> type(17/4,rational);
                         true
```

Le type float

Un nombre contenant explicitement un point décimal est représenté en mémoire à l'aide de deux entiers : l'un pour la mantisse et l'autre pour l'exposant. C'est un objet de type **float**. Il est possible d'extraire mantisse et exposant grâce à la fonction op. Si x contient une valeur de type **float** alors op(1,x) retourne la mantisse de x et op(2,x) son exposant.

Ex.13

```
> x:=123.456;
                      x := 123.456
> op(x);
                    123456 , −3
> op(1,x);
                       123456
```

Le type numeric

Le type **numeric** est la réunion des trois types **integer**, **fraction** et **float**. Ce n'est pas un type de base retourné par la fonction **whattype** mais il peut être testé avec la fonction **type**. Dans ses procédures MAPLE utilise souvent type(...,numeric) pour savoir si un argument contient une valeur entière, fractionnaire ou décimale.

Ex.14

```
> type(1.414,numeric),type(2^(1/2),numeric);
                      true , false
```

II.2. Les valeurs de type realcons

Alors qu'un langage de programmation classique, tel que PASCAL ou CAML, remplace $\sqrt{2}$ ou $\log(3)$ par une valeur numérique approchée, MAPLE en garde une représentation formelle exacte.

Une quantité comme **sqrt(2)** est stockée sous la forme **2^(1/2)**. C'est une expression de type **^**.

Ex.15

```
> x:=sqrt(2);whattype(x);op(x);
```

$$x := \sqrt{2}$$

$$\wedge$$

$$2 \, , \, \frac{1}{2}$$

Une quantité comme **ln(2)** est laissée comme une expression non évaluée de type **function**.

Ex.16

```
> x:=ln(2);whattype(x);op(x);
```

$$x := \ln(2)$$

$$function$$

$$2$$

```
> op(0,x);
```

$$\ln$$

Une quantité comme **Pi** est un identificateur représentant une constante et le type retourné par **whattype** est **string** c'est à dire chaîne de caractères. Un tel objet ne peut être décomposé à l'aide de la fonction **op**.

Les autres identificateurs de constantes numériques que connaît MAPLE sont **gamma**, **infinity**, **Catalan** et **I**. Ces identificateurs sont protégés et l'utilisateur ne peut leur affecter de valeur (sauf en utilisant **unprotect**). Pour obtenir plus de renseignements sur ces identificateurs de constantes taper **? constants** ou **? gamma**, **? Pi**, etc.

Ex.17

```
> x:=gamma;whattype(x);                    constante d'Euler
```

$$x := \gamma$$

$$string$$

```
> op(x);
```

$$\gamma$$

Comme on peut le vérifier avec la fonction **type**, MAPLE ne considère pas que les valeurs précédentes sont de type **numeric**.

Ex.18

```
[> type(ln(2),numeric);
```
$$false$$
```
[> x:=Pi+1; whattype(x); type(x,numeric);
```
$$x := \pi + 1$$
$$+$$
$$false$$

Il existe dans MAPLE un type permettant de savoir si une expression correspond à ce que l'on appelle usuellement un nombre réel, c'est le type **realcons**. Ce n'est pas un type de base retourné par la fonction **whattype** mais il peut être testé à l'aide de **type**. Si l'évaluation de **type(Expr,realcons)** retourne la valeur **true** on peut, à l'aide de la fonction **evalf**, calculer une valeur approchée de **Expr**.

Ex.19

```
[> x:=Pi+1+sqrt(2); whattype(x);
   type(x,realcons); type(x,numeric);
```
$$x := \pi + 1 + \sqrt{2}$$
$$+$$
$$true$$
$$false$$
```
[> y:=evalf(x); whattype(y); type(y,numeric);
```
$$y := 5.555806216$$
$$float$$
$$true$$

Attention ! Pour utiliser, dans un test d'inégalité, une expression qui est de type **realcons** sans être de type **numeric**, il faut au préalable la convertir en valeur de type **float** à l'aide de **evalf**. La constante **Pi**, par exemple, ne peut donc pas être utilisée dans un test tel que **x<Pi**. Ce test doit s'écrire **x<evalf(Pi)**.

Ex.20

```
[> if 1<Pi then 'vrai' else 'faux' fi;
   Error, cannot evaluate boolean
[> if 1<evalf(Pi) then 'vrai' else 'faux' fi;
```
$$vrai$$

II.3. Les valeurs complexes

MAPLE ne dispose pas d'un type de base spécifique pour stocker les valeurs complexes. Si **Expr** contient une valeur complexe, alors **whattype(Expr)** peut être +, *, ^ ou **function** selon l'opérateur le plus externe figurant dans **Expr**. Les opérandes retournés par **op(Expr)** sont donc ceux correspondant au type retourné par **whattype(Expr)**.

Ex.21

```
> x:=1+I; whattype(x); op(x);
```
$$x := 1 + I$$
$$+$$
$$1 , I$$
```
> y:=(1+sqrt(2)*I)^2; whattype(y); op(y);
```
$$y := (1 + I\sqrt{2})^2$$
$$\wedge$$
$$1 + I\sqrt{2} , 2$$
```
> z:= ln(-2); whattype(z); op(z); op(0,z);
```
$$z := \ln(-2)$$
$$function$$
$$-2$$
$$\ln$$

Comme pour les nombres réels, MAPLE fournit un type permettant de tester si une expression représente une valeur complexe : c'est le type **complex**. Ce type n'est pas retourné par **whattype**, mais il peut être testé à l'aide de la fonction **type**. Lorsque **type(Expr,complex)** retourne **true**, on peut à l'aide de la fonction **evalf**, calculer une valeur approchée de **Expr**.

Ex.22

```
> z:= ln(-2): type(z,complex); evalf(z);
```
$$true$$
$$0.6931471806 + 3.141592654\,I$$
```
> evalc(z);
```
$$\ln(2) + I\,\pi$$

Comme on le voit ci-dessus, il ne faut pas confondre **evalf(z)** qui permet d'obtenir une écriture de z sous la forme **a+I*b** où a et b sont des valeurs approchées des parties réelle et imaginaire de z, avec **evalc(z)** qui retourne une écriture de z sous la forme **a+I*b** où a et b sont les valeurs exactes des parties réelle et imaginaire de z.

Le type `complex` possède des types dérivés permettant de reconnaître le type des parties réelle et imaginaire d'une expression. Par exemple

- `type(Expr,complex(integer))` retourne `true` si `Expr` est écrite sous la forme `a+I*b` où a et b sont tous deux de type `integer`.

- `type(Expr,complex(numeric))` retourne `true` si `Expr` est écrite sous la forme `a+I*b` où a et b sont tous deux de type `numeric`.

De façon générale, `type(Expr,complex(Expr_Type))` retourne `true` si `Expr` est écrite sous la forme `a+I*b` où a et b sont tous deux de type `Expr_Type`. Pour tester si `Expr` est égal à une quantité de type `complex(Expr_Type)` il est donc préférable de transformer l'expression avant d'évaluer `type(Expr,complex(Expr_Type))`.

Ex.23

```
> z:=(1+I*(sqrt(2)+1))^3*(1-I*(sqrt(2)-1))^3;
```
$$z := \left(1 + I\left(\sqrt{2} + 1\right)\right)^3 \left(1 - I\left(\sqrt{2} - 1\right)\right)^3$$

```
> z1:=expand(z);
```
$$z1 := -16 + 16\,I$$

```
> type(z,complex(integer));
```
$$false$$

```
> type(z1,complex(integer));
```
$$true$$

III. Expressions séquences

La séquence ou expression séquence apparaît comme une famille finie d'objets séparés par des virgules : la virgule est l'opérateur de construction de séquence. On peut construire une séquence

- soit en écrivant des éléments séparés par des virgules.
- soit en réunissant deux séquences par une virgule.

Ex.24

```
> s1:=Lun,Mar,Mer; s2:=1,2,3;
```
$$s1 := Lun\,,\,Mar\,,\,Mer$$
$$s2 := 1,\,2,\,3$$

```
> s:=s1,s2;
```
$$s := Lun\,,\,Mar\,,\,Mer\,,\,1\,,\,2\,,\,3$$

Le type `exprseq` est un type de base retourné par `whattype` qu'il est impossible de tester à l'aide de la fonction `type`.

Ex.25

```
> whattype(s);
                              exprseq
> type(s,exprseq);
  Error, wrong number (or type) of parameters in function type
```

III.1. La fonction seq

La fonction **seq** permet de former une séquence dont les divers éléments sont définis en fonction de leur rang. Etant donnée **f(i)** une expression dépendant de la variable **i** ainsi que **a** et **b** deux valeurs de type **numeric** vérifiant **a<=b**, l'évaluation de **seq(f(i),i=a..b)** retourne la séquence **f(a),f(a+1),...,f(a+n)** où **n** est la partie entière de **b-a**. Si **a** et **b** sont deux entiers, ce qui est le plus fréquent, la séquence retournée est donc **f(a),f(a+1),...,f(b-1),f(b)**.

Ex.26

```
> seq(cos(i*Pi/6),i=0..6);
```
$$1, \frac{1}{2}\sqrt{3}, \frac{1}{2}, 0, -\frac{1}{2}, -\frac{1}{2}\sqrt{3}, -1$$
```
> whattype("");
```
$$exprseq$$
```
> f:='f': s:=seq(f(i),i=1.55..5);
```
$$s := f(1.55), f(2.55), f(3.55), f(4.55)$$

Remarque : la fonction **seq** est une abréviation de boucle **for** (cf. ch. 23). La simple expression précédente **seq(f(i),i=1.55..5)** est équivalente à

Ex.27

```
> s:=NULL:                        NULL désigne la séquence vide
  for i from 1.55 to 5 do s:=s,f(i); od:
```

Mais **seq** est beaucoup plus efficace en évitant la construction de séquences intermédiaires qui ralentissent la vitesse d'exécution et "gruyérisent" la mémoire.

Attention ! Comme seq(f(i),i=a..b) est une abréviation de boucle for, il n'est pas utile que i soit une variable libre lors de son évaluation ; en revanche après l'exécution de seq(f(i),i=a..b), la variable i retrouve la valeur qu'elle avait lors de l'appel de seq. Malgré la ressemblance syntaxique, sum(f(i),i=a..b) exige que i soit une variable libre, car elle commence par une évaluation complète de tous les arguments (cf. p. 175).

III.2. L'opérateur $

L'opérateur **$** permet aussi de former des séquences mais avec une syntaxe bien moins lisible que **seq**. La seule utilisation pratique de l'opérateur **$** est celle qui permet de former une séquence de n éléments tous égaux à un objet x grâce à la syntaxe **x$n**. On l'utilise surtout avec **diff** pour indiquer un ordre de dérivation.

Ex.28

```
> restart; x$6;
```
$$x, \ x, \ x, \ x, \ x, \ x$$

```
> diff(arctan(x),x$3);          pour une dérivée troisième
```
$$8 \frac{x^2}{\left(1 + x^2\right)^3} - \frac{2}{\left(1 + x^2\right)^2}$$

```
> normal(");
```
$$2 \frac{3\,x^2 - 1}{\left(1 + x^2\right)^3}$$

III.3. Séquence de résultats

Certaines fonctions MAPLE, dont le nombre de résultats fournis est variable d'un appel à l'autre, retournent une séquence. C'est par exemple le cas de **solve**.

Ex.29

```
> P:=x^3-6*x^2+11*x-6;
```
$$P := x^3 - 6\,x^2 + 11\,x - 6$$

```
> solve(P);
```
$$1, \ 2, \ 3$$

Lorsqu'une telle fonction paraît ne rien retourner, en fait elle retourne une séquence vide qui correspond à l'identificateur **NULL** de MAPLE.

Ex.30

```
> restart:   P:=x^2+1;
  S:=fsolve(P);             donne les racines réelles de P
```
$$P := x^2 + 1$$
$$S :=$$

```
> whattype(S);
```
$$exprseq$$

```
> evalb(S=NULL);          evalb pour forcer l'évaluation du booléen
```
$$true$$

III.4. Séquence des composants d'une expression

Si `Expr` est une expression quelconque, `op(Expr)` retourne la séquence des composants de premier niveau de `Expr`. De même, si **a** et **b** sont deux entiers, `op(a..b,Expr)` retourne la séquence formée par les composants de premier niveau de `Expr` dont le rang est compris entre **a** et **b**.

Ex.31

```
> P:=x^3-6*x^2+11*x-6;
```
$$P := x^3 - 6\,x^2 + 11\,x - 6$$

```
> op(P);
```
$$x^3\ ,\ -6\,x^2\ ,\ 11\,x\ ,\ -6$$

```
> op(2..3,P);
```
$$-6\,x^2\ ,\ 11\,x$$

```
> z:=ln(2);
```
$$z := \ln(2)$$

```
> op(0..1,z);
```
$$\ln\ ,\ 2$$

III.5. Séquence des paramètres d'une procédure

La séquence est aussi formellement utilisée pour représenter la suite des paramètres permettant de décrire une procédure (cf. ch. 24), ainsi que pour stocker la suite des valeurs qu'on lui transmet lors d'un appel.

Du point de vue interne, une procédure MAPLE opère sur une séquence d'arguments, ce qui permet de réaliser sans problème des procédures qui, du point de vue de l'utilisateur, manipulent un nombre variable de paramètres. Le $i^{\text{ème}}$ argument transmis à une procédure est simplement le $i^{\text{ème}}$ élément de la séquence transmise. Le nombre d'arguments transmis est le nombre d'éléments de cette séquence. Nous verrons au chapitre 24 p. 424, comment récupérer le $i^{\text{ème}}$ argument ou le nombre d'arguments transmis à une procédure à l'aide des fonctions **args** et **nargs**.

Ce qui précède permet de comprendre pourquoi, si `Expr` est une séquence, on ne peut, comme pour les objets précédemment rencontrés, en extraire le $i^{\text{ème}}$ élément à l'aide de `op(i,Expr)` : lors de l'évaluation de `op(i,Expr)`, la fonction op voit arriver la séquence `i,Expr` qui contient en général plus de deux éléments (elle en possède $n+1$ si `Expr` est une séquence à n éléments) et le test de vérification par lequel commence la fonction op la fait alors sortir en erreur. Pour la même raison il est impossible de calculer le nombre d'éléments de `Expr` à l'aide de `nops(Expr)` ou de tester le type `exprseq` à l'aide de `type(Expr,exprseq)`.

Ex.32

```
> P:=x^3-3*x^2+x+1;
```
$$P := x^3 - 3x^2 + x + 1$$

```
> S:=solve(P);
```
$$S := 1, \sqrt{2} + 1, 1 - \sqrt{2}$$

```
> op(2,S);
    Error, wrong number (or type) of parameters in function op
```

Pour extraire un élément d'une séquence, on peut utiliser l'opérateur de sélection [] : si **Expr** est une expression séquence et i un entier naturel au plus égal au nombre d'éléments de **Expr**, l'évaluation de **Expr[i]** retourne le i^{ème} élément de **Expr**.

Ex.33

```
> S2:=S[2];
```
$$S2 := \sqrt{2} + 1$$

Tout comme **op**, l'opérateur de sélection peut s'utiliser avec un intervalle d'entiers a..b. Si **Expr** est une séquence, **Expr[a..b]** retourne la séquence des éléments de **Expr** dont le rang est compris entre a et b.

Ex.34

```
> S[1..2];
```
$$1, \sqrt{2} + 1$$

IV. Intervalles

On forme un objet de type intervalle (**range**) en reliant deux expressions à l'aide de l'opérateur .. . Un tel objet est surtout utilisé pour écrire une intégrale, pour créer des expressions séquences à l'aide de **seq**, pour définir des sommes ou des produits d'un grand nombre de quantités avec **sum** ou **product**, etc.

Ex.35

```
> Interv:=a..b;
```
$$Interv := a..b$$

Attention ! Malgré un réflexe solidement ancré, il ne faut pas appeler un intervalle I : cet identificateur est réservé par MAPLE pour représenter sqrt(-1).

Ex.36

```
> I:=a..b;
    Error, Illegal use of an object as a name
```

L'intervalle **a..b** est de type **..** et il est formé de deux opérandes **a** et **b**.

Ex.37

```
> whattype(Interv);
                              ..
> op(Interv);
                            a , b
> op(1,Interv);
                              a
```

On peut tester qu'une expression est de type intervalle à l'aide de la fonction **type**. Comme second argument, il est possible d'utiliser **range** qui est un synonyme de **..**, mais si on tient absolument à utiliser **..**, il faut, comme pour **+** et *****, mettre ce symbole entre apostrophes inversées (*Alt Gr* 7 sur un clavier de PC) pour éviter une évaluation inadéquate conduisant à une erreur de syntaxe.

Ex.38

```
> type(Interv,range);
                             true
> type(Interv,'..');
                             true
> type(Interv,..);
  syntax error, '..' unexpected
```

La fonction **seq** utilisée avec, comme second argument, un intervalle dont les bornes sont évaluées à des valeurs de type **numeric** permet de construire rapidement et efficacement une expression séquence. Lorsque l'une des bornes de l'intervalle contient une valeur qui est de type **realcons** sans être de type **numeric**, il faut utiliser **evalf** lors de l'appel de la fonction **seq**.

Ex.39

```
> f:='f': seq(f(i),i=1.55..5);
           f(1.55) , f(2.55) , f(3.55) , f(4.55)

> Interv:=1..Pi;
                       Interv := 1..π

> seq(i,i=Interv);
  Error, unable to execute seq
> seq(i,i=evalf(Interv));
                       1. , 2. , 3.
```

V. Ensembles et listes

V.1. Les opérateurs { } et [ ]

Syntaxiquement, on forme

- un ensemble en ajoutant une paire d'accolades { } autour d'une séquence.
- une liste en ajoutant une paire de crochets [ ] autour d'une séquence.

Si **Expr** est une expression séquence,

- **{Expr}** est l'ensemble formé des éléments figurant dans **Expr**. Dans un ensemble, comme il est d'usage, MAPLE ne duplique jamais les éléments et les écrit dans un ordre qu'il choisit lui-même. Cet ordre peut varier d'une session à l'autre mais il est constant à l'intérieur d'une session.

- **[Expr]** est la liste contenant les éléments de **Expr** dans l'ordre dans lequel ils apparaissent dans la séquence **Expr**. Une liste peut contenir plusieurs fois le même élément.

Ex.40

```
> s:=b,a,c;
```
$$s := b\,,\,a\,,\,c$$
```
> Ens:={s}; Liste:=[s];
```
$$Ens := \{\,c\,,\,a\,,\,b\,\}$$
$$Liste := [\,b\,,\,a\,,\,c\,]$$
```
> s:=seq(i*i,i=-3..3): Ens:={s}; Liste:=[s];
```
$$Ens := \{\,0\,,\,4\,,\,9\,,\,1\,\}$$
$$Liste := [\,9\,,\,4\,,\,1\,,\,0\,,\,1\,,\,4\,,\,9\,]$$

Si **Ens_Lst** est un ensemble ou une liste,

- **op(Ens_Lst)** retourne la séquence de ses éléments.
- **nops(Ens_Lst)** retourne le nombre de ses éléments.
- **op(i,Ens_Lst)** en retourne le $i^{ème}$ élément.

Ex.41

```
> nops(Ens); op(Ens);
```
$$4$$
$$0\,,\,1\,,\,4\,,\,9$$
```
> nops(Liste); op(Liste); op(3,Liste);
```
$$7$$
$$9\,,\,4\,,\,1\,,\,0\,,\,1\,,\,4\,,\,9$$
$$1$$

Attention ! Un objet de type ensemble ou liste est vu par une procédure comme un objet unique alors qu'une séquence, dès qu'elle contient plus d'un élément, est vue comme un agrégat de plusieurs objets. Si Expr est une expression séquence l'évaluation de nops(Expr) retourne un message d'erreur car la fonction nops n'attend qu'un seul argument ; en revanche l'évaluation de nops([Expr]) retourne le nombre d'éléments de la liste [Expr] et donc celui de Expr.

Ex.42

```
> Sol:=solve(x^3-3*x^2+x+1);
```
$$Sol := 1 , \sqrt{2}+1 , 1 - \sqrt{2}$$
```
> nops(Sol);
   Error, wrong number (or type) of parameters in function nops
> nops([Sol]);
```
$$3$$

La fonction **member** permet de tester si un élément appartient ou non à un ensemble ou à une liste. Lorsque X est un ensemble, ou une liste, complètement décrit,

- l'évaluation de **member(x,X)** retourne *true* si x est élément de X.

- si **member(x,X,'rg')** retourne la valeur **true**, alors **rg** contient au retour le rang de la première occurrence de x dans X.

Ex.43

```
> Liste:=[1,3,5,7,9,7,5]: member(7,Liste,'rg');
```
$$true$$
```
> rg;
```
$$4$$
```
> restart: member(7,L);                    Cas où L est libre
   Error, wrong number (or type) of parameters in function member
```

Pour transformer ensembles en listes (resp. listes en ensembles) on peut utiliser la fonction **convert** avec l'option **list** (resp. l'option **set**).

- Si Lst est une liste, **convert(Lst,set)** retourne l'ensemble des éléments de Lst. Les doublons sont supprimés et MAPLE ordonne les éléments de l'ensemble sans tenir compte de l'ordre des éléments de la liste.

- Si Ens est un ensemble, **convert(Ens,list)** retourne une liste contenant les éléments de Ens et MAPLE ordonne les éléments de la liste dans l'ordre où ils figurent dans Ens.

Ex.44

```
> convert([1,3,4,2,4,6],set);
```
$$\{ 1 , 2 , 3 , 4 , 6 \}$$

V.2. Opérations sur les ensembles

Pour travailler sur les ensembles on dispose des opérateurs **intersect**, **union** et **minus**. Si $E1$ et $E2$ sont des ensembles

[E1 union E2]

E1 union E2   retourne la réunion $E1 \cup E2$.

E1 intersect E2   retourne l'intersection $E1 \cap E2$.

E1 minus E2   retourne la différence ensembliste $E1 \setminus E2$.

```
> Ens_1:={1,2,3,4,5}; Ens_2:={3,5,7,9};
```
$$Ens\_1 := \{\, 1\,,\, 2\,,\, 3\,,\, 4\,,\, 5\, \}$$
$$Ens\_2 := \{\, 3\,,\, 5\,,\, 7\,,\, 9\, \}$$
```
> Ens_1 intersect Ens_2;
```
$$\{\, 3\,,\, 5\, \}$$

Ex.45

```
> Ens_1 union Ens_2;
```
$$\{\, 1\,,\, 2\,,\, 3\,,\, 4\,,\, 5\,,\, 7\,,\, 9\, \}$$
```
> Ens_1 minus Ens_2;
```
$$\{\, 1\,,\, 2\,,\, 4\, \}$$

Pour écrire plus rapidement une intersection ou une réunion de plus de deux ensembles, on peut utiliser les *fonctions* **intersect**, **union** et **minus**. Pour éviter la confusion entre ces fonctions et les opérateurs de même nom il est alors impératif de mettre ces noms de fonctions entre apostrophes inversées.

```
> Ens:='union'(Ens_1,Ens_2,Ens_3);
```
$$Ens := Ens\_3 \;\; union \;\; \{\, 1\,,\, 2\,,\, 3\,,\, 4\,,\, 5\,,\, 7\,,\, 9\, \}$$

Ex.46

```
> Ens_3:={a,1,2}; Ens;
```
$$Ens\_3 := \{\, a\,,\, 1\,,\, 2\, \}$$
$$\{\, a\,,\, 1\,,\, 2\,,\, 3\,,\, 4\,,\, 5\,,\, 7\,,\, 9\, \}$$

Comme on le voit ci-dessus, MAPLE n'est pas gêné pour exprimer formellement une réunion d'ensembles que l'on n'a pas complètement décrits. Il en est de même avec une intersection ou une différence.

V.3. Opérations sur les listes

Valeur d'un élément

Comme pour les vecteurs et les tableaux, on peut obtenir ou modifier un élément
de liste à l'aide de l'opérateur d'indiçage [ ]. Etant donné L une liste et i un
entier positif inférieur ou égal à nops(L)

- on obtient le i^{ème} élément de L à l'aide de L[i].
- on modifie le i^{ème} élément de L à l'aide d'une affectation du type L[i]:=...

Ex.47

```
> L:=[1,3,5,7,9]: L[3];
```
$$5$$
```
> L[3]:=11;
```
$$L_3 = 11$$
```
> L;
```
$$[1, 3, 11, 7, 9]$$
```
> L[6]:=11;                              Si on dépasse nops(L)
  Error, out of bound assignment to a list
```

Concaténation

Etant donné p listes L1, L2, ..., Lp , l'évaluation de [op(L1),op(L2),...,op(Lp)]
retourne la liste obtenue par concaténation de ces p listes

Ex.48

```
> L1:=[1,3,5,7,9]; L2:=[7,9,11,13];
```
$$L1 := [1, 3, 5, 7, 9]$$
$$L2 := [7, 9, 11, 13]$$
```
> L3:=[op(L1),op(L2)];
```
$$L3 := [1, 3, 5, 7, 9, 7, 9, 11, 13]$$

Avec les listes L1 et L2 de l'exemple précédent, on peut former L4:=[L1,L2].
Mais il faut prendre garde que la liste L4 n'est pas égale à la liste L3 obtenue par
concaténation de L1 et L2. La liste L4 ne contient que deux éléments qui sont des
listes alors que L3 contient 9 éléments qui sont des nombres.

Ex.49

```
> L4:=[L1,L2]; op(L4); op(L3);
```
$$L4 := \left[[1, 3, 5, 7, 9], [7, 9, 11, 13] \right]$$
$$[1, 3, 5, 7, 9], [7, 9, 11, 13]$$
$$1, 3, 5, 7, 9, 7, 9, 11, 13$$

Extraction

Etant donné L une liste et a, b deux entiers vérifiant 0<=a<=b<=nops(L), l'évaluation de op(a..b,L) retourne la séquence des éléments de L dont les rangs vont de a à b ; la sous-liste correspondante est donc [op(a..b,L)].

Ex.50
```
> [op(2..4,L1)];
                    [ 3 , 5 , 7 ]
```

Etant donné X une liste (resp. un ensemble) et f une fonction (ou procédure) à une variable retournant un résultat booléen,

- l'évaluation de select(f,X) retourne la liste (resp. l'ensemble) des éléments x de X vérifiant f(x)=true.
- l'évaluation de remove(f,X) retourne la liste (resp. l'ensemble) des éléments x de X vérifiant f(x)=false.

Exemple avec une fonction MAPLE

Ex.51
```
> L:=[seq(i,i=100..150)]:
  select(isprime,L);
          [101, 103, 107, 109, 113, 127, 131, 137, 139, 149]
```

Exemple avec une fonction utilisateur

Ex.52
```
> Digits:=3:
                    Digits := 3
> s:=fsolve(x^5+x+1,x,complex):     Pour extraire les racines
  select(x->Re(x)>=0,[s]);         de partie réelle positive
          [.877 − .745 I , .877 + .745 I]
```

Etant donné X une liste (resp. un ensemble), a une expression MAPLE et f une fonction (ou procédure) à deux variables retournant un résultat booléen,

- l'évaluation de select(f,X,a) retourne la liste (resp. l'ensemble) des éléments x de X vérifiant f(x,a)=true.
- l'évaluation de remove(f,X,a) retourne la liste (resp. l'ensemble) des éléments x de X vérifiant f(x,a)=false.

Par exemple pour construire la liste des racines rationnelles d'un polynôme, on peut écrire

Ex.53

```
> P:=6*x^6-17*x^5+10*x^4+x^3+5*x^2+x-6;
```
$$P := 6\,x^6 - 17\,x^5 + 10\,x^4 + x^3 + 5\,x^2 + x - 6$$

```
> s:=solve(P):
  select(type,[s],rational); select(type,[s],fraction);
```
$$[1, -\frac{2}{3}, \frac{3}{2}]$$

$$[-\frac{2}{3}, \frac{3}{2}]$$

Remarque : La fonction `select` peut aussi s'utiliser avec comme second argument un ensemble voire n'importe quelle expression MAPLE : elle retourne alors une expression du même type ne comportant que les opérandes répondant au critère.

Ex.54

```
> P:=factor(x^8+x^4+1,sqrt(3));
```
$$P := (x^2 + x + 1)\,(x^2 - x + 1)\,(x^2 + \sqrt{3}\,x + 1)\,(x^2 - \sqrt{3}\,x + 1)$$

```
> select(has,P,sqrt(3));                    pour obtenir le produit
                                            des trinômes contenant √3
```
$$(x^2 + \sqrt{3}\,x + 1)\,(x^2 - \sqrt{3}\,x + 1)$$

V.4. Retour sur la fonction seq

Etant donné X une liste ou un ensemble,

- si f est une fonction (ou procédure) d'une variable, alors `seq(f(x),x=X)` est synonyme de `seq(f(X[i]),i=1..nops(X))`.

- si p est une expression de la variable libre x, alors `seq(p,x=X)` est synonyme de `seq(subs(x=X[i],p),i=1..nops(X))`.

Par exemple, pour obtenir la séquence des expressions $t\,e^x + x^2$ lorsque t prend les valeurs -1, 1, 2, 5 et 7, on peut écrire

Ex.55

```
> p:=t*exp(x)+x^2;
```
$$p := t\,e^x + x^2$$

```
> seq(p,t=[-1,1,2,5,7]);
```
$$-e^x + x^2,\ e^x + x^2,\ 2\,e^x + x^2,\ 5\,e^x + x^2,\ 7\,e^x + x^2$$

VI. Intégrales non évaluées

MAPLE ne dispose pas d'un type particulier pour stocker une intégrale ou une primitive non évaluée. Une telle expression peut avoir été retournée

- soit parce que MAPLE ne sait pas en donner une expression au moyen des fonctions de sa bibliothèque,
- soit parce que l'utilisateur a fait appel à la fonction inerte `Int`.

MAPLE la stocke alors comme un objet de type `function`.

Comme pour tout objet de type `function` le nom de la fonction est l'opérande de rang 0 : ce nom est `int` pour une intégrale que MAPLE n'a pas réussi à exprimer au moyen des fonctions élémentaires et `Int` pour une intégrale écrite à l'aide de la forme inerte `Int`.

Appliquée à une telle expression la fonction `op` retourne une séquence de deux opérandes. Le premier est l'expression à intégrer et le second est

- le nom de la variable d'intégration pour une primitive.
- une équation du type `nom_var=Interv_intgr` pour une intégrale.

Ex.56

```
> Intg:=int(sin(x)/(1+exp(x)),x=0..1);
```
$$Intg := \int_0^1 \frac{\sin(x)}{1 + e^x} dx$$

```
> whattype(Intg);
```
$$function$$

```
> op(Intg);
```
$$\frac{\sin(x)}{1 + e^x} \ , \ x = 0..1$$

```
> op(0,Intg);
```
$$int$$

```
> Intg:=Int(sin(x)/(1+exp(x)),x=0..1);
```
$$Intg := \int_0^1 \frac{\sin(x)}{1 + e^x} dx$$

```
> op(0,Intg);
```
$$Int$$

VII. Polynômes

MAPLE ne dispose pas d'un type de base particulier pour stocker les polynômes. Si la variable P pointe sur un polynôme, whattype(P) peut retourner +, *, ^ selon l'opérateur le plus externe figurant dans P. Les opérandes retournés par op(P) sont ceux correspondant au type retourné par whattype(P).

Ex.57

```
> restart: P:=3*x^4+5*x^3+2*x+1; whattype(P); op(P);
```
$$P := 3\,x^4 + 5\,x^3 + 2\,x + 1$$
$$+$$
$$3\,x^4,\, 5\,x^3,\, 2\,x\,, 1$$
```
> Q:=(x+y*sqrt(2))^2*(x-y*sqrt(2))^2; whattype(Q); op(Q);
```
$$Q := (x + y\sqrt{2})^2\,(x - y\sqrt{2})^2$$
$$*$$
$$(x + y\sqrt{2})^2\,,\, (x - y\sqrt{2})^2$$

Toutefois MAPLE fournit le type polynom qui permet de tester si une expression représente un polynôme : ce n'est pas un type de base retourné par whattype mais il peut être testé à l'aide de type.

Ex.58

```
> type(P,polynom); type(Q,polynom);
```
$$true$$
$$true$$
```
> R:=3*sin(x)^2+2*sin(x); type(R,polynom);
```
$$R := 3\sin(x)^2 + 2\sin(x)$$
$$false$$

Comme le type complex, le type polynom possède des types dérivés permettant de tester la nature des coefficients d'un polynôme. De façon générale, type(P,polynom(Expr_Type)) retourne true si P est un polynôme et que tous les coefficients intervenant dans l'écriture de P sont de type Expr_Type.

Par exemple,

- type(P,polynom(integer)) retourne true si P est un polynôme et que tous les coefficients utilisés dans l'écriture de P sont de type integer.
- type(P,polynom(realcons)) retourne *true* si P est un polynôme et que tous les coefficients utilisés dans l'écriture de P sont de type realcons.

Ce test ne réalise aucune réduction sur le polynôme P et il est possible que l'évaluation de type(P,polynom(Expr_Type)) retourne false alors que P peut, moyennant transformation, s'écrire avec des coefficients de type Expr_Type.

Avec les polynômes précédents, on peut écrire

Ex.59

```
[> type(P,polynom(integer));
                                true
[> type(Q,polynom(realcons)); type(Q,polynom(integer));
                                true
                                false
[> Q1:=expand(Q); type(Q1,polynom(integer));
                Q1 := x^4 - 4 x^2 y^2 + 4 y^4
                                true
```

D'autres types dérivés du type **polynom** permettent de tester si une quantité est une expression polynomiale de certaines variables dont les coefficients sont dans un domaine donné. Par exemple

- **type(P,polynom(integer,x))** retourne **true** si P est écrit comme un polynôme de la variable **x** à coefficients de type **integer**.
- **type(P,polynom(realcons,[x,y]))** retourne **true** si P est écrit comme un polynôme des variables **x** et **y** dont les coefficients sont de type **realcons**.
- **type(P,polynom(rational,sin(x)))** retourne **true** si P est écrit comme une expression polynomiale en **sin(x)** dont les coefficients sont de type **rational**.

Comme précédemment, ces tests ne réalisent aucune réduction préalable.

Ex.60

```
[> type(P,polynom(integer,x));
                                true
[> type(Q1,polynom(integer,x));
                                false
[> type(Q1,polynom(integer,[x,y]));
                                true
[> type(R,polynom(integer,sin(x)));
                                true
[> P:=(x-sqrt(y))*(x+sqrt(y));
                P := (x - \sqrt{y})(x + \sqrt{y})
[> type(P,polynom(integer,x));
                                false
```

VIII. Développements limités

VIII.1. Développements de Taylor

Pour stocker un développement de Taylor, MAPLE dispose d'un type particulier :
le type **series** ; c'est un type de base retourné par **whattype**.

Ex.61

$$\texttt{> S:=series(sin(x),x=Pi/2);whattype(S);}$$

$$S := 1 - \frac{1}{2}\left(x - \frac{1}{2}\pi\right)^2 + \frac{1}{24}\left(x - \frac{1}{2}\pi\right)^4 + O\left(\left(x - \frac{1}{2}\pi\right)^6\right)$$

$$series$$

Si S contient un développement de Taylor d'ordre n dont la partie polynomiale
possède p termes non nuls, alors S possède en général $2p + 2$ sous-expressions de
premier niveau retournées par la fonction op. Les $2p$ premières se regroupent
par paires : un coefficient et l'exposant correspondant du développement. Les
deux dernières contiennent O(1) et n+1. L'accroissement x-a ne figure pas dans
la séquence retournée par la fonction op, mais il peut s'obtenir comme sous-
expression de rang 0.

Ex.62

$$\texttt{> r:=nops(S): op(1..r-2,S);}$$

$$1 \ , \ 0 \ , \ \frac{-1}{2} \ , \ 2 \ , \ \frac{1}{24} \ , \ 4$$

$$\texttt{> op(r-1..r,S);}$$

$$O(1) \ , \ 6$$

$$\texttt{> op(0,S);}$$

$$x - \frac{1}{2}\pi$$

Remarque : La représentation utilisée pour stocker un développement de Taylor
est ce que l'on appelle une représentation creuse : seuls les coefficients et les
puissances des termes non nuls sont écrits.

Pour obtenir la partie polynomiale d'un développement de Taylor, on peut utiliser
la fonction **convert** avec l'option **polynom**.

Ex.63

$$\texttt{> convert(S,polynom);}$$

$$S := 1 - \frac{1}{2}\left(x - \frac{1}{2}\pi\right)^2 + \frac{1}{24}\left(x - \frac{1}{2}\pi\right)^4$$

La structure de développement de Taylor décrite précédemment présente une exception lorsqu'il s'agit du développement d'un polynôme à un ordre supérieur à son degré : dans ce cas il n'y a pas de terme complémentaire et S ne possède que $2p$ sous-expressions de premier niveau.

Ex.64

```
> S:=series(x^2+x+1,x=1,4);
```
$$S := 3 + 3\,(x-1) + (x-1)^2$$
```
> whattype(S);                    S est quand même de type series
```
$$series$$
```
> op(S);          mais il ne contient pas de terme complémentaire
```
$$3\,,\,0\,,\,3\,,\,1\,,\,1\,,\,2$$

VIII.2. Autres développements

Les développements limités généralisés, les développements de Puiseux, ainsi que les développements asymptotiques et les développements en l'infini ne sont pas stockés dans des objets de type series mais simplement dans des objets de type + et chaque opérande contient un "monôme" du développement, le dernier contenant le terme complémentaire qui est un objet de type function.

Ex.65

```
> S:=series(x^2/(x^2+1),x=infinity);
```
$$S := 1 - \frac{1}{x^2} + \frac{1}{x^4} + O\left(\frac{1}{x^6}\right)$$
```
> whattype(S); op(S);
```
$$+$$
$$1\,,\,\frac{1}{x^2}\,,\,\frac{1}{x^4}\,,\,O\left(\frac{1}{x^6}\right)$$
```
> whattype(op(4,S)); op(0..1,op(4,S));
```
$$function$$
$$O\,,\,\frac{1}{x^6}$$

Bien que la partie régulière d'un tel développement ne soit plus un polynôme, on peut toujours l'extraire à l'aide de convert(,polynom).

Ex.66

```
> convert(S,polynom));
```
$$1 - \frac{1}{x^2} + \frac{1}{x^4}$$

IX. Relations booléennes

IX.1. Le type relation

Etant donné **a** et **b** deux expressions, les relations a=b, a<>b, a<b et a<=b sont des objets MAPLE de types respectifs '=', '<>', '<' et '<='.

La réunion de ces quatre types forme le type **relation**. Le type **relation** n'est pas un type de base retourné par la fonction **whattype** mais il peut être testé à l'aide de la fonction **type**.

Ex.67

```
> restart; Eq:=x=y+1;
```
$$Eq := x = y + 1$$
```
> whattype(Eq);
```
$$=$$
```
> Ineq:=2*x+1>0;
```
$$Ineq := 0 < 2x + 1$$
```
> whattype(Ineq);
```
$$<$$

Comme on le voit sur l'exemple précédent une inéquation est automatiquement mise sous forme a<b pour une inégalité stricte et a<=b pour une inégalité large.

Pour tester chacun des types précédents à l'aide de la fonction **type** il faut inclure le symbole correspondant au type entre apostrophes inversées, afin d'éviter que l'analyseur syntaxique ne retourne un message d'erreur.

Ex.68

```
> type(Ineq,'<');
```
$$true$$
```
> type(Ineq,'=');
```
$$false$$
```
> type(Ineq,relation);
```
$$true$$
```
> type(Ineq,<);
  syntax error ')' unexpected
```

Chacun des objets de type **relation** possède deux sous-expressions de premier niveau, les deux membre de la relation ; on peut les extraire à l'aide de la fonction op ou des fonctions spécifiques **rhs** (*right hand side*) et **lhs** (*left hand side*).

Ex.69

```
> op(Ineq); op(0,Ineq);
```
$$0 , 2x + 1$$
$$<$$

```
> rhs(Ineq);
```
On peut aussi utiliser op(2,Ineq)
$$2x + 1$$

```
> lhs(Ineq);
```
On peut aussi utiliser op(1,Ineq)
$$0$$

IX.2. Le type boolean

Les objets de type **relation** rencontrés dans la partie précédente font partie d'un type plus général : le type **boolean**. Le type **boolean** contient le type **relation**, le type **logical** qui regroupe les types '**and**' (et), '**or**' (ou) et '**not**' (non), ainsi que les constantes **true** et **false**.

Les types '**and**', '**or**' et '**not**' sont des types de base retournés par la fonction **whattype** alors que le type **boolean** peut seulement être testé à l'aide de la fonction **type**.

Ex.70

```
> restart; test:=x<y and(y>0 or y<z);
```
$$test := x - y < 0 \ and \ (-y < 0 \ or \ y - z < 0)$$

```
> whattype(test);
```
$$and$$

Remarque : une relation d'inégalité contenúe dans une expression booléenne est toujours mise sous forme canonique de comparaison à 0.

Les sous-expressions d'une expression booléenne peuvent être extraites à l'aide de la fonction op.

Ex.71

```
> op(test);
```
$$x - y < 0 \quad , \quad -y < 0 \ or \ y - z < 0$$

```
> op(2,test);
```
$$-y < 0 \ or \ y - z < 0$$

X. Tables et tableaux

Ce sont les objets de type **table** et **array** qui permettent de stocker des familles de valeurs que l'on veut repérer par un ou plusieurs indices.

X.1. Tables

Un objet de type **table** permet de stocker des données indexées par n'importe quelle quantité, il peut s'utiliser sans déclaration explicite préalable. Si **ind** et **val** sont des expressions MAPLE élémentaires, la simple affectation **A[ind]:=val** crée, si elle n'existe pas au préalable, la table **A** et affecte la valeur **val** à son élément d'indice **ind**.

Ex.72

```
> restart; Rg_Jour[Lu]:=1; Rg_Jour[Ma]:=2; Rg_Jour[Je]:=4;
```

$$Rg\_Jour_{Lu} := 1$$

$$Rg\_Jour_{Ma} := 2$$

$$Rg\_Jour_{Je} := 4$$

Les affectations précédentes peuvent être réalisées en une seule opération à l'aide de la fonction **table**, par l'affectation **Rg_Jour:=table([Lu=1,Ma=2,Je=4])**

Contrairement à ce qui se passe pour les objets élémentaires MAPLE, une table n'est pas complètement évaluée à chaque utilisation. Pour obtenir l'affichage du contenu d'une table il faut donc en demander l'évaluation avec **eval**.

Ex.73

```
> Rg_Jour;
```

$$Rg\_Jour$$

```
> eval(Rg_Jour);          On peut aussi utiliser print(Rg_Jour)
        table   ([
                Ma = 2
                Lu = 1
                Je = 4
                ])
```

Pour supprimer un objet d'une table, il faut utiliser **unassign** ou **evaln** dont l'utilisation est décrite p.371.

Ex.74

```
> unassign('Rg_Jour[Lu]'); eval(Rg_Jour);
        table   ([
                Ma = 2
                Je = 4
                ])
```

Le type **table** est utilisé à profusion par MAPLE pour stocker les résultats des procédure utilisant l'option **remember** (cf. p. 407).

La règle d'évaluation des objets de type **table** entraîne que

- l'affectation B:=A fait simplement pointer B sur A : toute altération ultérieure de la valeur d'un élément de A modifie donc l'élément correspondant de B.
- l'affectation B:=**eval**(A) fait pointer B sur la table de valeurs sur laquelle pointe A, sans créer une nouvelle table de valeurs. Contrairement à ce qui se passe pour les autres objets MAPLE, toute altération ultérieure de la valeur d'un élément de A modifie donc aussi l'élément correspondant de B.

Pour créer une table B indépendante de A il faut utiliser la fonction copy. Si A est une table, l'évaluation de B:=copy(A) crée une nouvelle table B et y recopie le contenu de A.

Ex.75

```
> R:=Rg_Jour: S:=eval(Rg_Jour): T:=copy(Rg_Jour):
  Rg_Jour[Lu]:=8: eval(S); eval(T);
```

$$table \quad ([$$
$$Ma = 2$$
$$Lu = 8$$
$$Je = 4$$
$$])$$

$$table \quad ([$$
$$Ma = 2$$
$$Lu = 1$$
$$Je = 4$$
$$])$$

Comme pour les fonctions et les procédures, l'évaluation d'un objet de type **table** est une évaluation au dernier nom rencontré. Dans l'exemple précédent R pointe sur la table **Rg_Jour** qui pointe sur son contenu : le dernier nom de table rencontré dans l'évaluation de R est donc **Rg_Jour**. En revanche ni S ni T ne pointent sur une autre table, car S pointe sur le contenu de la table **Rg_Jour** et T pointe sur son propre contenu : les derniers noms de table rencontrés dans les évaluations de S et de T sont donc respectivement S et T.

Ex.76

```
> R; S; T;
```

$$Rg\_Jour$$
$$S$$
$$T$$

X.2. Tableaux, variables indicées

Pour MAPLE le type **array** est une spécialisation du type **table** dont les indices sont des entiers appartenant à des intervalles déterminés par l'utilisateur. Un objet de type **array** doit être explicitement déclaré à l'aide de la fonction **array**.

Tableaux à une dimension

Si m et n sont des entiers vérifiant m<n, l'affectation **A:=array(m..n)** crée un tableau à une dimension dont l'indice peut varier de m à n.

Si de plus L est la liste d'équations **[i1=expr1,...,ik=exprk]** où i1, ..., ik sont des valeurs entières de l'intervalle m..n, alors l'affectation **A:=array(m..n,L)** crée le tableau A et réalise les affectations **A[i1]:=expr1**, ..., **A[ik]:=exprk**.

L'avantage d'un tableau dimensionné est que MAPLE signale, par un message d'erreur, l'accès à un élément dont l'indice n'est pas dans l'intervalle m..n.

Ex.77

```
> Nom_Jour:=array(0..3,[0=Dimanche,1=Lundi,2=Mardi]);
```
$$Nom\_Jour := array(0..3, [$$
$$(0) = Dimanche$$
$$(1) = Lundi$$
$$(2) = Mardi$$
$$(3) = Nom\_Jour_3$$
$$])$$
```
> Nom_Jour[4]:=Mercredi;
```
Error, 1st index, 4, larger than upper array bound 3

Dans le cas où la borne inférieure d'un tableau est égale à 1, ce tableau est affiché sous forme de vecteur, entre deux crochets comme une liste. Dans les autres cas, il est affiché comme une table. Comme pour les objets de type **table**, les tableaux ne sont pas totalement évalués et l'utilisation de la fonction **copy** est indispensable pour créer un nouvel exemplaire indépendant d'un tableau existant.

Ex.78

```
> Nom_Jour:=array(1..4,[1=Lundi,2=Mardi,4=Jeudi]);
```
$$Nom\_Jour := [Lundi, Mardi, Nom\_Jour_3, Jeudi]$$
```
> Nom_Jour;
```
$$Nom\_Jour$$
```
> eval(Nom_Jour);
```
$$[Lundi \quad Mardi \quad ?_3 \quad Jeudi]$$

Attention ! Comme toutes les fonctions MAPLE, la fonction array doit être suivie de parenthèses. L'utilisation de crochets ne retourne aucun message d'erreur mais ne dimensionne aucun tableau.

Ex.79

```
[> A:=array[1..5];
```
$$A := array_{1..5}$$
```
[> A[6]:=1;
```
ne retourne aucun message d'erreur car
il n'y a pas eu de dimensionnement de tableau
$$A_6 := 1$$
```
[> eval(A);
```
En fait A est une table
$$table \quad ([$$
$$6 = 1$$
$$])$$

Pour libérer l'élément d'indice i d'un tableau A lorsque i pointe sur une valeur numérique, il est impossible d'utiliser l'affectation A[i]='A[i]' car le i du membre de droite n'est pas évalué. Il faut alors utiliser unassign('A[i]') ou encore A[i]=evaln(A[i]) : la fonction evaln limitant l'évaluation au niveau où elle trouve un nom, elle évalue le i et arrête l'évaluation au nom A[i].

Tableaux à deux dimensions

Si m, n, p, q contiennent des valeurs entières vérifiant m<n et p<q, l'affectation A:=array(m..n,p..q) crée un tableau à deux dimensions dont les indices peuvent respectivement varier de m à n et de p à q.

Si L est la liste [(i1,j1)=expr1,...,(ik,jk)=exprk] avec (i1,j1), ..., (ik,jk) éléments de [m,n]×[p,q], alors l'affectation A:=array(m..n,p..q,L) crée le tableau A et réalise les affectations A[i1,j1]:=expr1, ..., A[ik,jk]:=exprk

Toutes les remarques concernant les tableaux à une dimension restent valables pour les tableaux à deux dimensions.

Chapitre 22

Travailler plus finement sur les sous-expressions

I. Les fonctions de substitution

I.1. La fonction subs

La fonction **subs** permet de remplacer certains éléments d'une expression MAPLE par des objets donnés. Il s'agit d'un substitution syntaxique et non d'une simplification algébrique : la fonction **subs** ne permet de modifier que des sous-expressions de l'expression initiale, c'est à dire des termes qui peuvent être obtenus par utilisation, éventuellement répétée, de la fonction **op**.

Substitution unique

Etant donné **Expr** et **S_Expr** deux expressions ainsi que **a** un objet, l'évaluation de **subs(S_Expr=a,Expr)** retourne l'expression obtenue à partir de **Expr** en substituant l'objet **a** à chaque sous-expression de **Expr** égale à **S_Expr**.

Attention ! L'utilisation de la fonction **subs** n'a aucune incidence sur le contenu de la variable **Expr**. Si on veut effectivement modifier ce contenu il faut une affectation du style : **Expr:=subs(S_Expr=a,Expr)**.

L'utilisation la plus élémentaire de **subs** permet de calculer la valeur d'une expression dépendant d'une variable **x** tout en laissant **x** libre.

Ex. 1

```
> P:=x^2+x+1; subs(x=2,P);
```
$$P := x^2 + x + 1$$
$$7$$
```
> x; P;
```
$$x$$
$$x^2 + x + 1$$

Contrairement à ce que pourrait laisser penser l'exemple précédent, la fonction subs n'effectue aucune évaluation du résultat retourné ; seules les simplifications arithmétiques automatiques sont réalisées. L'exemple suivant montre que l'utilisation de la fonction **eval** est le plus souvent nécessaire pour forcer l'évaluation et obtenir une certaine simplification du résultat renvoyé par subs.

Ex. 2

```
> P:=sin(x*Pi);
```
$$P := \sin(x\pi)$$

```
> subs(x=2,P);
```
$$\sin(2\pi)$$

```
> eval(subs(x=2,P));
```
$$0$$

Les limites de la fonction subs

Il faut prendre garde au fait que la fonction **subs** ne sait remplacer que des sous-expressions d'une expression donnée : une sous-expression est une entité qui peut être obtenue par un ou plusieurs appels à la fonction **op**.

Dans l'exemple suivant, comme **x+y** n'est pas une sous-expression de **x+y+z**, l'utilisation de la fonction **subs** ne provoque aucune substitution :

Ex. 3

```
> subs(x+y=t,x+y+z);
```
$$x + y + z$$

```
> op(x+y+z);
```
op retourne la liste de tous les opérandes
$$x \,,\, y \,,\, z$$

Dans l'exemple suivant, on n'obtient que deux remplacements de **a+b** par **t**, même si on écrit chacun des trois termes **a+b** entre parenthèses. En effet, dans l'expression stockée par MAPLE, la quantité **a+b** se trouve une fois comme sous-expression de niveau 2 et une fois comme sous expression de niveau 3, comme le montre l'utilisation ultérieure de la fonction **op**.

Ex. 4

```
> restart;Expr:=(a+b)^2*c+(a+b)+(a+b)*d;
```
$$Expr := (a+b)^2 \, c + a + b + (a+b) \, d$$

```
> subs(a+b=t,Expr);
```
$$t^2 \, c + a + b + t \, d$$

Ex. 5

```
> op(Expr);
```
$$(a+b)^2 c \, , \, a \, , \, b \, , \, (a+b) \, d$$

```
> op(1,op(1,op(1,Expr)));
```
sous-expression de niveau 3
$$a+b$$

```
> op(1,op(4,Expr));
```
sous-expression de niveau 2
$$a+b$$

Si en fait on veut obtenir la simplification de l'expression de l'exemple précédent en imposant la condition **a+b=t**, on ici peut utiliser

- soit la fonction **subs** sous la forme **subs(a=b-t,Expr)**.
- soit la fonction **simplify** avec un second argument indiquant la relation de simplification, sous la forme **simplify(Expr,[a+b=t])**.
- soit la fonction **algsubs**, sous la forme **algsubs(a+b=t,Expr)**, qui réalise une "substitution algébrique" analogue à celle de **simplify**.

Ex. 6

```
> simplify(Expr,[a+b=t]);
```
$$(1+d) \, t + c \, t^2$$

Substitutions multiples simultanées

Etant donné **Expr**, **S_Expr$_1$**, ..., **S_Expr$_n$** des expressions et a_1, ..., a_n des objets, l'évaluation de **subs({S_Expr$_1$=a$_1$,...,S_Expr$_n$=a$_n$},Expr)** ou l'évaluation de **subs([S_Expr$_1$=a$_1$,...,S_Expr$_n$=a$_n$],Expr)** retourne l'expression obtenue en remplaçant, dans **Expr**, **S_Expr$_1$** par a_1, **S_Expr$_2$** par a_2, ... et **S_Expr$_n$** par a_n.

Ex. 7

```
> restart;Expr:=x*y^2+1;
```
$$Expr := x\,y^2 + 1$$

```
> subs({x=a,y=b},Expr);
```
$$a\,b^2 + 1$$

```
> subs({x=y,y=x},Expr);
```
Moyen commode d'échanger x et y
$$y\,x^2 + 1$$

L'utilisation de la fonction **subs** avec un ensemble ou une liste comme premier argument est un moyen tout à fait adapté à l'exploitation de certains résultats retournés par MAPLE sous forme d'ensembles ou de listes d'équations : on peut en trouver des exemples lors de la résolution de systèmes d'équations avec **solve** (cf. p. 105) et lors de la résolution de systèmes différentiels avec **dsolve** (cf. p. 148).

Substitutions multiples successives

Etant donné Expr, S_Expr$_1$, ..., S_Expr$_n$ des expressions et a$_1$, ..., a$_n$ des objets, l'évaluation de subs(S_Expr$_1$=a$_1$, ...,S_Expr$_n$=a$_n$,Expr) retourne l'expression obtenue en remplaçant S_Expr$_1$ par a$_1$ dans Expr, puis en remplaçant S_Expr$_2$ par a$_2$ dans l'expression obtenue et ainsi de suite pour finir par remplacer S_Expr$_n$ par a$_n$. Cette instruction réalise une cascade de substitutions équivalente à

$$subs(S\_Expr_n=a_n, \ldots subs(S\_Expr_1=a_1,Expr)\ldots).$$

Exemple pour lequel les syntaxes avec et sans accolades sont équivalentes.

Ex. 8

```
> restart: Expr:=x*y^2+1;
```
$$Expr := xy^2 + 1$$
```
> subs({x=a,y=b},Expr);                    Substitutions simultanées
```
$$a\,b^2 + 1$$
```
> subs(x=a,y=b,Expr);                       Substitutions successives
```
$$a\,b^2 + 1$$

Exemple pour lequel les syntaxes avec et sans accolades ne sont pas équivalentes.

Ex. 9

```
> subs({x=y,y=x},Expr);                     Substitutions simultanées
```
$$y\,x^2 + 1$$
```
> subs(x=y,y=x,Expr);                       Substitutions successives
```
$$x^3 + 1$$

Autres exemples de substitutions successives

Ex.10

```
> subs(y=t,x=y,Expr);          équivaut à subs(x=y,subs(y=t,Expr))
```
$$y\,t^2 + 1$$
```
> subs(x=y,y=t,Expr);          équivaut à subs(y=t,subs(x=y,Expr))
```
$$t^3 + 1$$

Cas particulier des vecteurs et des matrices

Si on veut utiliser la fonction subs pour modifier toutes les occurrences d'une sous-expression intervenant dans les coefficients d'un vecteur, d'une matrice ou plus généralement d'un tableau A, la règle d'évaluation des objets de type tableau impose d'utiliser eval(A) comme dernier argument de la fonction subs.

```
> A:=linalg[vandermonde]([x,y,z]);
```

$$A := \begin{bmatrix} 1 & x & x^2 \\ 1 & y & y^2 \\ 1 & z & z^2 \end{bmatrix}$$

```
> C:=eval(subs(x=y,A));            Aucune substitution !
```

Ex.11

$$C := \begin{bmatrix} 1 & x & x^2 \\ 1 & y & y^2 \\ 1 & z & z^2 \end{bmatrix}$$

```
> B:=subs(x=y,eval(A));
```

$$B := \begin{bmatrix} 1 & y & y^2 \\ 1 & y & y^2 \\ 1 & z & z^2 \end{bmatrix}$$

I.2. La fonction subsop

La fonction **subsop** permet de modifier une sous-expression de premier niveau d'une expression donnée en la repérant par son rang. Etant donné une expression **Expr**, un objet **a** et un entier **n** compris entre 1 et **nops(Expr)**, l'évaluation de **subsop(n=a,Expr)** retourne l'expression obtenue à partir de **Expr** en remplaçant par **a** la n^{eme} sous-expression de premier niveau de **Expr**.

La fonction **subsop** permet de modifier un élément de rang donné d'une liste.

```
> L:=[seq(i^2,i=-3..3)]; subsop(5=123,L);
```

Ex.12

$$L := [\, 9\,,\, 4\,,\, 1\,,\, 0\,,\, 1\,,\, 4\,,\, 9\,]$$

$$[\, 9\,,\, 4\,,\, 1\,,\, 0\,,\, 123\,,\, 4\,,\, 9\,]$$

Si u est un développement de Puiseux, la fonction **subsop** peut aussi être utilisée pour en extraire la partie régulière, en remplaçant par zéro le terme complémentaire du dit développement. Ce terme est le dernier opérande de l'expression u c'est à dire celui de rang **nops(u)**.

```
> p:=arcsin(x)/sqrt(x): u:=series(p,x); op(u);
```

$$u := \sqrt{x} + \frac{1}{6}\,x^{5/2} + \frac{3}{40}\,x^{9/2} + O\left(x^{11/2}\right)$$

Ex.13

$$\sqrt{x}\,,\; \frac{1}{6}x^{5/2}\,,\; \frac{3}{40}x^{9/2}\,,\; O\left(x^{11/2}\right)$$

```
> subsop(nops(u)=0,u);
```

$$\sqrt{x} + \frac{1}{6}\,x^{5/2} + \frac{3}{40}\,x^{9/2}$$

II. La fonction map

La fonction **map** permet d'appliquer une fonction ou une procédure à chaque sous-expression de premier niveau d'une expression donnée.

II.1. Utiliser map avec une fonction à un seul argument

Si **Expr** est une expression et **f** une fonction (ou procédure) d'une seule variable, l'évaluation de **map(f,Expr)** retourne l'expression obtenue à partir de **Expr** en remplaçant pour tout i allant de 1 à **nops(Expr)** la $i^{\text{ème}}$ sous-expression de premier niveau de **Expr** par **f(op(i,Expr))**.

Le premier exemple que l'on donne classiquement pour faire comprendre le comportement de **map** est l'élévation au carré des éléments d'une liste:

Ex.14
```
> L:=[seq(i,i=1..5)];
```
$$L := [\,1\,,\,2\,,\,3\,,\,4\,,\,5\,]$$
```
> f:=x->x*x;
```
$$f := x \to x^2$$
```
> map(f,L);
```
$$[\,1\,,\,4\,,\,9\,,\,16\,,\,25\,]$$
```
> f(L);
```
Résultat syntaxiquement correct, mais sans intérêt
$$[\,1\,,\,2\,,\,3\,,\,4\,,\,5\,]^2$$

On peut aussi traiter l'exemple précédent en introduisant la fonction d'élévation au carré comme fonction anonyme juste au moment de l'appel à la fonction **map**.

Ex.15
```
> map(x->x^2,L);
```
$$[\,1\,,\,4\,,\,9\,,\,16\,,\,25\,]$$

La fonction **map** peut aussi s'utiliser avec une fonction MAPLE, comme dans l'exemple suivant avec la fonction **sqrt**.

Ex.16
```
> map(sqrt,L);
```
$$\left[\,1,\ \sqrt{2},\ \sqrt{3}\,,2\,,\sqrt{5}\,\right]$$

Les exemples précédents, s'ils permettent de comprendre ce qui se passe, ne présentent guère d'intérêt, mais il est des cas où l'utilisation de **map** est quasiment incontournable.

Si on cherche par exemple à obtenir une expression simple de la factorisation de $\sin(x)^3 - \cos(x)^3$, seul **map** permet de simplifier le second facteur retourné par **factor** car la fonction **simplify**, utilisée directement, a pour effet de redévelopper l'expression que l'on vient de factoriser.

Ex.17

```
> f:=factor(sin(x)^3-cos(x)^3);
```
$$f := \big(\sin(x) - \cos(x)\big)\big(\cos(x)^2 + \cos(x)\sin(x) + \sin(x)^2\big)$$

```
> op(f);                    pour voir les sous-expressions de premier
                            niveau sur lesquelles va opérer simplify
```
$$\sin(x) - \cos(x) \quad , \quad \cos(x)^2 + \cos(x)\sin(x) + \sin(x)^2$$

```
> map(simplify,f);
```
$$\big(\sin(x) - \cos(x)\big)\big(\cos(x)\sin(x) + 1\big)$$

```
> simplify(f);              alors que simplify redéveloppe tout
```
$$-\cos(x)^3 - \sin(x)\cos(x)^2 + \sin(x)$$

Remarque : Pour expliquer la forme "simplifiée" retournée lors de la dernière utilisation de **simplify** il faut se souvenir que MAPLE simplifie les expressions trigonométriques en remplaçant $\sin(x)^2$ par $1 - \cos(x)^2$.

De même pour un polynôme P donné sous forme de produit, seule la fonction map permet de réduire chaque terme du produit tout en gardant la forme factorisée.

Ex.18

```
> P:=((x+1)^3-2*(x-3)^2)*((x+1)^3-(x+1)^2);
```
$$P := \big((x+1)^3 - 2\,(x-3)^2\big)\big((x+1)^3 - (x+1)^2\big)$$

```
> map(expand,P);
                            développe chaque sous-expression
```
$$(x^3 + x^2 + 15\,x - 17)\,(x^3 + 2\,x^2 + x)$$

```
> expand(P,x);              développe tout
```
$$x^6 + 3\,x^5 + 18\,x^4 + 14\,x^3 - 19\,x^2 - 17\,x$$

```
> factor(P);                donne une factorisation plus poussée
```
$$(x - 1)\,(x^2 + 2x + 17)\,x\,(x+1)^2$$

On est parfois surpris, lors de l'utilisation de **map** de ne pas obtenir le résultat attendu : c'est le cas dans l'exemple suivant où on désire développer le numérateur et le dénominateur d'une fraction. Comme l'utilisation brutale de la fonction **expand** ne permet pas de conclure puisque **expand** ne s'applique alors qu'au numérateur, on peut penser à utiliser **map(expand,...)**. Mais cela ne donne rien puisque, comme le montre l'utilisation de op, l'expression possède 4 sous-expressions de premier niveau et non pas 2 comme peut le laisser penser l'écriture de la fraction.

Ex.19

```
> R:=(x-1)*(x-2)/((x-3)*(x-4));
```
$$R := \frac{(x-1)(x-2)}{(x-3)(x-4)}$$
```
> expand(R);
```
$$\frac{x^2}{(x-3)(x-4)} - 3\frac{x}{(x-3)(x-4)} + 2\frac{1}{(x-3)(x-4)}$$
```
> map(expand,R);
```
$$\frac{(x-1)(x-2)}{(x-3)(x-4)}$$
```
> op(R);
```
$$x-1,\ x-2,\ \frac{1}{x-3},\ \frac{1}{x-4}$$

Dans l'exemple précédent pour obtenir le résultat escompté, il suffit d'appliquer expand au numérateur et au dénominateur et de reconstituer ensuite la fraction.

Ex.20

```
> expand(numer(R))/expand(denom(R));
```
$$\frac{x^2 - 3x + 2}{x^2 - 7x + 12}$$

II.2. Utiliser map avec une fonction à plusieurs arguments

Etant donné $n+1$ expressions Expr, Expr_1 , ..., Expr_n et une fonction f pouvant utiliser $n+1$ arguments, alors map(f,Expr,Expr_1, ...,Expr_n) retourne l'expression obtenue à partir de Expr en remplaçant, pour i allant de 1 à nops(Expr), la i^{eme} sous-expression de Expr par f(op(i,Expr),Expr_1,...,Expr_n).

Si on veut par exemple calculer une primitive d'une fonction vectorielle donnée sous forme de liste, on peut écrire

Ex.21

```
> L:=[sin(x),cos(x),tan(x),cot(x)]: map(int,L,x);
```
$$[-\cos(x)\,,\,\sin(x)\,,\,-\ln(\cos(x))\,,\,\ln(\sin(x))]$$

Un autre exemple consiste à essayer de regrouper les termes de même puissance dans chacun des deux facteurs d'un polynôme écrit sous forme factorisée. La fonction collect ne permet pas de répondre à la question puisqu'elle commence par faire appel à **expand** qui casse la factorisation. En revanche, **map** permet d'appliquer **collect** à chacun des termes du produit et fournit bien le résultat escompté.

Ex.22

```
> i:='i':P:=sum(z^i,i=0..4);
```
$$P := 1 + z + z^2 + z^3 + z^4$$

```
> Q:=factor(P,sqrt(5));                                    cf. p. 227
```
$$Q := \frac{1}{4} \left(2\,z^2 + z - \sqrt{5}\,z + 2 \right) \left(2\,z^2 + z + \sqrt{5}\,z + 2 \right)$$

```
> map(collect,Q,z);
```
$$\frac{1}{4} \left(2\,z^2 + (1 - \sqrt{5})\,z + 2 \right) \left(2\,z^2 + (1 + \sqrt{5})\,z + 2 \right)$$

```
> collect(Q,z);
```
$$z^4 + z^3 + \left(2 + \frac{1}{4} \left(1 - \sqrt{5} \right) \left(1 + \sqrt{5} \right) \right) z^2 + z + 1$$

II.3. Utiliser map pour travailler sur une séquence

La syntaxe nécessaire à l'utilisation de **map** avec une fonction nécessitant plusieurs paramètres explique pourquoi on ne peut pas se servir de **map** pour exécuter une opération sur les éléments d'une séquence.

Si on veut par exemple former, à l'aide de la fonction **Re**, la liste des parties réelles des racines d'une équation algébrique, on est tenté d'écrire

Ex.23

```
> P:=x^3+2*x^2+2*x+1: s:=solve(P);
```
$$s := -1,\ -\frac{1}{2} + \frac{1}{2}\,I\,\sqrt{3},\ -\frac{1}{2} - \frac{1}{2}\,I\,\sqrt{3}$$

```
> map(Re,s);
```
Error, wrong number (or type) of parameters in function Re

Avec une telle écriture, le premier élément de la séquence **s** est vu comme l'expression sur laquelle doit travailler la fonction **Re** et les éléments suivants, comme des arguments supplémentaires transmis à **Re**, ce qui explique le message d'erreur car la fonction **Re** est programmée pour n'accepter qu'un seul argument.

Pour pallier le problème précédent, il suffit d'utiliser **map** avec la liste [s]. Si on a vraiment besoin d'obtenir une séquence on peut conclure avec la fonction op.

Ex.24

```
> op(map(Re,[s]));
```
$$-1,\ -\frac{1}{2},\ -\frac{1}{2}$$

De même si on veut former la liste des transformés par $x \mapsto \frac{1}{x+2}$ des racines de cette même équation algébrique, on est tenté d'écrire

Ex.25

```
> map(x->1/(x+2),s);
                                  1
```

Cette fois on n'obtient pas de message d'erreur, mais un résultat inattendu qui peut s'expliquer en observant plus précisément ce qui s'est passé : la fonction anonyme `x->1/(x+2)` attend une valeur et en reçoit trois ; elle prend la première valeur, en calcule la transformée et retourne le résultat en ignorant les deux autres. Comme la fonction anonyme ne vérifie pas le nombre d'arguments qui lui sont transmis, il n'y a donc aucun message d'erreur.

Comme précédemment, on peut écrire

Ex.26

```
> map(x->1/(x+2),[s]);
```
$$\left[1 \, , \, \frac{1}{\frac{3}{2} + \frac{1}{2} I \sqrt{3}} \, , \, \frac{1}{\frac{3}{2} - \frac{1}{2} I \sqrt{3}} \right]$$
```
> op(");
```
$$1 \, , \, \frac{1}{\frac{3}{2} + \frac{1}{2} I \sqrt{3}} \, , \, \frac{1}{\frac{3}{2} - \frac{1}{2} I \sqrt{3}}$$

II.4. Se dispenser d'utiliser map

Si on essaie d'appliquer directement les fonctions `diff` et `int` à une liste L, on voit que l'une retourne le résultat escompté alors que l'autre donne un message d'erreur.

Ex.27

```
> L:=[sin(x),cos(x),tan(x),cot(x)]:
```
$$L := [\, sin(x) \, , \, cos(x) \, , \, tan(x) \, , \, cot(x) \,]$$
```
> diff(L,x);
```
$$[\, cos(x) \, , \, -\sin(x) \, , \, 1 + \tan(x)^2 \, , \, -1 - \cot(x)^2 \,]$$
```
> int(L,x);
      Error, (in int) wrong number (or type) of arguments
```

Cette différence peut s'expliquer : certaines fonctions (ou procédures), comme par exemple la fonction `diff`, font appel directement à `map` lorsqu'elles testent que l'un de leurs arguments est une liste, alors que d'autres, comme `int`, sortent en erreur parce qu'elles trouvent que les types des arguments ne correspondent pas. Il n'y a pas de règle générale pour savoir si une fonction fait un appel automatique à `map` et cela figure rarement dans la documentation. Le plus simple est donc de faire un essai.

Construisons, à titre d'exemple, une fonction `inT` permettant comme `diff` de travailler indifféremment sur une fonction ou une liste de fonctions. Après s'être éventuellement reporté au chapitre 24 pour savoir comment écrire correctement une procédure, on peut taper

Ex.28

```
> inT:=
  proc(f,u)
   if type(f,list) then map(inT,f,u) else int(f,u) fi;
  end;
```
$$inT := proc(f,u)$$
$$\quad if \; type(f,list) \; then \; map(inT,f,u) \; else \; int(f,u) \; fi \; end$$
```
> L:=[sin(x),cos(x),tan(x),cot(x)]:inT(L,x);
```
$$[-\cos(x),\, \sin(x),\, -\ln(\cos(x)),\, \ln(\sin(x))]$$

Remarque : Dans la définition de la fonction `inT` on aurait pu utiliser `map(int,f,u)` au lieu de `map(inT,f,u)`. Toutefois l'utilisation de `map(inT,f,u)` permet d'obtenir une fonction qui peut s'appliquer à des listes imbriquées de niveau quelconque.

La fonction `inT` que l'on vient de construire peut d'ailleurs aussi servir pour le calcul d'intégrales définies

Ex.29

```
> inT(L,x=0..Pi/4);
```
$$\left[-\frac{1}{2}\sqrt{2}+1,\, \frac{1}{2}\sqrt{2},\, -\frac{1}{2}\ln(2),\, \infty\right]$$

Programmation
boucles et branchements

Bien que MAPLE soit un langage interactif, il possède des possibilités de programmation qui, malgré le petit nombre de mots réservés, permettent de coder rapidement et efficacement la plupart des problèmes rencontrés en mathématiques en physique ou en chimie voire plus généralement en calcul formel. Le présent chapitre est consacré à l'étude des boucles et des branchements alors que les fonctions et les procédures sont étudiées dans le chapitre 24.

I. Boucles

La boucle for permet de programmer une action répétitive contrôlée par un compteur qui peut être

- soit une valeur numérique
- soit l'opérande générique d'une expression MAPLE.

I.1. Boucle for avec compteur numérique

La syntaxe de la version utilisant un compteur numérique est

for compt from deb to fin by pas do <*suite_d'instructions*> od

dans laquelle

- compt est un identificateur de variable MAPLE.
- deb, fin et pas sont des expressions qui, au début de l'exécution de la boucle, doivent contenir des valeurs numériques (pas forcément entières). La valeur de pas peut être positive ou négative, cette dernière possibilité permettant de faire décroître le compteur de boucle.

Les trois expressions deb, fin et pas ne sont évaluées qu'une fois lors de l'entrée dans la boucle, il ne sert donc à rien d'en changer le contenu à l'intérieur de la boucle pour essayer d'en modifier artificiellement le déroulement.

Les mots réservés do et od délimitent la suite d'instructions à répéter, ils sont obligatoires même s'il n'y a qu'une instruction à répéter.

Lorsque **pas** est positif, **compt** est initialisé à **deb** puis sa valeur est comparée à **fin**. Si **compt** est inférieur ou égal à **fin** alors <*suite_d'instructions*> est exécutée, **compt** est alors augmenté de **pas** et le programme se rebranche au niveau du test comparant **compt** à **fin**. Dès que **compt** est strictement supérieur à **fin**, le programme se branche à l'instruction qui suit la boucle. Dans le cas où **deb** est strictement supérieur à **fin**, <*suite_d'instructions*> n'est pas exécutée.

Lorsque **pas** est négatif le déroulement est analogue sauf que l'on teste à chaque étape si **compt** est supérieur ou égal à **fin**.

Pour faire afficher les cubes des trois premiers nombre pairs on peut écrire

Ex. 1
```
> for i from 0 to 5 by 2 do print(i^3); od;
                          0
                          8
                         64
```

Dans l'écriture d'une boucle on peut omettre **from deb** (par défaut **deb** vaut alors 1) ou **by pas** (par défaut **pas** vaut alors 1).

Pour obtenir les cubes des trois premiers entiers on peut écrire :

Ex. 2
```
> for i to 3 do print(i^3); od;
                          1
                          8
                         27
```

On voit dans l'exemple suivant que la variable compteur contient en sortie de boucle la dernière valeur qui lui a été affectée dans la boucle et que, recevant une valeur lors de l'entrée dans la boucle, ce compteur n'a pas à être une variable libre avant l'exécution de la boucle.

Ex. 3
```
> i;                   valeur de i affectée par la boucle précédente
                          4
> for i from 1.5 to 3 do i^3; od:            Ici, la dernière valeur
> i;                                         affectée à i est 3.5
                         3.5
```

Remarque : Une instruction **for ... do ... od** effectue un travail mais n'est pas elle-même une expression MAPLE ; elle ne peut donc pas être affectée à un identificateur.

Attention ! Si lors de l'entrée dans la boucle, l'évaluation de deb, de fin ou de pas ne fournit pas une valeur de type numeric, MAPLE retourne un message indiquant qu'il ne peut exécuter la boucle. Rappelons que certaines valeurs, telles sqrt(5), ou Pi considérées comme numériques par l'utilisateur ne sont pas de type numeric pour MAPLE. L'utilisation de la fonction evalf s'avère alors indispensable.

Ex. 4

```
> n:='n' : for i from 1 to n do print(i^3) ; od ;
Error, unable to execute for statement
> for i from 1 to sqrt(5) do i od ;              sqrt(5) n'est pas
                                                  de type numeric
Error, unable to execute for statement
> for i from 1 to evalf(sqrt(5)) do i od ;
                        1
                        2
```

I.2. Boucle for portant sur des opérandes

Avec MAPLE on peut faire décrire au "compteur" d'une boucle for l'ensemble des opérandes d'une expression donnée qui est le plus souvent une liste ou un ensemble mais qui peut aussi être n'importe quelle expression MAPLE. La syntaxe est alors

> **for compt in expr do** *<suite_d'instructions>* **od**

où compt est un identificateur et expr une expression MAPLE.

Lors de l'exécution de cette instruction, la variable compt reçoit successivement chaque opérande, c'est à dire chaque sous-expression de premier niveau (cf. ch.21) de expr, et *<suite_d'instructions>* est exécuté pour cette valeur de compt.

Par exemple pour faire la somme des éléments d'une liste L on peut écrire

Ex. 5

```
> L:=[1,4,7,3,4,5,12,3,5,9] :
  s:=0 : for x in L do s:=s+x od :
  s ;
                        53
```

ce qui, avec une boucle for à compteur numérique, s'écrit :

Ex. 6

```
> s:=0 : for i from 1 to nops(L) do s:=s+op(i,L) od :
  s ;
                        53
```

I.3. Comment écrire une boucle sur plusieurs lignes

Quand on a besoin d'utiliser des boucles plus compliquées que celles des exemples simplistes cités plus haut, il est préférable de les écrire sur plusieurs lignes en utilisant une bonne indentation qui permet une meilleure lecture et facilite les corrections ou les modifications ultérieures.

- Ces lignes doivent faire partie d'un même groupe d'exécution (cf. ch. 26), c'est-à-dire qu'elles doivent toutes être réunies par un large crochet situé à leur gauche – si toutefois l'option **Show Group Range** du menu **View** est cochée.

- Lorsque le curseur se trouve dans une zone de commande, c'est-à-dire lorsque le bouton $\boxed{\Sigma}$ est enfoncé, on introduit une nouvelle ligne dans le même groupe d'exécution en utilisant $\Uparrow< ENTREE >$.

Voici l'écriture d'une boucle permettant d'obtenir les polynômes de Tchebychev de degré 1 à 4

Ex. 7

```
> restart:                         utiliser ⇑< ENTREE >
  for i from 1 to 4                 utiliser ⇑< ENTREE >
   do                              utiliser ⇑< ENTREE >
     expand(cos(i*x));             utiliser ⇑< ENTREE >
     subs(cos(x)=t,");
  od;
```

$$\cos(x)$$

$$t$$

$$2\cos(x)^2 - 1$$

$$2t^2 - 1$$

$$4\cos(x)^3 - 3\cos(x)$$

$$4t^3 - 3t$$

$$8\cos(x)^4 - 8\cos(x)^2 + 1$$

$$8t^4 - 8t^2 + 1$$

Remarque : Dans un groupe d'exécution, on insère des retours à la ligne avec la touche $\Uparrow< ENTREE >$, et on peut les effacer avec les touches $< SUPPR >$ et $\leftarrow$. Si on appuie sur la touche $< ENTREE >$ lorsque le curseur est dans une zone de commande, toutes les commandes du groupe sont exécutées.

On ne peut pas omettre les délimiteurs **do** ... **od** , même lorsque la boucle se réduit à une seule instruction.

- L'oubli du premier, **do**, des ces délimiteurs se traduit par un message *Syntax error,...* de type général.

- L'oubli du second, **od**, provoque l'apparition d'un message d'avertissement, ce qui représente un net progrès par rapport à la release 3 pour laquelle cela rendait MAPLE complètement muet. On peut, alors continuer d'écire la boucle dans la région où on avait commencé.

Ex. 8

```
> for i from 0 to 3 print(i^3);              Oubli du do initial
  Syntax error, missing operator or ';'

> for i from 0 to 3 do print(i^3);           Oubli du od final
>
  Warning, incomplete statement or missing semicolon
```

I.4. Echo à l'écran des instructions d'une boucle

Si on trouve que, dans l'exemple précédent, il y a trop de résultats écrits à l'écran et qu'on veut ne faire afficher que les résultats qui sont purement polynomiaux en *t*, on pense immédiatement à remplacer le *point virgule* terminant la ligne contenant **expand** par un symbole *deux points*, mais on s'aperçoit que cela n'a aucune influence sur l'écho fourni à l'écran. En fait

- si le od terminant la boucle est suivi d'un *point virgule*, on obtient un écho sur l'écran de tous les résultats intermédiaires.

- si le od terminant la boucle est suivi d'un *deux points*, on n'obtient aucun écho sur l'écran.

Si on veut, dans boucle précédente, faire afficher les résultats polynomiaux et eux seuls, on peut mettre un symbole *deux points* en fin de boucle et obtenir l'affichage de ces résultats à l'aide de la fonction `print`.

Ex. 9

```
> for i from 1 to 4
  do
   expand(cos(i*x));
   print(subs(cos(x)=t,"));         print pour forcer l'affichage
  od:                               le : évite les affichages parasites
```
$$t$$
$$2t^2 - 1$$
$$4t^3 - 3t$$
$$8t^4 - 8t^2 + 1$$

I.5. Boucles imbriquées et écho à l'écran : printlevel

L'exécution de l'exemple suivant, contenant deux boucles imbriquées, peut intriguer un débutant.

Ex.10

```
> for i to 3
   do
      x:=2*i;
      for j from 2 to 3 do x^j od;
   od;
```

$$x := 2$$
$$x := 4$$
$$x := 6$$

Si on voit sur l'écran l'écho des affectations x:=2*i, il n'y a aucune trace des puissances x^j. Dans un programme plus compliqué cela pourrait provoquer bien des recherches inutiles en faisant croire que ces lignes ne s'exécutent pas. En fait elles s'exécutent bien mais ne provoquent aucun écho sur l'écran à cause de leur niveau d'imbrication.

Niveau d'imbrication

Lors de l'exécution d'une session, MAPLE attribue à chaque instruction rencontrée un niveau (*level*) calculé comme suit :

- Les instructions du niveau conversationnel sont au niveau 0.
- Quand on entre dans une boucle le niveau augmente de 1.
- Quand on sort d'une boucle le niveau diminue de 1.

MAPLE ne donne un écho à l'écran que des instructions de niveau inférieur ou égal à un niveau limite, le contenu de **printlevel** qui est une variable d'environnement.

- L'affectation **printlevel:=n** demande à MAPLE de retourner un écho de toutes les instructions de niveau inférieur ou égal à n et figurant dans *une instruction de niveau 0 suivie d'un point virgule*.
- Pour revenir à la situation initiale, on peut exécuter **printlevel:=1** ou **restart**.
- Dans tous les cas, aucune instruction figurant dans *une instruction de niveau 0 suivie d'un deux points* ne peut avoir d'écho à l'écran.

Par défaut le contenu de **printlevel** vaut 1 et dans l'exemple précédent les évaluations x^j, de niveau 2, n'ont donc pas d'écho à l'écran. En revanche si on monte le **printlevel** à deux on obtient dans ce cas l'écho de toutes les instructions rencontrées.

Ex.11

```
> printlevel:=2;
```
$$printlevel := 2$$
```
> for i to 3
    do
      x:=2*i;
      for j from 2 to 3 do x^j od;
    od;
```
$$x := 2$$
$$4$$
$$8$$
$$x := 4$$
$$16$$
$$64$$
$$a := 6$$
$$36$$
$$216$$

La modification du contenu de la variable `printlevel` permet de suivre le déroulement d'instructions soit pour dépanner un programme qui ne retourne pas le résultat attendu, soit pour essayer de comprendre comment fonctionne MAPLE. Dans ce dernier cas une affectation du genre `printlevel:=1000` est tout à fait courante.

Remarque : Le contenu de la variable `printlevel` n'a aucune influence sur les affichages réalisées à l'aide des fonctions `print` et `printf`.

I.6. Se dispenser d'utiliser une boucle for

Bien que la boucle `for` soit très simple et très souple à utiliser il est parfois plus efficace de faire appel à `seq`, voire à `map`. L'exemple suivant qui cherche à construire une expression séquence contenant les cubes des trois premiers entiers est révélateur du parallèle existant entre `for` et `seq`.

Avec une boucle `for` on écrirait

Ex.12

```
> sq:=NULL; for i from 1 to 3 do sq:=sq,i^3; od;
```
$$sq :=$$
$$sq := 1$$
$$sq := 1, 8$$
$$sq := 1, 8, 27$$

Alors qu'avec **seq** il suffit d'écrire

Ex.13

```
[> restart: sq:=seq(i^3,i=1..3);
                              sq := 1, 8, 27
```

Outre que la seconde écriture est plus compacte et plus rapide à exécuter que la première, elle évite de "gruyériser" la mémoire avec les séquences intermédiaires que nécessite la première.

De même, pour obtenir la séquence des 4 premiers polynômes de Tchebychev, on peut écrire

Ex.14

```
[> sq:=seq(subs(cos(x)=t,expand(cos(i*x))),i=0..3);
                   sq := 1, t, 2t^2 - 1, 4t^3 - 3t
```

Pour obtenir la somme des éléments d'une liste de nombres, plutôt qu'une boucle **for** comme celle de l'exemple 5 p. 387, on peut utiliser la fonction **convert**, avec l'option '+' : la liste est alors convertie en somme et comme elle ne contient que des entiers, cette dernière est automatiquement simplifiée par MAPLE.

Ex.15

```
[> L:=[1,4,7,3,4,5,12,3,5,9]:
[> s:=convert(L,'+');                    Attention
                                   aux apostrophes inversées
                              s := 53
```

Remarque : Le total précédent peut aussi s'obtenir avec **add(x,x=L)**.

I.7. Boucle while

La boucle **while** permet de programmer une itération contrôlée par une expression booléenne. La syntaxe

> **while** expr_bool **do** <*suite_ d'instructions*> **od**

permet d'exécuter <*suite_ d'instructions*> tant que l'expression booléenne **expr_bool** est évaluée à **true**.

Les mises en garde énoncées dans I.3 au sujet des boucles **for**, restent valables pour les boucles **while**, à savoir

- nécessité du couple **do ... od** même pour une seule instruction,
- écriture sur plusieurs lignes d'un même groupe d'exécution.

Il en est de même des remarques concernant l'écho à l'écran en fonction du symbole, point virgule ou deux points, suivant le od final ainsi que des remarques sur le niveau d'imbrication des instructions : comme dans le cas d'une boucle for, l'entrée dans une boucle while augmente d'une unité le niveau des instructions que l'on rencontre et la sortie d'une telle boucle diminue de 1 ce niveau.

Un bon exemple d'utilisation de boucle while est donné par un calcul d'un p.g.c.d. de deux entiers ou de deux polynômes. Pour calculer le p.g.c.d. de deux polynômes de la variable x, la méthode universellement connue est l'algorithme d'Euclide qui utilise une suite de divisions euclidiennes, le p.g.c.d. recherché étant alors le dernier reste non nul. Testons cet algorithme sur l'exemple suivant.

Ex. 16

```
> P:=x^7+5*x^2+1:   Q:=x^5+3*x^2-3:
  while Q<>0
    do
      R:=rem(P,Q,x); P:=Q; Q:=R;
      print(P);
    od:
```

$$x^5 + 3\,x^2 - 3$$

$$8\,x^2 - 3\,x^4 + 1$$

$$\tfrac{8}{3}\,x^3 + 3\,x^2 + \tfrac{1}{3}\,x - 3$$

$$\tfrac{293}{64}\,x^2 - \tfrac{243}{64}\,x + \tfrac{307}{64}$$

$$\tfrac{159808}{85849}\,x - \tfrac{726336}{85849}$$

$$\frac{32766245377}{399040576}$$

Remarque : Ces résultats mettent en évidence un phénomène bien connu des habitués du calcul formel : la croissance des résultats intermédiaires. Bien que dans notre exemple les coefficients de polynômes initiaux soient inférieurs à 5 en valeur absolue et que le p.g.c.d. soit 1, puisque l'on a l'habitude de prendre comme p.g.c.d. un polynôme unitaire, les coefficients de la suite de polynômes rencontrés atteignent des tailles qui rendent leur lecture assez peu aisée et qui laissent imaginer les problèmes de stockage en mémoire que cela peut poser avec des polynômes initiaux un peu plus compliqués.

Ce phénomène de croissance des résultats intermédiaires, qui ne se produit pas en calcul numérique puisque l'on travaille avec des nombres dont la représentation en mémoire a une longueur constante, a entraîné l'abandon de l'algorithme d'Euclide en calcul formel et il est à la base de l'apparition de nouveaux algorithmes beaucoup plus efficaces dont la plupart travaillent avec les images dans $\mathbb{Z}/p\mathbb{Z}$ des polynômes donnés car on est alors sûr que les coefficients restent compris entre 0 et p. Le lecteur curieux pourra se référer à [*Geddes : Algorithms for Computer Algebra Kluwer Academic Publishers*].

II. Branchements

II.1. Le branchement conditionel : if ...then ... elif ... else

MAPLE possède une instruction conditionnelle étendue qui joue à la fois le rôle du *if* et du *case* d'un langage tel que PASCAL. Sa syntaxe est

```
if cond_1
    then <suite_ d'instructions_ 1>
elif cond_2
    then <suite_ d'instructions_ 2>
.../...
elif cond_n
    then <suite_ d'instructions_ n>
else
    <suite_ d'instructions_ else>
fi;
```

Chacune des conditions `cond_1`, ... `cond_n` est une expression booléenne qui doit pouvoir être évaluée lors de l'exécution de l'instruction `if`.

Dès que l'une des conditions est réalisée la suite d'instructions correspondante est exécutée et le contrôle est passé à l'instruction qui suit le `fi`. Dans le cas où plusieurs conditions sont vérifiées seule la suite d'instructions correspondant à la première condition vraie est exécutée.

Quand aucune des conditions `cond_1`, ... `cond_n` n'est réalisée, c'est, si elle est présente, <*suite_ d'instructions_ else*> qui est exécutée.

Chacune des <*suite_ d'instructions_ xx*> contient un nombre quelconque d'instructions séparées par le symbole *point virgule* ou *deux points*. Il n'y a pas de délimiteur de fin de bloc, ce rôle étant joué par le mot réservé `elif`, `else` ou `fi` qui se trouve ensuite. Chacun des blocs `elif` ou `else` est optionnel.

Les expression booléennes élémentaires s'écrivent avec MAPLE comme on les écrit usuellement en informatique : c'est à dire en utilisant les opérateurs $=$, $<$, $>$, $<=$ (inférieur ou égal), $>=$ (supérieur ou égal), $<>$ (différent). On peut composer ces conditions élémentaires à l'aide des opérateurs : **and** (et), **or** (ou), **not** (non).

Comme pour les boucles, il faut prendre comme habitude, dès qu'une instruction conditionnelle ne tient pas sur une ligne, de l'écrire sur plusieurs lignes appartenant à un même groupe d'exécution.

Ex.17

```
> x:=1;
  if x<2
      then print('x est plus petit que deux')
      else print('x est plus grand que deux')
  fi;
```
$$x \text{ est plus petit que deux}$$

Si on reprend le test de l'exemple précédent avec une variable **x** non affectée, MAPLE ne peut évaluer le booléen **x<2** et il le signale par un message d'erreur.

Ex.18

```
> x:='x';                    Pour être sûr que x est libre
  if x<2
    then print('x est plus petit que deux')
    else print('x est plus grand que deux')
  fi;
```

$$x := x$$

Attention ! On obtient le même message d'erreur que précédemment dès que la condition contient une quantité comme sqrt(5) ou Pi considérée comme numérique par l'utilisateur mais qui n'est pas de type numeric pour MAPLE.

Ex.19

```
> if sqrt(5)<2
    then print('x est plus petit que deux')
    else print('x est plus grand que deux')
  fi;
```

Error, cannot evaluate boolean

Comme dans le cas des boucles, l'oubli du **fi** terminal provoque l'affichage d'un message d'avertissement, même lorsqu'il n'y a qu'une instruction à exécuter :

Ex.20

```
> if 2<5 then print('O.K.');
>
```

Warning, incomplete statement or missing semicolon

Si on veut tester la primarité de quelque nombres de Mersenne on peut écrire

Ex.21

```
> for i from 4 to 7
  do
     x:=2^i-1;
     if isprime(x)
       then print(x,'est premier')
         else print(x,'n'est pas premier')
     fi;
  od:
```

$$15 \,,\; n'est\; pas\; premier$$
$$31 \,,\; est\; premier$$
$$63 \,,\; n'est\; pas\; premier$$
$$127 \,,\; est\; premier$$

Comme pour les boucles, l'entrée dans une structure conditionnelle augmente de 1 le niveau des instructions que l'on rencontre et la sortie d'une telle structure diminue de 1 ce niveau. Il faut donc en tenir compte pour ajuster la variable printlevel si l'on veut avoir un écho fidèle sur l'écran de toutes les instructions en cours d'exécution.

II.2. next et break

next et break sont des identificateurs particuliers qui, lorsqu'ils sont évalués à l'intérieur d'une boucle for ou d'une boucle while, en modifient le déroulement normal. Si l'un deux est rencontré à l'extérieur de tout contexte de boucle, MAPLE retourne une erreur.

- next abandonne l'exécution de l'itération courante de la boucle la plus interne dans laquelle il se trouve et transfère le contrôle au test de boucle pour exécution de l'itération suivante. L'utilisation de next est la façon la plus correcte d'écrire une instruction permettant de passer à l'itération suivante en sautant la fin de le boucle.

- break abandonne totalement l'exécution de la boucle la plus interne dans laquelle il se trouve et transfère le contrôle à l'instruction qui suit le od terminant cette boucle. Après l'exécution de break toutes les variables, en particulier le compteur d'une boucle for, ont un contenu égal à celui qu'elles avaient lors de l'exécution de break.

Pour déterminer le rang d'un élément x dans une liste L, en retournant 0 si x n'est pas dans L, on peut par exemple écrire

Ex.22

```
> restart: L:=[a,b,c,d,e] ; x:=d;
                    L := [a, b, c, d, e]
                          x := d
> j:=0;
  for i from 1 to nops(L)
  do
     if L[i]=x then j:=i; break; fi;
  od;
                          j := 0
> j;
                          4
```

Remarque : Dans l'exemple précédent, l'instruction j:=i est incluse dans un test inclus dans une boucle : elle est donc de niveau 2 et, comme par défaut printlevel vaut 1, cette instruction n'a pas d'écho à l'écran.

Si on n'impose pas d'obtenir 0 lorsque x n'est pas dans L, on peut utiliser une boucle combinant `for` et `while` en écrivant

Ex.23

```
> L:=[a,b,c,d,e];x:=b;
```
$$L := [a, b, c, d, e]$$
$$x := b$$

```
> for i from 1 to nops(L) while L[i]<>x do od;
  i;
```
$$2$$

II.3. La logique trois états de MAPLE

A ce stade il est bon de parler des trois valeurs de vérité que manipule MAPLE : il s'agit de **true** (vrai) de **false** (faux) et de **FAIL** (échec). Si les deux premières sont bien connues et d'une utilisation courante, la troisième correspond à une réponse telle que "je ne sais pas" ou "l'algorithme utilisé ne permet pas de conclure" et elle est retournée lorsque MAPLE ne sait pas répondre par l'affirmative ou la négative à une question posée.

Un exemple simple de réponse de type **FAIL** se rencontre lors de l'utilisation des fonctions **assume** et **is** : la fonction **assume** permet d'émettre des hypothèses sur certaines variables utilisées dans une session de calcul et la fonction **is** permet de tester certaines propriétés sur des expressions contenant ces variables.

Ex.24

```
> restart ;assume(x>=0);
```

```
> is(x*(y-1)^2>=0);
```
$$FAIL$$

```
> assume(y,real);is(x*(y-1)^2>=0);
```
$$true$$

Dans l'exemple précédent, avec la seule hypothèse émise sur x dans l'instruction **assume(x>=0)**, MAPLE ne peut savoir si $x\,(y-1)^2$ est positif car y n'a aucune raison d'être réel : il retourne donc $FAIL$. Mais dès que l'on ajoute l'hypothèse y réel alors MAPLE peut conclure et retourne $true$.

L'utilisation d'une logique à trois états oblige à une attention particulière lors de l'écriture des tests. En effet les réflexes que l'on a acquis avec une logique booléenne deviennent caducs et en particulier l'ordre dans lequel on écrit les clauses d'une instruction if ... then ... elif ... else n'est pas anodin.

Bien que FAIL ne soit pas à proprement parler une constante MAPLE comme true et false il se comporte comme tel et les relations entre les "trois valeurs de vérité" et les opérateurs and, or et not sont résumées dans les tableaux suivants

and	false	true	FAIL
false	false	false	false
true	false	true	FAIL
FAIL	false	FAIL	FAIL

or	false	true	FAIL
false	false	true	FAIL
true	true	true	true
FAIL	FAIL	true	FAIL

	false	true	FAIL
not	true	false	FAIL

Chapitre 24

Programmation
Fonctions et procédures

En PASCAL une fonction retourne un résultat tandis qu'une procédure effectue une action : cette action peut avoir pour conséquence de modifier des variables, mais une procédure ne retourne pas une valeur directement utilisable dans une expression. Une telle distinction ne se retrouve pas avec MAPLE (ni avec CAML) dont aussi bien les fonctions que les procédures retournent un résultat utilisable dans une expression : la différence se situe essentiellement au niveau de la complexité de l'écriture.

I. Fonctions

I.1. Définition d'une fonction simple

On a, dès le début de ce livre, utilisé des fonctions mathématiques que l'on écrit très simplement en MAPLE à l'aide de l'opérateur -> (opérateur *arrow*). Pour une fonction des p variables var_1, var_2, ..., var_p, la syntaxe est :

$$(\texttt{var\_1},\texttt{var\_2},\dots,\texttt{var\_p})\texttt{->Expr}$$

où Expr est une expression écrite explicitement en fonction de var_1, var_2, ..., var_p et qui correspond au résultat retourné par la fonction.

En général cette fonction est affectée à un identificateur par une instruction du type

$$\texttt{Id\_fonct :=(var\_1,var\_2,\dots,var\_p)->Expr}$$

Par exemple, pour affecter à f_1, la fonction définie mathématiquement par $x \mapsto (x+1)^2$, on peut écrire

Ex. 1

```
> f_1:=x->(x+1)^2;
```
$$f\_1 := x \to (x+1)^2$$

L'écriture d'une fonction d'au moins deux variables nécessite l'utilisation de parenthèses autour de ses variables. Par exemple la fonction f_2 retournant la somme de ses deux arguments, peut se définir par

Ex. 2

```
> f_2:=(x,y)->x+y;
```

$$f\_2 := (x,y) \to x + y$$

L'oubli des parenthèses autour des paramètres formels de la fonction précédente ne donne pas de message d'erreur, mais l'objet que l'on définit est une expression séquence et non une fonction. Ainsi, dans l'exemple suivant, f pointe vers l'expression séquence dont le premier élément est x et dont le second est l'application $y \mapsto x + y$: ce n'est pas une fonction de deux variables.

Ex. 3

```
> f:=x,y->x+y;
```

$$f := x, y \to x + y$$

I.2. Utilisation d'une fonction

On peut utiliser une fonction définie par l'utilisateur, comme toute fonction MAPLE, soit par l'intermédiaire de l'expression obtenue en faisant suivre son identificateur d'une séquence d'objets dont les types correspondent à ceux des arguments, soit uniquement à l'aide de son identificateur.

Exemples avec les fonctions précédentes

Ex. 4

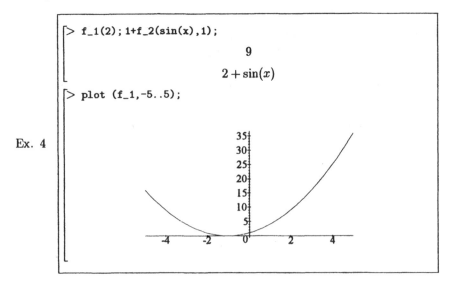

I.3. Fonction utilisant des tests

Une fonction définie à l'aide de l'opérateur *arrow* peut utiliser non seulement une expression mais aussi un test : le résultat retourné par la fonction est alors la dernière quantité évaluée dans l'instruction test. La syntaxe d'une telle fonction est :

$$(\text{var\_1},\text{var\_2},\ldots,\text{var\_p}) -> <\textit{Instruction\_test}>$$

Ex. 5

```
> f_3:=x->if (x<=-1) then -1 elif (x<1) then 0 else 1 fi;
     f_3 := proc(x) options operator,arrow;
     if x <= -1 then -1 elif x<1 then 0 else 1 fi end
```

L'écho que l'on obtient pour une telle fonction n'est plus une copie fidèle de la ligne entrée par l'utilisateur. En fait MAPLE considère alors la fonction comme une procédure et ajoute une ligne **options** ainsi que les mots réservés **proc** et **end** pour en délimiter le corps qui correspond à l'instruction écrite par l'utilisateur. Les procédures seront étudiées en détail dans la partie II.

La fonction **f_3** précédemment définie peut s'utiliser sans problème pour fournir l'image d'une valeur de type **numeric**, en revanche elle retourne un message d'erreur si on cherche à évaluer **f_3(x)** lorsque **x** n'est pas de type **numeric**.

Ex. 6

```
> f_3(2);
                              1
> f_3(sqrt(2));              sqrt(2) n'est pas de type numeric
  Error, (in f_3) cannot evaluate boolean
```

Le message d'erreur précédent, déjà rencontré p. 395, est la traduction de l'impossibilité de MAPLE à évaluer **x<=-1** lorsque **x** ne représente pas une valeur de type **numeric**.

On obtient le même message d'erreur si on essaie de représenter graphiquement **f_3** avec la syntaxe **plot(f_3(x),x=-3..3)** car l'évaluation des arguments de **plot** entraîne celle de **f_3(x)** alors que **x** est une variable libre. Seules les syntaxes **plot(f_3,-3..3)** et **plot('f_3(x)',x=-3..3)** permettent d'obtenir la représentation graphique attendue.

Ex. 7

```
> plot(f_3(x),x=-3..3);
  Error, (in f_3) cannot evaluate boolean
> plot(f_3,-3..3);              retourne le graphe correspondant
```

Une programmation plus élaborée de **f_3**, commençant par tester si x est de type **numeric**, permet d'éviter les problèmes précédents.

Ex. 8

```
 > f_3:=x->
   if type(x,numeric)
   then if (x<=-1)
          then -1
          elif (x<1) then 0
          else 1
       fi;
   else 'f_3(x)';    pour une forme non évaluée si x non numérique
   fi;

   f_3:=proc(x)options operator,arrow;
   if type(x,numeric) then if x <= -1 then -1 elif x<1 then 0 else 1 fi
   else 'f_3(x)' fi
 end
```

Comme pour les boucles (cf. p. 388), toutes les lignes précédentes ont été écrites dans un même groupe en concluant chacune d'elles par ⇑< *ENTREE* >, et le contenu du groupe, c'est à dire la définition de la fonction est exécuté dès que l'on appuie sur la seule touche < *ENTREE* >. MAPLE en donne alors un écho sous forme de procédure dans laquelle le champ *options* contient *operator, arrow* indiquant une définition de procédure à l'aide de l'opérateur flèche.

Dans l'exemple précédent, la présence du test **if type(x,numeric)...fi** permet à la fonction **f_3**

- de réaliser les tests de comparaison à -1 et 1, et de retourner un nombre seulement si l'évaluation de x retourne une valeur de type **numeric**.
- de retourner la forme non évaluée **f_3(x)** si l'évaluation de x ne retourne pas une valeur de type **numeric**.

Attention ! Penser aux apostrophes figurant sur l'avant dernière lignes : elles empêchent l'évaluation de **f_3(x)** qui engendrerait une boucle infinie se traduisant lors de l'utilisation de **f_3(x)** par le message *Error, (in f_3) too many levels of recursion*.

Ex. 9

```
 > x:='x': f_3(x);
```
$$f\_3(x)$$

Cette version de **f_3** permet d'obtenir sans problème la représentation graphique avec la syntaxe **plot(f_3(x),x=-3..3)**

Ex.10

```
 > plot(f_3(x),x=-3..3);
```

La version précédente de f_3 retourne une forme non évaluée lorsque son argument n'est pas de type **numeric** et en particulier pour des valeurs telles que **sqrt(3)**, **ln(2)** ou **Pi**.

Ex.11
```
> f_3(sqrt(2));
```
$$f\_3(\sqrt{2})$$

Pour obtenir une nouvelle version de f_3 retournant une valeur numérique même pour des valeurs de type **realcons** comme **sqrt(3)**, **ln(2)** ou **Pi**, il suffit d'un appel récursif à f_3 avec **evalf(x)** lorsque x est de type **realcons**.

Ex.12
```
> f_3:=x->
   if type(x,numeric)
       then if x<=-1
               then -1
               elif x<1 then 0
               else 1
           fi
       elif type(x,realcons) then f_3(evalf(x))
       else 'f_3'(x)
   fi;
```
$$f\_3 := proc(x)$$
$$options\ operator, arrow;$$
$$\quad if\ type(x, numeric)\ then$$
$$\qquad if\ x <= -1\ then\ -1\ elif\ x < 1\ then\ 0\ else\ 1\ fi$$
$$\quad elif\ type(x, realcons)\ then\ f\_3(evalf(x))$$
$$\quad else\ 'f\_3'(x)$$
$$\quad fi$$
$$end$$

On peut alors vérifier

Ex.13
```
> f_3(sqrt(2)+sqrt(3));
```
$$1$$

I.4. Problème d'évaluation pour une fonction

On peut être surpris si, pour vérifier, on demande à MAPLE d'évaluer le contenu d'une variable contenant une fonction que l'on a précédemment entrée (il s'agit de la fonction elle-même et non de sa valeur en un point). En effet les fonctions, comme les tables, sont une exception au principe d'évaluation totale : l'évaluation s'arrête au dernier nom rencontré (*last name evaluation*) et on obtient juste un identificateur de fonction sans aucun détail sur son contenu, c'est à dire sur les instructions de la fonction.

Dans le cas de la fonction f_2 définie ci-dessus, on obtient

Ex.14
```
> f_2;
```
$$f\_2$$

Mais si on définit une autre fonction g par l'affectation g:=f_2 et que l'on demande l'évaluation de g on obtient toujours f_2 qui est le dernier nom rencontré avant le corps de la fonction.

Ex.15
```
> g:=f_2: g;
```
$$f\_2$$

Pour obtenir l'affichage du corps d'une fonction il faut explicitement en demander l'évaluation totale à l'aide de la fonction eval.

Ex.16
```
> eval(f_2);
```
$$f\_2 := (x,y) \rightarrow x+y$$

Cette particularité d'évaluation au dernier nom rencontré ne se limite pas aux fonctions définies par l'utilisateur : pour voir le source d'une fonction MAPLE il faut aussi utiliser eval, mais après avoir exécuté interface(verboseproc=2) comme il est expliqué dans le chapitre sur les fonctions de MAPLE (cf. ch.25).

I.5. Nombre d'arguments transmis à une fonction

En MAPLE il n'y a pas de vérification syntaxique automatique du nombre d'arguments transmis à une fonction. C'est simplement lors de l'exécution d'une instruction du corps de la fonction nécessitant l'utilisation de tel ou tel paramètre qu'un manque peut être constaté. Toutefois un argument en surnombre n'est jamais détecté automatiquement.

Si on essaie d'utiliser la fonction `f_2` précédente avec un seul argument, MAPLE retourne un message d'erreur, mais si on l'appelle avec trois arguments cela ne pose aucun problème à MAPLE qui n'utilise que les deux premiers et ignore le troisième.

Ex.17

```
> f_2(1);
  Error, (in f_ 2) f_ 2 uses a 2nd argument, y, which is missing
> f_2(1,2,5);

                    3
```

Pour effectuer une programmation plus sûre, permettant de tester l'utilisation d'un nombre incorrect d'arguments lors de l'appel d'une fonction, il suffit de vérifier au début de la fonction le contenu de la variable système **nargs**, qui est égal au nombre d'arguments envoyés à la fonction, et d'utiliser, si nécessaire, l'instruction **ERROR** permettant de sortir immédiatement de la fonction en affichant un message d'erreur.

Etant donné une fonction `f` et p expressions `expr_1`, ..., `expr_p` l'évaluation, lors de l'exécution de `f`, de `ERROR(expr_1,...,expr_p)` arrête l'exécution de `f` et affiche le message *Error, (in f)* suivi de l'évaluation de la séquence `expr_1`, ..., `expr_p` (sauf si la fonction `f` a été appelée à l'intérieur d'un **traperror**).

Pour la fonction `f_2` précédente on peut par exemple écrire

Ex.18

```
> f_2:=(x,y)->
  if nargs<>2
    then ERROR('attend 2 arguments et en obtient',nargs)
    else x+y
  fi:
```

Attention ! La chaîne constituant le message doit être délimitée par des apostrophes inversées (*Alt Gr* 7 sur un clavier standard de PC).

Si on essaie d'utiliser cette nouvelle fonction `f_2` avec trois arguments on obtient

Ex.19

```
> f_2(1,2,5);
  Error, (in f_ 2) attend 2 arguments et en obtient, 3
```

On peut supprimer la virgule mal venue, située entre *obtient* et *3*, en utilisant l'opérateur de concaténation qui est le *point* et en écrivant : `ERROR('attend 2 arguments et en obtient '.nargs)`. On obtient alors

Ex.20

```
> f_2(1,2,5);
  Error, (in f_ 2) attend 2 arguments et en obtient 3
```

I.6. Autres façons d'écrire une fonction

Fonction unapply

Lorsque dans une feuille de calcul on dispose d'une expression **Expr** dépendant de la variable libre **x** (par exemple une solution d'équation différentielle) et qu'on a besoin de la fonction associée il ne faut surtout pas écrire `fnct:=x->Expr` comme le prouve l'exemple suivant.

Ex.21

```
> S:=dsolve(diff(y(x),x)-y(x),y(x));Expr:=rhs(S);
```
$$S := y(x) = e^x\_C1$$
$$Expr := e^x\_C1$$
```
> fnct:=x->Expr;                              A ne pas utiliser !
```
$$fnct := x \to Expr$$
```
> fnct(2);
```
$$e^x\_C1$$

En fait dans une définition de fonction à l'aide de l'opérateur `->`, il y a une vérification syntaxique du résultat formel de la fonction (ce qui se trouve à droite de `->`) mais il n'y en a aucune évaluation. Dans le cas de l'exemple précédent, MAPLE ne retrouve pas, dans le résultat formel de la fonction, l'identificateur **x** qui se trouve dans la liste des paramètres formels (ce qui se trouve à gauche de `->`) et il affecte donc à **fnct** une fonction constante qui, à toute valeur de la variable, associe **Expr**.

Pour obtenir la fonction associée à une expression connue, on doit utiliser **unapply** (cf. p. 40).

Ex.22

```
> fnct:=unapply(Expr,x);fnct(2);
```
$$fnct := x \to e^x\_C1$$
$$e^2\_C1$$

Fonctions anonymes

Il arrive que l'on utilise des fonctions anonymes que l'on n'affecte à aucun identificateur. C'est souvent le cas avec la fonction **map** (cf. p. 378) ou pour définir des matrices ou des vecteurs (cf. ch. 15 p. 253). Par exemple avec **map**, pour élever au carré les éléments d'une liste, on peut écrire

Ex.23

```
> L:=[1,5,4,3,2]: map(x->x^2,L);
```
$$[1, \ 25, \ 16, \ 9, \ 4]$$

I.7. Valeurs particulières : table de remember

Pour certaines fonctions comme par exemple f définie par

$$\forall x \neq 0 \quad f(x) = \frac{\sin(x)}{x} \quad \text{et} \quad f(0) = 1$$

il existe des valeurs particulières de la variable où la définition revêt une forme analytique différente. Une telle fonction peut évidemment s'écrire

Ex.24

```
> f:=x->if x=0 then 1 else sin(x)/x fi;
f :=
proc(x) options operator,arrow;
    if x = 0 then 1 else sin(x)/x fi
end
```

Si l'écriture précédente est syntaxiquement correcte elle n'utilise pas l'une des ressources les plus efficaces de MAPLE : la table de **remember**, qui est une table dans laquelle sont stockées des valeurs particulières.

Cette table de **remember** est consultée lors de tout appel et, si l'argument pour lequel on veut calculer la valeur de la fonction fait partie de l'ensemble des indices de la table (cf. ci-dessous), la valeur correspondante est retournée directement sans exécuter la moindre ligne de la fonction.

Pour associer la valeur 1 à l'argument 0 de cette fonction, il suffit de taper `f(0):=1`.

Ex.25

```
> f:=x->sin(x)/x; f(0):=1;
```
$$f := x \to \frac{\sin(x)}{x}$$
$$f(0) := 1$$

On peut définir autant de valeurs particulières qu'on le désire (dans la limite de la taille mémoire). Avec la fonction précédente on peut aussi définir

Ex.26

```
> f(infinity):=0;
```
$$f(\infty) := 0$$

La table de **remember** d'une fonction est le quatrième opérande de l'objet fonction qui est de type **procedure** (cf. p. 419). C'est une table dans laquelle les *indices* sont les valeurs des arguments et les données (*entries*) sont les valeurs correspondantes.

Pour obtenir l'affichage à l'écran de la table de **remember** de **f**, il suffit de taper

Ex.27

```
> op(4,eval(f));            Ne pas oublier d'utiliser eval !
  table([
      0 = 1
      ∞ = 0
        ])
```

Attention ! Quand on définit des valeurs particulières de fonctions, toutes ces affectations singulières doivent se situer après la définition générale de la fonction, car la définition générale remet à zéro la table de *remember* de la fonction.

La suite d'instructions ci-après mène à un message d'erreur lors de l'utilisation de **f(0)** car la définition générale supprime la valeur particulière **f(0):=1**.

Ex.28

```
> f(0):=1; f:=x->sin(x)/x;
```

$$f(0) := 1$$

$$f := x \to \frac{\sin(x)}{x}$$

```
> f(0);
  Error, (in f) division by zero
```

Table de remember et récursivité

La fonction factorielle fait partie des fonctions de base de MAPLE et il est inutile de la programmer, mais c'est un bon exemple pour montrer comment l'utilisation de la table de **remember** en permet une programmation récursive sans test initial.

Une programmation classique donne

Ex.29

```
> fact:=n->if n=0 then 1 else n*fact(n-1) fi;
  fact :=
  proc(n) options operator,arrow;
  if n = 0 then 1 else n*fact(n-1) fi end
```

Et en utilisant la table de *remember* cela donne

Ex.30

```
> fact:=n->n*fact(n-1); fact(0):=1;
```

$$fact := n \to nfact(n-1)$$

$$fact(0) := 1$$

Aucune des fonctions **fact** précédentes n'est protégée, et une utilisation avec une valeur non positive de l'argument mène invariablement au message *Error, (in fact) too many levels of recursion*. La programmation suivante permet de remédier à ce défaut.

Ex.31

```
> fact_0:=n->n*fact_0(n-1):
  fact_0(0):=1:
  fact:=n->if type(n,integer) and (n>=0)
             then fact_0(n) else 'fact'(n); fi:
```

La première fonction **fact_0**, qui réalise le calcul effectif de la factorielle d'une valeur numérique positive, est définie sans aucune vérification et c'est la fonction **fact** qui teste pour savoir si la valeur envoyée est bien numérique positive. L'utilisation de deux niveaux de fonctions permet une programmation correcte en évitant de faire le test à chaque étape du calcul.

Lorsqu'elle est appelée avec un argument n qui n'est pas un entier naturel, cette dernière fonction ne sort pas en erreur et retourne la valeur non évaluée **fact(n)**.

Ex.32

```
> fact(5);
```
$$120$$
```
> fact(n);
```
$$fact(n)$$
```
> fact(1.5);
```
$$fact(1.5)$$

II. Procédures

II.1. Définition d'une procédure

Une procédure MAPLE peut exécuter une action (affichage à l'écran par exemple) mais en général, comme une fonction, elle retourne aussi une valeur utilisable dans une expression.

> **Le résultat retourné par une procédure est la dernière quantité évaluée avant qu'elle rende le contrôle au processus appelant.**

Comme une procédure peut comporter plusieurs instructions, son texte doit être délimité par deux mots réservés qui sont **proc** et **end**.

La syntaxe de définition d'une procédure est la suivante

```
proc(var_1,....  ,var_p)
    local lvar_1,....,lvar_q;
    global gvar_1,....  gvar_r;
    options <Seq_ options>;
    <Instruct_1>;
    .../...
    <Instruct_n>;
end
```

- `var_1`, ... , `var_p` sont les paramètres formels de la procédure. Ce sont des variables muettes qui vont servir à décrire la procédure et qui seront remplacées par des variables ou des expressions lors de l'appel de la procédure.

- `local` est un mot réservé et `lvar_1`, ..., `lvar_q` sont des variables locales utilisées dans la procédure. Cette ligne est optionnelle. Les variables locales sont étudiées plus en détail dans la partie II.2.

- `global` est un mot réservé et `gvar_1`, ... `gvar_r` sont des variables globales utilisées dans la procédure. Cette ligne est optionnelle. Les variables globales sont étudiées plus en détail dans la partie II.2.

- `options` est un mot réservé et *<Seq_ options>* est la séquence des options relative à cette procédure. Cette ligne est optionnelle et sert surtout dans le cas de l'option `remember` (cf. p. 417).

- *<Instruct_1>*, .../...*<Instruct_n>* sont les instructions que doit exécuter la procédure.

En général une procédure est affectée à un identificateur par une instruction du type

```
Id_proc:=proc(var_1,....,var_p) ......  end
```

mais il existe des cas où, comme pour les fonctions, on peut utiliser une procédure anonyme : procédure qui n'est associée à aucun identificateur.

Comme pour une fonction (cf. p. 402), les lignes décrivant une procédure doivent être écrites dans un même groupe d'exécution.

Si le **end** terminant la procédure est suivi d'un *point-virgule* MAPLE retourne un écho à l'écran affichant le corps de la procédure dans un format qui lui est propre. Mais, qu'il y ait ou non un *point-virgule* suivant le **end** final, il affiche toujours les erreurs de syntaxe qu'il trouve ainsi que certains avertissements (*Warning....*).

En cas d'oubli du **end** final, MAPLE le signale par le message *Warning, incomplete statement or missing semicolon.*

A titre d'exemple, on peut écrire la fonction factorielle sous forme de procédure

Ex.33

```
> fact:=proc(n) if n=0 then 1 else n*fact(n-1) fi end;
```
$$fact := proc(n) \; if \; n = 0 \; then \; 1 \; else \; n*fact(n\text{-}1) \; fi \; end$$

ou encore en utilisant, comme pour les fonctions, la table de **remember**.

Ex.34

```
> fact:=proc(n) n*fact(n-1); end; fact(0):=1;
```
$$fact := proc(n) \; n*fact(n\text{-}1) \; end$$
$$fact(0) := 1$$

Cette procédure n'effectue aucun test pour vérifier le type de l'argument qu'elle reçoit, elle se contente de faire un calcul et retourne, pour chaque valeur entière positive de **n**, la dernière quantité évaluée qui est bien la valeur de **n**!.

Ex.35

```
> fact(5);
```
$$120$$
```
> fact(-1);            débordement de pile pour un entier négatif
```
Error, (in fact) too many levels of recursion
```
> x:='x': fact(x);             ou pour une valeur non numérique
```
Error, (in fact) too many levels of recursion

II.2. Variables locales et variables globales

La description d'une procédure utilise en général trois types de variables : des paramètres formels (identificateurs suivant **proc**), des variables locales (identificateurs suivant **local**), des variables globales (identificateurs suivant **global**).

- Une variable locale est une variable de service permettant de travailler dans la procédure et qui disparaît au retour de celle ci. Le fait de "localiser" une variable permet de l'utiliser sans se poser de questions et sans risque de conflit avec une variable de même nom déjà utilisée dans une autre partie du programme.

- Une variable globale est une variable dont on peut utiliser ou modifier le contenu aussi bien au niveau conversationnel qu'à l'intérieur de n'importe quelle procédure. Lorsqu'une procédure modifie le contenu d'une variable globale cette modification se retrouve lorsque la procédure redonne la main au processus appelant.

Attention ! La variable système `Digits` est une variable d'environnement dont on peut utiliser le contenu dans toute procédure mais une modification de son contenu dans une procédure n'a aucune influence sur ce qui se passe à l'extérieur de cette procédure.

Pour bien comprendre la différence entre une variable locale et une variable globale on peut considérer les deux réalisations suivantes de la fonction factorielle.

La première `fact_1` utilise un paramètre formel n et deux variables locales y et i. Elle n'utilise pas de variable globale. La seconde `fact_2` utilise une variable globale i et une variable locale y.

Ex.36

```
> fact_1:=
  proc(n)
    local i,y;
    y:=1;
    for i to n do y:=i*y od
  end:
> fact_2:=
  proc(n)
    local y; global i;
    y:=1;
    for i to n do y:=i*y od
  end:
```

Comparons leur utilisation dans le contexte suivant.

Ex.37

```
> i:='i': fact_1(5); i;
                    120

                     i
> fact_2(5); i;
                    120

                     6
```

La première procédure ne modifie pas le contenu de la variable i du niveau conversationnel alors qu'avec la seconde, au retour, on retrouve la valeur 6 dans i.

Localisation automatique de certaines variables

Si on écrit la procédure `fact` sans utiliser ni `local` ni `global`, MAPLE de lui-même (à partir de la release 3) détecte que y et i doivent certainement avoir un statut de variable locale et, après avoir prévenu l'utilisateur (*Warning...*), il rajoute `local y, i` à la procédure comme on peut le voir sur l'écho qu'il retourne.

```
▷ fact:=
  proc(n)
    y:=1;
    for i to n do y:=i*y od
  end;
  Warning, 'y' is implicitly declared local
  Warning, 'i' is implicitly declared local

  fact := proc(n) local y,i; y := 1; for i to n do y := i*y od end
```

Ex.38

MAPLE se permet ainsi de "localiser de force" toute variable qui apparaît à gauche d'une affectation ou qui est compteur d'une boucle **for** et il le signale alors par un avertissement : un tel avertissement correspond souvent à un oubli de déclaration **local** d'une variable de travail. Même si la procédure peut alors fonctionner tout à fait correctement il est bien plus sûr, pour l'utilisateur, de modifier le texte de sa procédure pour le mettre en accord avec la logique de sa programmation.

Toutefois il est des cas où une variable apparaît dans une procédure à gauche d'une affectation alors que cette variable n'a aucune raison d'être locale. Nous en verrons un exemple dans la section suivante dans l'exemple 46 p. 416. Dans ce cas il faut contrarier MAPLE et explicitement déclarer la variable comme globale.

Niveau d'évaluation des différentes variables

Il y a une dernière différence à mentionner entre les variables globales et les variables locales : si les variables globales sont en général complètement évaluées comme au niveau conversationnel, les variables locales ne sont évaluées qu'au premier niveau. Quand on a besoin de l'évaluation complète d'une variable locale, il faut la forcer avec la fonction **eval**.

On peut à ce sujet comparer les procédures (sans paramètre) suivantes :

```
▷ ess_1:=proc() local x; global y;
    y:=x; x:=1; print(y) end:
▷ ess_2:=proc() local x, y;
    y:=x; x:=1; print(y) end:
▷ ess_1(); ess_2();

                    1

                    x
```

Ex.39

Dans chacune d'elles, la variable y pointe sur x qui pointe sur 1. Dans la première, y est une variable globale et son évaluation lors du **print** est réalisée totalement comme au niveau conversationnel. Dans la seconde, y est une variable locale et son évaluation dans le print n'est réalisée qu'au premier niveau, ce qui ne retourne que x.

Variables globales et procédures imbriquées

Contrairement à ce qui se passe dans la plupart des langages structurés tels que PASCAL ou CAML, si une procédure proc2 est définie à l'intérieur d'une procédure proc1, une variable locale ou un argument de proc1 ne peut être transmis à proc2 que sous forme de paramètre ou à l'aide de la fonction unapply.

Comme une fonction définie à l'aide de l'opérateur -> est une procédure, on se heurte très souvent à ce problème de communication lorsque l'on utilise une telle fonction à l'intérieur d'une procédure.

Pour déterminer par exemple la fonction affine qui coïncide avec une fonction f en des points a et b donnés, on peut écrire

Ex.40

```
> restart; P:=x->u*x+v:
  s:=solve({P(a)=f(a),P(b)=f(b)},{u,v});
  g:=subs(s,eval(P));
```

$$\left\{u = \frac{-f(b) + f(a)}{a - b}, v = -\frac{b\,f(a) - f(b)\,a}{a - b}\right\}$$

$$g := x \to -\frac{(f(a) - f(b))\,x}{b - a} + \frac{-a\,f(b) + f(a)\,b}{b - a}$$

Si on essaie de faire une procédure à une variable

Ex.41

```
> restart;
  Interpol_1:=proc(f) local P,s,u,v;
    P:=x->u*x+v:
    s:=solve({P(a)=f(a),P(b)=f(b)},{u,v});
    subs(s,eval(P))
  end;
```

Interpol_1:=proc(f)
local P,s,u,v; P :=x→u*x+v;
   s := solve({P(b) = f(b), P(a) = f(a)},{u, v});
   subs(s,eval(P))
end

```
> Interpol1_(sin);
```

$$x \to u * x + v$$

cela ne fournit pas le résultat escompté : en effet, les variables u, v intervenant dans le système d'équations {P(a)=f(a),P(b)=f(b)} sont des variables globales de la procédure P, elles ne correspondent donc pas aux variables locales u et v intervenant dans la liste des inconnues {u,v} de la fonction solve. Par suite le résultat retourné par solve est vide, ce qui explique le résultat retourné par la procédure Interpol_1.

Une première façon de résoudre ce problème est de ne pas localiser les variables u et v au début de la procédure Interpol_1, ce qui équivaut ici à les définir comme des variables globales ; mais cela n'est guère satisfaisant car la procédure sort en erreur lorsque u ou v n'est pas libre.

Une deuxième façon est d'utiliser la fonction unapply, qui permet de garder le schéma de la première programmation.

Ex.42

```
> restart;
  Interpol_2:=proc(f) local P,s,u,v,x;
    P:=unapply(u*x+v,x):                              (*)
    s:=solve({P(a)=f(a),P(b)=f(b)},{u,v});
    subs(s,eval(P));
  end:
> g:=Interpol_2(sin);
```

$$g := x \rightarrow -\frac{(\sin(a) - \sin(b))\, x}{b - a} + \frac{-a\,\sin(b) + \sin(a)\, b}{b - a}$$

Avec une telle écriture, la définition de P commence en (∗) par une évaluation des arguments de unapply et en particulier de u*x+v pour laquelle u et v sont bien les variables locales de la procédure Interpol_2.

Une dernière façon consiste à chercher le polynôme sous forme d'une expression de x, mais il faut alors utiliser subs pour en calculer les valeurs.

Ex.43

```
> restart;
  Interpol_3:=proc(f) local P,s,u,v,x;
    P:=u*x+v;
    s:=solve({subs(x=a,P)=f(a),subs(x=b,P)=f(b)},{u,v});
    subs(s,P)
  end;
> p:=Interpol_3(sin);
```

$$p := -\frac{(\sin(a) - \sin(b))\, x}{b - a} + \frac{-a\,\sin(b) + \sin(a)\, b}{b - a}$$

Bien qu'intuitivement moins naturelle, cette dernière forme, privilégiant l'utilisation d'expressions au détriment de l'utilisation de fonctions, est un modèle à retenir. La procédure Interpol_3 retourne une expression au lieu d'une fonction ce qui est tout aussi utilisable ; toutefois si l'utilisateur préfère une fonction rien ne l'empêche d'utiliser unapply avant le end final.

II.3. Procédures récursives

Comme pour les fonctions, MAPLE permet d'écrire des procédures récursives qui constituent une première traduction de beaucoup de définitions récurrentes.

Si on considère par exemple le polynôme de Tchebychev de degré n, c'est-à-dire le polynôme T_n vérifiant $\cos(nt) = T_n(\cos(t))$, une formule de trigonométrie élémentaire donne

$$T_n(x) + T_{n-2}(x) = 2\,x\,T_{n-1}(x) \quad \text{avec } T_0(x) = 1 \text{ et } T_1(x) = x.$$

On peut alors écrire la procédure récursive suivante retournant, pour n entier positif donné, le polynôme de Tchebychev de degré n.

Ex.44

```
> Tcheb_1:=proc(n)
    if n=0 then 1
    elif n=1 then x
    else expand(2*x*Tcheb_1(n-1)-Tcheb_1(n-2))
    fi;
  end:
```

Chacun peut à l'aide de la ligne suivante mesurer, sur la machine qu'il utilise, le temps nécessaire à cette procédure pour calculer le polynôme de Tchebychev de degré 20.

Ex.45

```
> Debut:=time(): Tcheb_1(20): time()-Debut;
                        6.55
```

La fonction `time` compte le nombre de secondes durant lequel le processeur a travaillé pour MAPLE depuis le début de la session en cours. En stockant ce temps dans `Debut` avant l'appel de la procédure, l'évaluation de `time()-Debut`, au retour de la procédure, mesure le temps de calcul utilisé par cette dernière. Sur un DX4/100 il faut environ 6 secondes pour réaliser ce calcul, ce qui est déjà conséquent et qui peut s'expliquer en ajoutant un compteur (variable globale) totalisant le nombre d'appels à la procédure.

Ex.46

```
> Tcheb_1:=proc(n) global cmpt;
    cmpt:=cmpt+1;
    if n=0 then 1
    elif n=1 then x
    else expand(2*x*Tcheb_1(n-1)-Tcheb_1(n-2))
    fi
  end :
```

Si on exécute alors

Ex.47

```
> cmpt:=0: Tcheb_1(20): cmpt;
                    21891
```

on comprend comment ont été utilisées les 6 secondes.

Attention ! Dans l'exemple précédent,

- la variable cmpt doit être impérativement déclarée global : sinon, comme elle apparaît à gauche d'une affectation, MAPLE la déclare d'office local ce qui ne permet pas de compter grand chose ;
- il ne faut surtout pas oublier d'initialiser cmpt avant l'appel Tcheb_1 sinon l'affectation cmpt:=cmpt+1 produit un appel récursif infini qui provoque un débordement de pile (cf. p. 20).

II.4. Table de remember contre récursivité

Comme les fonctions, les procédures ont une table de remember dans laquelle on peut stocker directement des valeurs particulières. On peut utiliser cette table pour stocker des valeurs remarquables ou longues à calculer. MAPLE utilise couramment les tables de remember pour stocker quelques valeurs exactes prises par certaines fonctions du noyau telles sin, cos, ln, exp, ... On a déjà rencontré un exemple de cette utilisation p. 411 lors de l'écriture de la procédure factorielle.

Mais on peut aussi programmer une fonction ou une procédure de façon qu'elle stocke automatiquement dans sa table de remember toutes les valeurs qu'elle calcule. Cela présente un grand intérêt soit pour une procédure récursive en lui évitant des appels récursifs inutiles soit pour une procédure qui est assez souvent utilisée lorsque les calculs sont relativement longs et qu'il y assez peu de résultats à stocker.

Si on reprend la procédure calculant le polynôme de Tchebychev de degré n, en ajoutant remember sur la ligne option.

Ex.48

```
> Tcheb_2:=proc(n) global cmpt;
    option remember;
    cmpt:=cmpt+1;
    if n=0 then 1
    elif n=1 then x
    else expand(2*x*Tcheb_2(n-1)-Tcheb_2(n-2))
    fi
  end :
```

Et si on exécute alors

Ex.49

```
> cmpt:=0: Debut:=time(): Tcheb_2(20) :
    time()-Debut, cmpt;
                    0.55 , 21
```

On s'aperçoit que le temps de calcul a considérablement diminué (moins d'une seconde sur un DX4/100) et que le nombre d'appels de la procédure se limite à 21, ceci explique cela ! Grâce à l'option **remember**, la procédure a conservé tous les polynômes calculés dans sa table ce qui lui a évité de démarrer une nouvelle récursion pour chacun de ses appels. Comme pour les fonctions, on peut avoir un aperçu de cette table en demandant

Ex.50

```
> op(4,eval(Tcheb_2));
```
$$table([$$
$$3 = 4x^3 - 3x$$
$$.../...$$
$$0 = 1$$
$$.../...$$
$$1 = x$$
$$.../...$$
$$2 = 2x^2 - 1$$
$$.../...$$
$$])$$

La table précédente comporte 21 éléments, seules les valeurs les plus simples ont été recopiées ci-dessus.

Toutefois cet avantage de la table de **remember** possède comme revers un encombrement rapide de la mémoire. Si on essaie d'utiliser la procédure précédente pour n=40 avec seulement 4 Méga de mémoire vive, on se retrouve devant le message *Error, (in Tcheb_2) STACK OVERFLOW*. Il est vrai que l'on n'a pas besoin de ce polynôme de degré 40 tous les jours, mais cela montre les limites de la méthode.

Pour finir on peut donner une dernière procédure calculant les polynômes de Tchebychev, aussi rapide que la précédente bien qu'elle n'utilise pas la table de **remember**. N'utilisant pas les facilités offertes par MAPLE elle demande un peu plus d'analyse avant d'être écrite mais peut être utilisée pour de très grandes valeurs de n sans risque de débordement mémoire.

Ex.51

```
>Tcheb_3:=proc(n) local i,u,v,w;
    u:=1; v:=x;
    for i from 2 to n do w:=expand(2*x*v-u); u:=v; v:=w od
end:
```

II.5. Structure d'un objet fonction ou procédure

Les fonctions ou les procédures qu'elles soient internes à MAPLE ou définies par l'utilisateur partagent en MAPLE le même type : le type **procedure**. Toutefois si on veut vérifier cette affirmation à l'aide de la fonction **whattype** il faut au préalable forcer l'évaluation de la procédure ou de la fonction à l'aide de **eval** car, par défaut, une procédure n'est pas évaluée complètement.

Ex.52
```
> whattype(sin);
                              string
> whattype(eval(sin));
                            procedure
> whattype(eval(Tcheb_3));
                            procedure
```

Attention ! Le type **function** correspond à une forme f(...), que f soit une fonction, une procédure ou une variable libre (cf. p. I.3).

On peut étudier la structure des objets de type **procedure** sur les exemples de procédures vues précédemment. Chaque objet de ce type contient 6 opérandes ou encore 6 sous-objets de premier niveau.

- L'opérande de rang 1 contient la liste des paramètres de la fonction.
- l'opérande de rang 2 contient la séquence des variables locales.
- l'opérande de rang 6 contient la séquence des variables globales.

Ex.53
```
> nops(eval(sin));
                              6
> nops(eval(Tcheb_3));
                              6
> op(1,eval(Tcheb_3));                    paramètres formels
                              n
> op(2,eval(Tcheb_3));                    variables locales
                          i, u, v, w
> op(6,eval(Tcheb_2));                    variables globales
                            cmpt
```

Les opérandes de rang 3 et 4 contiennent respectivement la ligne d'**option** et la table de **remember** de la procédure. Lorsque la procédure contient l'option **remember**, la table de **remember** est mise à jour à chaque utilisation de la procédure sinon elle n'est mise à jour que par une affectation volontaire de l'utilisateur.

Ex.54

```
> op(3,eval(Tcheb_2));                                    Options

                            remember

> op(4,eval(Tcheb_2));                           Table de remember
    table([
    3 = 4x³ - 3x
    .../...
    0 = 1
    .../...
    ])
```

III. Au sujet du passage de paramètres

III.1. Vérification automatique du type des arguments

Il existe, avec MAPLE, une possibilité de vérifier automatiquement le type de certains arguments transmis à une procédure. Il suffit, dans la définition de la procédure, de faire suivre les arguments correspondants du symbole :: et du type désiré. Par exemple, pour la fonction factorielle

Ex.55

```
> fact:=
  proc(n::integer) local i,y;         :: pour vérifier le type de n
  y:=1;
  for i to n do y:=i*y; od
  end:
```

Si on essaie alors d'utiliser cette fonction avec une valeur telle que 1.5 cela donne

Ex.56

```
> fact(1.5);
  Error, fact expects its 1st argument, n, to be of type integer,
  but received 1.5
```

III.2. Test du nombre et de la nature des arguments transmis

De même que pour les fonctions, il n'y a pas de vérification syntaxique automatique du nombre d'arguments transmis à une procédure, mais l'utilisateur peut inclure une telle vérification en utilisant dans sa programmation la variable système **nargs** qui retourne le nombre d'arguments transmis réellement à la procédure. Il peut aussi, avec la fonction **type** vérifier la nature des arguments qui n'ont pas été déclarés d'un type donné dans la ligne d'en-tête de la procédure.

Dans l'exemple de la fonction factorielle, vue précédemment, cela peut donner

Ex.57
```
> fact:=
  proc(n) local y,i;
    if nargs <> 1
    then ERROR('attend un seul argument')
    fi;
    if type(n,numeric)
    then if not type(n,integer) or (n<0)
            then ERROR('attend un entier positif')
            else
                if n=0
                then 1
                else y:=1; for i from 1 to n do y:=y*i od
            fi
         fi
    else 'fact'(n)            pour retourner une forme non évaluée
    fi
  end :
```

Si, avec cette dernière procédure, le nombre d'arguments passés à la procédure est différent de 1, la fonction **ERROR** (cf. p. 405) provoque une sortie immédiate de la procédure en affichant le message d'erreur : *Error, (in fact) attend un seul argument*. Si l'argument passé est de type **numeric**, la fonction teste si c'est un entier positif et sort en erreur si ce n'est pas le cas. Dans le cas où n n'est pas de type **numeric** elle retourne une forme non évaluée.

Ex.58
```
> fact(1,2);
  Error, (in fact) attend un seul argument
> fact(-1);
  Error, (in fact) attend un entier positif
```

III.3. Comment tester un type

La fonction **type** permet de tester si la valeur d'une variable ou d'une expression répond à certains critères. Cela permet d'éviter l'utilisation d'une fonction avec des arguments de type incorrect ou la réalisation d'un calcul avec des données qui ne sont pas dans son domaine de validité. Par exemple

- l'évaluation de **type(expr,integer)** retourne **true** si **expr** est évaluée à un entier.

- l'évaluation de **type(expr,rational)** retourne **true** si **expr** est évaluée à un rationnel (fraction ou entier).

- l'évaluation de `type(expr,numeric)` retourne **true** si **expr** est de type numeric (entier, rationnel ou **float**). Prendre garde que certaines valeurs, comme `sqrt(2)` ou Pi, que nous considérons comme des valeurs numériques, ne sont pas, pour MAPLE, de type numeric mais de type **realcons**.

- l'évaluation de `type(expr,polynom)` retourne **true** si **expr** est évaluée à un polynôme.

Exemples d'utilisation de la fonction type sur des expressions numériques

Ex.59

```
> x:=5/2; y:=sqrt(2);
```
$$x := \frac{5}{2}$$
$$y := \sqrt{2}$$
```
> type(x,numeric);
```
true
```
> type(y,numeric);
```
false
```
> type(x,integer);
```
false
```
> type(x,rational);
```
true
```
> type(y,realcons);
```
true

Exemples d'utilisation de la fonction type sur des polynômes

Ex.60

```
> x:='x': P:=sqrt(2)*x^2+x+1;
```
$$P := \sqrt{2}\,x^2 + x + 1$$
```
> type(P,polynom);
```
true
```
> y:='y': Q:=x*sin(y);
```
$$Q := x\,\sin(y)$$
```
> type(Q,polynom);
```
false

Les types ci-dessus sont des types simples. Sur certains de ces types sont construits des types structurés. Sur le type **polynom**, par exemple, on trouve des types permettant de tester plus précisément la nature des coefficients du polynôme (cf. p. 362). On peut citer **polynom(integer)** pour des polynômes écrits avec des coefficients entiers, **polynom(numeric)** pour des polynômes écrits avec des coefficients de type `numeric` ainsi que le `polynom(algebraic)` pour des polynômes dont les coefficients sont algébriques.

Avec le polynôme **P** précédent on a par exemple

Ex.61

```
> type(P,polynom(integer));
                        false
> type(P,polynom(algebraic));
                        true
```

Les quelques exemples donnés ci-dessus constituent un maigre échantillon des possibilités offertes par MAPLE en matière de type. Il est hors de question de donner ici la liste de tous les types disponibles. L'utilisateur peut faire appel à l'aide en ligne en tapant ? `type` pour obtenir tous les types disponibles (il y en a environ une centaine). Pour avoir ensuite des précisions sur chaque type particulier il pourra taper ? `type/<nom_type>` comme par exemple ? `type/polynom`.

Enfin il ne faut pas négliger la lecture des fonctions ou des procédures existant dans MAPLE qui donnent de bons exemples de tests de types dans des cas assez intéressants. Pour ce faire utiliser `eval(<nom_proc>)` après avoir exécuté (cf. ch. 25) `interface(verboseproc=2)`.

III.4. Procédure modifiant la valeur de certains paramètres

L'un des problèmes fondamentaux lors de l'utilisation d'une procédure est celui de la nature du passage de paramètres : dans le cas où la procédure modifie un des paramètres formels figurant dans la définition de la procédure, qu'arrive-t-il à l'argument réellement transmis lors de l'appel de la procédure ?

Nous allons étudier ce problème sur une procédure simple qui retourne le reste de la division de deux entiers donnés et permet de récupérer le quotient de cette division dans un troisième argument.

Pour commencer limitons nous à une procédure qui exige toujours l'utilisation de trois paramètres. La première écriture qui vient à l'esprit est :

Ex.62

```
> reste:=
  proc(a,b,q) q:=trunc(a/b); a-b*q end;
        reste := proc(a,b,q) q := trunc(a/b); a-b*q end
```

A première vue cela paraît correct car on a bien affecté à q la valeur du quotient, et la dernière valeur calculée (valeur retournée par la procédure), est **a-bq** c'est à dire le reste de la division. Si on appelle cette procédure avec 13, 5 et q0 on obtient

Ex.63

```
> q0:='q0':                                    Il vaut mieux libérer q0
  reste(13,5,q0);

                                    13 − 5 q0
> q0;

                                         2
```

ce qui est loin du résultat escompté et met en lumière une règle importante.

L'évaluation des paramètres réellement transmis à une procédure, que ce soit des expressions ou simplement des identificateurs de variables, est une évaluation complète qui est effectuée lors de l'appel de la procédure mais ces paramètres ne sont jamais ré-évalués pendant l'exécution de la procédure.

Dans l'exemple précédent, q est remplacé par q0 lors de l'appel, ce qui permet à la première instruction de réaliser une affectation de la valeur 2 à q0 comme on a pu le vérifier par la suite en demandant l'évaluation de q0. Mais dans la seconde instruction q pointe toujours sur la valeur affectée à l'entrée de la procédure c'est à dire q0, d'où le résultat $13 - 5\,q0$ puisqu'il n'y a pas de nouvelle évaluation de q.

Une façon de remédier au problème précédent est de forcer une évaluation complète de a-b*q à l'aide de la fonction **eval**. Ainsi la seconde instruction réalise une évaluation complète de a-b*q, qui vaut alors 13-5*q0 soit encore $13 - 5 * 2 = 3$, et le résultat retourné est bien le reste de la division.

Ex.64

```
> reste:=
  proc(a,b,q)
    q:=trunc(a/b);
    eval(a-b*q)
  end;
         reste := proc(a,b,q) q := trunc(a/b); eval(a-b*q) end
> q0:='q0': reste(13,5,q0);

                                         3
> q0;

                                         2
```

On étudiera à nouveau cet exemple dans la section suivante pour donner une version plus souple de cette procédure permettant d'utiliser au choix 2 ou 3 paramètres.

III.5. Procédure avec un nombre variable d'arguments

Si on veut utiliser la procédure **reste** précédemment définie mais que l'on a besoin uniquement du reste, on peut avoir envie d'appeler cette procédure avec seulement deux paramètres. Dans un tel cas, MAPLE nous gratifie d'un message d'erreur qui est déclenché lors de l'utilisation de q dans l'affectation q:=trunc(a/b).

Ex.65

```
> reste(13,5);
  Error, (in reste) reste uses a 3rd argument, q, which is missing
```

Quand on veut écrire une procédure pouvant accepter un nombre variable de paramètres, il faut surtout prendre garde à ce que, lors de son exécution, la procédure n'utilise que les paramètres qui se trouvent réellement dans la liste d'appel.

Il n'y a pas de vérification du nombre des paramètres transmis lors de l'appel d'une procédure, mais si l'exécution de la procédure nécessite l'utilisation d'un paramètre ne se trouvant pas dans la liste d'appel, MAPLE sort en erreur.

Pour réécrire notre procédure **reste** afin qu'elle gère un nombre variable de paramètres il faut utiliser **nargs** qui contient le nombre de paramètres effectivement transmis à la procédure.

Ex.66

```
> reste:=proc(a,b,q) local qq;
     if nargs<2
       then ERROR('il faut au moins 2 arguments')
     fi;
     qq:=trunc(a/b);
     if nargs>2 then q:=qq fi;
     a-b*qq
  end:

  reste := proc (a, b, q) local qq;
    if nargs < 2 then ERROR('il faut au moins 2 arguments') fi;
    qq := trunc(a/b); if 2 < nargs then q := qq fi;
    a-b*qq
  end
```

Dans la procédure précédente, on a utilisé **nargs**, d'une part pour vérifier qu'il y a au moins deux paramètres transmis à la procédure (sinon on sort en erreur à l'aide de la fonction **ERROR**) et d'autre part pour affecter une valeur à q si un troisième paramètre se trouve dans la liste d'appel.

L'utilisation de cette procédure donne

Ex.67

```
> reste(1);
  Error, (in reste) il faut au moins 2 arguments
> reste(13,5);
                        3
> q:='q':reste(13,5,q),q;
                       3 , 2
```

III.6. Procédure avec un nombre indéterminé d'arguments

Il existe dans MAPLE des procédures pouvant utiliser un nombre indéterminé d'arguments, c'est le cas par exemple de la procédure déterminant le maximum d'une famille quelconque d'éléments. Dans ce cas il ne s'agit pas d'une procédure pouvant utiliser au choix deux ou trois arguments, mais d'une procédure pouvant utiliser un nombre arbitrairement grand d'arguments.

Une telle procédure ne peut être écrite, comme dans le cas précédent, à l'aide de paramètres formels complètement identifiés. On l'écrit comme une procédure sans paramètre formel et il faut avoir recours à la variable **args** pour gérer les paramètres qui sont effectivement transmis à la procédure. Cette variable contient la séquence des arguments avec lesquelles la procédure a été appelée et on accède à chacun d'eux grâce à l'opérateur de sélection [ ] : **args**[1] est le premier élément de la séquence d'appel, **args**[2] le second, etc.

Pour s'exercer, on peut construire une procédure Mon_max (il vaut mieux ne pas prendre le même nom que celui de la procédure MAPLE) retournant le maximum d'un nombre quelconque de valeurs numériques.

Ex.68

```
> Mon_max:=proc() local i,j,L;        Procédure sans paramètres.
    L:=evalf([args]);                 evalf pour les valeurs realcons.
    j:=1;
    for i from 2 to nargs
      do if L[i]>L[j] then j:=i fi od;
    args[j]                           Pour définir la valeur retournée.
  end:
> Mon_max(1,5+sqrt(2),3-sqrt(3));
                     5 + √2
```

Telle qu'elle est écrite, cette procédure n'est absolument pas protégée contre une utilisation non conforme à son objet qui est de ne traiter que des familles de nombres. On peut la protéger contre une utilisation illicite en utilisant le type `list(numeric)` pour tester si les entrées sont bien toutes numériques et éviter une sortie avec le message d'erreur : *Error, (in Mon_ max) cannot evaluate boolean.*

Ex.69

```
> Mon_max_2:=proc() local i,j,L;
    L:=evalf([args]);
    if not type(L,list(numeric))
      then RETURN('Mon_max_2(args)');        (*)
    fi;
    j:=1;
    for i from 2 to nargs
      do if L[i]>L[j] then j:=i; fi; od;
    args[j];
  end:
> Mon_max(1,5+sqrt(2),3-sqrt(3));
```
$$5 + \sqrt{2}$$
```
> a:='a': Mon_max_2(a,1,2);
```
$$Mon\_max\_2(a, 1, 2)$$

Si l'un des arguments transmis à la procédure Mon_Max_2 n'est pas numérique, l'utilisation de la fonction RETURN en (∗) permet de sortir directement de la procédure en retournant une forme non évaluée de type **function**.

IV. Suivi de l'exécution d'une procédure

IV.1. La variable printlevel

Si on reprend la procédure **reste** (définie dans l'exemple 66 p. 425) qui retourne le reste d'une division euclidienne et permet d'en récupérer le quotient dans son troisième argument et si on l'exécute deux fois, la seconde exécution se termine par un message d'erreur.

Ex.70

```
> q:='q': reste(13,5,q); q;
```
$$3$$
$$2$$
```
> reste(13,5,q);
  Error, (in reste) Illegal use of a formal parameter
```

Pour comprendre d'où vient l'erreur on peut suivre l'exécution du programme en augmentant la valeur du contenu de **printlevel** afin d'avoir un écho à l'écran de tout ce qui s'exécute. Il faut savoir que chaque instruction exécutée par MAPLE possède un "niveau".

Ce niveau est défini comme suit :

- les instructions du niveau interactif sont au niveau 0,
- quand on entre dans une boucle ou dans un test, le niveau augmente de 1,
- quand on sort d'une boucle ou d'un test, le niveau diminue de 1,
- quand on entre dans une procédure (ou fonction), le niveau augmente de 5,
- quand on sort d'une procédure ou d'une fonction, le niveau diminue de 5.

L'exécution de chaque instruction figurant dans une instruction de niveau 0 suivie d'un point virgule et de niveau au plus égal à `printlevel`, provoque un écho à l'écran. Par défaut le contenu de `printlevel` est égal à 1, ce qui n'autorise l'écho à l'écran que des instructions de niveau inférieur ou égal à 1. Donc pour avoir l'écho des instructions exécutées dans notre programme il faut au moins `printlevel:=5`.

Ex.71

```
> printlevel:=5: reste(13,5,q); printlevel:=1:
{-> enter reste, args = 13, 5, 2                              (1)
qq:=2                                                          (2)
<- ERROR in reste (now at top level) =                        (3)
        Illegal use of a formal parameter}
Error, (in reste) Illegal use of a formal parameter          (4)
executing statement: q := qq                                  (4)
locals defined as: qq = 2
reste called with arguments: 13, 5, 2
```

On voit sur cet écho à l'écran que la procédure est appelée (cf. (1)) avec 13, 5 et 2. Ensuite l'affectation (2) se déroule correctement et les problèmes commencent en (3) : il s'agit de l'affectation `q:=qq` comme MAPLE nous l'explique en (4). Et on se rend compte effectivement que si q contient la valeur 2 une telle affectation n'a aucun sens. Le problème rencontré est donc une conséquence du calcul précédent qui avait affecté une valeur numérique à q.

Il y a trois façons de se sortir d'une telle situation :

- soit on libère la variable q avant l'appel de **reste** en effectuant : `q:='q'`.
- soit on appelle **reste** avec q entre apostrophes c'est à dire `reste(a,b,'q')`.
- soit, comme dans l'exemple ci-dessous, on définit la procédure **reste** avec `q::evaln`, ce qui limite l'évaluation du troisième argument au dernier nom.

Ex.72

```
> reste:=proc(a,b,q::evaln) local qq;
    if nargs<2 then ERROR('il faut au moins 2 valeurs') fi;
    qq:=trunc(a/b);
    if nargs>2 then q:=qq fi;
    a-b*qq
  end:
```

IV.2. Les fonctions userinfo et infolevel

MAPLE fournit un autre moyen pour informer l'utilisateur et lui permettre de suivre le déroulement d'un algorithme : `userinfo` et `infolevel`.

La fonction `userinfo` permet, lors de la programmation d'une procédure, de prévoir des messages qui pourront être affichés lors de l'exécution de cette procédure. La syntaxe est `userinfo(niveau, nom, expr_1, expr_2,..., expr_p)` où

- `niveau` est un entier compris entre 1 et 5,
- `nom` est un nom, en général un nom de procédure, mais ce peut aussi être un ensemble de noms,
- `expr_1, expr_2,..., expr_p` sont p expressions qui sont évaluées puis affichées si `infolevel[nom]` est supérieur ou égal à `niveau`.

Pour voir, lors de l'exécution, les messages concernant un nom donné, on affecte un niveau à ce nom en modifiant la valeur associée dans la table `infolevel`, c'est-à-dire en tapant `infolevel[nom]:=n` où n est un entier compris entre 1 et 5.

Si on n'a aucune idée des noms des procédures utilisées dans un algorithme que l'on n'a pas écrit et dont on veut essayer de suivre la démarche, il est possible de taper `infolevel[all]:=n`, ce qui provoquera, lors de l'exécution, l'affichage des messages des instructions `userinfo` rencontrées dont le niveau est au plus n.

Pour voir ce que peut faire `factor` sur un polynôme donné, on peut taper

Ex.73

```
> infolevel[all]:=2;
```
$$infolevel_{all} := 2$$
```
> factor(x^5+3*x^2+1);
```
ffactor/polynom: polynom factorization:number of terms 3
convert/sqrfree/sqrfree: square-free factorization in x
factor/unifactor: entering
factor/fac1mod: entering
factor/fac1mod: found prime 2
factor/fac1mod: distinct degree factorization
modp1/DistDeg: polynomial has degree 5
factor/fac1mod: polynomial proven irreducible by degree analysis
factor/unifactor: exiting
$$x^5 + 3x^2 + 1$$

Si on estime alors que l'on n'a pas suffisamment d'informations et si on décide de demander un niveau d'information supérieur, on a la désagréable surprise de ne plus obtenir aucun message.

Ex.74
```
> infolevel[all]:=5: factor(x^5+3*x^2+1);
```
$$x^5 + 3\,x^2 + 1$$

Ce n'est pas que MAPLE est fatigué de nous informer, c'est une conséquence de l'utilisation des tables de **remember**. Comme on peut le vérifier ci après, le résultat de la factorisation du polynôme se trouve dans la table de **remember** de la procédure **factor** et MAPLE n'a alors besoin d'aucun calcul pour retourner le résultat.

Ex.75
```
> op(4,eval(factor));
```
$$table\,([$$
$$x^5 + 3x^2 + 1 = x^5 + 3x^2 + 1$$
$$])$$

Pour obtenir à nouveau une trace des fonctions utilisées par **factor** sur ce polynôme, on peut effacer la table de **remember** de la fonction **factor** soit avec **restart**, soit si, on veut être moins brutal, à l'aide de **readlib(forget)(factor)**.

Après avoir exécuté **factor(x^5+3*x^2+1)**, on peut voir un exemple d'utilisation de la fonction **userinfo** dans **factor/polynom** en tapant

Ex.76
```
> interface(verboseproc=2); eval('factor/polynom');
```
proc(x) local v,a,k,l,lx,c;
options 'Copyright 1993 by Waterloo Maple Software';
if type(x,numeric) then RETURN(x) fi;
userinfo(1,factor,'polynom factorization:number of terms',nops(x));
c := icontent(x);
divide(x,c,'lx');
v := indets(lx);
for a in v do
   l := ldegree(lx,a);
   *if 0 < l then lx := expand(lx/(a^l)); c := c*a^l fi;*
   if degree(lx,a) = 1 then
      v := 'factor/factor'(content(lx,a,'lx'));
      *RETURN(c*v*lx)*
   fi
od
.... / .....
end

Remarque : Ne pas oublier les apostrophes inversées autour du nom factor/polynom sinon MAPLE essaie d'évaluer le quotient de **factor** par polynom ce qui n'a rien à voir avec notre attente.

V. Sauver et relire une procédure

Une fois que l'on a écrit une procédure ou une fonction et qu'on l'a testée, il y a deux façons pour l'utiliser à d'autres occasions :

- la première est de sauvegarder la procédure dans un fichier comme on a sauvegardé toutes les sessions que l'on a exécutées jusqu'à présent. Pour la réutiliser il suffira d'ouvrir ce fichier, de le ré-exécuter complètement avec le choix menu **Edit/Execute/Worksheet**, puis de se mettre en fin de fichier et d'écrire les instructions correspondant au problème que l'on veut résoudre.
- la seconde est de sauvegarder une version exécutable de la procédure que l'on peut ensuite charger dans une session comme on a déjà appelé toutes les fonctions de la bibliothèque *Maple.lib*

Pour sauver une ou plusieurs fonctions on utilise l'une des syntaxes

`save nom_de_fichier`

ou

`save Ident_1, Ident_2, ...., Ident_n, nom_de_fichier`

La première syntaxe sauve dans le fichier `nom_de_fichier` toutes les variables possédant un contenu ainsi que ce contenu. La seconde syntaxe fait de même en se limitant aux identificateurs précédant nom_de_fichier.

Il n'est pas utile de mettre une extension au nom du fichier. Toutefois si on utilise l'extension *.m* alors les objets sont sauvegardés dans un format interne qui est beaucoup plus rapide à relire et donc à recharger.

Pour recharger en mémoire les valeurs (variables, procédures ou fonctions) que l'on a ainsi sauvegardées il suffit de taper

`read nom_de_fichier`

Par défaut, les fonctions **save** et **read** travaillent dans le répertoire courant. Pour imposer un répertoire particulier, il faut écrire in extenso le nom du fichier en y incluant le chemin et donc des caractères \, et il ne faudra pas oublier de mettre ce nom entre deux apostrophes inversées ($< AltGr\ 7 >$ sur clavier standard de P.C.) et de doubler chacun des \.

Pour sauver la fonction **reste** précédemment définie dans le fichier `rest_fch` du répertoire courant on tape :

Ex.77
```
▷ save reste,'rest_fch';
```

Pour recharger la fonction précédente en mémoire on tape

Ex.78

```
> read 'rest_fch';

reste := proc (a, b, q) local qq;
    if nargs < 2 then ERROR('il faut au moins 2 arguments') fi;
    qq := trunc(a/b); if 2 < nargs then q := qq fi;
    a-b*qq
end
```

Pour sauver la fonction précédente dans le répertoire `MAPLEV4\lib` il faut, comme en langage C, doubler tous les caractères \ , et on doit donc taper

Ex.79

```
> save reste,'\\MAPLEV4\\lib\\rest_fch.m':
```

Pour recharger la fonction en mémoire il faut alors taper

Ex.80

```
> read '\\MAPLEV4\\lib\\rest_fch.m':
```

Chapitre 25

Les fonctions mathématiques

I. Catalogue des fonctions mathématiques

Les fonctions mathématiques usuelles sont des fonctions internes ou des fonctions de la bibliothèque standard. Les fonctions internes, écrites en C, font partie du noyau et sont automatiquement chargées lors du lancement de MAPLE. Parmi les fonctions de la bibliothèque standard, certaines sont chargées automatiquement lors de leur première utilisation et d'autres doivent être explicitement chargées à l'aide de la commande `readlib`.

On peut s'apercevoir qu'une fonction doit être lue à l'aide de `readlib` lorsque MAPLE retourne obstinément une forme non évaluée. On peut charger la fonction avant sa première utilisation, mais on peut aussi utiliser directement `readlib` lors de la première utilisation de la fonction.

Ex. 1

```
> ilog(3.14);
                        ilog (3.14)
> readlib(ilog): ilog(3.14);        chargement avant utilisation
                        1
> restart;                          restart supprime
                        les fonctions chargées par readlib
> ilog(3.14);
                        ilog (3.14)
> readlib(ilog)(3.14);              chargement lors de l'utilisation
                        1
```

Lorsqu'une fonction doit être chargée en mémoire à l'aide de la commande `readlib`, cela est signalé en première colonne des tableaux suivants.

I.1. Fonctions arithmétiques

syntaxe	description
`ceil(x)`	Plus petit entier supérieur ou égal à x
`floor(x)`	Plus grand entier inférieur ou égal à x
`round(x)`	Entier le plus près de x
`trunc(x)`	Partie entière "informatique" de x **trunc(-x)=-trunc(x)**
`signum(x)`	Signe de x, supposé réel **signum(0)=1**
`sqrt(x)`	Racine carrée de x **(x réel, complexe ou polynôme)**
`conjugate(x)`	Conjugué de x **(x complexe ou expression complexe)**
`csgn(x)`	"Signe" de x, pour x complexe, défini par $+1$ si $Re(x)>0$ ou ($Re(x)=0$ et $Im(x)\leq0$) -1 sinon
`csgn(1,x)`	Dérivée de `csgn` en x.

I.2. Fonctions de dénombrement et fonction Γ

syntaxe	description
`factorial(n)`	Factorielle de n ; peut aussi s'écrire n!
`binomial(n,p)`	Nombre de combinaisons de n éléments pris p à p
`GAMMA(a)`	Fonction Γ vérifiant $\Gamma(a) = \int_0^\infty e^{-t}t^{a-1}dt$ Pour $n \in \mathbf{N}^*$, $\Gamma(n) = (n-1)!$
`GAMMA(a,x)`	Fonctions Γ incomplète : $\Gamma(a,x) = \int_x^\infty e^{-t}t^{a-1}dt$
`LnGAMMA(x)` **readlib**	Logarithme de la fonction Γ

I.3. Exponentielles, logarithmes, et hypergéométrique

syntaxe	description
exp(x)	Exponentielle de x, $\qquad \exp(x) = \sum_{n=0}^{\infty} \frac{x^n}{n!} = \lim_{n \to \infty} \left(1 + \frac{x}{n}\right)^n$
ln(x) ou log(x)	Logarithme népérien de x, $\qquad$ **(voir définition p. 41)**
log10(x)	Logarithme décimal de x, $\qquad$ log10(x)=ln(x)/ln(10)
log[b](x)	Logarithme de base b de x, $\qquad$ logb](x)=ln(x)/ln(b)
ilog[b](x) **readlib**	Logarithme entier de base b de x. Pour x réel, ilog[b](x) est l'entier r vérifiant $b^r \le |x| < b^{r+1}$
ilog(x) **readlib**	Logarithme entier népérien, ilog(x)=ilog[exp(1)](x)
ilog10(x)	Logarithme entier de base 10, ilog10(x)=ilog[10](x)
hypergeom(n,d,z) **readlib**	**hypergeom** est la fonction hypergéométrique généralisée L'évaluation de **hypergeom**($[n_1,\ldots,n_j]$, $[d_1,,\ldots,d_m]$) retourne $\displaystyle\sum_{k=0}^{\infty} \frac{\left(\prod_{i=1}^{j} \frac{\Gamma(n_i+k)}{\Gamma(n_i)}\right) z^k}{\left(\prod_{i=1}^{m} \frac{\Gamma(d_i+k)}{\Gamma(d_i)}\right) k!}$

I.4. Fonctions trigonométriques circulaires et hyperboliques

syntaxe	description et exemples
sin(x) cos(x)	sinus et cosinus trigonométriques
tan(x) cot(x)	tangente et cotangente trigonométriques
sec(x) csc(x)	sécante et cosécante trigonométriques sec(x)=1/(cos(x)) csc(x)=1/(sin(x))

syntaxe	description et exemples
`sinh(x)` `cosh(x)`	sinus et cosinus hyperboliques
`tanh(x)` `coth(x)`	tangente et cotangente hyperboliques
`sech(x)` `csch(x)`	sécante et cosécante hyperboliques `sech(x)=1/(cosh(x))` `csch(x)=1/(sinh(x))`

Pour les fonctions des deux tableaux précédents, les formules classiques, bien connues pour x réel, sont aussi valables pour x complexe.

$$\sin(x) = \frac{e^{ix} - e^{-ix}}{2i} \quad , \quad \cos(x) = \frac{e^{ix} + e^{-ix}}{2}$$

$$\sinh(x) = \frac{e^x - e^{-x}}{2} \quad , \quad \cosh(x) = \frac{e^x + e^{-x}}{2}$$

$$\tan x = \frac{\sin x}{\cos x}, \ \cot x = \frac{\cos x}{\sin x}, \ \tanh x = \frac{\sinh x}{\cosh x}, \ \coth x = \frac{\cosh x}{\sinh x}$$

I.5. Fonctions trigonométriques réciproques

syntaxe	description
`arcsin(x)`	Fonction arc sinus Pour $x \in \mathbf{C}$, $\mathbf{arcsin(x)} = -i \ln\left(ix + \sqrt{1-x^2}\right)$ Pour $x \in [-1, 1]$ on retrouve la fonction usuelle arcsin
`arccos(x)`	Fonction arc cosinus Pour $x \in \mathbf{C}$, $\mathbf{arccos(x)} = \frac{\pi}{2} - \arcsin(x)$ Pour $x \in [-1, 1]$ on retrouve la fonction usuelle arccos
`arctan(x)`	Fonction arc tangente. Pour $x \in \mathbf{C} \setminus \{-i, i\}$, on a $\mathbf{arctan(x)} = \frac{1}{2i} \ln\left(\frac{1+ix}{1-ix}\right)$ Pour x réel on retrouve la fonction usuelle arctan
`arctan(y,x)`	`arctan(y,x)` retourne **argument**`(x+I*y)`
`arccot(x)`	Fonction arc cotangente. Pour $x \in \mathbf{C} \setminus \{-i, i\}$, on a $\mathbf{arccotan(x)} = \frac{\pi}{2} - \arctan(x)$ Pour x réel on retrouve la fonction arccotan

syntaxe	description
`arcsinh(x)`	Fonction argument sinus hyperbolique Pour $x \in \mathbb{C}$ $\text{arcsinh}(x) = \ln\left(x + \sqrt{x^2 + 1}\right)$ Pour x réel on retrouve $\text{arcsinh}(x) = \ln\left(x + \sqrt{x^2 + 1}\right)$
`arccosh(x)`	Fonction argument cosinus hyperbolique Pour $x \in \mathbb{C}$ $\text{arccosh}(x) = i\,csgn(i(1-x))\,\arccos(x)$ Pour x réel on retrouve $\text{arccosh}(x) = \ln\left(x + \sqrt{x^2 - 1}\right)$
`arctanh(x)`	Fonction argument tangente hyperbolique Pour $x \in \mathbb{C} \setminus \{-1, 1\}$, $\text{arctanh}(x) = \dfrac{1}{2}\ln\left(\frac{1+x}{1-x}\right)$ On retrouve $\forall x \in\,]-1,1[$, $\text{arctanh}(x) = \dfrac{1}{2}\ln\left(\frac{1+x}{1-x}\right)$
`arccoth(x)`	Fonction argument cotangente hyperbolique Pour $x \in \mathbb{C} \setminus \{-1, 1\}$ $\text{arccoth}(x) = i\,\dfrac{\pi}{2} - \text{arctanh}(x)$ Pour $x \in \mathbb{R} \setminus [-1, 1]$, $\text{arccotanh}(x) = \dfrac{1}{2}\ln\left(\left|\frac{1+x}{1-x}\right|\right)$

I.6. Exponentielle intégrale et fonctions voisines

syntaxe	description
`Si(x)`	Sinus intégral de x, avec $\text{Si}(x) = \int_0^x \frac{\sin(t)}{t}dt$
`Ci(x)`	Cosinus intégral de x défini par $\text{Ci}(x) = -\int_x^\infty \frac{\cos(t)}{t}dt = \gamma + \ln(x) + \int_0^x \frac{\cos(t)-1}{t}dt$
`Shi(x)`	Sinus hyperbolique intégral de x, $\text{Shi}(x) = \int_0^x \frac{sh(t)}{t}dt$
`Chi(x)`	Cosinus hyperbolique intégral de x $\text{Chi}(x) = \gamma + \ln(x) + \int_0^x \frac{ch(t)-1}{t}dt$

syntaxe	description
Ei(x)	Exponentielle intégrale définie par $\forall x \in \mathbf{R}_+^*,\ Ei(x) = \text{v.p.}\left(\int_{-\infty}^{x} \frac{\exp(t)}{t}\,dt\right)$
Ei(n,x)	Exponentielle intégrale indicée définie par $\forall n \in \mathbf{N}^*\ \forall x \quad \text{Re}(x) > 0 \Rightarrow Ei(n,x) = \left(\int_{1}^{\infty} \frac{\exp(-xt)}{t^n}\,dt\right)$ Remarque : diff(Ei(n,x),x)=-Ei(n-1,x)
Li(x) **readlib**	Logarithme intégral défini par $\forall x > 1,\ Li(x) = \text{v.p.}\left(\int_{0}^{x} \frac{1}{Ln(t)}\,dt\right)$

La notation v.p. désigne la valeur principale de Cauchy de l'intégrale, c'est-à-dire

$$\text{v.p.}\left(\int_{-\infty}^{x} \frac{\exp(t)}{t}\,dt\right) = \lim_{\varepsilon \to 0^+}\left(\int_{-\infty}^{-\varepsilon} \frac{\exp(t)}{t}\,dt + \int_{\varepsilon}^{x} \frac{\exp(t)}{t}\,dt\right)$$

$$\text{v.p.}\left(\int_{0}^{x} \frac{1}{\ln t}\,dt\right) = \lim_{\varepsilon \to 0^+}\left(\int_{0}^{1-\varepsilon} \frac{1}{\ln t}\,dt + \int_{1+\varepsilon}^{x} \frac{1}{\ln t}\,dt\right)$$

I.7. Fonctions de Bessel

Etant donné un réel n supposé positif ou nul, les fonctions de Bessel d'indice n sont des solutions de l'équation différentielle (Equation de Bessel d'indice n)

$$x^2 \frac{d^2y}{dx^2} + x \frac{dy}{dx} + (x^2 - n^2)y = 0 \qquad (E_1)$$

Les fonctions notées classiquement J_n et Y_n sont appelées respectivement fonction de Bessel de première et de seconde espèce ; elles forment une base de l'espace vectoriel des solutions de l'équation (E_1) et sont définies par

$$J_n(x) = \sum_{r=0}^{\infty}(-1)^r \frac{1}{r!\,\Gamma(n+r+1)}\left(\frac{x}{2}\right)^{2r+n} \quad , \quad Y_n(x) = \frac{\cos n\pi\, J_n(x) - J_{-n}(x)}{\sin n\pi}$$

La formule définissant Y_n doit être vue comme une limite lorsque n est entier.

Les fonctions de Bessel modifiées d'indice n sont des solutions de l'équation différentielle (Equation de Bessel modifiée d'indice n)

$$x^2 \frac{d^2y}{dx^2} + x \frac{dy}{dx} - (x^2 + n^2)y = 0 \qquad (E_2)$$

Les fonctions notées classiquement I_n et K_n sont appelées fonctions de Bessel modifiées respectivement de première et de seconde espèce ; elles forment une base de l'espace vectoriel des solutions de l'équation (E_2) et sont définies par

$$I_n(x) = (-1)^n J_n(ix) \quad , \quad K_n(x) = \frac{\pi}{2} \frac{I_{-n}(x) - J_n(x)}{\sin n\pi}$$

La formule définissant K_n doit être vue comme une limite lorsque n est entier.

syntaxe	description
BesselJ(n,x)	Fonction de Bessel de première espèce $J_n(x)$
BesselY(n,x)	Fonction de Bessel de seconde espèce $Y_n(x)$
BesselI(n,x)	Fonction de Bessel modifiée de première espèce $I_n(x)$
BesselK(n,x)	Fonction de Bessel modifiée de seconde espèce $K_n(x)$

I.8. Fonctions elliptiques

Les fonctions elliptiques, permettant d'exprimer des intégrales elliptiques, existent dans MAPLE sous la forme algébrique de Jacobi. On y trouve les formes incomplètes (dépendant de x), les formes complètes ($x = 1$) ne dépendant que du module k pour les deux premières et les formes complètes associées, c'est à dire avec un module c vérifiant $c^2 + k^2 = 1$.

syntaxe	description
EllipticF(x,k)	Intégrale elliptique incomplète du premier ordre notée $F(k,x)$ et définie par : $F(k,x) = \int_0^x \frac{1}{\sqrt{(1-t^2)(1-k^2 t^2)}} dt$
EllipticE(x,k)	Intégrale elliptique incomplète du deuxième ordre notée $E(k,x)$ et définie par : $E(k,x) = \int_0^x \frac{\sqrt{1-k^2 t^2}}{\sqrt{1-t^2}} dt$
EllipticPi(x,a,k)	Intégrale elliptique incomplète du troisième ordre notée $\pi(a,k,x)$ t.q : $\pi(a,k,x) = \int_0^x \frac{1}{(1-at^2)\sqrt{(1-t^2)(1-k^2 t^2)}} dt$
EllipticK(k)	Intégrale elliptique complète du premier ordre notée $K(k)$ et définie par $K(k) = F(k,1)$
EllipticE(k)	Intégrale elliptique complète du deuxième ordre notée $E_c(k)$ et définie par : $E_c(k) = E(k,1)$
EllipticPi(a,k)	Intégrale elliptique complète du troisième ordre notée $\pi_c(a,k)$ et définie par : $\pi_c(a,k) = \pi(a,k,1)$
EllipticCK(c)	Intégrale elliptique associée complète du premier ordre notée $K_1(c)$ définie par $K_1(c) = K\left(\sqrt{1-c^2}\right)$
EllipticCE(c)	Intégrale elliptique associée complète du deuxième ordre notée $E_{c1}(c)$ définie par $E_{c1}(c) = E_c\left(\sqrt{1-c^2}\right)$
EllipticCPi(a,c)	Intégrale elliptique associée complète du troisième ordre notée $\pi_{c1}(a,c)$; on a: $\pi_{c1}(a,c) = \pi_c\left(a,\sqrt{1-c^2}\right)$

II. Comment travaille une fonction MAPLE ?

II.1. Valeurs numériques retournées

Cette partie est consacrée à l'étude de ce que retourne une fonction MAPLE lorsque ses arguments sont numériques.

- Si c'est une fonction à valeurs entières elle retourne toujours un résultat évalué

- Lorsque l'un de ses arguments est de type **float**, elle retourne une approximation numérique du résultat à la précision de la variable **Digits**.

- Pour certaines valeurs remarquables de l'argument, elle peut retourner une "valeur exacte" utilisant éventuellement des radicaux.

- Dans les autres cas, elle retourne une forme non évaluée a priori décevante mais permettant de garder une valeur exacte pour la suite des évènements.

Ex. 2

```
> sin(2.);
                        .9092974268
> floor(sqrt(2));
                            1
> sin(Pi/4);
```
$$\frac{1}{2}\sqrt{2}$$
```
> sin(2);
                          sin(2)
```

Pour forcer l'évaluation numérique décimale d'un résultat, on peut utiliser **evalf**.

Ex. 3

```
> evalf(sin(2));
                        .9092974268
```

II.2. Un exemple : la fonction arcsin

Pour comprendre comment fonctionne une fonction MAPLE, examinons le cas de la fonction **arcsin** qui fait partie de la bibliothèque standard de MAPLE.

La fonction **arcsin** est chargée automatiquement lors de son premier appel. En fait au début d'une session MAPLE, l'dentificateur **arcsin** contient **readlib('arcsin')**, ce qu'on peut vérifier en utilisant **eval** à un seul niveau.

Ex. 4
```
> restart: eval(arcsin,1);
    readlib(arcsin);
```

Ainsi, tant que la fonction n'est pas utilisée, son code n'encombre pas la mémoire mais, lors du premier appel, MAPLE évalue et donc exécute `readlib('arcsin')`, ce qui charge la fonction.

Après une première utilisation de **arcsin**, la même fonction **eval** retourne

Ex. 5
```
> restart; arcsin(1/3):
```
$$arcsin(1/3)$$
```
> eval(arcsin,1);
```
$$proc(x)...end$$

Seule l'en-tête de la fonction a été affiché. Pour obtenir plus d'informations il est nécessaire de modifier le contenu de la variable d'environnement **verboseproc** à l'aide de la fonction **interface**. Par défaut **verboseproc** contient la valeur 1, et si **f** est une fonction (ou une procédure) MAPLE, **eval(f)** n'affiche qu'une ligne.

Pour obtenir plus d'information il faut exécuter

Ex. 6
```
> interface(verboseproc=2);
```

La fonction **eval** devient alors plus bavarde et révèle à l'utilisateur curieux une partie de la programmation de MAPLE. Même si on ne comprend pas tout à première lecture, l'analyse de quelques points du texte source situé sur la page ci-contre est riche d'enseignements sur la manière de travailler d'une fonction MAPLE.

On voit que cette fonction commence (cf. (1)) par tester le nombre d'arguments qui lui est transmis et qu'elle sort éventuellement en retournant un message d'erreur grâce à la fonction **ERROR**.

Ensuite (cf. (2)) elle teste si l'argument **x** est de type **complex(float)** et dans ce cas elle évalue numériquement la valeur grâce à **evalf**.

Puis (cf. (3)) elle teste si **x** est imaginaire pur et dans ce cas elle exprime la quantité en fonction de **arcsinh**.

On aperçoit par la suite quelques simplifications possibles si **x** est de type **function**

- Si x commence par cos (cf. (4)), elle retourne Pi/2-arccos(x) de façon à pouvoir ensuite simplifier le résultat.
- De même (cf.(5)) si x est lui-même un objet de type function dont l'argument (op(1,x)) est numérique et commence par sin, elle réalise la simplification des fonctions réciproques.

Il faut enfin accorder une attention toute particulière à (6) qui permet, si aucune transformation intéressante n'a pu être repérée, de retourner l'expression initiale sous forme non évaluée et prête pour de nouvelles aventures. Bien remarquer la présence des apostrophes qui évite l'évaluation de arcsin(x) ce qui entraînerait une boucle infinie trés mal venue.

Ex. 7

```
> eval(arcsin,1);
proc(x) local x1r,k;
options 'Copyright 1992 by the University of Waterloo';
(1)if nargs <> 1 then ERROR('expecting 1 argument, got '.nargs)
(2)elif type(x,'complex(float)') then evalf('arcsin'(x))
(3)elif type(x,'*') and member(I,{op(x)}) then I*arcsinh(-I*x)
    elif type(x,'complex(numeric)') then
        if csgn(x) < 0 then -arcsin(-x) else 'arcsin'(x) fi
    elif type(x,'*') and type(op(1,x),'complex(numeric)')
            and csgn(op(1,x)) < 0 then -arcsin(-x)
    elif type(x,'+') and traperror(sign(x)) = -1
            then -arcsin(-x)
    elif type(x,'function') and nops(x) = 1
            then x1 := op(1,x);
(4)   if op(0,x) = cos then RETURN(1/2*Pi-arccos(x))
        elif op(0,x) = cosh and (type(x1,'numeric') or
                type(x1,'constant') and Im(x1) = 0)
            then RETURN(1/2*Pi-I*abs(x1))
(5)   elif op(0,x) = sin and (type(x1,'complex(numeric)') or
(5)           type(x1,'constant') and
(5)           type(evalf(x1,10),'complex(numeric)'))
(5)       then s := csgn(I*x1);
(5)       if type(s,'integer')
(5)           then k := s*ceil(s*Re(x1)/Pi-1/2);
(5)           if type(k,'integer')
(5)               then RETURN((-1)^k*(x1-k*Pi))
                fi
            fi
    fi;
    arcsin(x) := 'arcsin'(x)
(6)else arcsin(x) := 'arcsin'(x)
    fi
end
```

II.3. Cas des fonctions builtin

Pour les fonctions *builtin*, qui sont écrite en C pour des raisons d'efficacité, il est impossible d'obtenir un listing du code source et, quelque soit la valeur de verboseproc, la fonction eval ne retourne qu'un numéro de fonction.

Ex. 8
```
> interface(verboseproc=2); eval(iquo);
proc() options builtin; 96 end
```

II.4. Table de remember

Pour terminer, il faut parler d'un point important qui impressionne toujours un débutant. Comment MAPLE peut-il retourner des résultat exacts tels que

Ex. 9
```
> arcsin(sqrt(3)/2);
```
$$\frac{1}{3}\pi$$

C'est tout simplement grâce à une table. La fonction arcsin, comme la plupart des fonctions MAPLE, possède une table de remember dans laquelle est stockée initialement une quinzaine de lignes remarquables. On peut voir cette table en demandant l'évaluation de op(4,eval(arcsin))

Ex.10
```
> op(4,eval(arcsin));                    voir éventuellement ch. 24
```
$$table([$$
$$\frac{1}{4}\sqrt{5} + \frac{1}{4} = \frac{3}{10}\pi$$

$$\frac{1}{4}\sqrt{2}\sqrt{5+\sqrt{5}} = \frac{2}{5}\pi$$
.../...
$$0 = 0$$
.../...
$$I = I\operatorname{arcsinh}(1)$$

$$\frac{1}{2}\sqrt{2+\sqrt{2}} = \frac{3}{8}\pi$$
$$])$$

Cette table est une succession d'équations attribuant à chaque indice (argument à gauche du signe =) une valeur (à droite du signe =). Ces équations sont rangées dans un ordre qui peut paraître étrange à première vue mais qui est une conséquence de la méthode de tri (hash-coding) utilisée par MAPLE pour ranger les éléments d'une table.

Les valeurs contenues dans cette table sont d'une part celles que MAPLE y met lors du chargement de la fonction et d'autre part des valeurs que l'utilisateur peut entrer directement, même si elles sont complètement farfelues

Ex.11

```
> arcsin(2):=3:  op(4,eval(arcsin));
  table([
  .../...
  2 = 3
  .../...
  ])
```

Chapitre 26

Environnement MAPLE
sous Windows

I. La feuille de calcul MAPLE

Une fois MAPLE lancé, l'utilisateur se trouve devant une fenêtre classique Windows ressemblant à

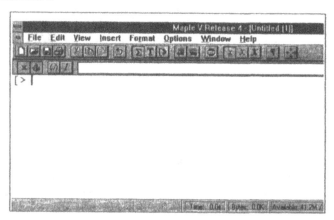

Dans cette fenêtre, on trouve de haut en bas

- la barre de titre d'intitulé : *MAPLE V Release 4 - [Untitled(1)]*,
- la barre de menu contenant les choix : **File Edit View Insert Format** ...,
- la barre d'outils permettant d'accéder directement à certaines fonctions à l'aide d'icônes.
- la barre de contexte d'aspect différent selon que l'on se trouve dans une zone de commande, une zone de texte ou une zone graphique.
- la feuille de calcul à proprement parler (*MAPLE Worksheet*) sur laquelle l'utilisateur va travailler.
- la ligne d'état, tout en bas, où apparaissent certaines informations.

L'utilisateur peut alors calculer avec MAPLE comme il est expliqué au chapitre 2. MAPLE place dans la feuille les résultats des calculs ainsi, par défaut, que les graphiques dessinés à l'aide de `plot` et `plot3d`.

La feuille de calcul est bien plus grande que ce qui apparaît à l'écran et l'utilisateur peut s'y déplacer grâce aux flèches de déplacement du clavier ou grâce à l'ascenseur se trouvant sur la droite. Pour plus de précision concernant l'utilisation courante de l'environnement Windows, se référer à son manuel préféré.

Toutefois il faut prendre garde que l'utilisateur peut parcourir la feuille en tout sens et modifier certaines lignes de données sans les exécuter à nouveau : après quelques temps d'utilisation d'une feuille de calcul, les lignes de résultats se trouvant dans cette feuille ne sont pas forcément la conséquence des lignes de données que l'on peut y lire chronologiquement. En cas de doute, il est donc préférable d'exécuter à nouveau dans l'ordre toutes les instructions de la feuille avec le choix **Execute** du menu **Edit**.

I.1. Modes texte et Maple-input

Pour ce qu'il écrit dans une feuille de calcul, l'utilisateur a le choix entre le mode *Maple-input* et le mode texte. L'utilisation conjointe de ces deux modes ainsi que les possibilités de pré-visualisation permettent d'utiliser MAPLE comme un mini-traitement de textes scientifique.

Par défaut lors du lancement de MAPLE, on est en mode *Maple-input*. En mode *Maple-input* la barre de contexte présente l'aspect suivant

- Le mode *Maple-input* peut être actif (exécutable) ou inactif (non exécutable). On bascule d'un mode à l'autre en cliquant sur l'icône de la barre de contexte représentant une feuille d'érable : Lorsque le bouton est enfoncé, le mode est actif et (par défaut) les caractères sont affichés en rouge, sinon le mode est inactif est l'affichage est en noir.

- Le mode *Maple-input* peut être formaté ou non. On bascule d'un mode à l'autre en cliquant sur l'icône $\boxed{\text{x}}$ de la barre de contexte. Lorsque le bouton est sorti, le mode est formaté et les formules mathématique apparaissent sous forme familière, sinon (par défaut) elles sont affichées en *Courrier New* gras.

  Si on veut modifier une expression écrite en mode formaté, il faut travailler sur le champ d'édition (non formaté) que l'on trouve dans la barre de contexte.

On passe du mode *Maple-input* au mode texte avec l'icône $\boxed{\text{T}}$ de la barre d'outils. Par défaut le mode texte apparaît à l'écran en *Times New Roman* et il est possible de modifier le style de chaque paragraphe à l'aide de la commande **Format/Styles**.

En mode texte la barre de contexte présente l'aspect suivant

et permet surtout de modifier le style du paragraphe courant. On retourne du mode texte au mode *Maple-input* avec l'icône $\boxed{\Sigma}$ de la barre d'outils.

I.2. Groupes et sections

Groupes

Pour MAPLE, un groupe d'exécution est une partie de la feuille de calcul dont les lignes sont réunies par un large crochet situé à leur gauche – si toutefois l'option **Show Group Ranges** du menu **View** est cochée. Dans un groupe d'exécution on peut indistinctement mélanger les modes texte, *Maple-input* formaté ou non, actif ou non.

- Toutes les expressions *Maple-input* actives d'un groupe sont exécutées
    * soit si on appuie sur $< ENTREE >$ lorsque le curseur est positionné dans l'une des zones *Maple-input* actives de ce groupe
    * soit si on clique sur l'icône $\boxed{!}$ de la barre de contexte.
- Dans un groupe d'exécution, on introduit un retour à la ligne
    * en appuyant sur $< ENTREE >$ quand on est dans une zone de texte ou une zone *Maple-input* inactive
    * en appuyant sur $\Uparrow< ENTREE >$ quand on est dans une zone *Maple-input* active.

Sections

L'utilisation de sections, voire de sous-sections, permet à l'utilisateur de structurer sa feuille de calcul et de la rendre plus accessible.

Une section est formée d'un titre (éventuellement vide) suivi de groupes d'exécution voire de sous-sections.

- Si elle est fermée on ne voit que son titre précédé du pavé $\boxed{+}$.
- Si elle est développée, son titre est précédé du pavé $\boxed{-}$ et les différents éléments qui la constituent sont réunis par un large crochet si l'option **Show Section Ranges** du menu **View** est cochée.

On passe d'une forme à l'autre en cliquant sur le pavé $\boxed{+}$ ou $\boxed{-}$ situé à gauche du titre de la section.

On peut introduire une nouvelle section avec le choix **Section** du menu **Insert** ou avec l'icone $\boxed{\rightarrow}$ de la barre d'outils.

On peut réunir plusieurs groupes d'exécution dans une même section en les marquant à l'aide de la souris en utilisant l'icone $\boxed{\rightarrow}$ de la barre d'outils.

I.3. La barre de menu

Pour imprimer ou sauver son travail, en modifier la présentation ou accéder à l'aide en ligne, l'utilisateur dispose des choix de la barre de menus.

File   Edit   View   Insert   Format   Options   Window   Help

Il peut activer l'un de ces choix

- soit en cliquant dessus avec le bouton gauche de la souris,
- soit en tapant *Alt < Lettre_soulignée >*.

Il accède alors à des sous-menus qui se répartissent les tâches suivantes

File   Opérations de lecture-écriture sur disque et d'impression.

Fin de session et retour au système d'exploitation.

Edit   Gestion des blocs, groupes d'exécution et régions, recherche, insertion d'objet OLE.

View   Modification de la présentation de la feuille de calcul.

Insert   Insertion d'un zone de texte, d'une zone de commandes, d'une section, d'une sous-section, etc.

Format   Gestion des styles de texte des différentes régions de la feuille de calcul.

Options   Gestion des options d'affichage et de travail.

Window   Gestion des fenêtres.

Help   Accès à l'aide en ligne.

Quand l'utilisateur ouvre un menu, les choix correspondants apparaissent ;

- si l'un de ces choix est en grisé, c'est qu'il n'est pas accessible dans le moment.
- à droite de certains de ces choix apparaît un raccourci clavier tel que *F*3 ou *Ctrl C* indiquant comment on peut accéder directement à cette fonction.
- quand une lettre de l'un des choix est soulignée, l'utilisateur peut accéder directement à la fonction correspondante en tapant cette lettre.

II. Le menu File

Lorsque l'on active le menu **File** l'écran se présente comme suit

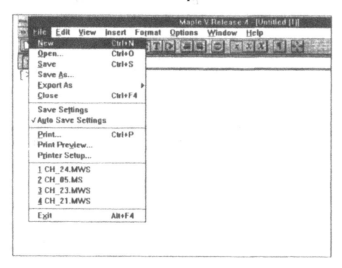

Les choix du menu **File** permettent de charger ou de sauver une feuille de calcul, d'imprimer tout ou partie de la feuille courante et de quitter MAPLE.

New   Ouvre une nouvelle feuille de calcul vierge, les variables n'étant pas remises à zéro.

Open   Ouvre, c'est à dire charge en mémoire une feuille de calcul existante. Cette fonction utilise une boite de dialogue classique Windows en ne proposant que les fichiers dont l'extension est *.ms* (ancienne extension *release* 3) ou *.mws* (nouvelle extension *release* 4). Pour obtenir d'autres noms sur cette liste modifier le critère de sélection *.ms qui apparaît dans la case Nom de fichier.

       Attention ! Lorsque l'utilisateur charge une feuille de calcul, la *release* 4, par défaut, ne remet plus à zéro les variables. Elle n'exécute aucune des lignes de commandes de la feuille chargée et le contenu réel des variables figurant dans la feuille n'a rien à voir avec ce que l'utilisateur peut lire sur l'écran. Pour être sûr de la concordance entre la feuille et la mémoire il est donc préférable, en cas de doute, de ré-exécuter toutes les lignes; on peut le faire avec la commande **Execute/Worksheet** du menu **Edit**.

Save   Sauve la feuille de calcul courante. A faire de temps à autre pour éviter de perdre son travail à la suite d'une coupure de courant (ce qui est quand même rare) d'un débordement mémoire ou d'un programme qui boucle (ce qui est plus fréquent). Par défaut la *release* 4 utilise comme extension .*mws* .

Save as   Permet de sauver la feuille de calcul courante sous un nouveau nom pour la dupliquer et pouvoir par exemple la modifier tout en gardant un exemplaire de l'original.

Export As   Permet de sauver une copie de la feuille courante dans un format texte ou *Latex* afin de l'utiliser avec un traitement de texte.

Close   Ferme la feuille courante.

Save Settings   Sauve les paramètres définis grâce au menu **Options**. Ces paramètres deviennent les paramètres par défaut et seront utilisés lors de toute session ultérieure.

Auto Save Settings Valide ou invalide la sauvegarde automatique, en fin de session, des paramètres par défaut.

Print   Imprime la feuille de calcul courante sur l'imprimante en ligne en utilisant le gestionnaire d'impression de Windows.

Print Preview   Permet d'avoir un aperçu à l'écran de la façon dont sera imprimée la feuille courante soit pour en modifier la présentation, soit pour choisir les pages à imprimer.

Printer Setup   Permet de configurer l'imprimante.

<Fichiers>   Liste des derniers fichiers utilisés pour y accéder directement.

Exit   Permet de sortir correctement de MAPLE qui propose alors une sauvegarde des feuilles de calcul ayant été modifiées depuis leur dernière sauvegarde.

III. Le menu Edit

Lorsque l'on active le menu **Edit** l'écran se présente comme suit

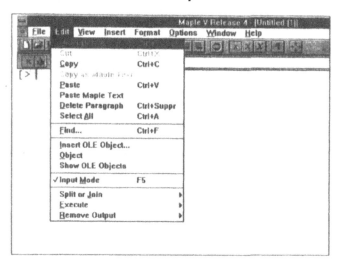

Les premiers choix du menu **Edit** permettent de réaliser des opérations courantes de traitement de texte : suppression, copie, déplacement d'un bloc préalablement marqué, recherche de chaîne de caractères.

Pour marquer un bloc avec la souris positionner le curseur en début de bloc, enfoncer le bouton de gauche de la souris et, en le maintenant enfoncé, déplacer le curseur jusqu'à la fin du bloc puis le relâcher. Le bloc marqué apparaît à l'écran en vidéo inverse.

Undo Delete Annule la dernière suppression.

Cut Supprime le bloc marqué en le copiant dans le presse-papier.

Copy Copie le bloc marqué dans le presse-papier sans le supprimer.

Paste Recopie le contenu du presse-papier là où se trouve le curseur.

Delete Paragraph Supprime le paragraphe où se trouve le curseur.

Select All Marque l'ensemble de la feuille de calcul.

Find Permet de trouver une chaîne de caractères dans la feuille courante, ce qui est particulièrement intéressant lorsque l'on consulte l'aide en ligne.

On trouve ensuite

Insert OLE Object, Object, Show OLE Objects

qui sont les fonctions de gestion des liaisons OLE permettant d'incorporer divers objets graphiques, sonores, etc.

Input Mode   qui permet de basculer du mode texte au mode commande.

Split or Join   qui permet de réunir ou de séparer des groupes d'exécution ou des sections.

La réunion se fait sur les groupes ou les sections marqués.

La séparation est réalisée là où se trouve le curseur.

Execute   qui permet d'exécuter automatiquement tout ou partie de la feuille de calcul.

Remove Output   qui permet de supprimer de la feuille tous les résultats retournés par MAPLE.

IV. Le menu View

Lorsque l'on active le menu **View** l'écran se présente comme suit

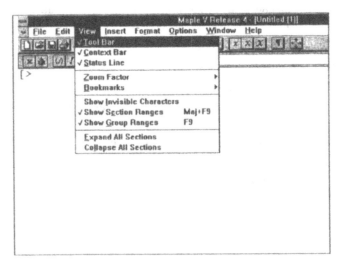

Tool Bar   Lorsque cette option est cochée, MAPLE affiche sous la barre de menu une barre d'outils constituée d'icônes permettant d'accéder directement à des fonctions d'utilisation courante. Si on appuie sur le bouton gauche de la souris lorsque son

pointeur se trouve dans une de ces icônes un message expliquant son fonctionnement apparaît dans la barre d'état, si on ne veut pas exécuter la fonction il suffit de déplacer le curseur en dehors de l'icône avant de relâcher le bouton.

On obtient ce message dans une bulle en amenant le pointeur de souris sur l'une des icônes à condition d'avoir coché le choix **Balloon Help** du menu **Help**.

Context bar   Lorsque cette option est cochée, MAPLE affiche sous la barre d'outils une barre de contexte permettant d'accéder directement à des fonctions d'utilisation courante.

Status line   Lorsque cette option est cochée, MAPLE affiche en bas de l'écran une barre d'état indiquant en permanence l'utilisation qu'il a fait du processeur et de la mémoire depuis le début de la session ainsi que la mémoire encore disponible.

Zoom Factor   Pour modifier le facteur grossissement de l'image de la feuille.

Bookmarks   Pour insérer ou modifier des signets et y accéder ultérieurement.

Show Invisible   Lorsque cette option est cochée, MAPLE affiche les caractères invisibles tels que retours chariots, blancs etc.

Show Section Ranges

Lorsque cette option est cochée, MAPLE affiche un crochet à gauche des sections et sous-sections.

Show Group Ranges

Lorsque cette option est cochée, MAPLE affiche un crochet à gauche des groupes d'exécution.

Expand All Sections

Pour développer toutes les sections.

Collapse All Sections

Pour fermer toutes les sections.

V. Le menu Insert

Lorsque l'on active le menu **Insert** l'écran se présente comme suit

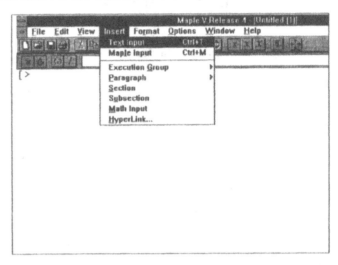

Text Input	Basculement en mode texte, équivalent à l'icône $\boxed{T}$ de la barre d'outils
Maple Input	Basculement en mode *Maple-input*, équivalent à l'icône $\boxed{\Sigma}$ de la barre d'outils
Execution Group	Insertion d'un groupe d'exécution avant (*before*) ou après (*after*) celui où se trouve le curseur.
Paragraph	Insertion d'un paragraphe avant (*before*) ou après (*after*) celui où se trouve le curseur.
Section	Insertion d'une section de même niveau que la section courante à la suite de celle où se trouve le curseur.
Subsection	Insertion d'une section de niveau inférieur à l'intérieur de celle où se trouve le curseur.
Math Input	Insertion d'un champ en format *Maple-input* formaté.
Hyperlink	Création d'un lien hyper-texte pouvant pointer soit vers une feuille de calcul MAPLE, soit vers un mot clé de l'aide en ligne. Pour modifier les propriétés d'un lien existant, cliquer sur le bouton droit de la souris et choisir la rubrique **Properties** du menu contextuel qui s'affiche.

VI. Le menu Format

Lorsque l'on active le menu **Format** l'écran se présente comme suit

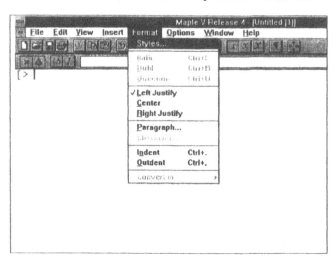

A partir de la *release 4* de MAPLE, l'utilisateur a la possibilité de définir et de modifier des styles qu'il peut ensuite appliquer aux diverses régions de sa feuille de calcul : titre (*Title*), titres des sections et des sous sections (*Heading*), *Maple-input* (*Maple Input*), résultats retournés par MAPLE (*2D Output*), etc. Les premiers choix du menu Format permettent de gérer ces styles.

Styles	Accède au menu de création/modification des différents styles.
Italic	Fait passer en italique la zone de texte où se trouve le curseur.
Bold	Fait passer en gras la zone de texte où se trouve le curseur.
Underline	Fait passer en souligné la zone de texte où se trouve le curseur.
Left Justify	Justifie à gauche le paragraphe courant.
Center	Centre le paragraphe courant.
Right Justify	Justifie à droite le paragraphe courant.
Paragraph	Permet de modifier le style du paragraphe courant. L'utilisation la plus intéressante réside dans le choix **Start New Page** qui impose au paragraphe de commencer en début de page. Utilisée conjointement avec **File/Print Preview** cette fonctionnalité permet d'obtenir une bonne présentation lors de l'impression de la feuille.
Character	Permet de choisir le style de la zone de texte dans laquelle se trouve le curseur.

Indent

Fait descendre d'un niveau toutes les sections contenues dans une partie préalablement marquée à l'aide de la souris. Ensuite utiliser éventuellement **Edit/Split or Join/Join Section** pour regrouper ces sous-sections.

Outdent

Fait remonter d'un niveau toutes les sections contenues dans une partie préalablement marquée à l'aide de la souris.

Convert to

Permet, pour une partie de texte préalablement marquée à l'aide de la souris

* de créer un lien hyper-texte,
* de la transformer en *Maple-input* formaté inactif,
* de la transformer en *Maple-input* actif et non formaté.

VII. Le menu Options

Lorsque l'on active le menu **Options** l'écran se présente comme suit

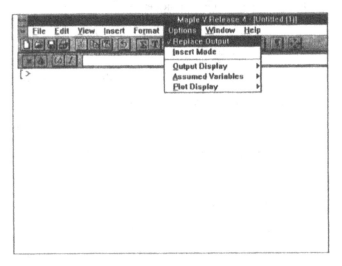

Replace Output

Lorsque cette option est cochée et que l'on relance le calcul d'un groupe d'exécution, MAPLE efface les anciens résultats avant d'écrire les nouveaux. Lorsque cette option n'est pas cochée les nouveaux résultats sont affichés à la suite des anciens.

Insert Mode   Lorsque cette option est cochée et que l'on évalue les expressions d'un groupe, MAPLE, après avoir calculé et éventuellement écrit les résultats, insère un *nouveau groupe* et y positionne le curseur. C'est le mode à utiliser lorsque l'on veut insérer une suite de calculs au milieu d'une feuille existante.

     Lorsque cette option n'est pas cochée et que l'on exécute un groupe, MAPLE, après avoir calculé et éventuellement écrit les résultats, positionne le curseur sur la première zone exécutable du groupe suivant. C'est le mode le plus couramment utilisé et qui permet de ré-exécuter toute une partie de la feuille en tapant en rafale sur la touche $< ENTREE >$.

Output Display   Pour choisir le mode utilisé pour les sorties.

Assumed Variables Pour choisir si une variable soumise à une hypothèse à l'aide de **assume** est affichée à l'écran sans signe distinctif (*No Annotation*), suivi d'un tilde (*Trailing Tildes*) ou suivi de la phrase *with assumption on ...* (*Phrase*).

Plot Display   Pour choisir si les graphiques (issus de **plot** et **plot3d**) sont insérés dans la feuille de calcul ou affichés dans une nouvelle fenêtre.

VIII. Le menu Window

La première partie est classique dans Windows et permet de modifier l'agencement relatif des diverses fenêtres ouvertes.

La fonction **Close All** permet de fermer toutes les fenêtres MAPLE, alors que **Close All Help** permet de fermer toutes les feuilles d'aide.

La seconde partie de ce menu contient la liste de toutes les fenêtres MAPLE ouvertes, ce qui permet de naviguer d'une feuille à l'autre. Il faut toutefois noter que si *Alt Tab* permet de changer de logiciel, c'est *Ctrl Tab* qui permet de naviguer entre les feuilles de calcul et les fiches d'aide de MAPLE.

IX. Aide en ligne

IX.1. Le menu Help

Le choix **Help** de la barre de menu donne accès à l'aide en ligne de MAPLE. Cette aide est constituée de fiches qui sont la version électronique du *Library Reference Manuel* et qui sont souvent plus à jour que la version papier.

Contents	Donne accès à un sommaire de l'aide organisé par thèmes et constitué d'une fiche d'aide dans laquelle on peut ouvrir les sections et cliquer sur des liens hyper-texte.
	En particulier, la première section **What's New** permet de repérer rapidement les nouveautés de la *release* 4.
Help on ...	Affiche si possible une feuille d'aide concernant le mot se trouvant sous le curseur. On obtenir directement la même fonction avec la touche *F*1.
Topic Search	Donne accès à l'aide en ligne par l'intermédiaire d'un répertoire de mots-clés.
Full Text Search	Donne la liste des fiches d'aide contenant un mot ou une phrase donnée.
History	Fournit la liste des dernières fiches d'aide consultées par l'utilisateur et lui permet d'y accéder directement.
Save to Database	Permet de transformer la feuille courante en fiche d'aide.
Remove Topic	Permet de supprimer une fiche d'aide.
Using Help	Donne accès à une fiche d'aide sur l'aide.
Balloon Help	Permet de faire afficher un message explicatif dans une bulle lorsque le pointeur se trouve sur une icône ou un choix menu.
About Maple V	Affiche les renseignements classiques sur l'origine du logiciel.

IX.2. Accès direct à l'aide

Rappelons qu'il est possible d'accéder à l'aide directement à partir d'une feuille de calcul avec le point d'interrogation. En entrant par exemple

Ex. 1   ▷ ? convert

on obtient sur l'écran la fiche d'aide correspondant à la fonction `convert`.

Lorsqu'il existe des fiches spécialisées décrivant certaines applications particulières de la fonction, comme c'est le cas pour **convert**, on y accède en écrivant le second mot clé à la suite du premier et séparé par une barre de division ou une virgule.

Ex. 2

Remarque : Lorsque le mot clé figure déjà dans la feuille de calcul on peut ouvrir la feuille d'aide correspondante en positionnant le curseur en un endroit quelconque de ce mot et en tapant $F1$.

Lorsque l'on a accédé à une fiche d'aide particulière on peut la parcourir grâce à l'ascenseur ou aux flèches de déplacement, en marquer une partie avec la souris pour la recopier dans le bloc-notes Windows ce qui permet de rapatrier des exemples dans la feuille de calcul en évitant des fautes de frappe.

Pour sortir d'une fiche d'aide en la fermant, on peut soit cliquer sur sa case système, soit utiliser le choix **Close Help Topic** du menu **File** de cette fenêtre soit utiliser la combinaison touche $< Ctrl\ F4 >$. On peut encore fermer toutes les fiches d'aide avec le choix **Close All Help** du menu **Window**.

On peut aussi sortir d'une fiche d'aide sans la fermer avec la combinaison $< Ctrl\ Tab >$ qui permet de naviguer entre les feuilles MAPLE.

IX.3. Structure d'une fiche d'aide

Chaque fiche d'aide associée à une fonction MAPLE, malheureusement en anglais (nobody is perfect !), est construite sur le même modèle contenant 4 rubriques qui sont en fait des sections que l'on peut ouvrir ou fermer à volonté.

- **Function** qui donne le nom de la fonction, une description sommaire rapide, les différentes syntaxes possibles ainsi que la nature et le rôle des paramètres que l'utilisateur doit passer à la fonction.

- **Description** qui donne une explication plus fournie du fonctionnement de la fonction.

- **Examples** qui fournit quelques exemples permettant de mieux comprendre et que l'on peut récupérer via le presse-papiers.

- **See Also** qui réunit une liste de mots clés voisins sous forme de liens hypertexte sur lesquels il suffit de cliquer pour accéder à la feuille correspondante.

quad

Index

Printing and Binding: AZ Druck und Datentechnik GmbH, Kempten